喀斯特高原坡地土壤侵蚀/漏失过程与机理

戴全厚　彭旭东　著

科学出版社
北　京

内 容 简 介

本书以西南喀斯特高原坡地土壤侵蚀/漏失过程与机理为研究核心，辨析喀斯特地区土壤侵蚀/漏失研究中的关键术语，分析侵蚀环境、水文过程、地表侵蚀、地下漏失、研究方法及阻控措施的研究动态，以及贵州喀斯特高原坡地分布、土壤、地质地貌等特征。通过野外调查、定位观测及室内分析，本书解析喀斯特坡地地表微地貌、土壤属性、地下裂隙形态结构及填充物特性等侵蚀环境特征。基于对典型样地土壤水分动态监测、水文过程试验及降雨模拟，本书提出喀斯特坡地水分动态变化与降雨响应、土壤渗透特性、优先流发育及次降雨下水分转化关系，揭示坡地水分运移规律。在此基础上，本书模拟喀斯特坡地地表及地下二元三维空间结构特征，建立坡面小区，通过人工模拟降雨试验的方法，分析喀斯特坡地地表径流、壤中流、地下裂隙流等产流及土壤地表侵蚀和地下漏失过程和特征，揭示了土壤侵蚀/漏失的关键驱动因子；结合自然降雨及稀土元素示踪、土壤颗粒分析的地下漏失研究法，阐明土壤裂隙漏失的机制。

本书可供水土保持学、土壤学、自然地理学等学科研究人员及高等院校相关专业的师生参考。

图书在版编目(CIP)数据

喀斯特高原坡地土壤侵蚀/漏失过程与机理 / 戴全厚, 彭旭东著. -- 北京 : 科学出版社, 2025.6

ISBN 978-7-03-075743-2

Ⅰ. ①喀… Ⅱ. ①戴… ②彭… Ⅲ. ①喀斯特地区-高原-坡地-土壤侵蚀-研究②喀斯特地区-高原-坡地-水土流失-研究 Ⅳ. ①S157

中国国家版本馆 CIP 数据核字（2023）第 102057 号

责任编辑：郑述方 / 责任校对：韩卫军
责任印制：罗　科 / 封面设计：墨创文化

科学出版社 出版
北京东黄城根北街16号
邮政编码：100717
http://www.sciencep.com

成都锦瑞印刷有限责任公司 印刷
科学出版社发行　各地新华书店经销

*

2025 年 6 月第　一　版　　开本：787×1092　1/16
2025 年 6 月第一次印刷　　印张：15 3/4
字数：380 000

定价：158.00 元

（如有印装质量问题，我社负责调换）

前　言

党的十八大明确提出“要实施重大生态修复工程，增强生态产品生产能力，推进荒漠化、石漠化、水土流失综合治理”。习近平总书记在党的十九大报告中指出“建设生态文明是中华民族永续发展的千年大计”。水土流失防治作为生态文明建设的重要内容，是构建山水林田湖草沙生命共同体的关键举措。我国西南岩溶区石漠化问题突出、水土流失严重是新时期生态治理与脱贫成果巩固的重点和难点地区。以贵州为中心的中国西南岩溶区是全球三大岩溶集中分布区之一，面积达 54 万 km^2，位于北纬 22°00′～30°04′和东经 100°34′～114°10′，其中贵州、云南、湖南和广西碳酸盐岩出露面积为 37 万 km^2，占该区总面积的 36%。贵州所在的喀斯特高原，是分布面积最大、发育最典型的一个喀斯特地区，因此贵州省被誉为“喀斯特省”，喀斯特分布面积占贵州省土地面积的 85%，其碳酸盐岩的出露面积高达 15 万 km^2，占该省土地总面积的 73.6%。

长期岩溶作用致使岩溶区内部出现多级多处与水、土、岩和生物联为一体的地表、地下二元结构，使岩溶区的水循环过程和土壤侵蚀过程具有特殊性和复杂性，产生一系列特殊的环境地质问题，如水土流失、旱涝、石漠化、水源枯竭、地面沉降和塌陷等。由于岩溶区土壤涵养水源能力弱、浅层孔(裂)隙发育，大气降水部分在坡面产生坡面流，部分沿喀斯特孔(裂)隙下渗，在低洼处通过竖井、管道和落水洞等进入地下水系统。如此类型的水文循环模式决定该区水土流失形式主要表现为降水挟带泥沙进入地下孔(裂)隙、管道、地下河。地表水通过浅层孔(裂)隙、漏斗、落水洞等直接与地下水系统发生水力联系，降水难以在地表滞留较长时间，致使该地区水文过程变化迅速、旱涝时常发生，加上降水变率大、季节分配不均，水土流失/漏失加重。

基于岩溶地下空间系统的复杂性，目前存在的主要技术难点为喀斯特区地下径流泥沙野外直接观测难度大，且目前尚无切实可行的研究方法和手段。由于无法直接观测喀斯特区土壤地下漏失过程，人们对土壤地下漏失过程与机理认识不清，相关研究也仅涉及定性描述和室内模拟探索。本书以贵州喀斯特坡地为切入点，解析喀斯特坡地地表和地下的二元侵蚀环境特征，研究坡地水分在土壤、裂隙中的运移规律，分析地表和地下产流、地表侵蚀及地下漏失过程和特征，揭示土壤侵蚀/漏失的关键驱动因子，阐明土壤裂隙漏失的发生机制。

本书共有 7 章，第 1 章为绪论，由戴全厚和彭旭东完成；第 2 章为喀斯特坡地侵蚀环境，由戴全厚和王勇完成；第 3 章为喀斯特坡地水分运移规律，由戴全厚和何洁完成；第 4 章为喀斯特坡地产流过程，由严友进和岑龙沛完成；第 5 章为喀斯特坡地土壤侵蚀/漏失过程，由彭旭东完成；第 6 章为喀斯特坡地侵蚀/漏失驱动因子，由彭旭东完成；第 7 章为喀斯特坡地土壤漏失机理，由彭旭东完成。

本书主要基于“十三五”国家重点研发计划项目“喀斯特高原石漠化综合治理生态产业技术与示范”(2016YFC0502600)第四课题“喀斯特高原石漠化综合治理与生物医药产业技术与示范”(2016YFC0502604)专题一“喀斯特高原石漠化对植物的限制机制及生境诊断技术”(2016YFC050260401)、国家自然科学基金面上项目“喀斯特坡耕地浅层孔(裂)隙水文过程及土壤侵蚀响应机制”(41671275)、地区科学基金项目“喀斯特坡耕地产流产沙特征及过程研究”(41061029)和“喀斯特坡耕地土壤养分地下裂隙流失特征与机理”(41461057)的研究成果，上述课题均由戴全厚负责，参与课题的骨干成员包括彭旭东副教授、高华端教授、严友进博士以及杨智、王佩将、程富东、伏文兵、李昌兰、袁应飞、王向栋、岑龙沛等数名硕士生，他们在完成课题研究及本书写作过程中做出了重要贡献。

喀斯特高原坡地土壤侵蚀/漏失的研究，特别是地下裂隙漏失的研究具有多重难度，笔者也是进行尝试和探索，书中难免存在疏漏，恳请读者批评指正。

目　　录

第1章 绪　论

1.1　研究背景和研究价值

1.1.1　研究背景

建设美丽中国作为新时期全面建设社会主义现代化国家的重大目标，加快解决喀斯特石漠化区生态环境问题更为迫切。以贵州省为中心的中国西南喀斯特区是碳酸盐岩层分布最为集中的区域，更是全球三大喀斯特集中分布区中面积最大、强烈发育的典型地区(Sweeting，1993；Liu C et al.，2016a)。喀斯特作为全球重要的地貌景观，其面积约为2200万km^2，占世界陆地总面积的12%，集中分布在全球三个碳酸盐岩地区：一是地中海沿岸的中南欧阿尔卑斯山直到法国中部高原，以及俄罗斯乌拉尔山地；二是中国西南喀斯特山区以及越南北部；三是美国中东部印第安纳州和肯塔基州喀斯特山区、古巴、牙买加以及澳大利亚南部一带。以贵州为中心的中国西南岩溶区是全球三大岩溶集中分布区之一，面积达54万km^2，位于北纬22°00′～30°04′和东经100°34′～114°10′，其中贵州、云南、湖南和广西碳酸盐岩出露面积为37万km^2，占该区总面积的36%。国务院于2008年批复的《岩溶地区石漠化综合治理规划大纲》中将我国南方喀斯特区分为中高山岩溶山地、岩溶断陷盆地、岩溶高原、岩溶峡谷、峰丛洼地、岩溶槽谷、峰林平原和溶丘洼地8个石漠化综合治理区。贵州所在的喀斯特高原，是分布面积最大、发育最典型的一个喀斯特地区，因此贵州省被誉为“喀斯特省”，喀斯特分布面积占贵州省土地面积的85%，其碳酸盐岩的出露面积高达15万km^2，占该省土地总面积的73.6%。喀斯特作为一种特殊的生态系统，具有生态敏感度高、环境容量低、稳定性差、植被破坏后极易造成水土流失等特征(张殿发　等，2002a)。

生态修复是喀斯特石漠化治理的核心，水分和土壤是岩溶地区最主要的限制性生态因子，同时也是进行石漠化治理的重要生态因子。“十三五”规划明确指出，要推进荒漠化、石漠化、水土流失综合治理，以更好地改善生态环境，实现美丽中国。西部地区作为我国重要生态安全屏障区，也是我国水土流失、土地荒漠化和石漠化最为严重的地区。近年来，国家高度重视西部地区生态保护与建设，先后实施了一系列重点生态保护与建设工程，如退耕还林还草工程、防护林(长江流域、珠江流域、重要城市周边)工程、石漠化综合治理工程等，林草植被得到一定程度恢复，水土流失减少，重点工程区生态环境明显改善，有效地促进了国家生态安全屏障建设。然而，由于西部地区生态环境十分脆弱，经济社会发展对生态系统的压力不断加大，生态保护与建设的任务仍十分艰巨。水土流失作为生态环境退化的重要因素，严重制约着该区社会经济可持续发展，充分揭示喀斯特地区坡地水土流失发生、运移机制是控制石漠化发展和缓解季节性干旱的关键。

尽管近年来喀斯特地区特殊的土壤侵蚀类型研究备受关注，包括地表流失及地下漏失等(唐益群 等，2010；Wang et al.，2014)，其中地表流失研究通过野外观测、室内模拟及同位素示踪等一系列的方法，其侵蚀过程、机理及影响因素都相对系统；但由于喀斯特地下径流泥沙野外直接观测难度大，且目前尚无切实可行的研究方法和手段，故基于喀斯特地区特殊的地下漏失机理研究较少，目前仅处于定性描述和室内模拟探索阶段，且已有研究未能揭示其侵蚀环境、驱动力及其漏失机制。因此，开展喀斯特坡地二元结构下的水土漏失机制研究，是国家石漠化治理工程和生态环境建设的迫切需要，这对控制区域石漠化发展及促进区域可持续发展具有重要理论和现实意义。

我国西南岩溶区，受其特殊的岩溶环境及人为活动影响，水土流失危害程度日趋严重，局部区域已达到无土可蚀的程度(蒋忠诚 等，2008)，形成特殊的石漠化景观，严重影响该地区社会经济发展。水和土是喀斯特地区最主要的限制性生态因子，地表水土资源组合决定了其生态系统的稳定性，水土资源越丰富的地区生态系统越稳定，反之越脆弱。在亚热带喀斯特区特殊的自然环境条件和人为干扰破坏双重因素作用下，原本脆弱的岩溶生态系统发生大面积退化，从由土被和植被覆盖转变为缺乏土被和植被覆盖。水文过程和土壤特性构成了生态系统完整性得以保持的基础。喀斯特水循环是物质能量循环的核心，表现为特殊的地表地下二元径流格局，由于表层土壤有限的储水能力加上岩石高裂隙率及渗透性，降水径流挟带土粒沿裂隙及落水洞等进入地下水系管网，不仅造成地表干旱，而且造成地表土壤减少。

与非岩溶区不同，岩溶环境成土缓慢，土层薄且分布不连续，土壤蓄水能力低，加上破碎起伏的独特地形和充沛集中的雨水，为该区水土漏失的发生创造了有利条件，地表的侵蚀形式表现为面蚀、沟蚀、石隙刷蚀、潜蚀等水力侵蚀，地下则表现为水土通过裂隙或落水洞发生漏失，使喀斯特区的土层长期处于一种负增长态势。尽管近年来喀斯特地区特殊的土壤侵蚀类型研究备受关注，包括地表流失及地下漏失等(胡顺光，2008；唐益群 等，2010；Wang et al.，2014)，但基于喀斯特地区特殊二元结构下的侵蚀机理研究缺乏，且已有研究未能揭示其侵蚀环境、驱动力及其漏失机制。因此，开展喀斯特坡地二元结构下的水土漏失机制研究，有望为国家石漠化生态工程实施提供决策依据。

1.1.2 研究价值

二元结构的存在，使得喀斯特水文循环涉及生物圈、水圈、岩石圈、土壤圈和大气圈的相互作用，是一个综合复杂的系统科学问题。由于岩溶区土壤总量有限，涵养水源能力低，浅层孔(裂)隙(以下简称“裂隙”)发育，大气降水部分在坡面产生坡面流，部分沿喀斯特包气带的土壤、表层岩溶带和传送带垂直下渗(Williams，2008)，在低洼处通过竖井、管道和落水洞等进入地下水系统。如此类型的水文循环模式决定了该区水土流失形式主要表现为降水挟带泥沙进入地下裂隙、管道、地下河。喀斯特水文循环中，水是造成土壤侵蚀(表现为土壤的地面流失)/漏失(表现为土壤的地下漏失)的传输介质，其将覆盖于岩石表面的土壤带入二元水文网络(彭旭东　等，2019)。地表水通过浅层裂隙、漏斗、落水洞等直接与地下水系统发生水力联系，降水难以在地表滞留较长时间，致使该地区水文过程变化迅速，旱涝时常发生，降水变率大，季节分配不均，土壤侵蚀/漏失加重。因此，从坡面、流域、区域不同尺度开展喀斯特坡地土壤侵蚀的研究，其目的是揭示喀斯特坡地土壤侵蚀/漏失过程及驱动机制，建立不同尺度下喀斯特地表和地下两个方向总的土壤侵蚀模型，形成喀斯特特殊环境下的土壤侵蚀及阻控的理论与方法，丰富土壤侵蚀与水土保持学科的内涵；通过探究喀斯特土壤侵蚀与全球变化的关系，有助于掌握我国西南喀斯特未来土壤侵蚀及其环境特征变化趋势，为地球表层系统科学的发展作出贡献(图 1.1)。

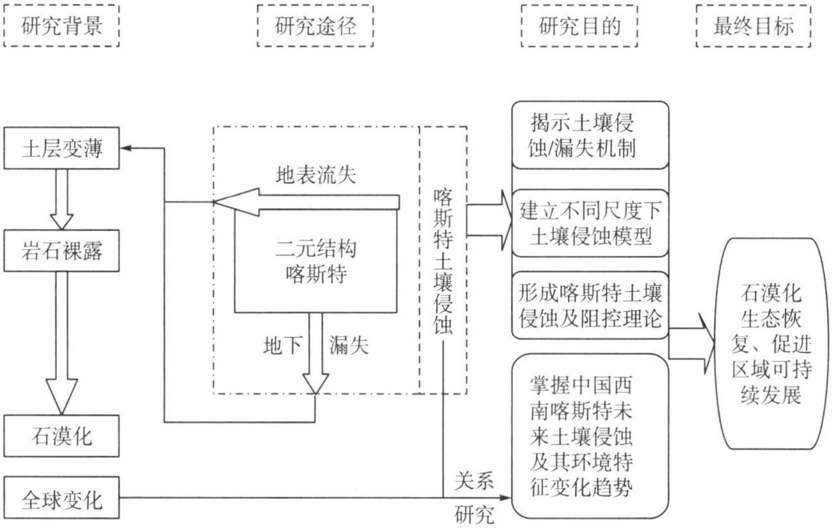

图 1.1　喀斯特坡地土壤侵蚀/漏失研究目标(彭旭东　等，2017b)

喀斯特石漠化作为我国西南地区最严重的生态环境地质问题(王世杰　等，2003)，已成为制约当地社会、经济可持续发展的核心问题之一(李阳兵　等，2006a；Chen et al.，2011)。长期岩溶作用致使其内部出现多级多处与水、土、岩和生物联为一体的地表、地下二元结构，使岩溶区的水循环过程(含水的流失)和土壤侵蚀过程具有特殊性和复杂性(曹建华　等，2017)，产生一系列特殊的环境地质问题，如水土流失、旱涝、石漠化、水源枯竭、地面沉降和塌陷等(郭纯青等，2013)。受该区特殊的生态环境和长期人为活动干扰，西南岩溶区脆弱的生态系统发生大面积退化。降水条件下，退化岩溶生态系统的地表水土资源不断沿裂隙等发生漏失或充填，造成整个岩溶生态系统中的水土物质产生流动或流失，使其生态系统恶性发展。随着石漠化程度加剧，坡耕地、草坡、灌丛、林地等分离度逐渐增加，裸露岩石和土被分离程度增加，甚至仅见少量土壤赋存于石缝或裂隙中。石缝或裂隙中赋存的少量土壤形成了裂隙或石缝小生境，为植物的生长提供相应的空间、水分和营养基础。因此，以生长不同植被的裂隙为研究对象，开展喀斯特石漠化区坡地浅层裂隙水土漏失过程及特征的研究，不仅是该区水土流失控制及石漠化综合治理的迫切需要，同时对于区域生态恢复及生态环境健康可持续发展具有重要理论和现实意义。

1.2 概 念 辨 析

1.2.1 喀斯特与岩溶

岩溶，最早称为喀斯特(karst)。喀斯特一词原为斯洛文尼亚共和国石灰岩高原的一个地名，位于斯洛文尼亚与意大利交界处，是世界上重要的喀斯特区——第纳尔喀斯特区的一部分，第纳尔通常被称作“经典喀斯特区”，那里发育了多种多样的喀斯特形态。在当地的文字中，喀斯特写成“kars”或“kas”，意思是“石头山”或“裸露的岩石”，德语为“karst”，欧洲的地质地理工作者最早研究了这处名为“喀斯特”的地区的喀斯特现象。自 19 世纪末开始，人们便将石灰岩地区所出现的地表山峰、洼地、落水洞、地下河以及有大量岩溶泉出露的自然景观称为“喀斯特”(Gams，1993)。

虽然我国对喀斯特现象的考察历史久远，但并未使用专业术语。在 1931 年出版的《地质辞典》中第一次出现“karst”这一名词，当时译为“喀斯脱尔”，但之后中国一直采用“喀斯特”这一名词。“岩溶”这一名词取代“喀斯特”且被普遍使用是从 20 世纪 60 年代后期开始的。1966 年，在广西桂林召开的中国地质学会第一届喀斯特学术会议上，由于“karst”音译为“喀斯特”不易为大众所理解，“岩溶”便是被提及替代“喀斯特”的名词之一，现我国“岩溶”和“喀斯特”并用，其内涵和外延完全相同(郭纯青，2007)。1973 年，罗格朗(LeGrand)在《科学》(*Science*)杂志上指出喀斯特地区存在的生态环境问题(如地面塌陷、森林退化、旱涝灾害、原生环境中的水质问题等)引起世界各国普遍关注(LeGrand，1973；Trimmer et al.，1988；Guo et al.，2013)。

第纳尔岩溶区一直被誉为经典岩溶区，但随着中国岩溶科学研究的深入，以广西桂林岩溶峰林地貌为代表的中国南方湿润热带亚热带岩溶峰林地貌越来越受到世界岩溶界的重视，英国牛津大学岩溶地貌学家斯威廷(M. M. Sweeting)从 1976 年开始，十余次到贵州等地进行考察和科学研究，早在 1976 年第一次访问广西桂林后，他就指出：“中国南方岩溶可以成为世界岩溶发育研究的最好模式。”在广西、贵州等省区广泛分布的峰丛、峰林岩溶形态已被国际岩溶学界广为接受，成为全世界湿润热带亚热带岩溶类型的典型形态，“Fengcong”(峰丛)和“Fenglin”(峰林)已成为专业术语，被国际岩溶界所应用。

基于地球系统科学，广义的岩溶，指受大气圈、水圈和生物圈的综合作用，岩石圈可溶性岩石内产生物质流和能量流，并在岩石圈与大气圈、水圈、生物圈的分界面上发生物质和能量传输，由多种时空尺度物理、化学和生物过程链接，在地球表层可溶性岩石空间形成的地质体及各种现象的统称。狭义的岩溶，主要是指水对可溶性岩石(碳酸盐岩、硫酸盐岩、卤化物岩)等进行以化学溶蚀作用为主，并包括水流的机械侵蚀、崩塌作用，物质和能量的传输作用，生物的生命活动和死亡机体的分解作用等，以及由此所产生的现象的统称(郭纯青，2001)。

1.2.2　石漠化及其等级

1. 石漠化

“石漠化”的概念是 1997 年袁道先基于“荒漠化”概念，结合喀斯特“石化”“石山荒漠化”“石质荒漠化”等概念提出来的，其表征喀斯特地表由植被、土壤覆盖转变为岩石裸露的喀斯特景观的过程(袁道先，1997)。随着学科发展、研究深入和多学科的交叉，学界对“石漠化”概念和内涵认识不统一，存有一定争议，相关学者在研究过程中对“石漠化”概念提出了各自的理解。

屠玉麟等(1983)从石漠化的自然背景和成因上对石漠化进行定义，他们认为石漠化是指在喀斯特自然背景下，人为活动对地表植被、土壤的破坏造成水土流失、基岩大面积裸露、土地生产力下降的土地退化过程。该定义忽略了气候环境对石漠化形成的影响，存在一定的局限性。王德炉等(2004)认为石漠化即石质荒漠化，指的是在我国南方湿润地区，碳酸盐岩发育的喀斯特脆弱生态环境下，人为干扰造成植被破坏、退化，乃至丧失，从而导致地表水土资源流失，土地生产力降低，基岩大面积裸露于地表(或砾石堆积)的一种类似荒漠景观的土地退化过程。熊康宁等(2002)认为，喀斯特石漠化是在喀斯特脆弱生态环境下，人类不合理的社会经济活动造成人地矛盾突出、植被破坏、水土流失、岩石逐渐裸露、土地生产力衰退丧失，地表在视觉上呈现类似于荒漠化景观的演变过程。王世杰(2002)认为，“石漠化”是一个广义的概念，指的是在亚热带脆弱的喀斯特环境背景下，不合理的人类活动造成土壤严重侵蚀、土地生产力下降、地表呈现出类似荒漠化景观的土地退化过程。

综合来说，石漠化是在亚热带脆弱的喀斯特环境背景下，自然因素及不合理的人类社会活动造成地表植被破坏、退化，导致地表土壤资源大面积缺失，下伏碳酸盐岩大面积出露、土地生产力下降，地表呈现岩石大面积裸露类似荒漠化景观的土地退化过程。

2. 石漠化等级

当前石漠化地区的工作重心已从研究初期的石漠化形成背景、机理等方面转移到喀斯特石漠化地区植被恢复、生态恢复重建等方面。在此过程中，正确地判别石漠化程度是制定科学、合理的石漠化治理方案的重要前提，具有重要的理论和实践意义。由于不同学者对“石漠化”概念的理解不同，在石漠化等级划分界定上亦存在多种划分标准。

喀斯特石漠化最醒目的景观特征是地表缺少植被覆盖，土壤不连续，基岩大面积裸露。因此，一些学者采用地表裸岩面积在土地面积中所占的比例来划分石漠化程度等级(表 1.1)(王宇和张贵，2003；王连庆　等，2003)。由于该分级指标过于单一，不能完全反映各石漠化程度的特征，多数学者结合基岩裸露率、土被覆盖、土壤厚度、坡度等多项指标，划分石漠化程度等级。例如，蒋忠诚等(2011)考虑了石漠化分级的可操作性及简易性等方面，以基岩裸露率为主要界定指标，将石漠化划分为 5 个等级。熊康宁等(2002)综合植被覆盖率、土被覆盖度和基岩裸露率等因素，将石漠化划分为 6 个等级：无明显石漠化、潜在石漠化、轻度石漠化、中度石漠化、强度石漠化和极强度石漠化(表 1.2)，该分类方法为现行通用的石漠化程度分级标准。苏维词(2008)在贵州德江县石漠化分区工作中，参考了基岩裸露率、土被覆盖率、坡度、农业人口密度等因素，并将这些因素作为界定石漠化程度的分级标准，将石漠化程度划分为 6 个等级：无明显石漠化、潜在石漠化、轻度石漠化、中度石漠化、强度石漠化和极强度石漠化。张信宝等(2007b)认为石漠化程度等级划分时应叠加考虑土壤流失程度和地面物质组成类型，并以土壤流失程度为主要指标，将石漠化程度划分为 4 个一级类型和 14 个二级分类(表 1.3)。宋同清等(2014)在参考前人的石漠化等级划分标准后提出，石漠化等级划分应包含直观性、主导性、可操作性、综合代表性和可推广性原则，综合考虑基岩裸露率和植被覆盖率，将石漠化划分为无石漠化、潜在石漠化、轻度石漠化、中度石漠化、重度石漠化 5 个等级。

表 1.1　以基岩裸露率为指标的喀斯特石漠化程度分级标准

等级	基岩裸露率/%	
	王宇和张贵(2003)	王连庆等(2003)
轻度石漠化	30～50	30～50
中度石漠化	50～70	50～80
严重石漠化	＞70	＞80

表 1.2　熊康宁等(2002)制定的石漠化程度分级标准

等级	基岩裸露率/%	土被覆盖度/%	坡度/(°)	植被+土被/%	土被厚度/cm
无明显石漠化	＜40	＞60	＜15	＞70	＞20
潜在石漠化	＞40	＜60	＞15	50～70	＜20
轻度石漠化	＞60	＜30	＞18	35～50	＜15
中度石漠化	＞70	＜20	＞22	20～50	＜10
强度石漠化	＞80	＜10	＞25	10～20	＜5
极强度石漠化	＞90	＜5	＞30	＜10	＜3

表 1.3　张信宝等(2007b)制定的石漠化程度分级表

一级分类	二级分类
无石漠化	无石漠化土质坡地
	无石漠化土质为主坡地
	无石漠化土石质坡地
	无石漠化石质为主坡地
	无石漠化石质坡地
轻度石漠化	轻度石漠化土质为主坡地
	轻度石漠化土石质坡地
	轻度石漠化石质为主坡地
	轻度石漠化石质坡地

续表

一级分类	二级分类
中度石漠化	中度石漠化土石质坡地 中度石漠化石质为主坡地 中度石漠化石质坡地
强度石漠化	强度石漠化石质为主坡地 强度石漠化石质坡地

笔者认为现行的石漠化分级标准具有可操作性和综合代表性。这些石漠化类型划分方式均只以岩石裸露情况、植被和土被覆盖特征等景观特征作为主要的划分标准，缺乏对石漠化前后的地表植被、土被、土地生产力变化、土地恢复潜力等的考虑。这些石漠化程度分级标准主要考虑的是目视范围内的土地石漠化情况，在坡面、小流域和区域尺度上，应有不同的分类分级标准。同时，这些划分标准在实际操作时也存在一些弊端，如贵州茂兰和广西木论喀斯特地区地表林草覆盖度大，但是地表土被缺失，基岩大面积裸露，现行的分级标准在对这类土地进行石漠化程度分级时，常常无法准确地判定这类土地的石漠化程度，这也是当前科技工作者极为困惑的问题。是否为石漠化的一个重要特征是土地生产力是否下降，从石漠化程度分级和植被恢复角度看就是土地恢复潜力的变化。在喀斯特地区，不连续的林地上的植被全部被采伐后，此时地表呈现出典型的喀斯特石漠化景观，但是该地块的土地恢复潜力仍未消失，通过人工造林等措施后，植被和生态系统也能够快速恢复。因此，为适应当前的研究工作，石漠化程度分级应重点考虑空间尺度和土地恢复潜力。

1.2.3 石漠化与水土流失

喀斯特地区开展石漠化和水土流失治理研究时，通常会把这两个概念混淆，特别是在以砾石堆积为景观特征的石漠化地区(图 1.2)，通常会误以为是水土流失现象而非石漠化。正确区分石漠化和水土流失，对喀斯特地区制定科学、合理的石漠化治理和水土流失防治方案具有重要的实践意义。笔者从二者的自然背景、驱动因素、表现特征的差异进行论述，以期更好地区分喀斯特地区的石漠化与水土流失。

图 1.2 砾石堆积的石漠化坡地

1. 自然背景

发生石漠化与水土流失的自然背景不同是导致二者差异的根本原因。石漠化发生在亚热带脆弱的喀斯特环境中，并且主要发生在下伏基岩为碳酸盐岩的地区，以贵州省为例，碳酸盐岩广泛分布在贵州省除赤水及黔东南以外的大部分区域，而赤水及黔东南大部分地区分布的岩石类型主要是碎屑岩，相较于碳酸盐岩，碎屑岩具有成土物质含量高、成土速率快等特点，这一差异导致贵州省赤水市及黔东南三穗、天柱、黎平、从江等县无石漠化分布(张信宝 等，2013)。水土流失则在各个环境中均有发生，没有特定的自然环境背景限制。

2. 驱动因素

自然因素(地形、降水、土壤属性等)和不合理的人为活动(毁林开荒、陡坡耕作、开发建设等)均是石漠化和水土流失的主要驱动因素，从影响因子上看，二者无太大的区别。在自然状态下或不合理的人为活动影响下均可能产生水土流失。石漠化更多地强调特殊的自然因素下，不合理的人类活动(如毁林开荒、陡坡耕作等活动)导致地表植被、土被大面积破坏、退化(郭红艳和周金星，2012)。贵州喀斯特石漠化的发展史与人口迁移、新作物的引进等呈正相关。

3. 表现特征

水土流失包含水资源的流失和土壤的分离、搬运和沉积，同时其主要的表现特征是地表水资源流失以及土壤经过短距离(坡度尺度)或长距离(进入河流受到悬移、跃移、推移)的搬运后沉积在山脚、谷底或湖泊中(杨子生，2001)。石漠化主要体现出三种变化，即植被变化(植被破坏后林草覆盖率降低、植被层次结构可能由乔灌草退化到草地或裸地)、土被变化(地表土壤厚度减小、土被不连续)和自然景观变化(地表基岩大面积裸露/砾石堆积，呈现类似荒漠化的自然景观)。就过程关系而言，石漠化的本质是地表植被破坏后水土流失作用的结果，是一种不可逆或难以恢复的土地和生境退化过程。

1.2.4 石漠化与荒漠化

对于荒漠化和石漠化，主流的概念分别是“荒漠化是由于气候变化和人类不合理的活动等因素影响，干旱、半干旱和干旱半湿润地区(干旱指数为0.05～0.65)发生土地退化的过程”“石漠化是指在亚热带湿润气候条件下的喀斯特地区，由于自然因素和人为活动的影响，植被严重破坏和土壤侵蚀严重，岩石大面积裸露，土壤肥力严重下降，土地退化，地表呈现类似荒漠化的景观和过程”，且石漠化是荒漠化的主要类型之一(Yuan，1997)，该观点代表了国际学术界对荒漠化的主流认知。然而，大多数研究在划定和绘制荒漠化和石漠化图谱时既未严格遵循上述界定，也未明确荒漠化对石漠化的具体包含关系。

荒漠化和石漠化均是指土地生态系统恶化，表现为土地承载能力下降、土壤有机质含量下降、质地恶化、植物量减少、作物单位面积产量下降等，其本质就是土地生产力下降，甚至丧失。人为剧烈的活动造成地表植被破坏，地表切割破碎，土地生产力下降，土地资源丧失，呈现劣地景观的土地退化。随着自然环境的不同产生地域分异，最终导致社会经济效益和生态效益综合指数下降，不利于社会经济的可持续发展。从本质上看，荒漠化和石漠化都是土地退化的现象。

荒漠化和石漠化是全球性和无界性的环境问题，二者既有相同之处，又有区别。在空间上，二者并不完全重叠，仅有极少部分重叠。其中，石漠化分布较为零散，但其主要集中于中国西南地区，其次是美国，这一结果与“时空演变特征”的结果保持一致。荒漠化与石漠化空间范围重合的地区主要集中于美国、巴基斯坦和印度等国家，除此之外，欧洲南部、非洲南部、南美洲和澳大利亚等国家和地区有零星分布，如土耳其、法国、摩洛哥、意大利、克罗地亚等(Gams，1993；Parise and Pascali，2003)，但这些地区地质环境脆弱性较小，人口和经济压力相对较轻，石漠化多为生态地质环境因素影响(袁道先，2008)，导致很少得到学者的关注。

为了进一步揭示荒漠化区域所对应的气候带，基于柯本的全球气候分类与荒漠化叠加得到本书结论：在柯本的 30 个气候类型中，荒漠化区域气候类型包含 24 类(约 80%)，荒漠化受到众多气候类型的影响，导致其具有显著的复杂性，进一步表明荒漠化不仅发生在干旱区、半干旱区及干旱性湿润区，也发生在湿润区；相反，石漠化只受亚热带湿润气候类型的影响，这也是荒漠化与石漠化的区别所在。

1.2.5 地下漏失

“地下漏失”的概念是张信宝等(2007a)在《碳酸盐岩风化壳中的土壤蠕滑与岩溶坡地的土壤地下漏失》一文中提出来的，他们认为喀斯特地区除地表流失外，还存在地下漏失，而且地下漏失是喀斯特主要的土壤流失方式。地下漏失是地表土壤以蠕滑和错落等重力侵蚀方式进入地下岩溶管道系统的过程，其主要流失途径为地下受化学溶蚀形成的岩溶裂隙或孔隙和管道侵蚀形成的地下溶洞、暗河等。土壤漏失的尺度局限在坡地尺度上(张信宝和王世杰，2016)。喀斯特地下漏失的观点已得到学界的认同，但是部分学者对其内涵定义有着各自的看法。其中，唐益群等(2010)认为土壤漏失指的是填充在岩溶管道中的土壤在水力或浸润后在重力作用下，在地表出现土壤向下蠕滑迁移的现象。蒋忠诚等(2014)则认为土壤漏失是地表-地下二元结构发育的岩溶地区，土壤在径流驱动或岩石化学溶蚀作用下通过落水洞和地下岩溶裂隙等岩溶管道向下渗漏进入地下暗河的过程，其主要以流域为研究尺度，地下漏失的速率相对较快。

笔者通过大量野外自然剖面调查发现，填充在地下岩溶裂隙管道内的土壤分为两类，一类是地下岩溶裂隙形成后地表土壤在径流作用下迁移进入的，另一类是在岩石长时间水化学作用下形成的土壤。同时，地下裂隙内填充的土壤类型主要由地表成土母岩及形成岩溶裂隙管道的岩石所决定。土壤漏失受地下岩溶管道发育情况和空间尺度影响。流域尺度上可能存在发育的落水洞、地下暗河等岩溶管道系统，为土壤的向下流失提供有利的途径。通常会发现，大雨过后，喀斯特地下暗河出口处的径流挟带着大量泥沙。相较于流域尺度而言，坡地上土壤漏失是一个长时间序列的过程，土壤在短时间内向下迁移量较少，而这也是部分学者认为水土漏失对喀斯特地区水土流失贡献不大的原因。

1.3 国内外研究现状

喀斯特区土壤侵蚀/漏失是其生态环境退化的重要因素之一，严重制约着该区生态经济社会可持续发展，充分揭示了喀斯特地区水土流失发生机制是控制石漠化发展和缓解季节性干旱的关键。西南喀斯特区位于世界三大岩溶集中分布区之一的东亚片区核心地带，是长江和珠江上游的重要生态屏障区，同时也是国家生态建设的重点区域。近年来，喀斯特区坡地水文过程及土壤侵蚀过程成为全球自然地理学界关注的焦点和前沿，得到许多国际组织的高度重视(王世杰和李阳兵，2007)。

1.3.1 侵蚀环境研究现状

喀斯特地区特殊的地表和地下二元三维侵蚀环境结构的存在，致使其水土流失类型、形式、发生机制及特点等明显不同于非喀斯特地区。与非喀斯特区相比，喀斯特地区坡地地表起伏度大、基岩裸露率高、岩石渗漏性强，土层浅薄而分布不连续、土壤总量少、土壤蓄持水分能力低，地下则由于碳酸盐岩的化学溶蚀作用发育形成裂隙、管道、漏斗、落水洞以及地下河等系统，形成了喀斯特地区特有的侵蚀环境系统。目前，国外对侵蚀环境的研究较多，如 Crowther(1982)系统研究了马来西亚喀斯特地形、土壤和植被的变化以及植被-土壤-基岩系统的动力学变化(Crowther，1987)，Poesen 等(2003)分析了环境变化对沟蚀的影响。国内景可和陈永宗(1983)首次提出“侵蚀环境”，并认为侵蚀环境是指发生侵蚀的自然环境，包括气候环境和地质环境两个方面。当前侵蚀环境的研究主要集中于黄土高原地区(毕银丽 等，1997；戴全厚 等，2008)，且其侵蚀环境主要由营力系统、界面系统以及物源系统组成(甘枝茂 等，1999)；此外，关于东北黑土区侵蚀环境(范昊明 等，2004)及生产建设项目区——高速公路建设中的侵蚀环境特征(史东梅，2006)也有研究。

然而，喀斯特区由于其地表微地貌及地下空间结构的复杂性，其侵蚀环境的相关专题研究较少。喀斯特是碳酸盐岩溶蚀造成的地表和地下系统特征的总体(屠玉麟 等，1983)，其环境具有典型的脆弱性(杨汉奎，1989)，表现在环境承载容量小、物质循环和能量流动弱、植物生长量偏低等方面。当然，也有学者认为喀斯特生态脆弱性表现为敏感度高、环境容量低、抗干扰能力弱和稳定性差(张殿发 等，2002a)。在自然因素(气候条件、地质地貌、土壤因素、植被覆盖)和人为因素的共同作用下(陈晓平，1997)，喀斯特山区土壤侵蚀强度大，侵蚀类型、形式多样，其类型以水力侵蚀(面蚀、沟蚀、石隙刷蚀、潜蚀)为主，其次为重力侵蚀(崩塌、滑坡等)以及化学溶蚀。

气候因素中，降水是土壤侵蚀驱动力之一(Jomaa et al.，2012；Panagos et al.，2015)。我国西南地区雨热同期，降雨时空分布不均，暴雨发生频率高、强度大，且大暴雨和特大暴雨所占比例高(黄晓亚 等，2013)，这不仅造成区域严重的水土流失，还为石漠化的加速形成提供了强大动力。碳酸盐岩是我国西南喀斯特区主要分布的地层岩石类型，而贵州省则是我国碳酸盐岩分布面积最大、岩溶发育最典型的省份，其碳酸盐岩分布面积达 13 万 km^2，垂直分布上总厚度可达 6500～11000 m(白占国和万国江，1998)，碳酸盐岩地层自新元古代震旦纪至中生代三叠纪均有出露，且主要由方解石($CaCO_3$)、白云石[$MgCa(CO_3)_2$]等碳酸盐类矿物组成，其作为一种可溶岩，在常温常压下碳酸盐类矿物能被水溶蚀并搬运，这奠定了岩溶发育的物质基础(Stumm and Morgan，1981；万国江和白占国，1998)。喀斯特山区地形起伏大，峰林、山地、丘陵、洼地、槽谷及盆地等地貌类型多样(Sweeting，1992；李宗发，2011；Kan et al.，2015)，坡陡且变化大，极利于水力侵蚀和重力侵蚀活动的发展(陈晓平，1997)。

喀斯特区碳酸盐岩风化残积而成的石灰土，其黏土矿物以高岭石、蛭石为主，成土速度慢、质地黏重、通透性差，具强烈胀缩性，抗蚀性差；在土层与基岩之间不存在过渡结构(常缺过渡层 C 层)，即岩-土界面存在明显软硬界面，这使得母岩和土壤间的黏着力和亲和力差，一遇降雨(暴雨)则极易发生水土流失或块体滑移(朱安国，1990)。此外，在该区特殊气候条件下，强烈的化学溶蚀使风化物中的黏粒垂直下移，形成土层上松下紧的特殊界面，这也极易造成水土流失(王世杰 等，1999)。在自然状态下，由于土壤较高的渗透能力，地表不易产生径流或土壤流失，因此化学侵蚀常在该区占主导地位(熊康宁和胡顺光，2011)。植被作为喀斯特山区防治水土流失及促进生态恢复的关键因子，受人为因素影响，西南喀斯特区植被退化严重、生态系统受损(李瑞玲 等，2002)，植被重建和恢复已成为控制该区水土流失和石漠化发展及改善生态环境的根本措施。人为因素是喀斯特区侵蚀加剧的主要原因(李瑞玲 等，2002；Zhou et al.，2008)，表现在人口密度大、人地矛盾突出、人为破坏植被以及土地粗放式经营等方面。可以看出，喀斯特区二元结构的侵蚀环境研究多侧重于地表，而针对地下空间结构的侵蚀环境研究还处于空白。

1. 地表微地貌分类研究

地貌是地表面高低起伏的状态，即地表各种形态的总称，是自然地理环境的重要要素之一，对地理环境的其他要素及人类的生产和生活具有深刻的影响。根据地表形态的规模，地貌可分为大地貌、中地貌、小地貌和微地貌等(张利超，2009)。微地貌是规模相对比较微小的地貌形态，亦是最小的地貌形态单元，是使大地貌、中地貌、小地貌的表面复杂化的极小的地形起伏，如小的侵蚀细沟、小丘等，其形成主要取决于外力作用过程(周启鸣和刘学军，2006)。微地貌研究的基础理论同普通地貌学理论是一致的，主要包括类型、规模、分布及成因的研究，还有关于应用问题(张恭 等，2008)。

目前对于微地貌的研究有很多报道，大多针对不同地区的不同尺度微地貌来进行研究。赵龙山等(2011)在研究黄土坡耕地地表微地貌空间变异性时指出微地貌是小范围内地面的起伏状态，量纲为厘米级，耕作状态下的地表地形属于微地貌的范畴。牛玉生等(2008)在研究 3S 技术在巨野平原微地貌中的应用时，把微地貌分为古河床洼地、碟形洼地、背河洼地、浅平洼地、槽形洼地、微倾斜洼地、平地、低平地、微倾斜平地等。王哲(2007)曾对长江中下游水下微地貌形态的区域进行了划分，李明琴等(2008)在对贵州喀斯特微地貌的成因及其对水土保持影响的研究中指出，喀斯特微地貌是因喀斯特作用而形成于岩面上的各种小正、负地形，如岩面上的溶孔、溶窝、溶穴、溶隙、溶沟、溶槽、海绵状多孔溶蚀层及石牙等，同时还指出喀斯特微地貌的不同对水土保持程度有着重要影响，而喀斯特微地貌的不同是由各可溶岩的喀斯特作用差异性所引起的。致使喀斯特作用产生差异性的影响因素有内因：可溶岩的物质成分、结构和构造；外因：后期构造运动使可溶岩产生破碎的程度、碎裂纹（节理裂隙）发育的方向及其多少（节理裂隙的组数）等。就喀斯特微地貌的形成而言，内因起着决定性作用。由此可见，对于微地貌的定义，在不同的研究背景下，有不同的标准。

坡耕地微地貌形态与喀斯特小生境比较类似，目前在小生境方面的研究相对比较多，如《喀斯特森林微地貌特征初步研究》（朱守谦 等，1993），《贵州花江喀斯特峡谷区不同小生境的小气候环境》（李安定 等，2010），《喀斯特森林生态系统的小生境及其土壤异质性》（刘方 等，2008），《中度石漠化小生境特征及分布格局研究》（熊华 等，2008），《云南石林喀斯特小生境木本植物多样性特征》（俞筱押 等，2007），《喀斯特区小生境特征现状分析——以茂兰自然保护区为例》（杨瑞 等，2008）等。

尽管喀斯特森林小生境与坡耕地微地貌有相似之处，但却是两个不同的概念。在评价这两者时，从几个重要的指标出发，如基岩裸露率、土被连续性、土层厚度、地面破碎度、小地形类型及其组合情况、生物生长环境等，都体现出不同的结果。一般来说，小生境的基岩裸露率、地面破碎度大于微地貌，土被连续性和土层厚度小于微地貌，小生境类型及其组合比微地貌多，生物生长的严酷环境比较多。朱守谦等（1993）根据微地貌的成因、外部形态特征等划分了茂兰喀斯特森林小生境类型，有石面、石缝、石沟、石洞、石坑、土面 6 种。但是从耕作程度及其利用方式出发，此标准并不适合微地貌。微地貌的尺度要稍微大一些，是小生境基础上的尺度外推结果。

近百年来，立地分类与评价理论日益成熟，以喀斯特山地为主，针对不同目标的立地分类与评价研究已达到一定深度，这为喀斯特坡耕地微地貌的立地分类提供了理论参考。张喜（2005）指出喀斯特坡耕地立地是指其用途中体现气候、地质、地貌、土壤、水文、植被及其他生物等自然环境因素的综合作用所形成的各种不同立地条件地段。立地因素是控制地块属性的自然地理因素的集合，既构成了立地的本身，又决定了立地的性质。同其他立地分类不同，喀斯特山地坡耕地立地分类与评价以植被恢复能力为目标，包括植被的生长状况和水土保持潜力以及生态环境潜在改善程度等。显然，涉及的立地因素有很多，各种因素相互制约，在不同的层次及范围内影响着喀斯特山地坡耕地立地分类与评价。

影响喀斯特山地坡耕地立地质量的因素有很多，各自的影响层次和范围也不同，有些因素直接制约立地的植被恢复能力和水土保持潜力，有些立地因素具宏观性，有些具微观性（张喜，2005）。本书即着眼于坡耕地微地貌的研究，它应该是在尺度上以长、宽方向上数十厘米至数米，在外部形态上可以明显区分的，在内涵上具有不同生态有效性的一个单元。水土流失和石漠化发育的表观特征是在喀斯特山地坡耕地形成了一系列的微地貌。

喀斯特地区坡耕地的立地分类研究，目前大多是着眼于宏观层面，如《贵州陡坡退耕地立地分类系统研究》（高华端，2003），《喀斯特山地坡耕地立地分类系统与评价（Ⅰ）——贵州喀斯特山地坡耕地立地因素分析》（张喜，2005），《花江喀斯特峡谷示范区立地分类及应用研究》（高华端，2004），《乌江流域岩溶宜林石质山地立地分类研究》（高华端，2002），《贵州喀斯特山地坡耕地立地影响因素及分区》（张喜，2003）等。这些研究基本都是按大地貌、中地貌、岩组性质、坡度等级及土体连续性将立地分为立地区、立地类型区、立地类型小区、立地类型组、立地类型等。

2. 地下裂隙研究

喀斯特地区地质构造、岩石类型、气候、水文和地球化学等因素会影响岩溶发育，地质构造是影响岩溶发育的主要因素，主要影响地下水的补给与排放条件，在构造作用或其他后期改造作用下，岩石的连续性受到破坏便形成了裂隙(李瑞玲 等，2003；陈学时 等，2004)。碳酸盐岩因结构、成因不同，其溶蚀机理、溶蚀过程及结果也不同，直接造成它们在溶蚀作用下形成(孔)裂隙类型上的差异(李文兴，1998)。地表白云岩硬度大、易破碎，以物理风化为主，再加上岩石以粗粒结构为主，有利于整体溶蚀作用的进行；而地表石灰岩以溶解作用为主，在受力时节理裂隙分布很不均匀，易形成大小、形状较为复杂的岩石裂缝和洞穴系统。大气圈中的CO_2及降水则为近地表的岩溶裂隙发育提供了驱动力(蒋忠诚和袁道先，1999)。

在喀斯特山区，由于岩石圈、大气圈、水圈、生物圈四大圈相互的强烈作用会对近地表的可溶性碳酸盐岩，特别是对风化差异性较为显著的石灰岩形成较多孔隙或裂隙，最终在喀斯特地区形成独特的地表地下二元结构和土壤-岩石环境特征。这些岩溶地下裂隙对降水具有很强的吸收能力，即其入渗率很大，因此只有在大雨或者暴雨情况下才会有坡面流产生(袁道先，1996)。Mangin(1974)对喀斯特含水层在久旱暴雨后的水量平衡进行分析，证实了在近地表存在着饱和含水带，从地貌学和水文学角度最先提出了“表层岩溶带”及“表层岩溶带含水层”的概念。Williams(1983)从岩溶动力学的角度，通过分析新几内亚等地“皮下层”的特点和岩溶作用，阐明了岩溶洼地和漏斗的成因，提出了“皮下层”的概念。在国内，袁道先(1996，2001)最早提出使用“表层岩溶带”这一术语，表层岩溶带具有较高的孔隙度和渗透性，以纵横交错岩溶微形态组成的岩溶网络为结构特征，如“丝瓜之囊”，连接了地表和地下的可溶性碳酸盐岩，是岩溶地区水分和养分运移的重要空间。表层岩溶带的厚度、裂隙分布及渗透性是控制表层岩溶带水循环动力特征的重要因素，其水分主要存储于运移空间为张开度在1～5 mm的裂隙(张志才 等，2011)。岩溶裂隙的连通性和几何形状会直接影响地表地下水文路径连通性，决定了地表坡地产流模式(姜光辉 等，2008；Zhang et al.，2011a；Gabrielli et al.，2012)。杨智等(2010)、伏文兵等(2015)、严友进等(2015)、李昌兰等(2016a)、李昌兰等(2016b)利用人工降水设备控制降水强度、坡度、地下裂隙度等，研究了喀斯特坡耕地地表以及地下产流产沙量、养分流失量。

发育于碳酸盐岩体中的岩溶裂隙，其几何特征和分布特征具有随机性，在平面和垂直面上有非均质性和隐蔽性的特点，会形成不连续的结构面，在三维空间上呈现复杂的网状结构特征(区永和，1991；黎华清 等，2012)。在工程实践中，利用孔间电磁波透视及电子计算机断层扫描(computed tomography，CT)层析成像技术，可以对隐伏地下的碳酸盐岩岩体非均匀性的结构进行数字化呈现，便于识别地下裂隙的几何空间形态、结构体、充填物性质等(黎华清 等，2012，2014)。

3. 土壤物理性质研究

土壤是陆地生态系统的重要组成部分，是诸多生态过程的载体，是植物群落更替过程中不可或缺的内容，在喀斯特石漠化恢复治理过程中扮演着重要的角色。当前，众多的科研工作者对喀斯特土壤的结构、质地、容重、渗透率、孔隙度、含水特征等物理性质做了大量的研究，认为喀斯特地貌具有二元结构的特征，形成的土壤剖面一般为 A-D 或 A-B-D 结构，各层之间还存在一些过渡层段，土层浅薄，土被不连续，具有高度的空间异质性(熊毅和李庆逵，1987)。其分布特征(周运超和罗美，2017)表现为小于 8°坡面土层厚度大，坡度越大，土层厚度越小；相同海拔条件下的土壤厚度与地貌特征关联度较大；人为作用的主动选择改变土壤的厚度；土层厚度的影响因素主要与水动力条件相关，土壤厚度随坡位的降低逐渐变厚(尹亮 等，2013)。土壤容重、毛管孔隙度、总孔隙度、田间含水量、毛管含水量与石漠化程度增加不同步，而呈现先退化后改善的趋势(盛茂银 等，2013；周秋文和尤倩，2017；崔高仰 等，2017)。构成土壤骨架的土壤矿物质质量占土壤固体部分的 95%以上，极大地影响土壤的性质(龙健 等，2005a)，严重石漠化的土壤具有典型的粗骨性土壤的特征，随着石漠化的发展，土壤肥力状况发生显著衰退。

目前，对于裂隙土壤的形成过程、植物对裂隙土壤养分的响应以及裂隙产流产沙的模拟等方面的研究已取得巨大成果，认为喀斯特漏斗、裂隙土壤不容小觑，占研究剖面面积的 28.4%～37.16%(雷俐 等，2013)。土壤或风化壳远距离的物理冲刷与局部向下运动并存(李德文 等，2001)。喀斯特二元结构为地表土壤提供储存空间，并在自身重力及降水入渗的动力作用下向下入渗(张信宝 等，2010)。此外，喀斯特不同地貌类型下地表坡度、土层厚度、地层岩性、基岩裂隙、植被类型的发育程度，也可致降雨初损量和入渗量的不同(温志群 等，2010；郑长统 等，2011)。虽在喀斯特土壤理化性质研究方面也取得了巨大科研成果，但对于裂隙土壤物理性质、土壤区域内的储量、区域间的分布、土层厚度、地温、土壤厚度分类利用等方面的研究成果鲜有报道，未来科研应有所突破，以弥补喀斯特石漠化地区土壤物理性质研究的不足。

1.3.2 水文过程研究现状

针对喀斯特多重介质环境特征，众多学者开始关注其水文特性和过程，如王腊春等(2000)论述了流域岩溶水文特征与流域储水结构、地质地貌结构的相互关系以及裂隙流与管道流的转化关系；梁虹和王剑(1998)探讨了不同岩性的流域与洪、枯水特征值之间的相关关系，揭示了岩性差异对流域水文要素的影响；王涛(2006)对我国西南岩溶区典型地下河流域水循环过程进行了概化，并提出了不同岩溶环境条件下的水循环模式图；陈洪松等(2012)对喀斯特山区坡地的大型径流小区(1000 m^2)定位观测表明，坡面次降雨径流系数小于 5%，地表产流很少，降雨几乎全部下渗；郭纯青等(2013)从岩溶洼地水文循环的“源”“流”“场”“蓄”4 个部分出发，分析了岩溶洼地降水、地表水、地下水以及岩溶发育强度特征等，阐述了岩溶旱涝灾害发生规律及致灾因子；Fu 等(2015；2016)通过开挖深入基岩的断面，采用模拟降雨的方法，研究了喀斯特坡面植被-土壤-

表层岩溶带体系中三维水文过程；王发等(2016)采用亮蓝染色示踪技术研究了喀斯特坡地土壤的优先流特征。然而，在地表以下或浅层裂隙中水流路径探测方面的研究甚少。

1. 土壤水分入渗

在水流的差异侵蚀和溶蚀以及不同岩性和构造控制作用下，由可溶碳酸盐岩构成的非均质含水介质构成了喀斯特地区特有的地表地下二元三维空间结构系统。该地区的土壤水分入渗过程较常态地貌地区土壤有明显差别，其过程更加复杂多变。近年来，学者们采用不同的入渗方法对喀斯特地区的水分入渗特征进行了探讨和研究(Li et al.，2011；党宏宇 等，2012；方胜等，2014；Yang et al.，2016b)。基于盘式入渗仪方法，刘建伟等(2008)发现在喀斯特地区，碎石对石质坡面土壤入渗具有促进作用，农用地土壤剖面随土层深度增加，入渗性能有不断减小的趋势，不同层次土壤入渗性能差异明显；Chen等(2011)发现喀斯特地区表层土壤近饱和导水率为 45～660 mm/h，且饱和导水率随碎石含量的增加而增加。通过室内土柱模拟试验，党宏宇等(2012)发现碎石的位置和粒径对入渗的影响不同，较小粒径(5～20 mm)的碎石有促进入渗的作用，而大粒径(20～40 mm)的碎石起抑制作用。基于 Guelph 入渗方法，方胜等(2014)发现喀斯特坡地土壤稳渗率普遍高于非喀斯特地区，喀斯特坡地土壤稳渗率受土壤孔隙和岩石裂隙耦合作用影响，土壤的稳渗率具有高度的空间异质性。孟凡德等(2015)发现白云岩和石灰岩坡地与坡耕地相比有更大的饱和导水率，同时还发现石灰岩坡地饱和导水率较白云岩地区具有更高的空间变异性。Li 等(2011)通过模拟降水和自然降水跟踪研究了地中海喀斯特坡地的水分入渗产流特征，发现在植被覆盖和基岩裂隙存在的条件下，地区的水分入渗明显增强。

总体而言，目前对岩溶区水文过程、水文模型的研究较多，而针对水分运移与水土流失过程的交叉研究很少，且很少有研究从水-土-岩的角度去揭示喀斯特坡地水分运移过程。

2. 土壤优先流

1864 年，有研究者通过排水试验研究了入渗过程中的“大孔”现象，这是人们首次对土壤优先流进行的相关研究。之后学者们通过试验发现入渗的增加与土壤中的虫、根孔、裂隙显著相关。但是这些研究仅仅描述了优先流，并未引起人们的关注。随着时代的发展，科学技术提升后发明的无损伤试验技术包括现代化仪器、染色剂示踪等在优先流研究领域的广泛运用，使得优先流的定量化研究得到了极大的推动。但是对于“优先流”的概念，人们的认知却又不相同。2001 年，亨德里克(Hendrick)等则认为优先流的特征是非平衡、非均匀流，是指溶质和水分绕过部分多孔介质而沿一些特定路径向下运动(吕刚 等，2017)。国内学者们对于优先流也进行了相关的定义，首先他们认为优先流是一种能绕过土壤基质，其次与其他土壤水分形式密切相关的，并且能穿过土壤孔隙并快速运移的土壤水分运动形式(程金花 等，2006)。总的来说，这些观点的共同之处是在土壤各向异性的情况下，外部多因素共同作用，非稳定性渗流沿着特定路径向下迁移的现象。现在“各种环境下非平衡流是描述优先流的术语”被广泛认可(Flühler et al.，

2001）。

优先流是环境科学、环境工程、土壤学以及农业研究的热点之一，当前对于优先流的研究方法较多，如微张力测量技术、非侵入式影像获得技术、CT 技术、磁共振技术和地下雷达探测技术等。但是在国内，主要运用染色示踪技术和放射性同位素技术对土壤优先流进行相关研究，优点在于价格便宜、路径直观、适用性强。方法是将能够把土壤明显染色的染料溶于水中，再用溶有染料的水模拟降雨，使其完全渗透土壤，拍照后利用图像分析软件确定优先流路径、染色面积等。目前，学者们已经利用剖面染色与图像分析结合的方法对山地不同垂直带优先流特征进行了调查研究，分析了优先流路径对剖面水分向下运移的影响（刘目兴 等，2012）。王发等（2016）利用亮蓝染色技术研究对比了喀斯特不同土地利用类型下土壤的优先流路径分布特征及影响因素。此外，张财宝等（2012）运用染色示踪技术分析得出土壤中根系、裂隙以及物理性质等理化性质均会对优先流的形成产生相应的影响。

通常来说，土壤结构、容重、饱和导水率、初始含水量、根系、石砾等均是优先流形成与发育的影响因子（陈晓冰 等，2019）。除此之外，土壤中蚯蚓、蚂蚁等在土壤中活动形成的孔洞均为土壤优先流的形成发育提供了可靠的路径。但由于动物的活动难以预测与控制，对于动物活动与优先流的研究也相对较少，更多的目光关注人为活动对土壤优先流的影响。例如，王彬俨等（2013）的研究表明北京昌平区人为耕作的农田土壤粉粒含量与土壤中优先路径数量呈显著负相关。李文凤等（2008）则在黑土区利用染色示踪法研究对比了免耕和秋翻措施下水分渗透和优先流特征。由此可见，当前运用染色示踪剂对于土壤优先流方面的研究较为成熟。

3. 裂隙水文过程

20 世纪 70 年代，Mangin（1973）通过对久旱暴雨后岩溶含水层水量平衡进行分析，证明在包气带中确实存在饱和含水带，从水文学及地貌学角度提出了“表层岩溶带”这一概念。同时岩溶石山区，山体的上部碳酸盐岩裸露率很高、土壤覆盖率很低，呈零星分布；在山体的中部到下部，土壤覆盖由薄到相对较厚，由零散逐渐到连片；在洼地中，土壤层相对较厚。鉴于岩溶石山区，碳酸盐岩风化成土速率先天不足，低洼集土区域所占面积很小，土壤对水分的调蓄能力很低，壤中径流对区域水循环的影响就相对较弱。大部分降水以土壤重力水的形式，入渗溶蚀孔隙发育的岩溶表层带。这表明在这一地区，土壤水文过程通常受到地质背景的制约，受到地表土壤及植被情况、表层岩溶带、浅层裂隙发育状况、降水等多方面因素影响（Yuan，1997；White，2002；Cao et al.，2003；Perrin et al.，2003）。区域内分布最广的碳酸盐岩风化发育形成的土壤理化性质表现为富钙、偏碱性、养分较高等特点，但由于其风化成土速率缓慢，这一区域内土层瘠薄，土壤储水、调蓄降雨能力低且易流失而难恢复（Cao et al.，2003；Chen et al.，2012；陈洪松 等，2013）。作为土壤流失/漏失的传输介质的水，通常会将覆盖于岩石表面的土壤带入二元水文网络（曹建华 等，2017）。并通过不断的溶蚀作用对岩溶地下结构进行改造，通过溶解土壤空气中的 CO_2 而具有强的溶蚀动力，一方面在岩石表面溶蚀，形成溶盘、溶痕、溶坑、溶孔，另一方面沿岩石裂隙渗透溶蚀，使岩石裂隙扩大形成溶蚀裂隙、溶沟、溶槽，之后逐渐形成岩溶通道

(管道、洞穴等)，并最终构成岩溶地下河系(郭纯青，2001)。同时浅层裂隙中并非绝对的空隙结构，通常填充着从地表通过降雨迁移、蠕移等漏失下去的土壤。这些充填土壤的多少、结构组成、入渗能力、水力学特性复杂，改变了裂隙的透水性，使得裂隙的水力条件发生改变。在这一方面，周创兵和熊文林(1996)、速宝玉等(1994)、刘才华等(2002)通过人工有充填裂隙水力学试验对有充填裂隙水力学特性进行了一定量的研究。伏文兵等(2015)通过模拟喀斯特坡耕地地貌特征和喀斯特地下裂隙构造，进行人工模拟降雨试验，地下裂隙产流与地表几乎同步，同时产生，同时消退。陆冠尧和黄颂意(2012)通过设计不同裂隙率、不同坡度的石漠化土地，以不同雨强对其进行人工模拟降雨试验，以研究石漠化土地“五水”转化过程。在石漠化土地的降水过程中，有 48.7%～63.5%的水转化为地表径流，5.2%～22.6%的水被土壤吸收，5.3%～33.6%的水被植被截流，5.6%～9.8%的水形成裂隙水。

我国西南喀斯特地区广泛分布的碳酸盐岩由于处于湿热的气候条件下，强烈的岩溶作用形成的地下裂隙使得这一地区降雨通过地表土壤入渗与地下裂隙运移后排入地下，形成“地下水滚滚流，地表水贵如油”的状况。目前喀斯特山区对于土壤水文的研究在土壤水分测定方法、土壤水分有效性、碎石对土壤水分入渗与蒸发的影响、不同利用方式(或不同生境)土壤水分含量差异、土壤水分时空变异性及其主要影响因素等诸多方面已取得了一系列的进展(Cousin et al.，2003；张伟 等，2006；张继光 等，2008)。同时借助稳定同位素示踪技术，部分研究者还探讨了植物水分利用效率及水分来源，分析了降水、土壤水、地表水、壤中流(裂隙水)、地下水的相互转化关系与转化方式(地质矿产部水文地质工程地质技术方法研究队，1983；Doctor et al.，2006；容丽 等，2007；杨成 等，2007；Querejeta et al.，2007)。但是已有研究却未对地下裂隙充填土壤的渗透性、有效性以及水力特性方面进行相关研究。

1.3.3 地表侵蚀研究现状

1. 侵蚀过程与机理

喀斯特地区土壤侵蚀过程极其复杂，土壤不仅随地表径流流失，同时还沿岩溶裂隙、漏斗、落水洞等向地下流失。国内对喀斯特区特殊的水土流失研究起步于 20 世纪 60 年代(刘志刚，1963)，到 80 年代时也只有少数人研究(解明曙，1983；李杰新，1984；杨成华，1988)。20 世纪 90 年代开始，科研工作者对喀斯特土壤侵蚀进行了深入研究，取得了一定成果，如韦启璠(1996)、陈晓平(1997)、林昌虎和朱安国(1999)等研究了南方喀斯特区土壤侵蚀特点及防治途径，郑永春和王世杰(2002)分析了贵州山区石灰土侵蚀及石漠化的地质原因，多数研究都是从宏观尺度上分析喀斯特区水土流失的方式、特征及其危害等，而对水土流失机理研究相对较少。直到 21 世纪，许多学者才对喀斯特区土壤侵蚀机理进行初步研究。苏维词(2001)从岩性、地貌及人类活动等方面论述了土壤侵蚀性退化的成因机理，指出不合理的人类活动是其诱因和外动力。白占国和万国江(2002)通过 ^{7}Be 和 ^{137}Cs 示踪手段，揭示了喀斯特区土壤侵蚀受季节性降水和微地形控制的机理。张信宝等(2007a)认为岩溶坡地土壤侵蚀是流水侵蚀、化学溶蚀和重力侵蚀叠加的过程，且张信宝等(2010)指出不同碎屑岩含量的碳酸盐岩区土壤允许流失量为5～500 $t·km^{-2}·a^{-1}$。曹建华等(2011)结合岩溶区水循环特征、土壤空间分布特征，根据不同空间尺度将岩溶区水土流失发生的基本单元分为坡地、洼地、谷地及流域并分析其侵蚀过程。熊康宁等(2012)从不同的地理视角(高原山地、盆地和峡谷)分析水土流失发生机制与空间差异，但这些研究多侧重于地表侵蚀，认为石漠化强度高的地区其地表产流产沙量有减小趋势，主要因为岩石发育的节理、裂隙、管道等能吸收或渗漏一部分降雨，且裸露岩石的截留汇流作用降低了地表径流速度。彭旭东等(2016)也认为，随着石漠化强度加剧，越不容易发生地表侵蚀，然而地表裸露岩石对地表侵蚀的作用机理有待后续进一步研究和探索。

2. 侵蚀强度

有学者对喀斯特地区土壤侵蚀强度进行了大量研究，但是由于研究区域、观测尺度和方法的不同，所获得的土壤侵蚀强度往往差异较大(胡奕 等，2012)。例如，柴宗新(1989)根据广西的桂林、富阳、邹圩等水文站测量结果得出，河流含沙量为0.06～0.10 $kg·m^{-3}$，悬移质侵蚀模数为60～130 $t·km^{-2}·a^{-1}$。朱安国和林昌虎(1995)对贵州山区主要河流进行监测发现，河流平均输沙模数为322 $t·km^{-2}·a^{-1}$，其中乌都河最高，为1047 $t·km^{-2}·a^{-1}$，樟江最低，为56 $t·km^{-2}·a^{-1}$。但由于现行土壤侵蚀模数等指标不能很好地反映喀斯特地区的实际情况，且同类型的土壤侵蚀研究缺少可比性，所以学者研究认为应该以允许土壤侵蚀量作为区分不同侵蚀区域侵蚀强度的基础指标。关于喀斯特地区土壤允许流失量和土壤流失强度分级及其类型划分，一直是一个极具争议的热点问题。柴宗新(1989)研究得到广西岩溶区的容许土壤流失量为 68 $t·km^{-2}·a^{-1}$，而韦启璠(1996)通过研究则认为喀斯特区最大土壤允许流失量不超过50 $t·km^{-2}·a^{-1}$。中华人民共和国水利部于1997年颁布的《土壤侵蚀分类分级标准》指出西南土石山区的土壤允许侵蚀量为500 $t·km^{-2}·a^{-1}$，但对特殊的喀斯特环境意义不大，至今喀斯特地区土壤侵蚀分级指标体系仍存在很大的争议。陈晓平(1997)在滇东南峰丛山区通过观测试验，拟定了认为适宜于喀斯特区的土壤侵蚀分级指标，认为喀斯特山区土壤允许流失量为 46 $t·km^{-2}·a^{-1}$。万军等(2003)认为，按照年均土壤侵蚀模数确定土壤侵蚀级别的方法在喀斯特地区存在很大的争议，并提出了用石漠化扩展速度对土壤侵蚀风险进行评价。李阳兵等(2006b)则根据碳酸盐岩不同组合中酸不溶物的平均含量和贵州碳酸盐岩的平均风化溶蚀速率分区域计算碳酸盐岩地区的土壤允许流失量。

3. 侵蚀模型

土壤侵蚀模型为定量研究土壤侵蚀过程和预报提供了有效手段。我国于 20 世纪 80 年代初引入美国通用土壤流失方程，并结合各地自然条件建立了适合各地的模型参数指标。在喀斯特地区，对土壤侵蚀预报模型的研究很少。汪文富(2001)利用遥感和地理信息系统技术建立了岩溶流域的土壤侵蚀模型；吴月霞等(2007)利用 SCS-CN 曲线数入渗模型估算了岩溶地区的地表产流；许月卿和邵晓梅(2006)、赵海兵等(2011)采用 3S 技术和修正的通用土壤流失方程(revised universal soil loss equation，RUSLE)模型分别研究了贵州猫跳河流域 30 年的土壤侵蚀模数的动态变化和贵阳麦西河流域的土壤侵蚀模数；谢良胜等(2010)认为沉积量测量法是无资料数据和测站时盆地型喀斯特流域计算土壤侵蚀模数的首选模型。除此之外，Kemmerly(1989)建立了喀斯特孔隙分布模型；索立涛等(2007)将半分布式流域水文模型进行改进以适合岩溶地区的应用；尚晓三和王栋(2008)建立了基于遗传算法率定参数的概念性岩溶水文模型，并对寨河流域老黑潭、六谷与后寨水文资料进行检验。随着人工智能技术的日益完善，神经网络技术也在岩溶地区有所应用，如陈南祥等(2004)模拟了岩溶泉的变化过程；陈才等(2009)以普定后寨河流域 10 年的径流资料为基础，研究了神经网络模型在喀斯特流域水文预报方面的适用性。综上所述，对喀斯特地区土壤侵蚀的研究报道已经有很多，但喀斯特地区的土壤容许流失量和土壤流失强度分级及类型划分仍有争议，关于喀斯特地区的土壤侵蚀过程及机理研究，特别是喀斯特岩溶强烈发育的地下裂隙水土流失研究还是很少。

1.3.4　地下漏失研究现状

喀斯特区特殊的二元结构及多孔介质特征，使得降雨过程中径流在浅层裂隙、管道、漏斗中的流动会带走土壤，造成土壤漏失现象。土壤地下漏失是指喀斯特地下水溶蚀形成的孔隙、裂隙和管道，被上覆土壤通过蠕滑和错落等重力侵蚀方式充填，造成坡地地面土壤、土壤母质及其他地面组成物质如岩屑、松散堆积等沿溶沟、溶槽、洼地和岩石缝隙进入岩溶地下含水层(张笑楠 等，2009)。水土漏失是地表、地下双层空间结构发育的岩溶地区，在水流机械侵蚀及化学溶蚀作用下，地表泥沙经过落水洞和岩溶裂隙等岩溶通道向下渗漏到地下河的过程(蒋忠诚 等，2014)。国外早在 20 世纪 60 年代就有研究指出土壤地下漏失现象(Jones，1965；Gosden，1968)。地下漏失直接观测难度大，且目前尚无切实可行的研究方法和手段，导致人们对地下漏失的机理了解不深。

1. 地下漏失研究动态

近年来，喀斯特区的地下漏失被广泛关注，如张信宝等(2007a)分析了岩溶坡地土壤地下漏失和土地石质化的过程。曹建华等(2008)指出岩溶地区的水土流失在坡地存在土壤充填囊状缝隙、孔洞的情况，大部分泥沙主要通过落水洞、漏斗流失，而漏失进入地下空间的土壤可能在裂隙、洞穴和地下河中沉积且不再移动，也可能随地下河输移排入地表河中(李晋和熊康宁，2011)，其中洞穴沉积土壤可来自地表水流挟带土壤从洞口冲入，水流挟带土壤沿裂隙、管道等排入等。周念清等(2009)建立了岩溶区水土漏失概念模型，并将水土流失过程概化为雨滴溅蚀、坡面侵蚀、落水洞漏失和地下暗河运移 4 个主要过程。Dai 等(2015)分析了坡耕地降雨侵蚀过程中能够进入地下裂隙的产流产沙量。唐益群等(2010)阐明了喀斯特石漠化区地下漏失的过程及机理。冯腾等(2011)指出土壤地下流失可能以沿裂隙、地下管道等的整体蠕移丢失为主。郭红艳和周金星(2012)分析了石漠化地区水土地下漏失的危害及作用机制。Wang 等(2014)解释了土壤地下漏失的侵蚀-蠕变-崩塌机理，包括裂隙土扰动、内部侵蚀和局部坍塌、自由表面形成、土壤蠕变、土管形成、土管坍塌、地面塌陷与填充等七个过程。Zhou 等(2012)通过剪切试验和蠕变试验，建立了喀斯特管道中土壤地下漏失的概念模型。相关研究(Zhang et al.，2011；冯腾 等，2011；魏兴萍 等，2015)表明，岩石与土壤之间存在特殊界面，土粒可能随水流沿岩-土界面运移；已有研究证实坡面土壤通过裂隙漏失进入溶洞的土壤颗粒少，溶洞内部土壤主要来自岩-土界面，这说明土壤沿岩-土界面蠕移可能是该区水土流失的重要部分。岩-土界面作为一种介于岩土与土壤之间的特殊结构，许多研究均注意到喀斯特地区碳酸盐基岩-土壤界面清晰、突变接触过渡的现象，且多处呈现岩-土界面蠕移擦痕(图 1.3)，今后应加强岩-土界面特性及其对喀斯特地区坡面水文循环及土壤侵蚀影响的研究。同时，土-石界面、地下裂隙、落水洞对喀斯特区土壤地下漏失的主导程度，土壤漏失迁移距离均还有待后续进一步的研究证实。

图 1.3 岩-土界面蠕移擦痕

2. 漏失途径/通道

当前，学界公认由地下岩溶裂隙、落水洞、地下暗河等组成的地下岩溶管道系统是喀斯特地下水土流失的主要途径/通道。泥沙由岩溶裂隙或落水洞等途径流失的比例存在争议。熊康宁等(2002)、曹建华等(2008)认为由落水洞、竖井等途径向下运移的土壤是喀斯特地区地下暗河中泥沙的主要来源，而由岩石裂隙向下流失的土壤仅占小部分。魏兴萍等(2015)利用 ^{137}Cs 示踪得到重庆岩溶槽谷区地下暗河中的泥沙 74.55%来自落水洞、竖井等途径，而由岩溶裂隙向下流失的泥沙占比为 25.45%。唐益群等(2010)、冯腾等(2011)、张信宝和王世杰(2016)认为地下水土流失途径与地下岩溶管道系统和地下暗河发育程度有关，在岩溶裂隙和地下暗河不发育地区，径流和泥沙则主要通过落水洞和漏斗等向下流失。笔者在野外考察过程中发现地下岩溶管道系统发育明显的地区，地表土壤受径流驱动进入复杂的地下岩溶管道系统后发生地下漏失。课题组通过模拟研究得到喀斯特地下土壤漏失量与地下裂隙发育程度呈显著性正相关(Dai et al.，2015；Dai et al.，2017a；Dai et al.，2018；Peng et al.，2018)。

喀斯特坡地地下岩溶管道系统的隐蔽性和复杂性，使得当前对地下水土流失途径/通道特征的研究多为描述性，而对地下岩溶管道系统的形态特征、连通特性等尚未有一个清楚的认识。大多数研究者进行喀斯特地下水土流失的研究时，通常将水、土在地下的运移过程视为“黑箱”，只考虑地下水土流失的总量。已有的关于地下岩溶管道系统的研究主要是通过野外调查后进行人工模拟。例如，沈振中等(2008)利用有机玻璃管模拟地下岩溶裂隙，开展地下水文研究。张伟等(2013)用钢槽制作喀斯特地区的土壤侵蚀与养分迁移模拟装置，该装置能够用于模拟不同岩土裂隙环境下土壤溶质的运移规律。戴全厚等(2011)对喀斯特坡地进行调查后，综合坡地坡度、基岩裸露率、土层厚度、土壤类型和地下裂隙特征，设计出一种用于喀斯特坡地产流、产沙的试验装置，该装置能够初步模拟单位投影面积上地下裂隙占坡地面积的百分比，但是与自然状态下的岩溶裂隙仍存在一定的差异。地下岩溶管道系统是水土流失的主要通道，对其有个科学、清楚的认识是进一步开展喀斯特水土流失研究的重要前提，今后的工作重心应为关注地下岩溶裂隙形态特征的研究，以推动喀斯特地下水土流失的研究。

3. 土壤裂隙漏失过程与机理

土壤是否能从岩溶裂隙进入地下管道从而进入地下河，现在学术界还存在分歧。岩溶区的地下漏失与该区裂隙发育状况有关，受降水、地质构造、地形、植被、水文等多因素影响，不同岩溶区裂隙发育情况差异很大(魏兴萍，2011)。喀斯特岩溶裂隙、管道、落水洞、溶洞等无疑是其水文过程的重要通道(陈洪松等，2012；Fu et al.，2015，2016；Katsanou et al.，2015；Williams，2008)，但对土壤侵蚀/漏失而言，学术界还存在两种争议：其一是坡地土壤主要由连续贯通的裂隙、管道、孔洞流入地下空间，并且这种漏失率还比较大(张信宝 等，2010)；其二是坡面土壤通过裂隙、管道等漏失，且程度较轻微(冯腾 等，2011)，这种漏失率比较小(岩溶裂隙发育下的土壤漏失也仅占总流失的 3%～34%)，即使在更大尺度(流域)，其漏失率也仅有 4.5%(Wei et al.，2016)。针对喀斯特岩溶裂隙土壤漏失，存在不同观点，有的学者认为裂隙通常为土壤或风化物及其混合物充填，土壤沿裂隙漏失轻微(魏兴萍 等，2015)，也有学者也认为土壤以沿裂隙、地下管道等整体蠕移丢失为主(冯腾 等，2011)。

在国家自然科学基金“喀斯特坡耕地浅层孔(裂)隙水文过程及土壤侵蚀响应机制”“喀斯特坡耕地土壤养分地下裂隙流失特征与机理”“喀斯特坡耕地产流产沙特征及过程研究”的资助下，课题组多年来围绕喀斯特坡耕地浅层裂隙水土漏失的研究结果表明(彭旭东等，2016，2017a，2017b；Dai et al.，2017a，2017b)，喀斯特坡耕地的土壤侵蚀方式是一个从地下漏失到地表迁移的转变过程，即小雨(≤30 mm/h)时以漏失为主，而暴雨(≥50 mm/h)时则以二者并重甚至以地表流失为主。针对水土地下漏失的争议，笔者结合野外考察和观测认为，水土沿裂隙漏失的关键取决于裂隙的发育程度及裂隙下部的连通情况，当裂隙发育未能达到地下空间或裂隙下部闭合时，其漏失较轻微，且裂隙常被土壤或岩石风化物所填充(图 1.4)，而当裂隙较发育且与地下空间系统连通时，其漏失就较严重(图 1.5)。由此来看，基于岩溶多重介质环境的特殊性，喀斯特区土壤侵蚀机制方面的研究还很薄弱，尤其是浅层裂隙水土漏失机制，以及基于水分运移的土壤侵蚀过程、水-土-岩/裂隙结构单元的侵蚀机制等，都还有待进一步探索，这是该地区石漠化综合治理工程实施的迫切需要，同时也是土壤侵蚀学科体系的重要补充。

图 1.4 裂隙被土壤填充

图 1.5 裂隙下部连接较大空间

1.3.5 研究方法的探索

目前，喀斯特区土壤流失的研究方法主要有坡地径流小区观测、河流泥沙观测(陈洪

松 等，2012）、人工模拟降雨试验（杨成波，2008；王明刚和李森，2011；Dai et al.，2015；彭旭东 等，2016）、遥感影像（汪文富，2001）、USLE/RUSLE 模型（Xu et al.，2008；Li et al.，2016）、核素示踪（白占国和万国江，2002；傅瓦利 等，2007；冯腾 等，2011；魏兴萍 等，2015）以及探地雷达技术（王升 等，2015）、洞穴沉积物监测（周福莉 等，2012）和地下河监测（李晋 等，2012）等。传统方法有很多的局限性，很难适用于喀斯特区特殊的水土流失观测，且得到的数据只能反映流域坡面或流域尺度的侵蚀产沙状况，如插针法、径流小区观测、遥感影像、USLE/RUSLE 模型等。探地雷达技术可用于分析喀斯特表层岩溶带结构特征及发育状况，为判别地下水土流失的方式和途径提供基础数据；洞穴土壤作为一类洞穴沉积物，当前利用它来研究水土漏失的研究还较少，分析其颗粒组成及水文地球化学指标可指示洞穴漏失土壤的来源；此外，通过地下河出口断面的连续定位监测，分析其含沙量及微量元素等可在一定程度上指示土壤地下漏失状况（陈雪彬 等，2014）。可以看出，上述方法在定量揭示喀斯特坡地水土地下漏失方面具有局限性，很难揭示土壤地下漏失过程与机理。众多研究表明，核素示踪是一种能够准确反映各尺度下土壤侵蚀特征的研究方法，且适用于喀斯特特殊的水文循环及土壤侵蚀机制研究。例如 ^{137}Cs 核素示踪法，20 世纪 60 年代美国率先将这一技术运用到土壤侵蚀研究中（Menzel，1960；Rogowski and Tamura，1965）。张信宝等（1988）将 ^{137}Cs 示踪技术引进国内，开始了我国基于 ^{137}Cs 示踪法的土壤侵蚀研究。运用 ^{137}Cs 示踪法在土壤侵蚀研究上已经取得一定的成果，在理论上和实际操作过程中都较为成熟（Basher，2000；傅瓦利 等，2007；魏兴萍 等，2015）。该示踪技术依赖局部空间均匀沉降的假设，包括大气沉降在空间上是均匀的、在土壤传输空间上也是均匀的和在传输过程中不再发生分配 3 个内容，然而，谢菲尔德大学的 Parsons 和 Foster（2011）指出这些假设是无效的，并认为 ^{137}Cs 示踪不能用来提供关于土壤侵蚀速率的信息。由此看来，在土被不连续、裸岩覆盖等地表特征的喀斯特区，核素示踪应用具有一定的局限性。由于喀斯特水土地下漏失野外观测的高难度，寻求或探索新的用于喀斯特坡地水土地下漏失监测的新方法、新技术还需要较大努力。

1.3.6　喀斯特坡地水土流失/漏失阻控

水土流失/漏失和季节性干旱构成了我国西南喀斯特区生态环境的典型特征，严重制约着该地区的农业可持续发展。喀斯特区水土流失过程特殊、复杂，需要针对其环境的特殊性研发水土保持模式和技术（蒋忠诚 等，2014），包括地表侵蚀和地下漏失的阻控技术措施。总体而言，目前喀斯特区坡地水土流失的阻控措施主要包括工程措施、耕作措施和生物措施三大类。喀斯特山地旱坡耕作阻控措施主要包括等高耕作、水平沟种植、地膜覆盖、轮作和林农间作、粮草间作等（周玮 等，2010），其原理是改变地表糙度、小地形以减少降雨径流的产生，但是在减小地表径流产生的同时，间接增大了水土地下漏失的危险性；工程阻控措施主要采用坡改梯、小型蓄排水工程及沉沙池等（罗为群 等，2013），其原理是通过拦、蓄地表径流以增加入渗或直接蓄存地表径流加以利用，这与耕作措施相同，虽然能减小地表水土流失，但未能起到阻控水土地下漏失的作用；生物阻控措施主要采用退耕还林还草（龙健 等，2005a；李昊 等，2011；宋同清 等，2011）、封山育林、人工植被恢复(国家林业局防治荒漠化管理中心和国家林业局中南林业调查规划设计院，2012)以及其他水土保持林草措施等，如扩种绿肥(龙健 等，2005b)、裸露石芽植物篱技术、隔坡式植物篱技术等(罗为群 等，2013)，其原理是通过植被对降雨的再分配作用，削弱雨滴动能，尤其是改良土壤，表现在增强土壤渗透性、持水性以及抗冲刷、抗分散能力，进而减少地表水土流失发生。当然，也有不少阻控措施将林草措施与其他阻控措施进行合理配置，如生态移民-封山育林-恢复自然植被模式、退耕还林-蓄水保土-人工造林恢复植被模式(王荣和蔡运龙，2010)，以及药-粮-油作物间作套种技术(颜萍 等，2016)等。生物阻控技术措施在发展经济作物或经济林的同时，还可通过产生侵蚀性有机物质以加速碳酸盐岩的溶蚀和成土过程，进一步达到减小土壤流失/漏失的目的。针对水土地下漏失关键部位或途径，如裂隙、漏斗、落水洞等，通过工程与生物措施的配置，可阻控水土进入地下系统。可以看出，耕作措施和工程措施主要以阻控地表径流为重点，而生态阻控措施既保留耕作和工程措施的优点，还可通过其强大的根系系统固持裂隙、管道中的土壤，减小土壤地下漏失，同时又可促进生态环境健康发展。Jiang 等(2014)认为，喀斯特区水土保持必须结合石漠化的综合防治，以水土资源的有效保护和充分合理利用为原则，以生物措施为主，其他措施为辅。但目前喀斯特区水土流失/漏失阻控措施总体以地表侵蚀阻控技术为主，而针对地下漏失阻控的技术较少，特别是生态阻控技术措施。

1.4 拟解决的科学问题

国内外针对喀斯特区水土流失/漏失的研究较多，包括侵蚀环境、类型、方式、特征、机制、水分运移以及地下漏失等方面都取得了较好的研究成果，可为喀斯特区水土流失/漏失综合治理提供一定的理论依据。然而，喀斯特区特殊水土流失/漏失研究还存在以下六个问题。

(1)有研究已证实喀斯特区水土流失/漏失的存在，然而对于喀斯特区侵蚀环境的研究仅侧重于地表系统，针对地下系统的侵蚀环境研究仍较少。因此，有必要对喀斯特坡地的地下侵蚀环境进行探索研究，为进一步揭示水土流失/漏失机制奠定基础。

(2)喀斯特坡地水分运移的研究还不够深入，已有研究仅着重于地表土壤入渗、土壤水分变化以及表层岩溶带水文调蓄功能，而针对地表以下岩-土界面、浅层裂隙水流路径以及水分运移与水土流失的交叉研究缺乏，而这对系统揭示喀斯特坡地水土流失/漏失的水分驱动作用具有重要意义。

(3)由于水土流失/漏失难以直接观测，且目前尚无切实可行的研究方法，已有研究还未能准确揭示喀斯特坡地地表和地下水土流失/漏失在总流失量中的贡献率，因此，有必要通过野外实地调研和室内模拟的方法，研究喀斯特坡地地表、地下水土流失/漏失变化特征。

(4)喀斯特区水土流失/漏失机制的研究还很薄弱。目前虽得到学者的关注，但存在较大争议，有学者认为土壤沿裂隙漏失轻微，其漏失依赖所选尺度，也有学者认为土壤主要沿裂隙、地下管道等整体蠕移丢失，因此有必要进一步采用核素示踪等先进技术对其水土流失/漏失机制开展研究。

(5) 喀斯特区水土流失/漏失的阻控措施主要以地表阻控为重点，而针对地下漏失的阻控技术较少。因此，有必要遵循生态学原理及生态工程原理，从坡地台面、岩-土界面及裂隙三个方面出发，建立该区水土流失/漏失的阻控技术体系。

(6) 构建关于联系地表侵蚀和地下特征的模型，在观测地表侵蚀特征基础上，通过该模型就可以预测某个地方或区域的地下裂隙及土壤储量或生态容量，进而可直接为喀斯特石漠化的综合治理及其石漠化生态恢复提供依据。

第 2 章　喀斯特坡地侵蚀环境

2.1　引　　言

受地貌条件的制约，喀斯特地区是我国坡耕地最多的地区。这些耕地大多数为土壤贫瘠、水土流失严重的石旮旯破碎坡耕地，农业生产条件恶劣，而且都是在自然坡度上粗放耕作，粮食产量低而不稳。与常态地貌耕地相比，喀斯特地区耕地基岩裸露率高，土层瘠薄，地面起伏度大，生境条件严酷，形成了该地区特有的微地貌。喀斯特坡耕地微地貌是岩石溶蚀与土壤流失的叠加。喀斯特地区由于特殊的水文二元结构，水土流失不同于常态地貌。岩石未出露土壤时(即石漠化还未发生时，土壤是连续的)岩石已经遭受侵蚀。降雨来临，土壤通过地表、地下两条路径开始流失。随着土壤侵蚀的加剧，基岩裸露越来越多，土被破碎程度加大，微地貌越来越明显，坡耕地的微地貌发展是基岩出露的直接结果。基岩裸露率小，微地貌对坡耕地的影响就小；基岩裸露率大，微地貌对坡耕地的影响就大。微地貌的规模影响农业耕作方式。由于喀斯特地区的基岩裸露率高，几乎所有的坡耕地都有岩石出露地表的现象。不同的微地貌，形成了作物生长的不同微环境，土被的不连续性使得土壤养分在空间上存在差异性。

长期岩溶作用下，石漠化区地表和地下二元三维空间结构发育，致使其水土流失类型、形式、发生机制及特点等明显不同于其他类型区，叠加了化学溶蚀、重力侵蚀和流水侵蚀的耦合作用，呈现地表侵蚀和地下漏失的双重侵蚀机制(Sweeting，1992；王世杰，2003；张信宝 等，2007b；颜萍 等，2016)。石漠化区土壤侵蚀/漏失不仅加剧石漠化的形成与发展，同时漏失的土壤还会堵塞落水洞、裂隙、管道等，造成洼地内涝灾害频发(陈洪松 等，2018)。尽管近年来国家石漠化综合治理工程的实施取得了显著成效，土壤侵蚀/漏失总量逐年减少，但其主要原因是局部区域已达到无土可蚀，而逐年减少的土壤侵蚀/漏失也会形成新的石漠化(刘霁，2010)。喀斯特石漠化区土壤侵蚀/地下裂隙漏失具有一定特殊性，主要是其侵蚀环境组成和作用特点具有自身独特性。虽然国内外在喀斯特石漠化区土壤侵蚀/漏失过程、机理及影响因素等方面做了大量工作(李阳兵 等，2019；周忠发 等，2019)，但当前对其侵蚀环境尚缺乏系统认识。本章以贵州喀斯特高原石漠化坡地野外调查、定位试验和室内分析为基础，深入分析喀斯特石漠化区土壤侵蚀环境组成、侵蚀对象、侵蚀方式、侵蚀动力因子及作用特点，以期深化对喀斯特区石漠化区侵蚀环境的认识，还可为其土壤侵蚀/漏失的研究提供理论依据。

2.2　材料与方法

2.2.1　地表微地貌调查方法及样品采集

本书研究结合岩溶地区石漠化综合治理工程效益评价项目的野外勘察，对比喀斯特地区资料及其实地情况，并且结合微地貌分布规模及其水土流失现状，选择水城县一字河小流域、天生桥小流域作为研究区域。水城县位于贵州省西部，地处东经 104°35′57″～105°15′23″，北纬 26°02′56″～26°55′21″，属长江流域三岔河水系和珠江流域北盘江水系，由于自然条件复杂，山高坡陡，沟壑纵横，水土流失严重，生态环境较恶劣，石漠化十分严重，人地矛盾突出，农业生产效率低，为国家原扶贫开发重点县，是 2008 年开始启动的岩溶地区石漠化综合治理试点工程涉及的 100 个试点区之一。

通过收集、查阅资料，结合野外典型样地的调查，本章研究喀斯特地区坡耕地微地貌类型，并评价不同微地貌的立地状况，最后运用 GIS 地统计模块分析微地貌土壤养分的差异性及其效应。

1. 喀斯特坡耕地微地貌分类

与喀斯特森林小生境类似，由于严酷程度和利用方式不同，喀斯特坡耕地在长期的开垦利用及严重的水土流失影响下，完好的梯土被切割，岩石出露，形成类型多样的微地貌。本书在搜集、整理喀斯特坡耕地基础资料和图片的基础上，开展野外调查，结合各种资料的综合分析与评价，揭示微地貌的现状及其形成的原因、条件等。同时，确定微地貌类型划分标准，向相关专家征询微地貌类型划分方法的意见，修正、补充并确定其划分方法，进而划分微地貌类型。

2. 喀斯特坡耕地微地貌土壤养分效应

喀斯特地区坡耕地不同于常态地貌区的坡耕地，由于土被的高度不连续及其土层厚度的跳跃性分布，土壤养分空间分布具有显著的差异性。本书通过土壤样品的采集、测定，在微地貌分类的基础上，应用地统计半变异函数分析微地貌对土壤养分的影响，探讨微地貌土壤养分效应，达到科学施肥的目的。

2.2.2　浅层孔裂隙调查方法及样品采集

由于浅层岩溶裂隙的隐蔽性，现场开挖调查需耗费大量的人力和财力，且难以获取具有代表性的裂隙样本。自然界中现有暴露在外的浅层岩溶裂隙剖面多为工程开挖或地质运动等原因形成的。为此，本书通过查阅石漠化分布、地质等资料，对贵州省境内主要的喀斯特类型区开展浅层岩溶裂隙形态特征调查，调查区域的基岩均为碳酸盐岩。

本书中浅层岩溶裂隙几何形态特征采集时间为 2016 年 5 月～2017 年 9 月。采用随机布置法采集贵州省喀斯特石漠化主要分布区的浅层岩溶裂隙形态特征。本研究共采集到295条浅层岩溶裂隙。形态特征采集步骤主要为：首先，在研究区域内以穿越样线法布置样地，主要以开发建设项目开挖形成新鲜的浅层岩溶裂隙特征及部分地质运动形成的裂隙断面作为浅层岩溶裂隙信息采集的样点；其次，在选定剖面中设置2.5 m×2.0 m的调查框，并设定好标尺；然后，再用地质调查统计窗法，利用地质罗盘、水平尺、卷尺、测钎等采集调查框内浅层岩溶裂隙的岩性、产状、倾角、倾向、迹长、张开度、深度、土壤填充情况等指标(图2.1)；最后，利用高清照相机和标尺采集浅层岩溶裂隙的垂直断面影像，在室内利用AutoCAD勾绘统计相应的几何特性。

图2.1 浅层岩溶裂隙形态指标采集示意图

2.2.3 样品处理与分析

1. 地表微地貌野外样地调查

通过野外勘察选择，在微地貌分布比较典型的水城县一字河小流域和天生桥小流域布设调查样地。样地设置本着微地貌出露明显、类型齐全的原则设置。采用常规的样地调查，在有代表性的地段按照不同的坡度、坡位、坡向、海拔设置30个20 m×20 m标准样地(表2.1)。

表2.1 设置样地基本情况表

样地号	海拔/m	坡度/(°)	坡位	坡向	土地利用类型
1	1576	25	坡下	东北	经果林
2	1570	10	坡下	东北	菜地
3	1801	15	坡中	东北	菜地
4	1970	22	坡上	东南	玉米地

续表

样地号	海拔/m	坡度/(°)	坡位	坡向	土地利用类型
5	1821	20	坡中	西南	玉米地
6	2000	25	坡上	西南	玉米地
7	1988	23	坡上	北坡	玉米地
8	1747	17	坡中	北坡	菜地
9	1990	15	坡上	北坡	玉米地
10	1990	20	坡上	西北	玉米地
11	1801	20	坡中	西北	玉米地
12	1923	15	坡上	东南	玉米地
13	1568	10	坡下	南	玉米地
14	1571	10	坡下	南	菜地
15	1571	10	坡下	南	菜地
16	1578	8	坡下	南	经果林
17	1574	10	坡下	南	经果林
18	1580	12	坡下	东南	经果林
19	1579	12	坡下	东南	经果林
20	1578	10	坡下	东	经果林
21	1734	15	坡中	东	玉米地
22	1737	18	坡中	东北	玉米地
23	1744	13	坡中	北	玉米地
24	1748	15	坡中	北	玉米地
25	1993	20	坡上	西南	玉米地
26	1999	25	坡上	西南	玉米地
27	1990	18	坡上	南	玉米地
28	1987	18	坡上	南	玉米地
29	1983	20	坡上	东南	经果林
30	1988	22	坡上	东南	经果林

在样地中用皮尺按纵横两个相互垂直的方向，以 5 m 的间距布设网格点，调查每个网格点的基岩裸露、植物覆盖状况及微地貌的三维特征，每个样地调查 25 个网格点，统计基岩裸露和植物覆盖点数，计算样地的基岩裸露率和植被覆盖率，当交叉点存在土壤时，采集土样(其中只有 15 个样地采集土样)。在样地中心点和中心点到四边的中间各选择 5 个土壤剖面，调查土壤 A、B 层，包括质地、结构、厚度、石砾含量，同时用环刀取样，测定含水量。

2. 地表微地貌样品处理与分析

土壤样品在野外剔除与金属采样器械接触部分，放入专用土壤样品袋，避免样品之间接触污染。预处理采用阴凉通风处自然风干，剔除样品中植物根系、有机残渣以及可见侵入体，用木质工具碾碎并研磨，分别过 2 mm、0.25 mm 土壤筛。土壤样品常规理化性状分析参照《土壤农业化学常规分析方法》(中国土壤学会农业化学专业委员会，1983)。其中，土壤有机质采用 $K_2Cr_2O_7$ 容量法测定，土壤全氮采用半微量开氏法测定，土壤碱解氮采用碱解扩散法测定，土壤全磷及速效磷均采用酸溶-钼锑抗比色法测定，土壤全钾采用酸溶-火焰光度法测定，土壤速效钾采用乙酸铵浸提-火焰光度法测定。

3. 浅层裂隙样品采集与数据获取

(1) 气象数据。气象数据通过位于新发小流域中心位置的小型气象站获取，观测的指标包含降水量、空气湿度、气温等。降水数据为每 5 min 采集一次，降水相关指标包括日降水量和每小时雨强，均由气象监测站自动获取。

(2) 氢氧同位素样品。①植物样品：研究根据植被分布情况，选取流域内广泛分布的人工植苗造林 5 年的西藏柏木(*Cupressus torulosa* D. Don)、次生灌木火棘[(*Pyracantha fortuneana*(Maxim.) Li]和小果蔷薇(*Rosa cymosa* Tratt.)为研究对象。采样时间设置为单次有效降水量≥5 mm 结束 3 天后(黄晚华等，2014)。本书植物样品采集时间为 2018 年 1 月 6 日和 6 月 28 日的 7:00～9:00。采样方法为：利用枝剪采集每棵植株中木质部栓化的枝条 3～4 段，每段长约 5 cm。快速去除枝条表皮，将木质部放入采样瓶，用封口膜密封瓶口，之后放入冰盒中(约 4 ℃)，带回实验室后保存于−20 ℃冰箱中以待测定同位素。每种植物在每个样地内采集 3 株成熟植株样品，单个植株为 1 个测试样品，共计 27 个测试样品。②雨水样品：本书在每个坡位的采样点内各设置 1 个雨水样品收集装置。雨水收集装置为参照聂云鹏等(2010)设计的雨水采集器，具有遮光、防蒸发以及降低雨水样与空气交换等作用。根据研究区的降水分布特征，分雨季(2018 年 6 月 17～28 日)和旱季(2017 年 12 月 26 日～2018 年 1 月 6 日)采集雨水样品。在 60 mL 注射器端口连接 1 根橡胶管直接伸入雨水采样装置中，抽取雨水样品并快速转移到 10 mL 带螺纹的玻璃采样瓶中，并用封口膜密封；以降低雨水样品与空气的交换，然后放入随身携带的冰盒中(约 4 ℃)。③ 泉水样品：研究区中坡脚的岩石产状近乎水平，为此本书收集坡脚出露的岩石裂隙泉水代替深层裂隙水。雨季时，在采集植物样品的前一天和当天各采集泉水样品 2 次，旱季时，在采集植物样品的同一天采集泉水样品。采样时用新鲜泉水润洗采样瓶三次。④土壤样品：本书中用于指标测试的土样包含原状土和扰动土。原状土的主要采集工具为环刀，储存工具为方形铁盒，主要用于测定土壤容重、含水量、田间持水量、孔隙度和团聚体等。扰动土则由采集点中 3 个重复的土样混合成 1 个测试土样，用于测定土壤的物理、化学和微生物指标，以及土壤水中的氢氧同位素。其中，用于测定土壤水氢氧同位素的土壤样品通过土钻采集 0～20 cm 的地表土样，装入 10 mL 带螺纹的玻璃采样瓶并用封口膜密封，然后放入随身携带的冰盒中(约 4 ℃)，带回实验室后冷冻(低于−80 ℃)保存；用于测定理化性质的土样在室内风干后过筛保存；用于测定土壤微生物指标的测试土样在野外现场过 2 mm 筛后装入无菌袋中，然后放入随身携带的冰盒中(约 4 ℃)，带回实验室保存于低于−80 ℃冰箱中，用于磷脂脂肪酸(phospholipid fatty acid，PLFA)测定。

2.3　喀斯特坡地地表微地貌特征

2.3.1　地表微地貌类型划分原则

根据样地的典型调查，在喀斯特坡耕地上，按一定方法把具有相同地貌特征(土壤容重，土层厚度，砾石含量，有土与无土，正与负地形，溶蚀剥蚀与堆积，长、宽、高三维尺度等)的地段进行归类，即为微地貌类型划分。为了反映微地貌外部形态特征、自然成因，土地利用程度、肥力方面的差异，本书中微地貌类型划分遵循的原则如下。

(1) 科学实用的原则。分类系统要有科学性，能准确、简明、直观体现微地貌的外部形态特征，便于野外快速判断，并在不同空间体现相同的地域特征。

(2) 构成微地貌立地条件的自然因子及其微地貌组合的一致性原则。判断微地貌类型的因子有土壤容重、土层厚度等。判断因子及其组合类型的一致性是指各因子在其所属的组合内形成有效的统一生态单元。

(3) 不同微地貌生产力水平和宜农性质的近似性原则。微地貌生产力水平指土地总体生产能力，它包括农地利用率和农地的生产能力。宜农性质是指不同微地貌适宜农业生产的水平，生境环境优越的微地貌，宜农水平高，相反，生境越严酷，宜农水平越低，直至退耕。

(4) 微地貌的发生与形成因子及限制因子的一致性原则。微地貌的形成因子决定了微地貌所划分的类型，而限制因子决定了类型之间的区别，所以对微地貌进行分类时应遵从形成因子及限制因子的一致性。

依据上述 4 条原则，选用决定微地貌土地质量的主导因子来划分相应的微地貌类型。

微地貌土地质量评价的最终目的是土地的精准利用，提高土地利用效率，长期以来的研究主要集中在常态地貌的土地质量评价上，评价某种常态地貌区农地立地条件是否适合种植的农作物。在微地貌土地质量评价上应遵循以下原则。①评价指标选取的有效性、可操作性及可测定性。指标选取的有效性、可操作性及可测定性表明在土地质量评价指标的选择上，首先应根据当地的土地条件选择适宜的指标；应多选取定量指标，对定性指标应该不用或少用，这样才能更加有效地对土地质量进行评价。②指标数量选择的适宜性。在对微地貌土地质量进行评价时，评价指标应选择影响土地质量的主要因子，影响作用小的应该去除；在数量上不能太多，否则会影响质量评价的可靠性和实用性。

2.3.2　地表微地貌成因分析

1. 微地貌的形成

本书所述的喀斯特坡耕地微地貌是在喀斯特地区由于岩石的溶蚀与土壤流失的双重叠加，岩石裸露，土被连续性被破坏，地表形成岩石与土壤间隔分布景观，形成不同于常态地貌的不同微地形单元。由于喀斯特地区特殊的水文二元结构，水土流失不同于常态地貌。岩石未出露土壤时(即石漠化还未发生时，土壤是连续的)，岩石已经遭受侵蚀。降雨来临，土壤通过地表、地面两条路径开始流失。随着土壤侵蚀的加剧，基岩裸露越来越多，土被破碎程度加大，喀斯特微地貌越来越明显。喀斯特坡耕地微地貌的开始就是基岩开始出露，基岩裸露率小，微地貌对坡耕地的影响就小；基岩裸露率大，微地貌对坡耕地的影响就大。微地貌的规模影响农业耕作方式。由于喀斯特地区坡耕地的基岩裸露率大，几乎所有的坡耕地都有岩石出露地表的现象。喀斯特地区坡耕地微地貌是由多种微地貌类型镶嵌构成的复合体，其组合状况决定了该微地貌的生态有效性，微地貌的多样性充分说明了喀斯特地区坡耕地微地貌的异质性高。它以土被为主体，岩石与土壤间隔分布，土层厚度呈现跳跃式分布，同时影响着土壤养分的空间分布，微地貌类型的多样性使得土壤养分空间分布显著性极其明显。坡耕地微地貌的出现已经是石漠化的开始，微地貌的出现标志着石漠化已经比较严重。水土流失和石漠化发育的表观特征是在喀斯特区坡耕地形成一系列不同比例的地表微地貌。地面起伏度形成地面糙度，使得水土流失更加复杂。喀斯特微地貌的不同对水土保持程度有着重要影响，而喀斯特微地貌的不同是由各可溶岩的喀斯特作用及其水土流失差异性所引起的。致使喀斯特作用产生差异性的影响因素有：①内因，即可溶岩的物质成分、结构和构造；②外因，即土地耕作方式及其不同的水土流失方式等。

2. 喀斯特坡耕地微地貌与森林小生境的异同

喀斯特坡耕地微地貌既不同于常态地区微地貌，又不同于喀斯特森林小生境，是一种特殊的地貌类型。与常态地貌相比，喀斯特坡耕地基岩裸露率大，土被连续性差，土层浅薄，地面粗糙度大，立地条件严酷。与喀斯特森林小生境相比，又有其特殊性，喀斯特小生境是为了划分喀斯特森林立地条件，以判断森林立地严酷程度为出发点，内涵上是不同于生态有效性的一个单元，不同小生境的生态因子有明显差异。喀斯特坡耕地微地貌是小尺度的地貌类型，不同于喀斯特森林小生境，主要表现在以下几方面。

(1)尺度不同。小生境是小尺度的生境，形态上是长、宽方向上数十厘米至数米的单元(朱守谦 等，1993)，而微地貌在长、宽方向上可以达到十几米，最小的也要 20 cm 左右，只有便于农耕工具操作，有农作物生长，才能算作真正的微地貌类型。

(2)划分角度不同。按照小生境的成因和外部形态特征可划分出石面、石缝、石沟、石洞、石坑、土被 6 种基本类型(朱守谦 等，1993)，而微地貌按照成因、外部形态特征、农业生产可划分为裸岩、土被、土窝、土槽、土面 5 种基本类型，小生境划分中的石面、石缝、石沟、石洞、石坑等类型，对于坡耕地微地貌没有任何种植意义，不能进行农业生产，基本以裸岩看待。

(3)利用程度不同。植物在长期进化演替过程中，与严酷的喀斯特小生境相适应，形成了一系列适应特性，如根系发达、穿插力强、抑制叶面蒸腾等形态生态特征，使植物对这种严酷的生境仍有较高的利用率(朱守谦 等，1993)。研究表明，裸露喀斯特地区植物对石面、石沟生境有较高利用率，若从各生境单位面积的平均株数来看，植物对小生境资源利用率的次序，从高到低依次为石槽＞石洞＞石缝＞石沟＞土被＞石面。基于石槽、石洞、石缝生境绝对面积较小，有理由认为，石沟和石面生境是喀斯特地貌上植物利用的主要生境(朱守谦 等，1993)。对于微地貌而言，本土农作物在长期栽植过程中也形成了适应当地气候、土壤养分、水分供应等条件的一系列生理生态特征，但是由于生长周期、植物特征、利用方向不同的影响，农作物对于微地貌的利用程度远远不及喀斯特地区植物对于小生境的利用。同时，石槽、石洞、石缝、石沟、石面等各种小生境的划分对于坡耕地土地利用没有任何生产意义。

(4)成因方式不同。森林小生境是由于喀斯特地区特殊的水文二元结构特征，具有侵蚀性的水对可溶岩的物质成分、结构构造和矿物内部微结构等方面进行选择性溶蚀的结果。坡耕地微地貌的形成与小生境的形成有着相同的水文、地质原因，不同的是，坡耕地由于农业生产的利用，人为因素作用很大，人们不仅利用不同的微地貌，并且以不同的土地耕作方式改造微地貌。

喀斯特小生境和坡耕地微地貌的共同之处在于：两者都是发育在各类碳酸盐岩上的喀斯特微地形，具有土被不连续、基岩裸露率高、土层浅薄、土壤富钙、偏碱性、临时性干旱经常出现并影响植物生长的特点。

由于喀斯特地区特殊的水文二元结构，岩石未出露土壤时已经遭受侵蚀。降雨来临，土壤通过地表、地下两条路径开始流失。随着土壤侵蚀的加剧，喀斯特微地貌越来越明显。它以土被为主体，岩石与土壤间隔分布，土层厚度呈现跳跃式分布，类型具有多样性。

2.3.3　地表微地貌类型划分

坡耕地微地貌类型划分是实现适地、科学施肥的基础。喀斯特坡耕地微地貌类型划分的对象是水土流失造成基岩裸露，呈现出不同小地形的地理单元。微地貌分类实质上就是石漠化区岩石出露，切割土被，形成小斑块的土地分类，主要是区分不同的自然属性中土壤容量、养分和土地综合特征的斑块。因此，自然环境因素的综合特性的相似性和差异性是微地貌分类的主要依据。

根据 30 个样地的典型调查，在喀斯特坡耕地上，按照微地貌的成因和外部形态特征(有土与无土，正与负地形，溶蚀剥蚀与堆积，长、宽、高三维尺度等)可区分出 5 种微地貌类型：土面、土槽、土窝、土被、裸岩。

(1)土面。土面是一种表土覆盖比较均匀，土层较厚，砾石含量较少，且表土面积相对较大，土壤层次发育相对完整的微地貌。土面常出现在风化、溶蚀形成的土壤不易被冲刷的微地形较平坦的地段或侵蚀土壤易于堆积的微地形条件的地段。其长、宽均达数米至数十米，甚至更大。土层相对深厚，多数超过 30 cm，最厚可超过 1 m。雨后一般不易积水，是喀斯特坡耕地微地貌中土壤质量相对最适于农业生产的一种微地貌类型，但是坡面面蚀较为严重，暴雨时甚至会产生股流，是坡耕地中水土流失最严重的微地貌类型。据典型样地实测，其面积比例为 40.39%～95.23%，平均为 72.88%。

(2)土槽。土槽是被岩石出露切割土层形成长条形的微地貌类型，基岩出露表土比较高。土层覆盖比较均匀，土层较厚，砾石含量较少，土壤层次发育相对完整，立地条件较土面差。土槽常分布在土面分布较多的地段，是土面侵蚀退化后，形成的一种立地条件较好的微地貌类型，其长、宽为数厘米至数米。土层深厚，多数超过 20 cm，最深可达 50 cm。雨后一般不易积水，是喀斯特坡耕地微地貌农业生产利用程度比较高的一种微地貌类型，水土流失强度与其走向相关性极大，顺坡发育时，水土流失强于土面，横坡发育时，水土流失作用很小。据典型样地实测，其面积比例为 0～40.51%，平均为 8.52%。

(3)土窝。土窝是被岩石出露切割土层形成圆窝状的微地貌类型。土壤容重相对较小，砾石含量较大，土壤层次发育不完整，立地条件较土面差。此种微地形类型，农业机械利用程度不高，机械使用不便，常分布在土面分布较多的地段，是土面侵蚀退化后形成的一种立地优于土被的微地貌类型，其直径为数厘米至 1 m，土层浅薄，多数为 15 cm 左右，最深可达 30 cm。雨后易积水，保水性差，临时性干旱严重，表层以击溅侵蚀为主，保土性好，不易水土流失。据典型样地实测，其面积比例为 0～31.5%，平均为 4.74%。

(4)土被。土被是一种表土覆盖比较均匀，土层非常浅薄，且面积很小，土壤层次发育不完整的微地貌，是农业生产利用环境最严酷的微地貌类型，是表层土在水力、风力等侵蚀因子作用下形成的微地貌类型。土被常出现在微地形较平坦的局部地段，溶蚀、风化形成的土壤容易被冲刷的地段，裸岩切割强烈，连续性差，土层厚度为 5 cm 左右，最厚可达 10 cm，土体构型发育不完全，土壤立地质量差。土壤侵蚀较严重，土壤易流失。其面积比例为 0～32%，平均为 2.64%。

(5)裸岩。裸岩是造成调查样地微地貌分布多样性高的主要因子，由于表土的侵蚀流失，岩石露出地面。据典型样地调查，岩石的大面积出露，破坏了土被连续性，提高了基岩裸露率，形成了各种正、负微地貌类型，是判断微地貌多样性的标准之一。由于水对可溶岩(主要是碳酸盐岩)是以化学作用为主的破坏与改造作用，裸岩表面形成各种小正、负地形，如岩面上的溶孔、溶窝、溶穴、溶槽等。岩面溶蚀的不同对水土保持程度有着重要影响，岩面小地貌的不同是由各可溶岩的喀斯特作用差异性所引起的。贵州可溶岩微地貌千差万别，形态迥异，即可溶岩岩面的光滑程度、微地形起伏幅度等不同。当可溶岩岩面比较光滑，微地貌不发育或欠发育，即微地形起伏较小时，在岩-土接触面上，两者间的摩擦力小，岩-土间的黏结力弱，易产生水土流失。相反，当可溶岩岩面比较粗糙，岩面上微地貌较发育，微地形起伏较大时，在岩-土接触面上，两者间的摩擦力较大，岩-土间的黏结力强，岩石风化面保土保水性好，不易造成水土流失(李明琴 等，2008)。

2.3.4 地表微地貌空间分布特征

1. 微地貌的组合类型

喀斯特坡耕地微地貌是各种微地貌类型的镶嵌组合，不同的微地貌由于受海拔、坡度、坡形、岩性的影响，具有不同的发育强度及其水土侵蚀强度。各微地貌类型组合形成不同的组合单元，它们具有不同的土壤质量和土地利用率，对其进行研究，可以更深入地认识微地貌。

本书以典型调查样地为实体、不同微地貌的面积为属性，应用经典统计聚类分析方法，对微地貌类型组合进行划分。聚类分析的模型是针对 n 个研究对象选取 n 种变量，构成论域 X^m，每个对象可看成 X^m 中的一个样本，根据各对象的数字特征，给出样本之间的接近程度，可以用距离或相似系数来描述样本间的相似程度，再依照样本间的相似程度进行分类(周生路 等，2000)。聚类分析有多种方法，本书采用 K-均值聚类分析进行各微地貌类型的类型组合划分。主要步骤和方法如下。

(1) 采用标准差法对原始数据进行标准化，公式为

$$Y(ij) = [X(ij) - \overline{X}(j)] / S(j) \tag{2.1}$$

式中，$Y(ij)$ 为 i 号样地 j 类微地貌面积标准化指标值；$X(ij)$ 为 i 号样地 j 类微地貌面积原始数据；$\overline{X}(j)$ 为各样地 j 类微地貌面积平均值；$S(j)$ 为各样地 j 类微地貌面积标准差。

(2) 采用欧氏距离法计算各样地微地貌类型面积的相似性系数，并按一定阈值标准，以相似性系数最大化为原则将微地貌类型面积最为相似的两个样地归为一个类型。相似性系数的计算公式如下：

$$R(ij) = \sqrt{\frac{1}{n}\sum_{k=1}^{n}\left[X(ik) - X(jk)\right]^2} \tag{2.2}$$

式中，$R(ij)$ 为 i 号样地与 j 号样地微地貌类型面积相似性系数；$X(ik)$ 为 i 号样地 k 类微地貌面积标准化指标值；$X(jk)$ 为 j 号样地 k 类微地貌面积标准化指标值；n 为微地貌类型总数。

(3) 微地貌类型面积比例最为相似的两样地归为同一类型后，计算该类型与(2)中其他尚未归类样地微地貌类型面积比例相似性系数，并按(2)中方法将该样地与其他样地归类。设(2)中微地貌类型面积比例最为相似的两样地 Ga、Gb 归并的类型为 Gd，则 Gd 与其他样地微地貌类型面积比例相似性系数 $R(dk)$ 计算公式如下：

$$R(dk) = \sqrt{\frac{n_1}{n_3}[R(ak)]^2 + \frac{n_2}{n_3}[R(bk)]^2} \tag{2.3}$$

式中，$R(ak)$ 为 Ga 样地与 Gk 样地微地貌类型面积比例相似性系数；$R(bk)$ 为 Gb 样地与 Gk 样地微地貌类型面积比例相似性系数；n_1、n_2、n_3 分别为 Ga、Gb、Gd 所含微地貌类型数。

(4) 继续按(3)中的思路和方法对样地进行进一步归并，直至将所有样地归并为同一个大的类型组合。

(5) 按照土地利用相似性系数的一定阈值标准，进行实地校核，最终确定样地微地貌类型组合结果。

上述聚类分析过程采用 SPSS18.0 软件完成，各样地微地貌类型组合的聚类过程如图 2.2 所示。

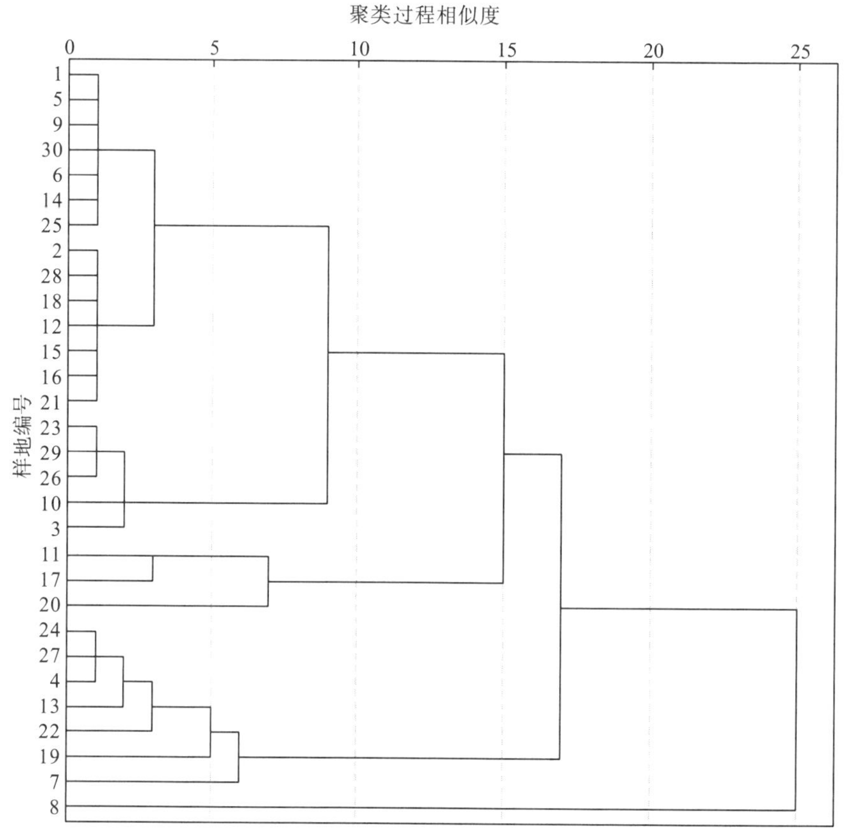

图 2.2　微地貌类型聚类组合树形图

Ⅰ.土面型，包括 1、2、5、6、9、12、14、15、16、18、21、25、28、30 共 14 块样地，其特点是土面比例为 80.35%～95.23%，是最主要的微地貌类型组合，农业生产力最高。

Ⅱ.土面-土槽型，包括 4、7、13、19、22、24、27 共 7 块样地，其特点是土面比例为 40.39%～60.02%，土槽比例为 21.19%～40.51%，土面与土槽面积比例合计 70.64%～88.12%。

Ⅲ.土面-裸岩型，包括 3、10、23、26、29 等 5 块样地，其特点是土面比例为 69.66%～79.65%，裸岩比例为 17.65%～24.05%，土面与裸岩面积比例合计 91.00%～98.50%。

Ⅳ.土面-土窝型，包括 11、17、20 等 3 块样地，其特点是土面比例为 58.50%～65.00%，土窝比例为 18.50%～31.50%，土面与土窝面积比例合计 77.00%～90.95%。

Ⅴ.土面-土被型，包括样地 8，其特点是土面比例为 45%，土被比例为 32%。

由表 2.2 可以看出，土面型、土面-土槽型和土面-裸岩型是研究区域最普遍的组合类型，其样地数占调查总数的 86.67%。需要指出的是各类型间互有联系，在各种类型广泛出露发育之前，坡耕地主要表现为土面和裸岩小生境类型，裸岩出露，土面被裸岩零星切割，坡耕地破碎度增加，形成喀斯特坡耕地微地貌发育的最初形态。随着内外侵蚀营力影响，地表起伏度增加，土面、土槽、土窝、土被和裸岩发育，互相交错，形成一系列微地貌组合类型。各组合类型的微地貌立地严酷程度不同。分别给定各微地貌类型的严酷程度权重为：裸岩 1.0，土被 0.7，土窝 0.5，土槽 0.2，土面 0，权重越大表示严酷程度越高。权重与微地貌面积比例的乘积和为微地貌的严酷程度(0～1.0)，计算结果表明土面-土被型最为严酷，严酷程度为 0.39；其次是土面-土窝型、土面-裸岩型、土面-土槽型，严酷程度差别不大，依次为 0.22～0.29、0.19～0.27、0.18～0.32；土面型立地条件最好，严酷程度为 0.04～0.15。计算结果能够较好地区别各组合类型微地貌的严酷程度。

表 2.2　微地貌类型组合及其严酷程度

类型号	样地编号	名称	各微地貌比例/%						微地貌严酷程度
			土面	土槽	土窝	土被	裸岩	平均	
I	1、2、5、6、9、12、14、15、16、18、21、25、28、30	土面型	87.49	2.32	1.83	0.93	7.43	0.09	0.04～0.15
II	4、7、13、19、22、24、27	土面-土槽型	51.46	28.96	4.4	3.12	12.05	0.22	0.18～0.32
III	3、10、23、26、29	土面-裸岩型	74.69	2.06	1.17	1.64	20.44	0.23	0.19～0.27
IV	11、17、20	土面-土窝型	60.98	2.83	23.33	1.33	11.52	0.25	0.22～0.29
V	8	土面-土被型	45.0	1.5	10.0	32.0	11.5	0.39	0.39

注：因四舍五入，百分比之和不为 100%。

2. 空间分布

朱守谦等(1993)指出喀斯特地貌上各小生境类型的空间分布明显具离散性，并应用种群生态学中测定种群分布格局的方差/均值比率法对小生境分布格局进行了研究。由于喀斯特森林小生境与坡耕地微地貌有许多相似点，本书也在小生境研究的基础上，同样选择方差/均值比率法来研究微地貌空间分布格局。

方差/均值比率法建立在泊松(Poisson)分布的预期假设上(袁志忠，2009)，一个 Poisson 分布的总体方差 S^2 和均值 $\bar{x}$ 相等，即 $S^2/\bar{x}=1$，则种群趋于随机分布。如果 $S^2/\bar{x}>1$，则种群趋于集群分布；如果 $S^2/\bar{x}<1$，则种群趋于均匀分布。方差和均值的计算方法如下：

$$S^2=\sum_{i=1}^{N}(x_i-\bar{x})^2/(N-1), \qquad \bar{x}=\frac{1}{N}\sum_{i=1}^{N}x_i \tag{2.4}$$

式中，N 为基本样方的个数；x_i 为第 i 个样方内的个体数。

实测与预测的偏离程度可用 t 检验验证，t 值的计算公式如下：

$$t=\frac{S^2/\bar{x}-1}{\sqrt{2/(N-1)}} \tag{2.5}$$

然后通过查自由度为 N-1、置信度为95%的 t 分布表，进行显著性检验。

通过对各微地貌类型的分布格局研究统计，土被数量、面积都很小，在 30 块典型样地的调查中，只有样地 8 属于土面-土被类型组合，其他类型组合中土被类型占有面积比例亦很小，难以用某种分布型进行拟合或检验，因此可以认为土被的空间分布属于零星分布。由样地调查可以得出，微地貌分布格局的测定结果与样地面积大小有关，不同的样地面积可能呈现不同的分布格局，可以说格局的类型常随取样单位面积大小的变化而变化。对于土面、土槽、土窝、土被、裸岩等 5 种微地貌类型，分别用 5 m、10 m、15 m 作为取样单位边长，以取样面积内各微地貌类型的面积比例作为测定属性，90 个取样单位测定结果如表 2.3 所示。

表 2.3 不同微地貌类型的分布格局测定

微地貌类型	取样面积/m^2	$S^2/\bar{x}$	t	I	分布图式
土面	25	0.0375	−3.6650	−0.9625	均匀
	100	0.0284	−3.6996	−0.9716	均匀
	225	0.0355	−3.6727	−0.9645	均匀
土槽	25	0.0421	−3.6477	−0.9579	均匀
	100	0.0318	−3.6868	−0.9682	均匀
	225	0.0408	−3.6527	−0.9592	均匀
土窝	25	0.0248	−3.7136	−0.9752	均匀
	100	0.0227	−3.7216	−0.9773	均匀
	225	0.0293	−3.6963	-0.9707	均匀
土被	25	…	0.0000	…	…
	100	0.0132	−3.7576	−0.9868	均匀
	225	0.0295	−3.6954	−0.9705	均匀
裸岩	25	4.6298	13.8218	3.6298	集群
	100	5.7353	18.0314	4.7353	集群
	225	8.8499	29.8915	7.8499	集群

注：…表示无数据；I 表示丛生指数，$I = S^2/\bar{x} - 1$，用于直接量化分布偏离随机性的程度。

表 2.3 表明，土面、土槽、土窝、土被、裸岩等微地貌类型的空间分布格局，不随取样单位面积的变化而变化，土面、土槽、土窝、土被在坡耕地的空间分布属于均匀分布，裸岩呈集群分布。

2.4 喀斯特坡地地下裂隙特征

喀斯特石漠化山区坡地地表土层一般较浅薄，土层厚度为 30 cm 左右。在该区特殊的地质背景及气候条件下，表层岩溶带碳酸盐岩不断溶蚀发育形成众多岩溶微形态，如裂隙、溶孔、溶沟和溶洞等。在遇降雨(尤其是暴雨)时，坡地表层土壤容易被水流带入(流失或漏失)这些裂隙中，而植物根系能穿插于裂隙中，利用汇集于裂隙中的水分和养分，为石漠化严重区域的植被恢复提供了物质基础，使之成为可能。同时，裂隙中的植物根系也会通过根系分泌物加速碳酸盐岩的风化溶解，在形成风化物的同时也促进了岩溶裂隙结构的发育。因此，本章以常规坡地为对照，通过采用土壤理化分析及地统计学、聚类分析的方法，分析和研究岩溶裂隙形态结构及其充填物特征，不仅可为水土沿裂隙漏失机制的研究奠定基础，同时也可为石漠化区的植被恢复和重建提供科学依据。

2.4.1 裂隙类型

对喀斯特浅层裂隙类型进行划分，是研究和揭示喀斯特区水土地下漏失的理论基础，同时对研究石漠化严重区域的生态恢复具有重要指导意义。本书结合野外调查及文献资料分析，分别按岩性、裂隙构造特性、裂隙生成条件以及裂隙大小等进行划分，虽然不同的分类依据得到的类型不同，但与进行裂隙的相关研究是可以相互补充的。

1. 裂隙岩性分类

碳酸盐岩是主要由碳酸盐类矿物组成的岩石，包括由方解石(碳酸钙矿物)组成的石灰岩、白云石(碳酸钙镁矿物)组成的白云岩以及由方解石和少量黏土矿物组成的泥岩等。碳酸盐岩在该区独特的气候条件下，其形成的裂隙包括石灰岩裂隙、白云岩裂隙(图 2.3)和泥岩裂隙等。石灰岩裂隙在喀斯特区发育强烈，其岩石主要沿裂隙溶蚀扩展。白云岩裂隙发育稍弱于石灰岩，其岩石主要沿分散孤立的晶间空隙溶蚀。泥岩溶蚀后蚀余黏土会逐渐在溶孔内沉淀，阻止溶蚀进行，故其裂隙发育不明显。

图 2.3　石灰岩(左)和白云岩(右)裂隙

2. 裂隙构造分类

按照岩石裂隙的构造特性以及在空间的定向，可将裂隙划分为横裂隙、纵裂隙、斜交裂隙和顺理裂隙等。横裂隙在平面上顺岩石倾斜方向切过层理或片理，在剖面上可直立或倾斜；纵裂隙方向平行于走向线，在直立剖面上切过层理或片理；斜交裂隙穿过层理或片理而与走向和倾向均斜交；顺理裂隙表现为在平面和剖面上与层理和片理平行(图 2.4)。

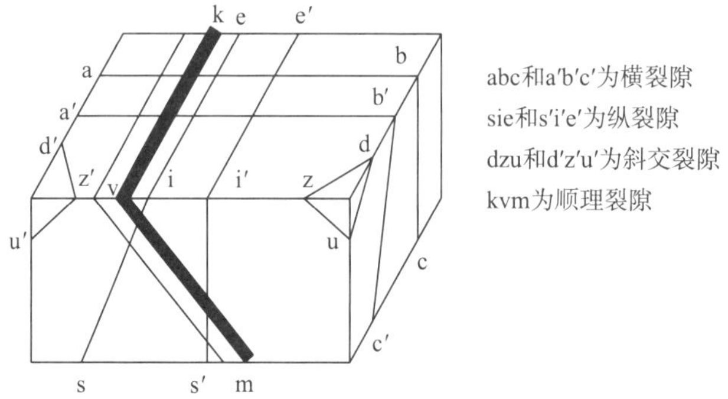

图 2.4 裂隙构造分类

按照岩层产状(倾角)，可将裂隙分为直立裂隙(倾角为 80°～90°)、急倾斜裂隙(倾角为 45°～80°)、缓倾斜裂隙(倾角为 10°～45°)和水平裂隙(倾角为 0～10°)等。

3. 裂隙成因分类

裂隙按形成原因，可分为原生裂隙(成岩裂隙)和次生裂隙(风化裂隙和构造裂隙)，其中原生裂隙为岩石生成时伴生的各种裂隙，而次生裂隙为岩石生成后形成的裂隙。地表岩石在温度、水、空气和生物等外营力作用下会形成风化裂隙，其常在成岩、构造裂隙的基础上进一步发育，形成无方向性连通的裂隙网络[图 2.5(a)]。喀斯特区风化营力决定了其裂隙呈壳状包裹于地表，厚度一般为几米至几十米，未风化母岩则构成了隔水板，一般为潜水含水系统，局部可为承压水(张元禧和施鑫源，1998)。

(a)孔隙

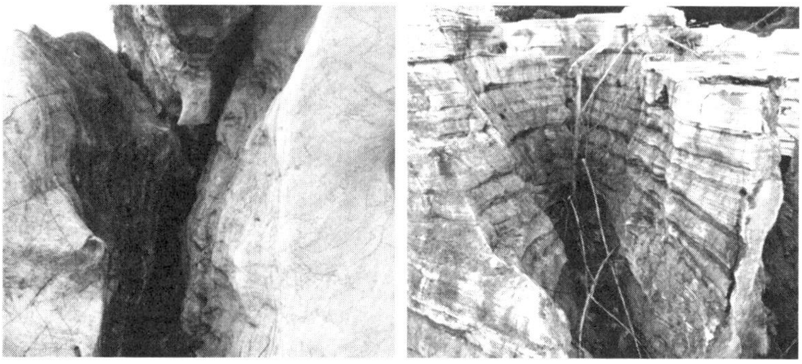

(b)裂隙

图 2.5　孔隙和裂隙

4. 裂隙溶蚀深度分类

按溶蚀发生深度，即在表层岩溶带发育厚度范围内，可将裂隙分为地表溶蚀裂隙、近地表溶蚀裂隙和埋藏溶蚀裂隙等，其中地表、近地表溶蚀裂隙即为本书研究中的浅层裂隙。表层岩溶带指岩溶区岩石表层在一定深度范围内风化较强烈的部分，具存储、输送雨水补给的作用(Williams，2008)，厚度一般为 3～10 m，部分可超过 30 m(陈洪松 等，2013)。相关研究认为，岩石表面有土覆盖时表层岩溶带厚度可达 20 m(张志才 等，2012)，峰丛山体表层岩溶带厚度为 3 m 左右(张志才 等，2011)，高原峰丛表层岩溶带厚度集中在 2～8 m(彭韬 等，2017)。基于野外实地调查需要，本书中浅层裂隙深度取 1～3 m。

5. 裂隙形态分类

因野外复杂的自然条件及碳酸盐岩特性，裂隙形态复杂多样。基于本书研究需要，在平面形态上，裂隙划分为孔隙和裂隙，孔隙和裂隙均可发育于白云岩和石灰岩中[图 2.5(a)为石灰岩，图 2.5(b)为白云岩]。一般情况下，孔隙在碳酸盐岩中发育及其连通性主要由岩石不均匀溶蚀造成，裂隙主要由岩石层理溶蚀形成。彭旭东等(2017b)认为，无论孔隙还是裂隙，水土漏失大小关键取决于孔隙或裂隙的发育程度及其下部的连通情况，当孔隙或裂隙发育未能达到地下空间或其下部闭合时，其漏失较轻微，且裂隙常被土壤或岩石风化物所填充[图 2.6(a)]，而当裂隙较发育且与地下空间系统连通时，其漏失就较大[图 2.6(b)]。

(a)裂隙被土壤填充　(b)孔隙下部连接较大空间

图 2.6　孔隙和裂隙填充情况

在剖面形态上，基于野外实际开挖，裂隙在剖面形态上可分为漏斗形裂隙、竖长方裂隙、梯形裂隙和斜长方裂隙等(图 2.7)。

(a)漏斗形裂隙　(b)竖长方裂隙

(c)梯形裂隙　(d)斜长方裂隙

图 2.7　不同形态裂隙

2.4.2　裂隙形态结构特征

裂隙形态主要取决于降雨径流对岩石的溶蚀和侵蚀，但同时还受岩石类型、岩石特性等因素制约。裂隙土壤漏失是一个由裂隙形态结构、岩石溶蚀速率、岩溶地下系统连通状况、土壤特征及植被状况等多因素决定的复杂过程。一般来说，裂隙形态决定了裂隙土壤漏失特征。就竖长方裂隙而言，裂隙内部土壤主要受自身重力及岩-土界面摩擦力作用，降雨作用下，岩-土界面处黏聚力降低，只要裂隙下部有足够空间，裂隙土壤就容易整体下移。斜长方裂隙土壤除受重力及岩-土界面摩擦力外，还受岩石界面支撑力作用，其土壤漏失取决于其倾角大小，但总体较竖长方裂隙缓慢。漏斗形裂隙土壤受两侧岩石界面支撑，其土壤漏失取决于漏斗嘴部空间大小及其下部的连通情况。梯形裂隙呈上窄下宽形，裂隙内部土壤不受裂隙岩石界面支撑，土壤仅受重力作用，其土壤漏失取决于裂隙下部空间状况。图 2.8 为不同形态裂隙在各样地类型中的分布特征。

可以看出，不同植被类型样地裂隙中，土壤类型主要为黄壤和石灰土，而裂隙形态以竖长方裂隙为主(图 2.8)。在坡耕地裂隙中，黄壤所占裂隙最多(48.18%)且全部为竖长方裂隙；而石灰土所占比例为 36.07%，其中竖长方裂隙所占比例为 70%，30%为漏斗型形隙。在草地、灌草地及乔灌草地裂隙中，调查到的土壤类型仅包括黄壤和石灰土，就草地裂隙而言，石灰土比例最大(65.22%)，其裂隙分布中竖长方裂隙最多(55%)，梯形裂隙次之(27%)，而漏斗形裂隙最少(18%)；而黄壤裂隙全部为竖长方裂隙。对灌草地和乔灌草地裂隙而言，随着植被群落多样化，调查裂隙中黄壤分布比例增大，由灌草地的 27.05%增加到乔灌草地的 57.78%，但均为竖长方裂隙，而石灰土裂隙中仍以竖长方裂隙为主。综合以上分析，与贵州省土壤类型分布一致，裂隙中土壤仍以黄壤和石灰土为主，在黄壤裂隙中裂隙类型较单一，主要为竖长方裂隙，而在石灰土裂隙中其裂隙形态多样化，包括斜长方裂隙、漏斗形裂隙及梯形裂隙等，但仍主要为竖长方裂隙。

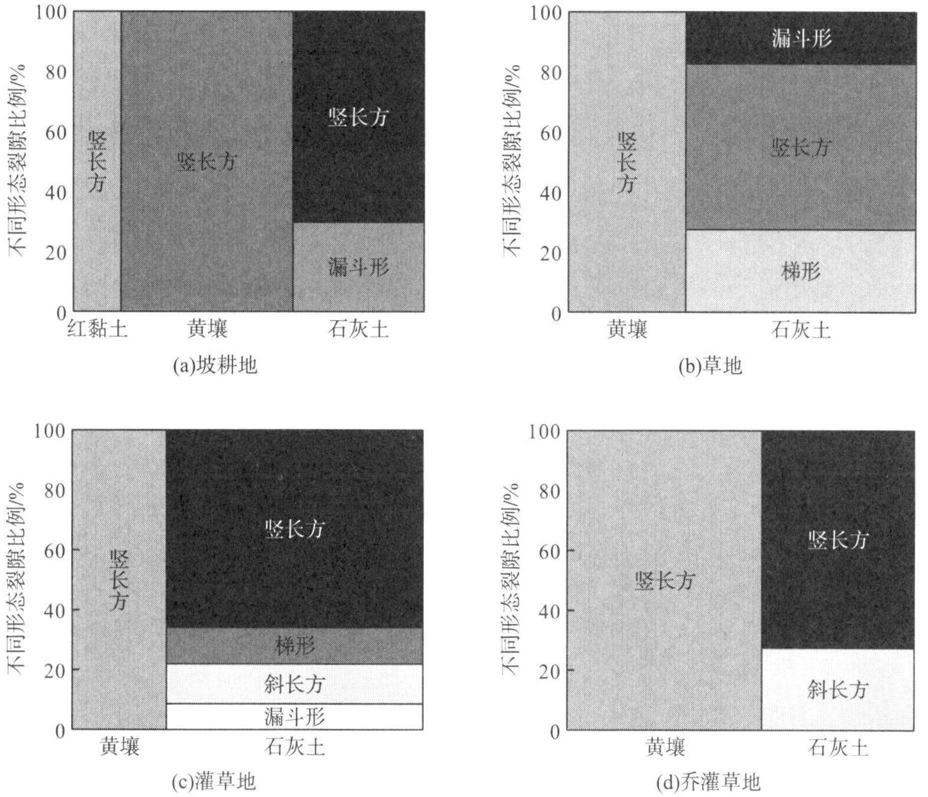

图 2.8　不同形态裂隙分布特征

裂隙张开度和倾角是喀斯特区裂隙形态结构定量研究的重要内容之一。分析不同岩性、不同植被类型裂隙张开度和倾角特征，是认识喀斯特区裂隙结构并揭示裂隙水土地下漏失的一个重要方面。

1. 裂隙张开度

裂隙宽度也称为张开度，是指裂隙张开的大小。裂隙张开度直接影响土壤赋存量、水分入渗及水土运移，甚至也会影响喀斯特石漠化区植物根系发育及伸展空间。图 2.9 为裂隙张开度频数分布及 Q-Q 图(quantile-quantile plot，分位数-分位数图)。可以看出，在不考虑裂隙形态及植被类型差异时，白云岩裂隙[图 2.9(g)]张开度并不服从正态分布，其数值主要为 20～60 cm；对石灰岩裂隙而言[图 2.9(f)]，其张开度亦不服从正态分布，张开度主要集中于 8～58 cm。若考虑裂隙形态(即竖长方裂隙，其他形态裂隙样本观测数少而未进行统计分析)及植被裂隙差异，仅石灰岩-竖长方-灌草地裂隙[图 2.9(c)]及石灰岩-竖长方-乔灌草地裂隙[图 2.9(d)]的张开度近似正态分布，分别为尖峰右偏和平峰右偏，其 Q-Q 图各点近似围绕着直线，张开度分别集中在 10～40 cm 和 15～40 cm。

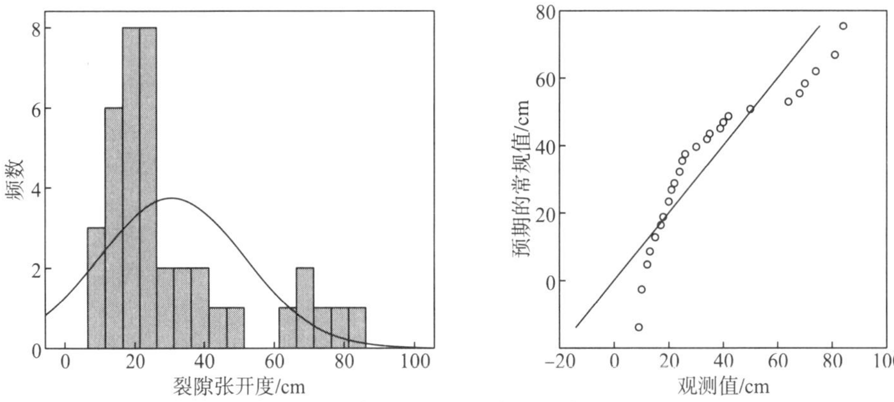

(a)石灰岩-竖长方-坡耕地裂隙

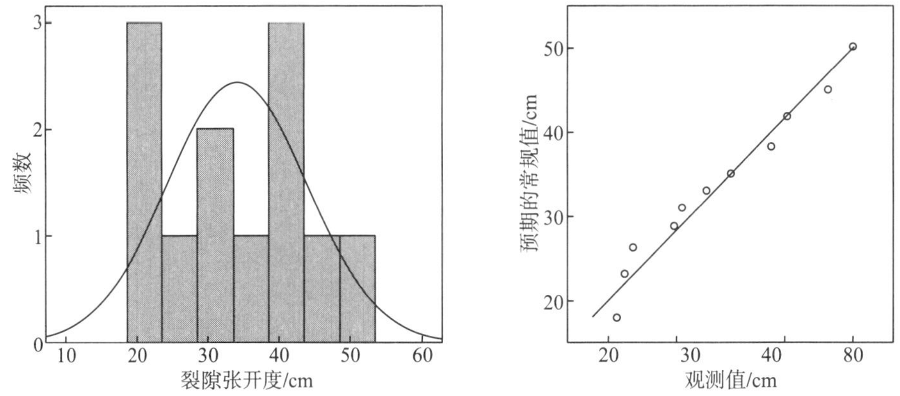

(b)石灰岩-竖长方-草地裂隙

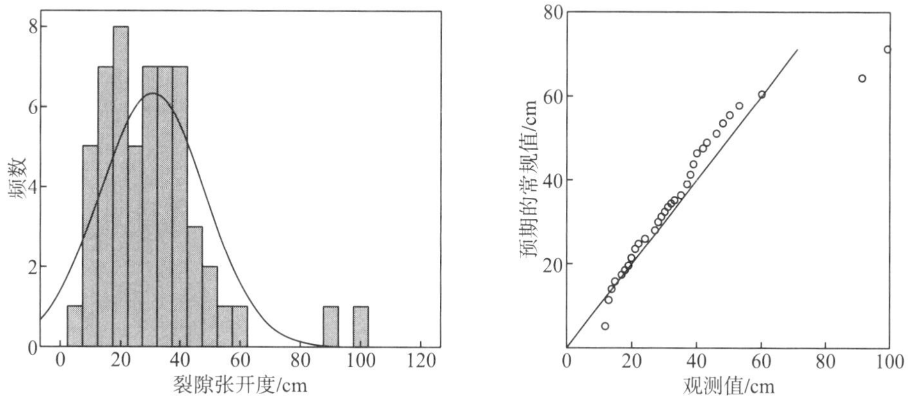

(c)石灰岩-竖长方-灌草地裂隙

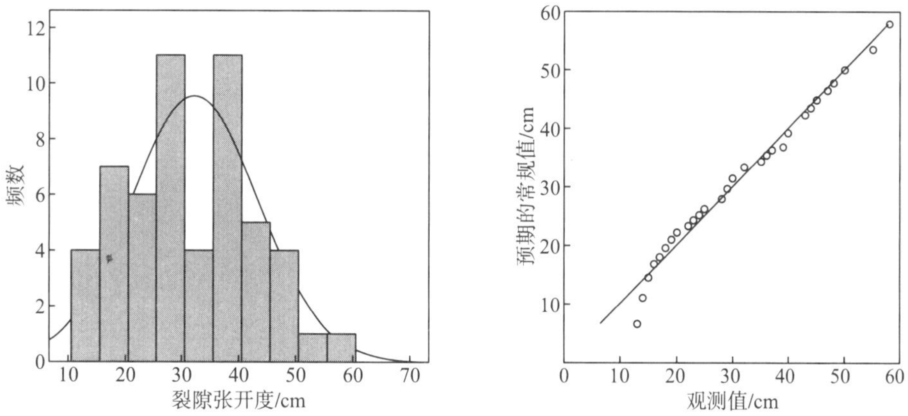

(d)石灰岩-竖长方 乔灌草地裂隙

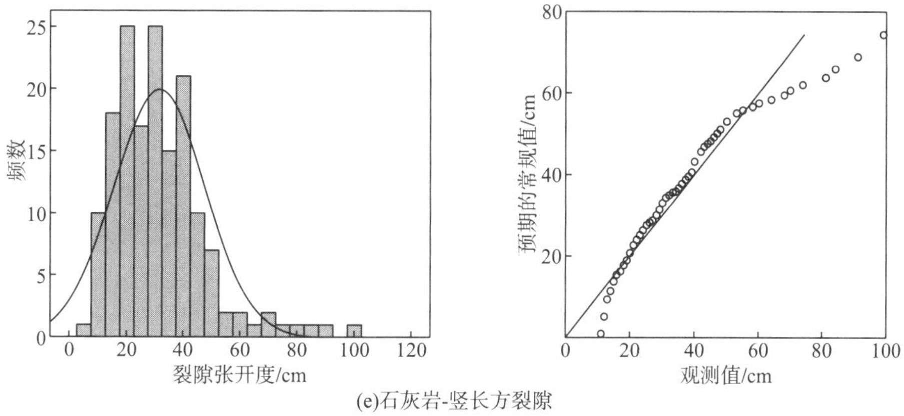

(e)石灰岩-竖长方裂隙

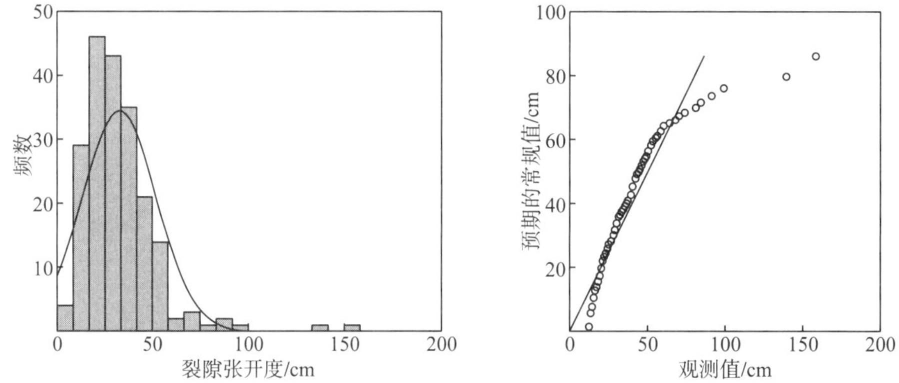

(f)石灰岩裂隙

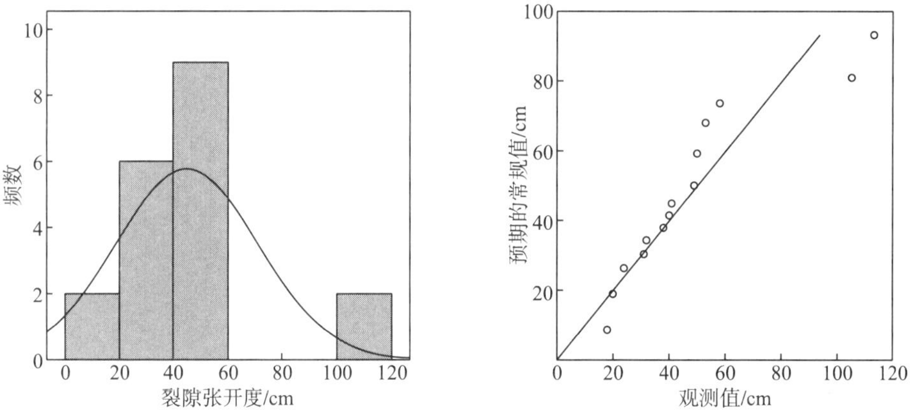

(g)白云岩裂隙

图 2.9 裂隙张开度频数分布及 Q-Q 图

进一步对图 2.9 进行数理统计分析，结果如表 2.4 所示，发现白云岩裂隙(不考虑裂隙形态及植被类型差异)平均张开度(44.9 cm)要高于石灰岩裂隙(32.5 cm)，其中石灰岩竖长方裂隙平均张开度为 69.5 cm，大多在 36.0～90.0 cm；然而，二者张开度变异系数变化则相反，即白云岩(58.57%)＜石灰岩(60.31%)，说明石灰岩裂隙溶蚀差异较相同条件下白云岩裂隙大。在岩性及裂隙形态相同而植被类型不同时，即在石灰岩竖长方裂隙中，裂隙平均张开度从大到小依次为草地＞乔灌草地＞灌草地＞坡耕地，其数值相差不大；而各样地裂隙张开度变异系数变化趋势则相反，即草地(28.74%)＜乔灌草地(35.09%)＜灌草地(57.14%)＜坡耕地(67.75%)，表明在相同条件下坡耕地裂隙的溶蚀差异最大，而草地最小。造成这种差异的原因中，裂隙中生长的植物根系是否会对裂隙发育有影响？这需要进一步的探讨和研究。

表 2.4　裂隙张开度描述统计特征

岩石类型	植被类型-裂隙形状	均值/cm	最小值/cm	最大值/cm	标准差	中位数/cm	众数/cm	峰度	偏度	观测数/个
石灰岩	坡耕地-竖长方	30.7	9.0	84.0	20.8	24	20	0.8	1.4	39
	草地-竖长方	34.1	21.0	50.0	9.8	34	40	−1.2	0.2	12
	灌草地-竖长方	30.8	5.0	99.0	17.6	29	12	4.8	1.7	56
	乔灌草地-竖长方	32.2	13.0	58.0	11.3	30	40	−0.7	0.2	54
	竖长方	69.5	36.0	90.0	13.9	69	90	−0.7	−0.2	148
	—	32.5	5.0	158.0	19.6	29	20	12.1	2.6	203
白云岩	—	44.9	13.0	113.0	26.3	41	50	2.4	1.5	19

注：表中“—”表示所属岩石类型为全部调查裂隙，样本较少的裂隙类型未列出。

2. 裂隙倾角

倾角是面状构造的产状要素之一，指在垂直地质界面走向的横剖面上所测定的此界面与水平参考面之间的两面角。裂隙倾角直接影响裂隙内水和土的受力情况，特别是岩-土界面水土漏失驱动力和摩擦阻力，总体而言，倾角越大(0°～90°)，则裂隙内水土在岩-土界面摩擦阻力越小，其水土越容易漏失。图 2.10 为裂隙倾角频数分布及 Q-Q 图。可以看出，在不考虑裂隙形态及植被类型差异时，白云岩裂隙[图 2.10(g)]倾角并不服从正态分布；对石灰岩裂隙而言[图 2.10(f)]，其倾角近似服从正态分布，为平峰左偏，其 Q-Q 图各点近似围绕着直线。若考虑裂隙形态(即竖长方裂隙，其他形态裂隙样本观测数少而未进行统计分析)及植被裂隙差异，不同植被类型裂隙均不服从正态分布。

相同地，进一步对图 2.10 进行数理统计分析，结果如表 2.5 所示，发现白云岩裂隙(不考虑裂隙形态及植被类型差异)平均倾角(80.6°)要高于石灰岩裂隙(67.5°)，其中石灰岩竖长方裂隙平均倾角为 31.5°，大多在 5°～90°，说明白云岩发育裂隙较石灰岩裂隙

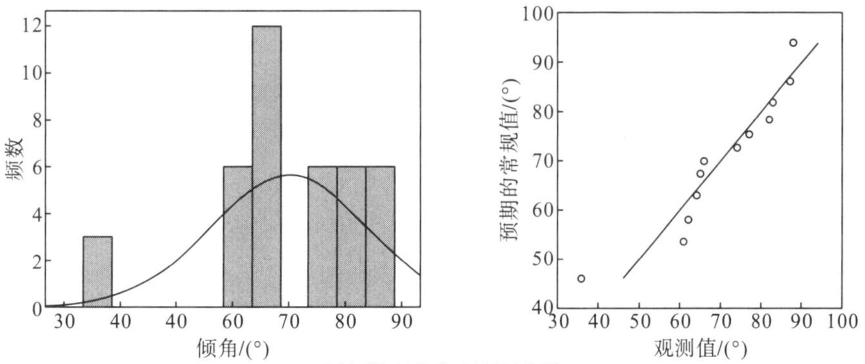

(a)石灰岩-竖长方-坡耕地裂隙

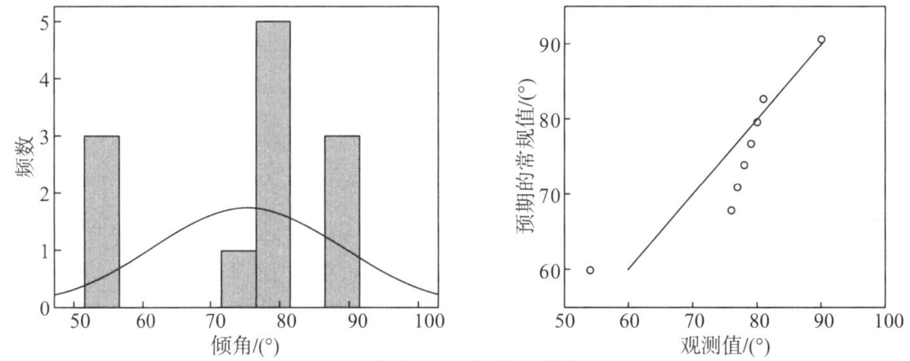

(b)石灰岩-竖长方-草地裂隙

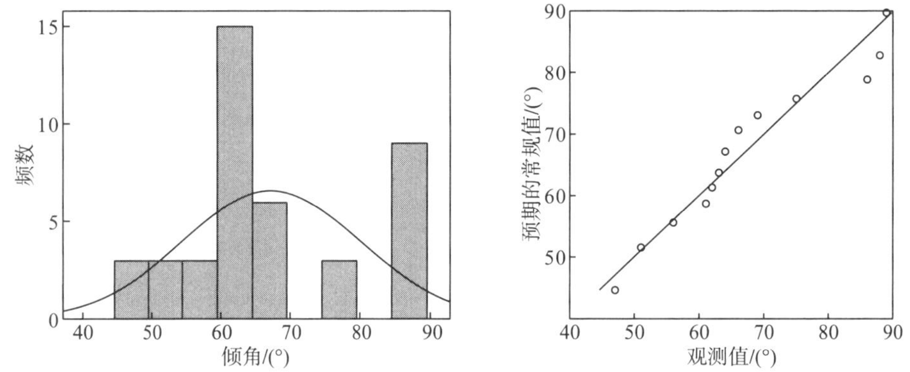

(c)石灰岩-竖长方-灌草地裂隙

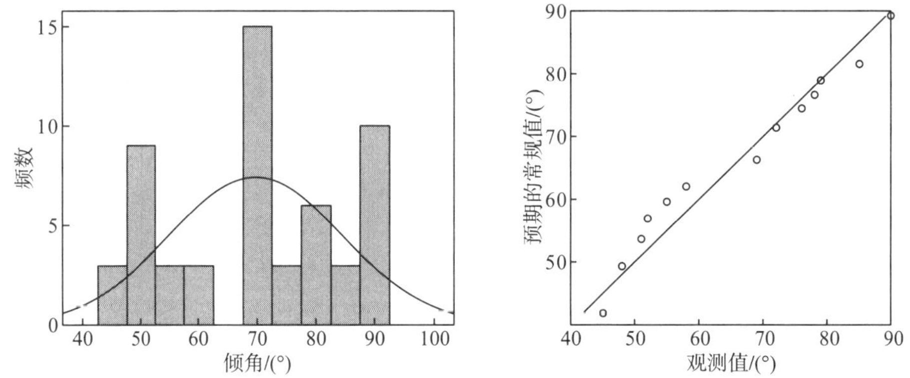

(d)石灰岩-竖长方-乔灌草裂隙

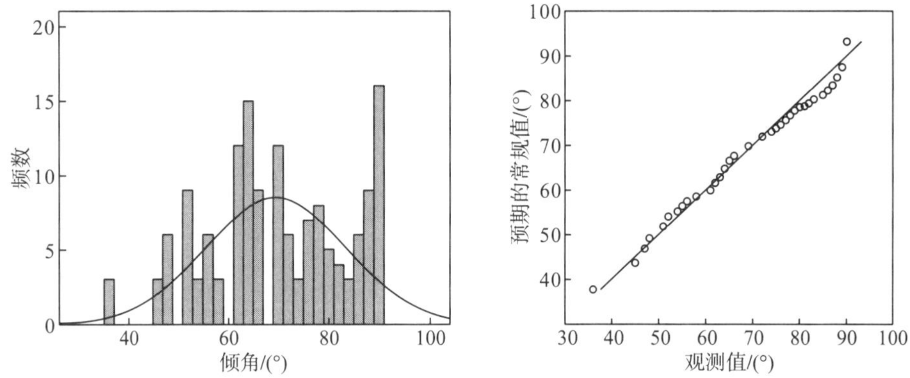

(e)石灰岩-竖长方裂隙

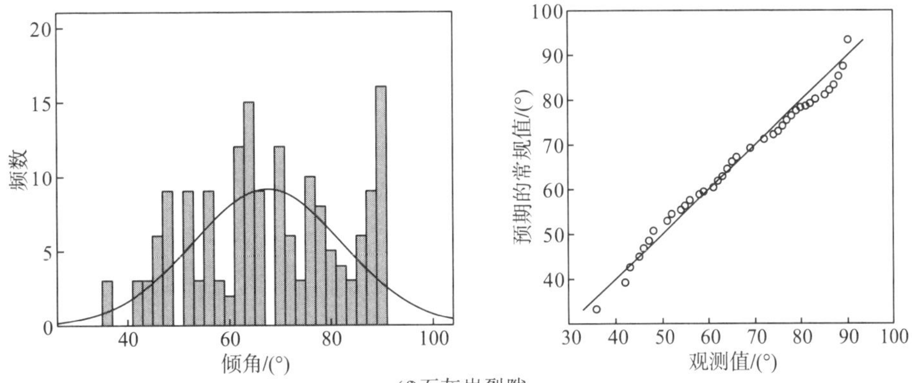

(f)石灰岩裂隙

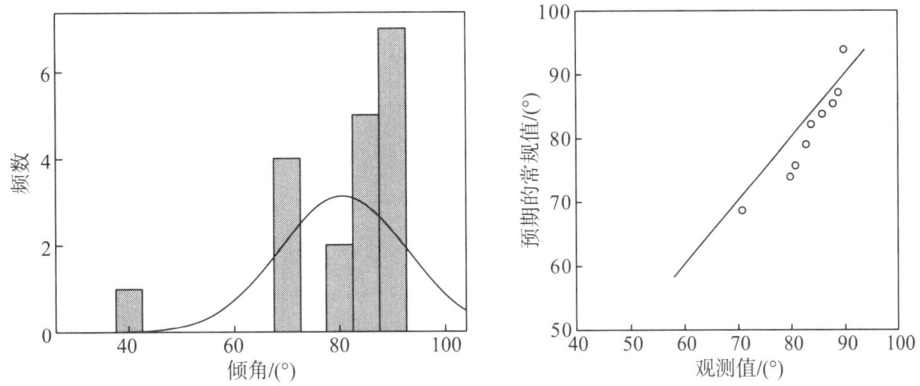

(g)白云岩裂隙

图 2.10 裂隙倾角频数分布及 Q-Q 图

可能更易发生水土漏失。然而，二者倾角变异系数变化则相反，即白云岩(15.01%)＜石灰岩(21.78%)。在岩性及裂隙形态相同而植被类型不同时，即在石灰岩竖长方裂隙中，裂隙平均倾角大小依次为草地＞坡耕地＞乔灌草地＞灌草地，其数值亦相差不大；而各样地裂隙倾角变异系数则表现为草地(18.33%)＜灌草地(19.05%)＜坡耕地(19.74%)＜乔灌草地(21.09%)。

表 2.5 裂隙倾角描述统计特征

岩石类型	植被类型-裂隙形状	均值/(°)	最小值/(°)	最大值/(°)	标准差	中位数/(°)	众数/(°)	峰度	偏度	观测数/个
石灰岩	坡耕地-竖长方	69.9	36.0	88	13.8	66.0	64.0	0.8	-0.8	39
	草地-竖长方	75.3	54.0	90	13.8	78.5	90.0	-0.7	-0.8	12
	灌草地-竖长方	67.2	47.0	89	12.8	64.0	64.0	-0.7	0.4	42
	乔灌草地-竖长方	69.7	45.0	90	14.7	72.0	90.0	-1.2	-0.2	55
	竖长方	31.5	5.0	90	16.1	29.0	40.0	2.9	1.4	161
	—	67.5	36.0	90	14.7	66.0	90.0	-1.0	-0.1	168
白云岩	—	80.6	40.0	90	12.1	83.0	90.0	6.5	-2.3	19

注：表中“—”表示所属岩石类型为全部调查裂隙，样本较少的裂隙类型未列出。

2.4.3 裂隙填充物基本特征

裂隙中充填物质主要有石砾、土壤及根系等，其来源可分为侵蚀沉积充填物、溶蚀沉积充填物和塌积充填物三类。侵蚀沉积充填物主要由水流带入岩溶裂隙，在重力的作用下沉积而成；溶蚀沉积充填物主要是滞缓水流与碳酸盐岩相互作用，通过化学反应的沉积形成；塌积充填物主要因岩溶管道、岩体及土体破碎垮塌而成。本书所调查裂隙大部分为土壤充填，属于侵蚀沉积充填物或塌积充填物。当裂隙下部连接较大地下空间系统时，裂隙中充填物易随水流发生地下漏失，当裂隙下部闭合时，裂隙发育速率决定了土壤漏失速率。裂隙充填物作为发生地下漏失的对象，研究其充填物物质组成、水分、结构及养分特征，对揭示土壤裂隙漏失、合理评价地下漏失对石漠化形成和岩溶地下水质的影响具有重要科学和现实意义；同时，从不同植被类型差异视角，研究裂隙充填物理化性质特征，对后期构建裂隙土壤漏失防治措施具有一定的理论意义。

1. 裂隙充填物物质组成

裂隙中充填的石砾、土壤及根系等物质组成，是裂隙漏失的物质基础。表 2.6 为不同植被类型裂隙充填石砾含量及土壤不同粒级分布特征。可以看出，不同植被类型裂隙填充石砾含量及土壤不同粒级分布差异较大，坡耕地及草地裂隙石砾(2 mm，下同)含量随土层深度增加无明显变化规律，而灌草地及乔灌草地裂隙石砾含量随土层深度增加总体呈降低趋势。究其原因，坡耕地裂隙主要受人为耕作活动影响，耕作层土层不断翻耕，而草地主要是耕地退耕后，在一定程度上也受前期耕作活动的影响；而灌草地及乔灌草地裂隙受人为活动影响较小，表层细颗粒不断被降雨径流以及入渗水流带走，入渗水流带走部分土层会进入裂隙深部土层，但究竟何种粒级大小的土壤颗粒随何种水流怎么进入裂隙深部土层，即发生裂隙漏失？后面将会进行探讨和揭示。就砂粒(0.05～2 mm)和粉粒(0.002～0.05 mm)质量分数而言，各类型裂隙随土层深度增加无明显变化，而黏粒(＜0.002 mm)质量分数总体随土层深度增加呈降低趋势(除坡耕地外)。分形维数作为表征土壤粒径大小及质地均一程度的一个重要参数(杨培岭 等，1993)，质地越粗则分形维数越小，质地越细(黏粒质量分数越高)则分形维数越高。各类型裂隙土壤分形维数随土层深度增加而增加，说明随土层深度增加其质地越细。

表 2.6 裂隙充填石砾含量及土壤粒级分布

植被类型	土壤深度/ cm	石砾含量/ [g/(200 cm^3]	不同粒级土壤质量分数/%								分形维数
			1～2 mm	0.25～1 mm	0.05～0.25 mm	0.01～0.05 mm	0.005～0.01 mm	0.002～0.005 mm	0.001～0.002 mm	＜0.001 mm	
CL	0～10	4.56	3.19	2.54	16.72	15.14	21.63	30.28	2.16	3.19	2.64
	10～20	2.11	0.98	3.31	22.11	21.71	10.86	6.51	17.37	0.98	2.76
	20～30	5.55	2.10	2.86	15.25	23.74	19.42	8.63	4.32	2.10	2.78
	30～40	1.46	1.23	3.11	3.91	12.86	19.30	25.73	6.43	1.23	2.83

植被类型	土壤深度/ cm	石砾含量/[g/(200 cm³)]	不同粒级土壤质量分数/%								分形维数
			1～2 mm	0.25～1 mm	0.05～0.25 mm	0.01～0.05 mm	0.005～0.01 mm	0.002～0.005 mm	0.001～0.002 mm	<0.001 mm	
GL	0～10	1.58	1.93	1.10	9.22	22.10	28.73	8.84	11.05	15.47	2.78
	10～20	5.93	0.16	1.21	35.57	24.16	15.38	0.00	6.59	15.38	2.75
	20～30	5.28	1.42	3.51	21.43	39.45	8.77	4.38	8.77	10.96	2.72
	30～40	3.15	1.10	0.05	28.23	41.65	6.58	2.19	10.96	6.58	2.67
SL	0～10	20.07	1.06	2.45	3.70	46.82	8.92	13.38	6.69	15.61	2.76
	10～20	17.66	1.66	2.99	20.37	8.85	13.28	30.98	8.85	6.64	2.72
	20～30	6.05	1.78	4.78	0.82	44.43	8.89	17.77	13.33	2.22	2.63
	30～40	8.37	13.84	0.33	20.63	26.57	8.86	8.86	8.86	11.07	2.74
FL	0～10	3.01	1.03	2.49	6.70	19.49	19.49	17.33	6.50	21.66	2.82
	10～20	2.54	2.86	1.29	16.12	15.10	19.41	12.94	10.79	15.10	2.79
	20～30	1.08	2.16	4.86	7.62	23.74	28.05	12.95	6.47	8.63	2.71
	30～40	1.01	2.52	7.03	4.52	30.05	10.73	23.61	4.29	10.73	2.74

注：土壤类型为石灰土。CL 为坡耕地，GL 为草地，SL 为灌草地，FL 为乔灌草地，后同。

为进一步探索裂隙土壤分形维数与其土壤颗粒组成之间的关系，对土壤砂粒质量分数、粉粒质量分数及黏粒质量分数进行回归分析(图 2.11)，发现裂隙土壤分形维数与其砂粒、粉粒质量分数分别呈极显著($P<0.01$)和显著($P<0.05$)线性负相关，与黏粒质量分数呈极显著($P<0.01$)线性正相关。

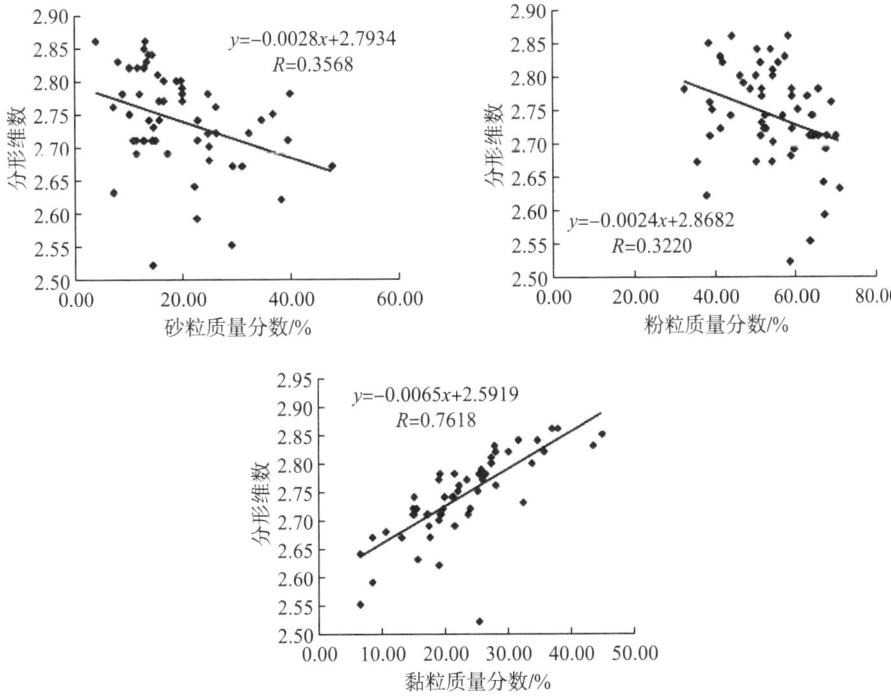

图 2.11　土壤颗粒分形维数与土壤砂粒、粉粒和黏粒质量分数回归分析

2. 裂隙充填物水分特征

裂隙充填物的水分状况及持水特性，是裂隙植物生长的水分基础。裂隙土壤水分状况及持水特性直接反映了其降雨径流的涵养和调节功能，土壤持水能力越强，则对降雨径流的涵养和调节功能越强，一方面涵养水分状况反映了其支撑植被的潜力，另一方面调节储蓄的水分能力反映了土壤发生侵蚀的危险性。图 2.12 为裂隙充填土壤自然含水量及其持水特性。由图 2.12(a)可知，坡耕地裂隙土壤自然含水量随土层深度增加无明显变化，草地裂隙土壤自然含水量随土层深度增加而增大，灌草地及乔灌草地裂隙土壤自然含水量变化则相反。究其原因，坡耕地裂隙土层受耕作活动影响，表层土壤松散，水分易蒸发；草地裂隙根系可能主要吸收 0～30 cm 土层深度土壤水分，而灌草地及乔灌草地裂隙植物根系穿插深度远大于 40 cm 深度土层，其对深部土层土壤水分吸收作用强。

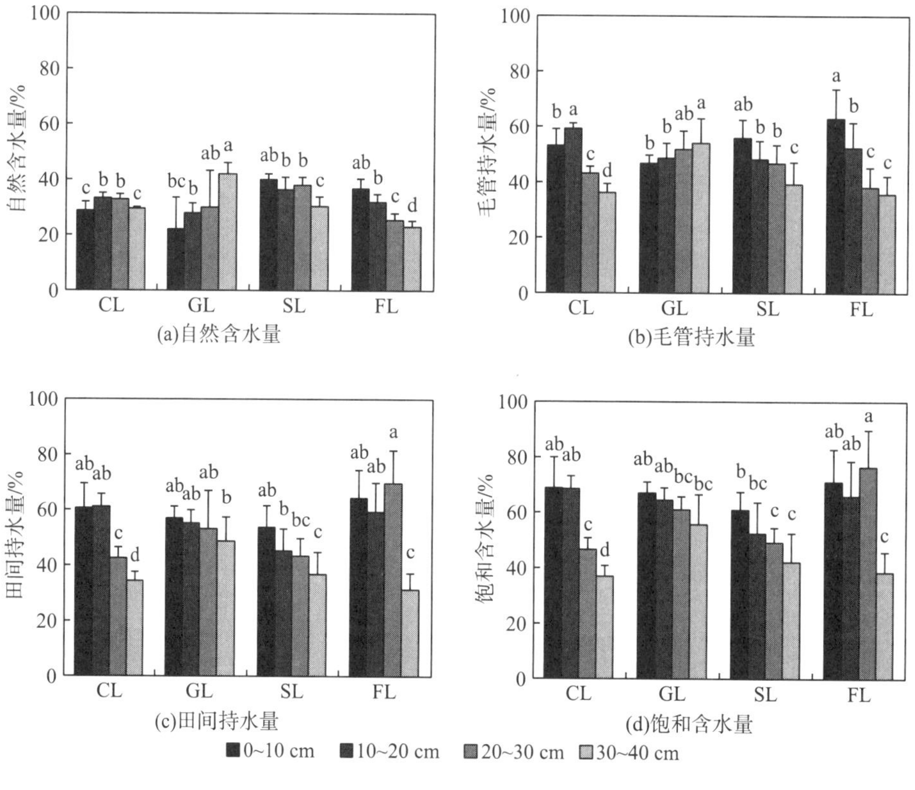

图 2.12 裂隙充填土壤自然含水量及其持水特性

不同字母表示存在显著差异(后同)

土壤毛管持水量、田间持水量及饱和含水量是反映裂隙土壤持水能力的重要指标，三者均为植物可吸收利用水分，其中饱和含水量直接反映裂隙土壤最大储蓄降雨径流的能力。毛管持水量变化[图 2.12(b)]与自然含水量变化趋势相同。田间持水量[图 2.12(c)]总体随裂隙土层深度增加而降低，其中乔灌草地裂隙土壤田间持水量在 0～30 cm 土层较其他类型裂隙高，而 30～40 cm 土层较其他类型裂隙低。各类型裂隙土壤饱和含水量[图 2.12(d)]总体亦随土层深度增加而降低(除 FL 20～30 cm 土层外)，说明表层土层更能储存较多降雨径流。

3. 裂隙充填物结构特征

裂隙土壤容重、孔隙状况以及土壤团聚体分布情况等，是裂隙土壤的结构基础，是认识裂隙充填物结构特征及分析裂隙水土漏失过程的重要内容。

1) 土壤容重及孔隙特征

图 2.13 为裂隙充填土壤容重及孔隙特征。土壤容重反映土壤松紧程度及孔隙状况，可反映土壤通气性、透水性和根系生长阻力状况。各类型裂隙土壤容重随土层深度增加呈增加趋势[图 2.13(a)]，说明裂隙深部土壤较表层土壤更紧实，通气性、透水性及根系生长阻力更差。然而，在不同类型裂隙之间，相同裂隙土层深度的土壤容重相差不大，0～10 cm 土层裂隙土壤容重大小依次为 CL(0.885 g/cm^3) > SL(0.870 g/cm^3) > GL(0.762 g/cm^3) > FL(0.747 g/cm^3)，10～20 cm 土层为 SL(0.980 g/cm^3) >CL(0.851 g/cm^3) >FL(0.806 g/cm^3) > SL(0.767 g/cm^3)，20～30 cm 土层为 CL(1.055 g/cm^3) >SL(0.993 g/cm^3) >FL(0.910 g/cm^3) > GL(0.801g/cm^3)，30～40 cm 土层为 CL(1.151 g/cm^3) >SL(1.101 g/cm^3) >FL(1.054 g/cm^3) > GL(1.021 g/cm^3)，可以看出，在受人为耕作活动影响较小的深部土层，植物在裂隙中生长有助于改善土壤结构状况。

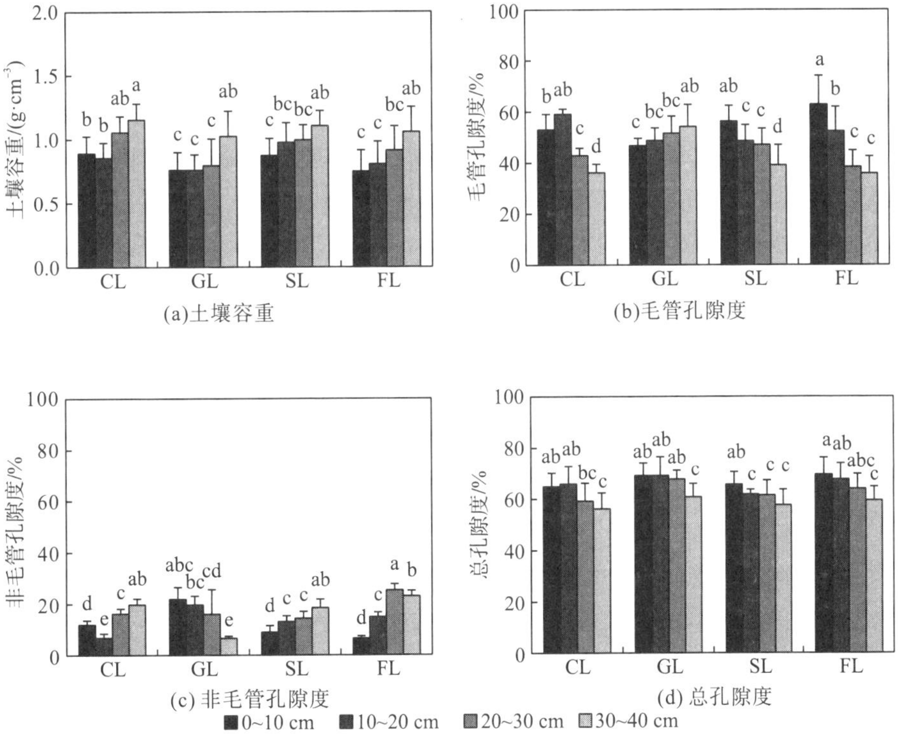

图 2.13　裂隙充填土壤容重及孔隙特征

毛管孔隙度和总孔隙度直接影响土壤蓄持降雨径流水分的能力，而非毛管孔隙度则更多地影响着土壤渗透能力及调节降雨径流能力(彭旭东 等，2015；史东梅 等，2017)。由图2.13(b)可知，裂隙土壤毛管孔隙度为35.87%～62.78%，其变化规律与前述毛管持水量变化趋势相同。草地裂隙非毛管孔隙度随其土层深度增加呈降低的趋势，而其他类型裂隙则相反［图2.13(c)］，说明此类裂隙若在相同降雨径流条件下裂隙土层或岩-土界面的下渗水流更容易向下流动，可能会加重土壤漏失的发生。不同植被类型裂隙土壤非毛管孔隙度为6.49%～23.30%，其中坡耕地裂隙为6.97%～20.01%，草地裂隙为6.49%～22.14%，灌草地裂隙为9.23%～18.64%，乔灌草地裂隙为6.54%～25.50%。各类型裂隙土壤总孔隙度总体随土层深度增加呈降低的趋势[图2.13(d)]，其数值变化为55.97%～69.31%，其中坡耕地裂隙为55.97%～65.85%，草地裂隙为60.26%～68.79%，灌草地裂隙为57.63%～65.25%，乔灌草地裂隙为59.17%～69.31%。

相关研究对喀斯特小流域不同坡位及不同植被类型(乔木、灌木、灌草和农作物)非裂隙土壤理化性质测试结果表明(付同刚 等，2015)，土壤容重总体亦随土层深度增加而增加，0～40 cm土层土壤容重为0.67～1.48 g/cm^3，这与本书中裂隙土壤容重变化趋势相同；毛管孔隙度为25.22%～65.49%，非毛管孔隙度为0.37%～17.17%，且随土层深度增加总体降低，这与本书中草地裂隙非毛管孔隙度变化相似，其他裂隙未呈相似变化的原因可能与裂隙土壤漏失有关。

2) 土壤团聚体分布特征

与非喀斯特区相似，裂隙土壤团聚体结构及其稳定性同样对裂隙土壤漏失有重要影响。若裂隙土壤颗粒间胶结力强，则土壤团聚结构体越大、稳定性越好，团粒结构间不易被降雨径流冲刷而分离，发生裂隙土壤漏失可能性相对较小，反之团粒结构易破坏分离，发生在表土则导致表土渗透性降低，易发生地表侵蚀流失，而发生在裂隙深部土壤，则造成细颗粒下漏。表2.7为裂隙充填土壤团聚体分布及分形特征。由表可知，＞0.25 mm风干团聚体质量分数总体较高，为95.64%～99.71%，其中灌草地裂隙＞0.25 mm风干团聚体质量分数在相同土层下均高于其他类型裂隙，为99.23%～99.71%，而相同土层下以草地裂隙最少(除表层0～10 cm土层以乔灌草裂隙最小外)。在不同植被类型中，仅坡耕地裂隙＞0.25 mm风干团聚体质量分数随裂隙土层深度增加呈增加趋势，其他类型裂隙无明显变化规律。湿筛法得到的土壤团聚体质量分数能直接反映裂隙土壤在降雨径流作用下的水稳定性。＞0.25 mm水稳性团聚体质量分数明显低于相同条件下裂隙土壤＞0.25 mm风干团聚体质量分数，其中以坡耕地裂隙质量分数最高(除10～20 cm土层以乔灌草地裂隙最大外)，而以草地裂隙质量分数最小(除0～10 cm土层以灌草地裂隙最小外)。运用转移矩阵法(石辉，2006)，对比相同粒级大小的风干团聚体和水稳性团聚体质量分数，可计算出各粒级土壤团聚体保存概率，进而得到团聚体稳定性指数，结果显示，裂隙土壤团聚体稳定性指数在相同土层均以灌草地裂隙最小，随土层深度增加，其数值依次为1.30、3.48、2.57、2.35，而土壤团聚体稳定性指数最大值分别出现在草地裂隙0～10 cm土层(3.20)、乔灌草地裂隙10～20 cm土层(3.48)、坡耕地裂隙20～30 cm土层(2.89)、草地裂隙30～40 cm土层(2.86)。

表 2.7　裂隙充填土壤团聚体分布及分形特征

植被类型	土壤深度/cm	处理方式	不同粒级土壤团聚体质量分数/%							分形维数
			＞5 mm	3～5 mm	2～3 mm	1～2 mm	0.5～1 mm	0.25～0.5 mm	＜0.25 mm	
CL	0～10	干筛	39.91	22.44	7.91	9.19	13.25	5.29	2.00	2.07
		湿筛	23.12	15.74	14.92	12.58	14.74	5.50	13.40	2.48
	10～20	干筛	54.64	21.47	5.65	5.29	8.01	3.68	1.26	1.99
		湿筛	37.92	15.14	13.80	7.64	9.62	2.60	13.28	2.50
	20～30	干筛	42.64	28.58	8.02	7.11	9.34	3.45	0.86	1.88
		湿筛	30.78	19.53	14.24	9.14	11.01	4.01	11.29	2.45
	30～40	干筛	53.81	23.75	6.20	5.60	7.06	2.82	0.76	1.86
		湿筛	27.29	24.91	14.62	9.29	10.06	3.78	10.07	2.41
GL	0～10	干筛	41.04	17.32	16.29	7.95	10.48	5.12	1.80	2.04
		湿筛	32.74	20.16	12.06	8.34	8.08	3.10	15.52	2.53
	10～20	干筛	34.94	10.76	14.68	10.37	17.50	8.91	2.83	2.17
		湿筛	24.68	11.64	9.80	9.60	15.68	9.80	18.80	2.60
	20～30	干筛	40.74	20.02	6.29	8.95	14.59	6.79	2.62	2.15
		湿筛	23.94	12.10	9.74	10.24	16.10	7.26	20.62	2.61
	30～40	干筛	24.10	19.54	9.11	11.19	21.47	10.23	4.35	2.26
		湿筛	11.42	12.80	12.60	13.72	20.84	10.66	17.96	2.56
SL	0～10	干筛	55.03	13.50	13.50	7.80	8.06	1.80	0.31	1.62
		湿筛	9.27	17.06	13.95	10.80	12.28	4.34	32.30	2.70
	10～20	干筛	66.40	10.70	10.65	5.55	5.15	1.26	0.30	1.63
		湿筛	30.84	17.80	14.16	9.13	8.36	2.84	16.87	2.55
	20～30	干筛	64.01	12.68	11.27	5.49	4.32	1.46	0.78	1.83
		湿筛	18.60	23.78	18.38	10.82	10.64	3.90	13.88	2.48
	30～40	干筛	61.96	14.06	13.05	5.46	4.00	1.06	0.40	1.65
		湿筛	16.98	21.72	20.00	12.60	11.40	3.50	13.80	2.47
FL	0～10	干筛	31.68	27.72	9.67	9.92	12.53	6.22	2.26	2.09
		湿筛	23.44	20.83	15.27	11.09	9.09	4.12	16.15	2.53
	10～20	干筛	30.92	26.44	9.62	9.26	13.70	7.50	2.57	2.14
		湿筛	22.18	20.22	16.48	10.68	12.38	4.60	13.46	2.48
	20～30	干筛	56.98	21.58	5.50	4.99	6.76	3.08	1.11	1.96
		湿筛	37.16	19.55	12.39	7.51	7.65	3.12	12.63	2.49
	30～40	干筛	54.04	20.62	5.79	5.69	7.97	4.22	1.68	2.06
		湿筛	26.56	20.90	14.58	9.34	8.94	3.58	16.10	2.53

注：表中数据有四舍五入。

将 0.25 mm 干筛团聚体质量分数与其湿筛团聚体质量分数的差值除以其干筛团聚体质量分数，可计算得到＞0.25 mm 土壤团聚体破坏率(肖海 等，2017)，结果如图 2.14 所示。明显地，坡耕地裂隙 20～30 cm 土层＞0.25 mm 土壤团聚体破坏率最大(32.09)，最小为乔灌草地裂隙 0～10 cm 土层(9.38)，说明植被覆盖能明显改善土壤结构状况。

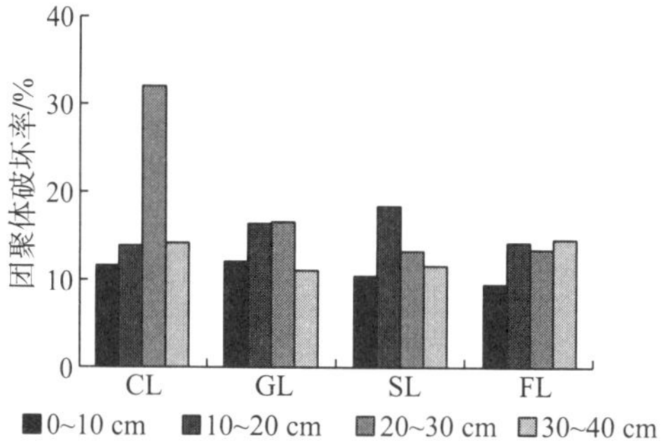

图 2.14 裂隙土壤团聚体(＞0.25 mm)破坏率

4. 裂隙充填物养分特征

裂隙土壤养分含量是裂隙植物生长的营养基础，它是裂隙植物枝、叶、根腐烂，根系吸收利用及裂隙土壤化学溶蚀等综合作用的结果。图 2.15 显示了裂隙充填土壤养分特征。灌草地及乔灌草地裂隙土壤总氮含量总体随土层深度增加呈降低变化趋势[图 2.15(a)]，说明乔灌植被覆盖有利于提高土壤总氮含量，特别是表层土壤。在不同植被类型裂隙中，乔灌草地裂隙土壤总氮含量在 0～10 cm、10～20 cm 和 20～30 cm 土层最高，数值分别为 2.14 g/kg、1.14 g/kg、1.26 g/kg，而在 30～40 cm 土层则以坡耕地裂隙最高(1.04 g/kg)，这主要受耕地施肥影响；草地裂隙在 0～10 cm 土层土壤总氮含量低于灌草地裂隙，但在其他深度土层其总氮含量则高于灌草地裂隙。结果表明，灌草地及乔灌草地裂隙表层土壤虽能积累较多的枯枝落叶，提高表层土壤总氮含量，但深层土层土壤总氮会被植物大量吸收。从水解氮含量变化[图 2.15(b)]可知，乔灌草地裂隙表层土壤含量最高(216.83 mg/kg)，但其 10～40 cm 土层土壤水解氮含量较其他裂隙都低；相似地，不考虑受施肥影响的坡耕地，灌草地裂隙表层土壤的水解氮含量仍较高，但其 10～40 cm 土层含量却较低，说明裂隙中生长的灌草在改善表土水解氮含量的同时，吸收利用了较多的下部土层土壤水解氮，而这种吸收利用强度依次为草地＜灌草地＜乔灌草地。在各种植被类型裂隙中，草地裂隙土壤不同土层下的水解氮含量相对较高。

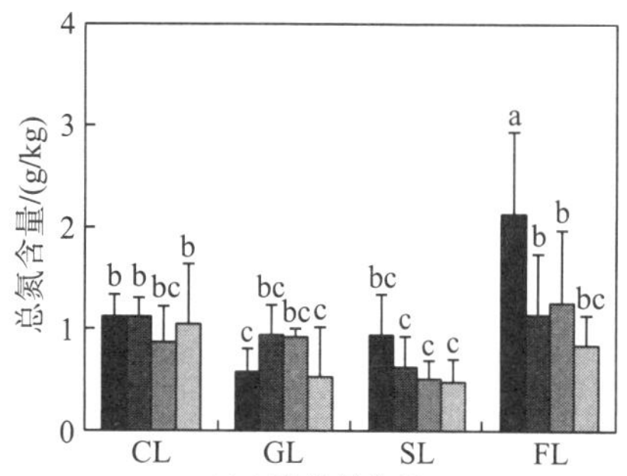

(a)土壤总氮含量

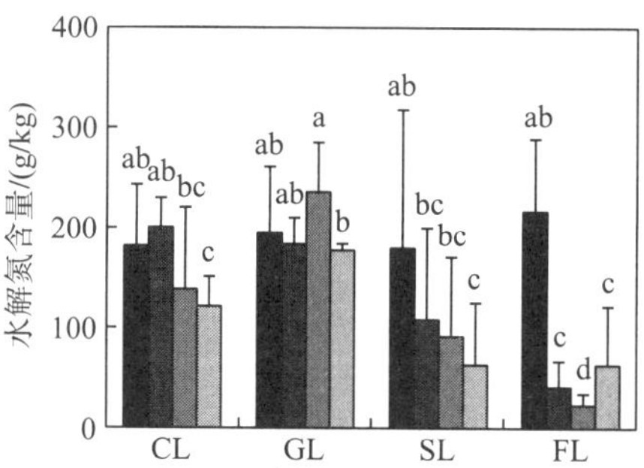

(b)土壤水解氮含量

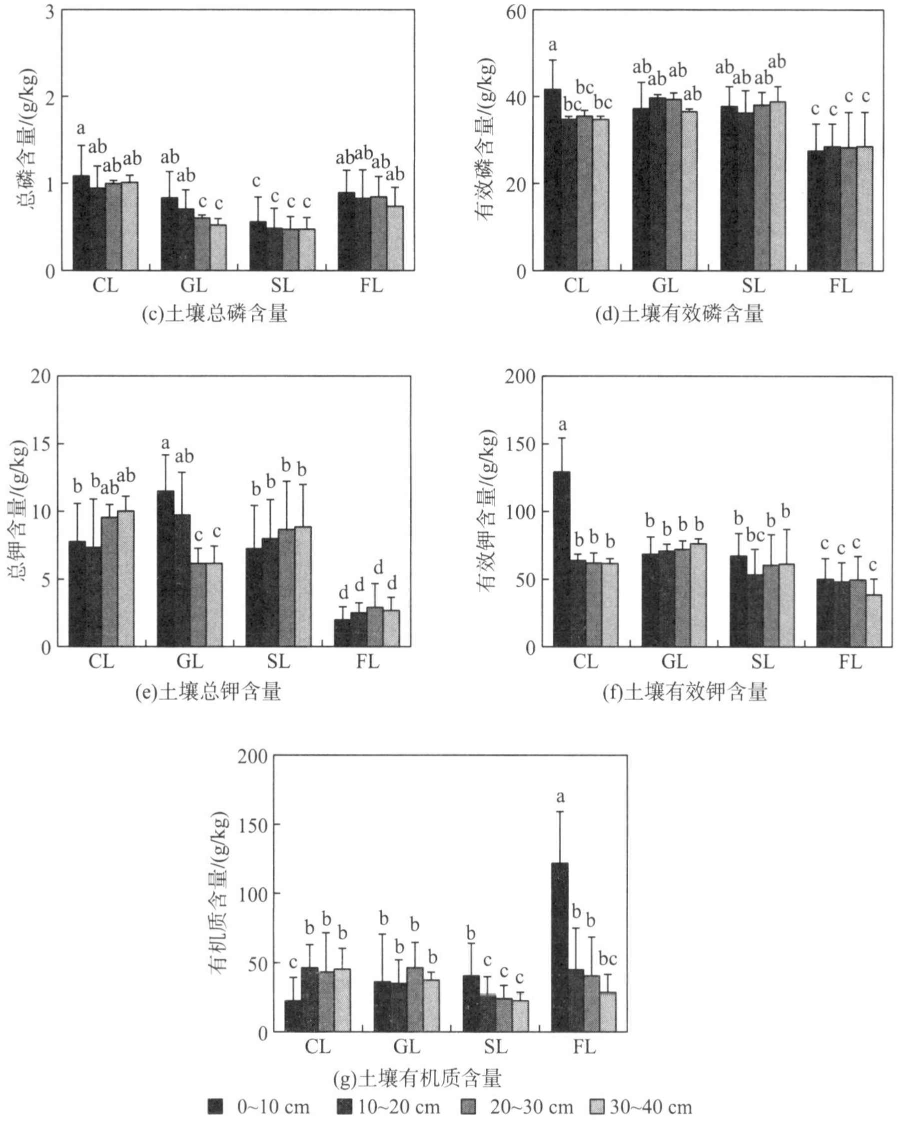

图 2.15　裂隙充填土壤养分特征

不同植被类型裂隙土壤总磷含量[图 2.15(c)]及有效磷含量[图 2.15(d)]差异明显。在 0～40 cm 土层下的土壤总磷含量依次为坡耕地＞乔灌草地＞草地＞灌草地。各类型裂隙土壤总磷含量均以表层 0～10 cm 土层最大；除坡耕地外，土壤总磷含量总体随土层深度增加而减小，但仅草地裂隙 0～20 cm 土层与其 20～40 cm 土层总磷含量存在显著差异($P<0.05$)，其余裂隙总磷含量在各土层间差异不显著。就有效磷含量而言[图 2.15(d)]，除坡耕地表层 0～10 cm 土壤有效磷含量明显高于其他土层且存在显著差异($P<0.05$)，其他裂隙土壤有效磷含量在各土层间差异不显著，各土层间的土壤有效磷含量总体相差不大。乔灌草地裂隙土壤有效磷含量明显低于其他裂隙；在不考虑坡耕地裂隙时，草地裂隙能在 0～30 cm 土层保持较灌草地及乔灌草地裂隙更高的土壤有效磷含量，而在 30～40 cm

土层低于两者。综合分析表明，与总氮含量变化相似，乔灌草地裂隙虽能保持较高的土壤总磷含量(不考虑受人为施肥活动影响的坡耕地)，但其有效磷含量明显低于其他类型裂隙；相反，草地裂隙不仅能保持较灌草地裂隙较高的总磷含量，还能维持较坡耕地及乔灌草地裂隙较高的有效磷含量。

与总氮及总磷含量变化不同，随裂隙土层深度增加，坡耕地、灌草地及乔灌草地裂隙土壤总钾含量总体呈增加趋势[图 2.15(e)]，而草地裂隙则呈降低趋势，其中草地裂隙 0～20 cm 土层土壤总钾含量明显高于 20～40 cm 土层土壤且二者存在显著差异($P<0.05$)。各裂隙土壤总钾含量以乔灌草地裂隙最低；不考虑坡耕地裂隙，草地裂隙在 0～20 cm 土层土壤总钾含量高于相同土层其他裂隙，在 20～40 cm 土层却低于灌草地裂隙但仍高于乔灌草地裂隙。就有效钾含量而言[图 2.15(f)]，坡耕地及乔灌草地裂隙的含量随土层深度增加而降低，草地裂隙则相反。

在各裂隙中，同样以乔灌草地裂隙土壤有效钾含量最低，灌草地裂隙次之，坡耕地裂隙受施肥影响其表层 0～10 cm 土壤有效钾含量最高，但除此之外，草地裂隙各层土壤有效钾含量是最高的。由此可见，乔灌草地裂隙土壤总钾及有效钾含量最低，可能是裂隙中的植物吸收利用了钾素，因为笔者前期通过模拟降雨试验的研究结果表明(彭旭东 等，2017a)，土壤钾素更易随地表径流流失，而随下渗水流流失较少；同时，草地裂隙较灌草地及乔灌草地裂隙保持了较高的土壤钾素水平。综上，对石漠化区裂隙或石缝而言，草本植物可能是其植被恢复的最佳选择。

毋庸置疑，乔灌草地裂隙是最能积累有机质含量的类型之一。由图 2.15(g)可知，各裂隙表层 0～10 cm 土壤有机质含量从大到小依次为乔灌草地＞灌草地＞草地＞坡耕地，而对于其他土层，各裂隙土壤有机质含量差异明显。在 10～20 cm 土层，其裂隙土壤有机质含量从大到小依次为坡耕地＞乔灌草地＞草地＞灌草地，20～30 cm 土层从大到小依次为草地＞坡耕地＞乔灌草地＞灌草地，而 30～40 cm 土层从大到小依次为坡耕地＞草地＞乔灌草地＞灌草地。总体而言，在不考虑坡耕地及乔灌草地裂隙时，各裂隙土壤有机质含量总体以草地裂隙较好，各土层均保持较高的有机质含量水平。

第3章　喀斯特坡地水分运移规律

3.1　引　　言

喀斯特地区浅层岩溶裂隙系统位于岩溶关键带的最顶层，是该地区岩溶关键带中与土壤圈直接接触的区域，也是岩溶关键带水文过程最为关键的区域之一(张信宝 等，2007a；Richter and Mobley，2009；曹建华 等，2018)。喀斯特地区严重的水土流失导致地表土壤浅薄，土壤粗颗粒化、保水性变差、持水能力下降(景宜然 等，2016)。此外，地表土壤受径流挟裹、搬运后进入浅层岩溶裂隙中，通过裂隙向深处漏失或赋存在裂隙中(周念清 等，2009)。土壤的存在改变了浅层岩溶裂隙原先的水分运移过程，将大部分裂隙水由原先的直接渗漏进入深层裂隙改变为在土壤拦蓄作用下阻缓水分向深层裂隙的渗漏，延长水分在浅层岩溶裂隙的停留时间，并将部分水分以土壤水的方式固持在浅层岩溶裂隙中(Zhang et al.，2011；吕玉香 等，2019)。可见，被土壤填充后的浅层岩溶裂隙水分特性发生改变，也改变了岩溶关键带的水分循环过程(McDonnell，2003)。因此，开展浅层岩溶裂隙土壤水分调蓄特征研究是十分有必要的。当前，关于喀斯特地区坡地水分调蓄方面的研究，主要是从岩溶关键带、表层岩溶带和岩溶交互带尺度上开展的(Williams，1983；蒋忠诚 等，2001；章程 等，2004；郭芳 等，2018)。以浅层岩溶裂隙尺度开展的水分调蓄研究相对较少，且主要是通过室内人工模拟降雨，自然状态下浅层岩溶裂隙土壤水分调蓄特征仍有待探讨。

我国西南喀斯特区虽然降雨量丰富，但其在时间和空间上分布极不均匀，加上该区特殊的地表-地下二元水文地质结构，地表土被浅薄且分布不连续，其涵养水源能力低，降雨径流容易在土壤以及岩-土界面下渗进入裂隙、管道等并进一步进入地下空间系统，造成水分难以利用以及石漠化干旱，同时漏失水分驱动的土壤漏失造成该地区土壤资源减少。在严重石漠化区，少量的土被仅赋存于裂隙及石槽中，而出露岩石与土壤的交错镶嵌，增加了该区水分运移的复杂性和异质性(White，2002；陈洪松 等，2013)。

近年来，国内外学者针对黄土区、黑土区等地区土壤水文方面已进行了大量的研究(王月玲 等，2019；王子龙 等，2019)，为水土保持、生态恢复等工作提供了大量的科学依据。也有研究指出喀斯特地区水文调蓄功能的重要性(王甲荣 等，2019)，但是，喀斯特地区特殊的地上-地下二元结构，尤其是该地区岩溶裂隙的复杂性和隐蔽性导致喀斯特坡地水文研究仍十分稀缺，土壤填充后裂隙水分状态发生改变，裂隙-土壤系统的水分运移过程及其在喀斯特坡地水分调蓄中的作用仍不清楚。

因此，本章通过对喀斯特地下浅层裂隙进行调查，并以常规坡地为对照，采用单环入渗及染色示踪等方法，研究喀斯特区不同裂隙下水分运移规律，找出水分运移的关键影响因子，做出合理且科学的分析与讨论，揭示喀斯特区坡地裂隙水分漏失过程，了解土壤水文物理特征，为其土壤漏失机制研究奠定理论基础。

3.2 材料与方法

3.2.1 裂隙的基本情况

样地二位于贵阳市花溪区青岩镇。青岩镇位于贵州省贵阳市南郊 29 km，是花溪区南郊中心集散地，地处东经 106°37′～106°44′、北纬 26°17′～26°23′，南北长约 10 km，东西宽约 8 km，总面积为 92.3 km^2，东与黔陶、孟关接壤，西与燕楼、马铃毗邻，南通惠水县相。青岩镇属中亚热带季风湿润区，冬无严寒，夏无酷暑，年平均气温为 15 ℃，相对湿度为 81%，年平均日照数为 1200～1300 h，年降水量为 1100～1200 mm，全年无霜期为 273～280 d，年平均风力为 2～3 级，夏季主导风向偏南、冬季偏北。土壤类型主要有黄壤、石灰土、水稻土，土壤呈中性、微酸性。镇域地处长江、珠江两大流域的桐木岭分水地带南侧，属珠江水系，河流源远流长，洪枯涨落幅度大，区域内有属珠江水系的青岩河、杨眉河、赵司河。针对土壤水分入渗及优先流特征的野外水分运移研究裂隙共 8 条，其土壤类型为石灰土，岩石类型为白云岩，基本情况如表 3.1 所示。

表 3.1 样地二裂隙基本特征

裂隙编号	土地利用类型	裂隙形状	裂隙张开度/cm	裂隙倾角/(°)	地理坐标	海拔/m	坡向	裂隙中植被生长情况
S1	退耕-草地	漏斗形	20	40	26°21′9″N，106°40′18″E	1068	东南 100°	鬼针草、狗尾草等
S2	退耕-林地	梯形	38	90	26°21′8″N，106°40′17″E	1064	东南 120°	桃树(高 153 cm，冠幅为 1m)、鬼针草、旱芹、荩草、泽漆、小蓬草等
S3	退耕-草地	竖长方	40	89	26°21′8″N，106°40′17″E	1064	东南 120°	红萝卜、荚果蕨、茅莓、小蓬草、鬼针草、假还阳参、无心菜
S4	坡耕地	竖长方	113	81	26°21′4″N，106°40′20″E	1069	东 95°	玉米等
S5	坡耕地	竖长方	49	90	26°21′4″N，106°40′20″E	1069	东南 136°	玉米等
S6	坡耕地	竖长方	105	88	26°21′4″N，106°40′20″E	1069	东南 136°	玉米等
W1	坡耕地	竖长方	50	86	26°21′2″N，106°40′20″E	1075	南 163°	玉米等
W2	坡耕地	竖长方	50	90	26°21′1″N，106°40′21″E	1124	南 164°	玉米等

续表

裂隙编号	土地利用类型	裂隙形状	裂隙张开度/cm	裂隙倾角/(°)	地理坐标	海拔/m	坡向	裂隙中植被生长情况
W3	坡耕地	漏斗形	41	84	26°21′2″N，106°40′20″E	1072	南 185°	玉米等
W4	荒草地	漏斗形	53	80	26°21′9″N，106°40′18″E	1072	东北 47°	鬼针草、野菊等
W5	荒草地	漏斗形	32	90	26°21′9″N，106°40′17″E	1085	东南 123°	鬼针草
W6	灌草地	斜长方	13	71	26°21′9″N，106°40′17″E	1072	东南 123°	鬼针草、朴树、金腰箭、酢浆草等

样地三位于贵州省安顺市西秀区。全区人口为 76.9 万人，经纬度为 105°44′E～106°21′E，25°56′N～26°27′N，气候类型为北亚热带季风湿润气候，太阳辐射总量为 217.94～371.70 kJ/cm^2，年降水量为 1334.6 mm，4～9 月降水量占全年降水量的 80%。全区总面积为 1740 km^2，其中岩溶区面积为 1575.47 km^2，占全区土地总面积的 90.54%。全区共有 7 种土壤类型，包括 25 个亚类、86 个土属。区域位于云贵高原东侧梯级状、大斜坡地带，境内河流分属长江、珠江两大水系，水能资源丰富。主要农作物为水稻、玉米、油菜、马铃薯等。主要乔木有木兰(*Magnolia liliflora*)、安顺润楠(*Machilus cavaleriei*)、柏木(*Cupressus funebris*)等；灌木主要有喜树(*Camptotheca acuminata*)、火棘(*Pyracantha fortuneana*)、野花椒(*Zanthoxylum simulans*)、青篱柴(*Tirpitzia sinensis*)等。野外复杂的自然条件及碳酸盐岩特性导致裂隙形态复杂多样。在平面形态上，裂隙可发育于白云岩和石灰岩中。一般情况下，裂隙主要由岩石层溶蚀形成。在剖面形态上，基于野外实际开挖，裂隙在剖面形态上可分为漏斗形裂隙和竖长方裂隙等。32 条裂隙大部分分布在坡中，研究区样地的土壤类型为石灰土，植被类型主要有耕地、草地、乔木林地和灌木林地。裂隙样地的岩石类型主要是石灰岩，每条裂隙迹长、倾角、倾向、纵长和径长均有差异。样地裂隙特征如表 3.2 所示。

表 3.2　样地三裂隙基本特征

样地编号	植被类型	海拔/m	形态	张开度/cm		纵长/cm	倾角/(°)	迹长/cm	经纬度	
				上	下				N	E
1	草地	1342	漏斗形	73	30	160	72	160	26°19′50.8″	106°08′54.6″
2	灌木	1343	斜长方	60	29	200	80	230	26°19′50.7″	106°08′54.6″
3	草地	1344	斜长方	45	30	200	78	210	26°19′50.6″	106°08′54.2″
4	灌木	1349	斜长方	40	28	188	81	220	26°19′49.6″	106°08′55.5″
5	灌木	1349	漏斗形	45	27	97	78	110	26°19′49.2″	106°08′55.6″
6	乔木	1337	正长方	33	0	110	73	110	26°19′56.7″	106°08′54.9″
7	乔木	1334	漏斗形	37	8	80	84	80	26°19′57.1″	106°08′55.0″
8	乔木	1338	梯形	26	30	110	94	100	26°19′57.4″	106°08′55.3″
9	灌木	1329	斜长方	55	50	150	58	120	26°19′55.7″	106°18′54.7″
10	乔木	1328	漏斗形	60	18	80	38	80	26°19′57.8″	106°08′54.7″
11	乔木	1334	漏斗形	50	20	170	40	185	26°19′57.3″	106°08′52.3″
12	耕地	1321	漏斗形	60	20	78	54	88	26°15′51.4″	106°08′46.3″

续表

样地编号	植被类型	海拔/m	形态	张开度/cm		纵长/cm	倾角/(°)	迹长/cm	经纬度	
				上	下				N	E
13	乔木	1330	斜长方	28	20	165	68	160	26°19′50.7″	106°08′56.5″
14	草地	1351	漏斗形	20	9	80	90	80	26°19′54.7″	106°08′56.8″
15	草地	1349	漏斗形	13	2	70	87	50	26°14′15.0″	105°58′75.7″
16	灌木	1350	漏斗形	47	3	68	27	88	26°14′15.2″	105°58′75.4″
17	灌木	1355	正长方	40	40	130	90	130	26°19′60.2″	106°08′5.8″
18	草地	1324	漏斗形	70	20	138	78	150	26°20′2.5″	106°11′0.6″
19	草地	1337	漏斗形	60	18	140	80	156	26°20′25.4″	106°11′7.5″
20	灌木	1339	漏斗形	38	17	160	82	170	26°20′2.6″	106°11′7.4″
21	乔木	1340	正长方	35	35	100	70	120	26°20′2.4″	106°11′7.3″
22	草地	1340	漏斗形	30	2	110	70	70	26°20′2.5″	106°11′8.7″
23	耕地	1320	正长方	40	14	70	90	72	26°20′2.8″	106°11′1.1″
24	草地	1315	正长方	35	5	60	72	70	—	—
25	耕地	1321	正长方	40	40	90	87	97	—	—
26	耕地	1322	正长方	30	28	95	60	80	26°19′68.3″	106°08′52.4″
27	草地	1321	正长方	55	53	101	50	65	26°19′69.2″	106°08′53.1″
28	耕地	1315	正长方	53	55	98	83	80	26°19′68.3″	106°108′52.7″
29	耕地	1337	斜长方	32	28	70	70	92	26°19′68.0″	106°08′52.3″
30	草地	1322	正长方	47	50	82	65	73	26°19′68.7″	106°08′52.3″
31	草地	1342	正长方	34	40	96	77	80	26°19′69.0″	106°08′52.4″
32	灌木	1333	斜长方	28	25	68	67	83	26°19′68.8″	106°108′52.0″

3.2.2 研究方法

1. 喀斯特裂隙土壤水分入渗特征

由于裂隙张开度差异性较大，不宜在裂隙土壤表面打入双环仪且断面开挖难度大、投资高，因此选取研究区内工程开挖的基岩断面与自然边坡断面露出地表的裂隙进行试验，并采用单环法测定土壤入渗率(中国科学院南京土壤研究所，1978；Peng et al.，2015)。试验开始前清理选取的裂隙表面枯枝落叶层，然后将底部削薄的聚氯乙烯(polyvinyl chloride，PVC)单环(内径为 10 cm，高 20 cm)垂直平稳地打入土中 10 cm，并保持单环横断面水平后向单环内注水至 5 cm 水头并通过注射器不断注水保证水头恒定，并分别在 1 min、2 min、3 min、4 min、5 min、6 min、7 min、8 min、9 min、10 min、15 min、20 min、25 min、30 min 及之后每 10 min 记录注射器注入单环的水量。入渗率计算公式为

$$V=10Q_n/(ST_n) \tag{3.1}$$

式中，V 为土壤渗透率，mm/min；Q_n 为某间隔时间内土壤入渗量，mL；T_n 为相应的间隔时间，min；S 为内环横断面面积，cm^2。

初始入渗率为最初 2 min 入渗量与入渗时间的比值，mm/min；稳定入渗率为特定时间间隔趋于稳定的入渗量/特定时间间隔，mm/min；30 min 入渗率为第 30 min 时刻入渗速率，mm/min；平均入渗率为达稳渗时的渗透总量/达稳渗时的时间，mm/min(Peng et al.，2015)。

在进行单环试验前先打入 100 cm^3 环刀并用自封袋采集土样以便分析土壤容重、孔隙度、自然含水量、机械组成、有机碳含量等基本土壤理化性质(图 3.1)。

图 3.1　入渗试验示意图

最后通过 OriginLab 9.1 对入渗过程进行模型拟合分析，采用 SPSS 22.0 对数据进行相关性及主成分分析。常见三种土壤水分入渗模型如下。

1) Kostiakov 模型：

$$f(t)=\beta t^{-\alpha} \tag{3.2}$$

式中，$f(t)$ 为入渗率，mm/min；t 为入渗时间，min；α、β 为经验参数。

2) 菲利普(Philip)模型：

$$f(t)=0.5St^{-0.5}+A \tag{3.3}$$

式中，$f(t)$ 为入渗率，mm/min；S 为吸渗率，mm/$min^{0.5}$；A 为稳定入渗率，mm/min。

3) 霍顿(Horton)模型：

$$f(t)=f_c+(f_o-f_c)e^{-kt} \tag{3.4}$$

式中，$f(t)$ 为入渗率，mm/min；f_o 为初始入渗率，mm/min；f_c 为稳定入渗率，mm/min；k 为试验求得的经验参数。

2. 喀斯特地下浅层裂隙土壤优先流特征

为研究喀斯特地下浅层裂隙土壤优先流的发生形态特征，探究土壤剖面染色面积随土层深度变化的规律，明确喀斯特地下浅层裂隙土壤优先流发生的主要影响因素，选取亮蓝作为土壤优先流的示踪染色剂。亮蓝作为一种酸性的染料，特点在于具有易溶于水、低毒性、无臭、遇水呈蓝色的特点，这使得在进行土壤优先流试验的过程中，染色清晰且容易判断，便于试验研究。试验前将亮蓝配置为浓度为 4 g·L^{-1}的溶液待用。每个样点均采用 10 L 的亮蓝试剂作为入渗溶液。在野外调查的裂隙中选择典型裂隙。试验过程中测定每条染色裂隙的土壤理化性质及其植物根系分布特征，每个样点以 10 cm 分层厚度进行，其中根系密度测定采用 LA-S 系列植物图像分析仪系统，相关土壤理化指标测定同上。

染色示踪试验于 2019 年 8～9 月进行，根据预试验染色结果，为使染色效果显著，本书选择在 50 cm×50 cm 区域(视裂隙宽度情况而定)均匀喷洒配置好的亮蓝溶液 10 L(以 40 mm 降水量计算得到)。示踪溶液放置方式采用人工喷壶均匀缓慢地喷洒，喷洒过程中尽量避免土壤表面积水，为了保证试验结果可靠，喷洒时间持续 60 min 左右。之后将试验样点用塑料布遮住防止降水、蒸发的影响。最后在示踪溶液入渗 24h 后，以 10 cm 为间隔沿染色边界依次开挖垂直剖面，每层打入 3 个环刀作为重复，用以测定容重、饱和导水率等指标。并用饭盒采集原状土带回室内用以测定土壤团聚体、有机质含量、机械组成等指标。每个剖面用塔尺定边界，采用佳能 EOS 80D/Digital Rebel XTi 数码相机对各染色剖面拍照取样。

对所获取图像进行裁剪，高度以颜料入渗深度为最大尺寸。矫正染色图像：用 Photoshop CS5 软件修正拍摄过程中的视差问题，并定义图像 1 mm×1 mm 为 1 个像素。二值化图像：应用 Photoshop CS5 软件，通过颜色饱和度-色相-色阶等调节，通过目测方法，最终使得染色区域和未染色区域颜色差异最明显，且变色的染色区域的范围与实际的染色范围一致；然后用颜色替换或者颜色选择工具，填充染色区域为黑色，未染色区域为白色，再调节色阶，使得黑色赋值为 0，白色赋值为 255，图像即为二值图。统计图像数据：应用 MATLAB 编程统计图像信息，包括计算单位像素行黑白染色比例，绘制随土壤深度增加黑白染色比例的变化趋势图，计算深度分布非均匀系数、变异系数、优先流等参数。

土壤优先流剖面染色面积比是被普遍使用评价土壤优先流发育程度的指标，染色面积比越高，说明土壤优先流越发育，其计算公式为

$$D_{\mathrm{c}}=\frac{D}{D+N_{\mathrm{D}}} \tag{3.5}$$

式中，D_{c}为某裂隙剖面染色面积比；D 为某裂隙剖面总染色面积；N_{D}为某裂隙剖面未被染色面积。

优先流程度评价指数即优先流面积比变异系数，用来表征优先流发育的相对成熟程度，且可直接反映裂隙剖面不同深度染色区域的变化。评价指数可通过对染色剖面图片进行处理，计算不同深度染色面积比并利用统计分析得到面积比变异系数，该系数越小，说明优先流发育程度越高，其计算公式为

$$C_{\mathrm{v}}=\frac{S}{\overline{x}}\times 100\%=\frac{\sqrt{\dfrac{1}{n-1}\sum_{i=1}^{n}(x_i-\overline{x})^2}}{\dfrac{1}{n}\sum_{i=1}^{n}x_i} \tag{3.6}$$

式中，C_{v}为某裂隙剖面染色面积比变异系数；S 为某裂隙剖面染色面积比的变异系数；$\overline{x}$为某裂隙剖面染色面积比的均值；x_i 为裂隙剖面 i 深度处的染色面积比。

3.3　喀斯特坡地土壤水分入渗特征

水分入渗是降雨、地表径流、土壤水以及裂隙水等相互转化的一个重要环节和过程(Parchami-Araghi et al.，2013)，其决定着降雨在喀斯特坡地地表和地下空间系统的分配程度。裂隙土壤水分入渗不仅受充填物特性影响，还受裂隙土壤两侧岩-土界面特性以及裂隙下部连通状况影响。研究土壤入渗对提高喀斯特地区植被对土壤水分的利用效率、加快石漠化生态修复进程具有重要意义。本节采用野外实地单环入渗试验分析了喀斯特地下浅层裂隙中不同植被类型下土壤入渗特征及其影响因素，筛选最优入渗模型，并采用主成分分析评价不同喀斯特裂隙土壤入渗能力。

3.3.1　土壤水分入渗过程

分析裂隙水分入渗过程，是认识降雨条件下水分裂隙流失及其土壤漏失过程的重要内容。图 3.2 显示了样地二不同裂隙土壤水分入渗过程曲线及入渗模型图。可以看出，不同裂隙土壤水分入渗率变化过程存在明显差异。与非喀斯特区不同，裂隙土壤水分入渗过程大致可分为两个阶段，即迅速降低和趋于稳定阶段。究其原因，这主要是裂隙内赋存的土壤总量少，雨水很容易渗透裂隙土层，但也与裂隙内部浅薄石灰土土层下第四纪红黏土的填充有关，因为水分下渗至石灰土与红黏土界面时，其水分入渗会受到一定程度限制。当然，这也证明了水土地表流失仅发生在较大雨强时，而裂隙漏失在各种雨强下均会发生，因为降雨条件下裂隙水分入渗很快就能进入稳定入渗阶段。

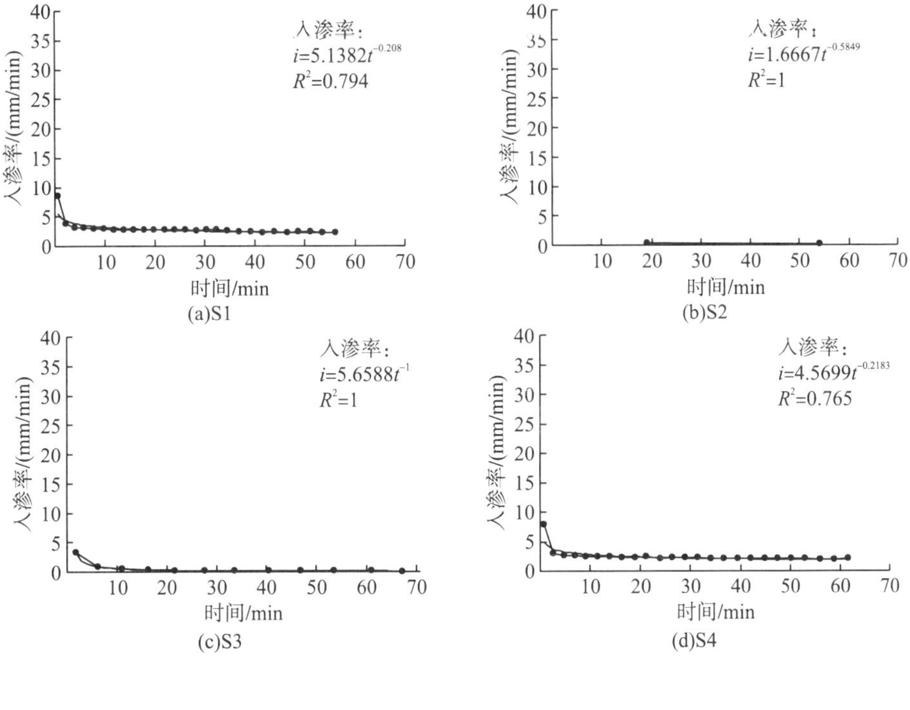

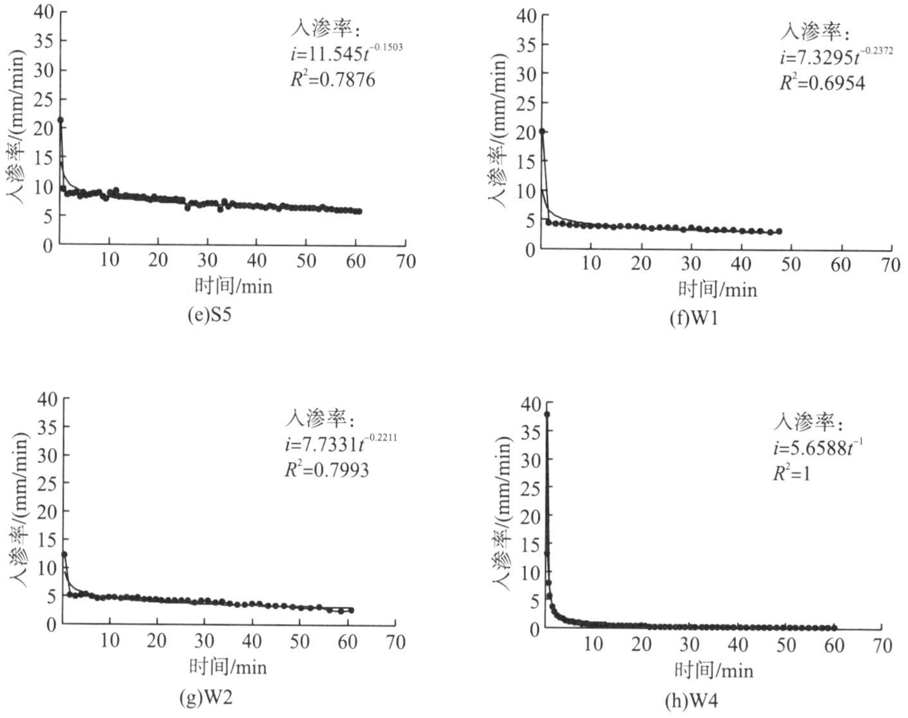

图 3.2　样地二裂隙充填土壤水分入渗过程

S1 裂隙入渗过程的迅速降低阶段发生在入渗 2 min 内[图 3.2(a)]，其入渗率由最初的 8.49 mm/min 直接降至 3.77 mm/min，而趋于稳定阶段发生在第 3 min 以后，其数值由 3.20 mm/min 趋于 2.34 mm/min。明显地，S2 裂隙土壤入渗率极小[图 3.2(b)]，这主要受稀土元素(rare earth element，REE)示踪试验布设影响，其入渗点为人为踩压而不能代表其裂隙入渗情况。S3 裂隙入渗的迅速降低阶段发生在入渗第 6 min 内，其入渗率由最初的 3.23 mm/min 直接降至 0.92 mm/min，而趋于稳定阶段发生在第 10 min 以后，其数值由 0.52 mm/min 趋于 0.05 mm/min[图 3.2(c)]。S4 裂隙入渗的迅速降低阶段发生在入渗第 2 min 内，其入渗率由最初的 7.90 mm/min 直接降至 2.98 mm/min，而趋于稳定阶段发生在第 4 min 以后，其数值由 2.59 mm/min 趋于 1.67 mm/min[图 3.2(d)]。S5 裂隙入渗的迅速降低阶段发生在入渗第 2 min 内，其入渗率由最初的 21.22 mm/min 直接降至 8.33 mm/min，而趋于稳定阶段发生在第 4 min 以后，其数值由 7.35 mm/min 变为 6.07 mm/min[图 3.2(e)]。

W1 裂隙入渗的迅速降低阶段发生在入渗第 1 min 内，其入渗率由最初的 19.97 mm/min 直接降至 4.35 mm/min，而趋于稳定阶段发生在第 2 min 以后，其数值由 4.24 mm/min 趋于 3.09 mm/min[图 3.2(f)]。W2 裂隙入渗的迅速降低阶段发生在入渗第 1 min 内，其入渗率由最初 12.13 mm/min 直接降至 4.99 mm/min，而趋于稳定阶段发生在第 2 min 以后，其数值由 4.85 mm/min 趋于 2.57 mm/min[图 3.2(g)]。W4 裂隙入渗的迅速降低阶段发生在入渗第 1 min 内，其入渗率由最初 37.73 mm/min 直接降至 3.61 mm/min，而趋于稳定阶段发生在第 2 min 以后，其数值由 2.74 mm/min 趋于 0.09 mm/min[图 3.2(h)]。

对比各裂隙土壤水分入渗过程可知，虽然 S3 和 W4 裂隙的入渗曲线中初始入渗率起点差异很大，但都趋于时间轴，最终为 0.05 mm/min 和 0.09 mm/min，这说明 S3 和 W4 裂隙调节降雨径流的能力有限，在遇高于稳定入渗率的雨强时，其裂隙容易发生水土地表流失；S1、S4、W1 和 W2 裂隙土壤水分入渗曲线接近，其入渗率最终均趋于 1.67～3.09 mm/min，而 S5 裂隙土壤水分入渗曲线数值最高，其入渗率最终趋于 6.07 mm/min，这些裂隙土壤渗透性好，其对降雨径流有较好的调节能力，在遇较大雨强时裂隙能将降雨径流以及岩石界面流带入裂隙中，成为联系地表水和地下水的通道。

样地三中各裂隙土壤入渗过程曲线如图 3.3 所示，裂隙土壤稳渗点集中于 20～60 min 这一时段内。同时各裂隙土壤的稳定入渗率相比初始入渗率均出现了较大降幅，其中降幅最大的是 12 号裂隙(达 89.08%)，最小为 27 号裂隙(40.91%)。裂隙土壤的入渗速率在到达稳定前出现明显的波动性下降趋势，其中波动性多集中于 0～10 min 这一时段内，而 28 号与 29 号裂隙的入渗率在 30 min 左右趋于平稳后又继续下滑，这两条裂隙可能是其裂隙深处土壤质地较为疏松或深处岩-土界面空隙较大使得土壤水分入渗初期在土层较浅处进行垂向运动，而当水分渗入较深土层的同时还带入了上层土壤的颗粒，导致水分运移通道堵塞，从而使得水分入渗率继续下降。

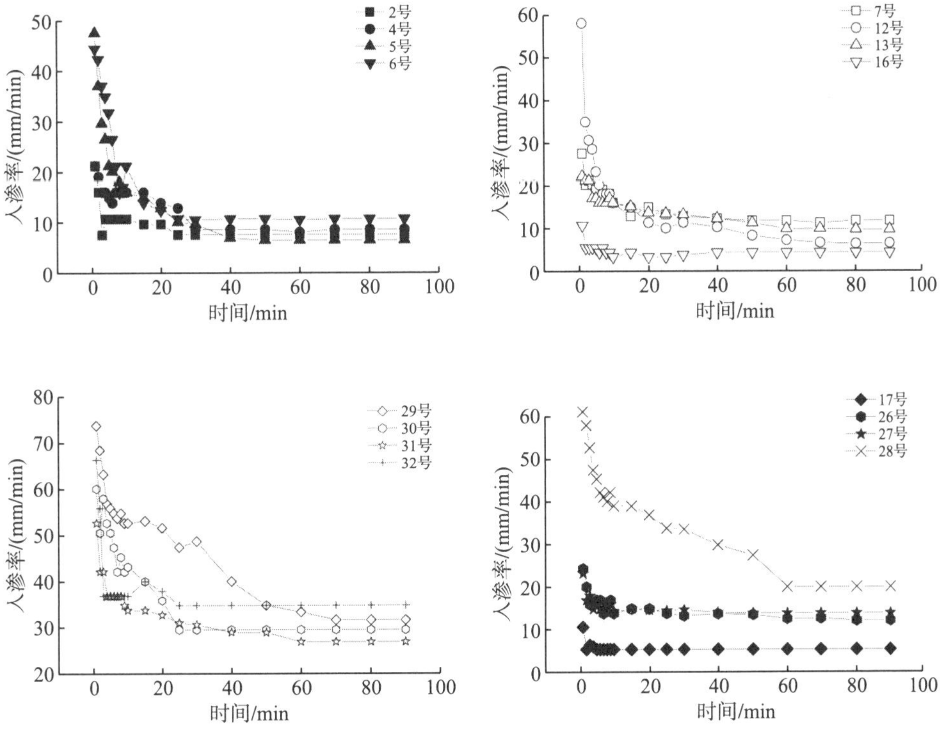

图 3.3　裂隙土壤入渗过程

3.3.2 土壤水分入渗特征

初始入渗率、稳定入渗率和平均入渗率是评价土壤水分性能最常用的三个指标。图 3.4 显示了样地二不同裂隙土壤初始入渗率、稳定入渗率和平均入渗率。可以看出，不同裂隙土壤初始入渗率差异较大，各裂隙土壤初始入渗率大小依次为 W4(37.73 mm/min)＞S5 (21.22 mm/min) ＞ W1(19.97 mm/min) ＞ W2(12.13 mm/min) ＞ S1(8.49 mm/min) ＞ S4 (7.90 mm/min)＞S3(3.23 mm/min)＞S2(0.30 mm/min)，这与其裂隙土壤初始含水量、裂隙结构、充填物特性以及裂隙下部连通情况有关。裂隙土壤稳定入渗率越高，说明裂隙下部渗透性越好，由裂隙漏失的水分就越多，其发生土壤漏失的可能性越大。不同裂隙土壤稳定入渗率依次为 S5(5.89 mm/min) ＞ W1(3.08 mm/min) ＞ W2(2.54 mm/min) ＞ S1(2.36 mm/min) ＞ S4(1.99 mm/min) ＞ S2(0.16 mm/min) ＞ W4(0.10 mm/min) ＞ S3(0.05 mm/min)，其中 S5 裂隙土壤稳定入渗率最高，这主要与该裂隙内土层特性有关，其裂隙下部土层无第四纪红黏土；相反，其他裂隙土层下部存在第四纪红黏土，这说明裂隙土层下部第四纪红黏土的赋存有利于减小裂隙水分漏失。各裂隙土壤平均入渗率与其稳定入渗率变化相似，大小依次为 S5(7.49 mm/min)＞W2(4.18 mm/min)＞W1(4.15 mm/min) ＞ S1(2.91 mm/min) ＞ S4(2.48 mm/min) ＞ W4(1.48 mm/min) ＞ S3(0.35 mm/min) ＞ S2(0.23 mm/min)。

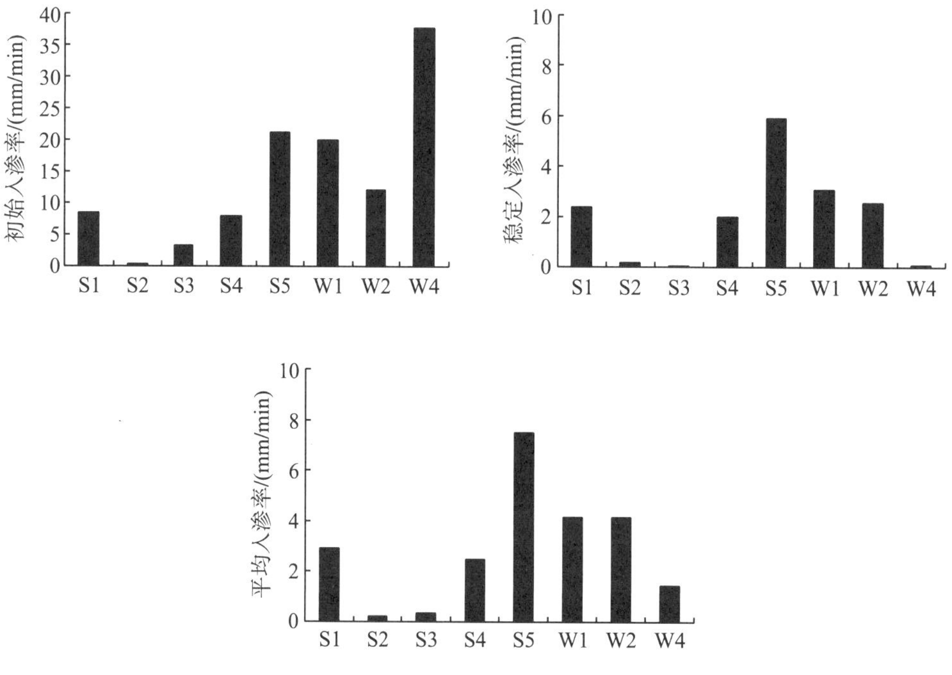

图 3.4 裂隙土壤水分入渗特征

裂隙土壤的渗透性直接关系地表产流量。由表 3.3 与表 3.4 可知，16 个裂隙样点的初始入渗率(简称初渗率)变化较大，且波动范围在 10.53～73.70 mm·min^{-1}，最大值约为最小值的 7 倍，均值为 38.95 mm·min^{-1}，极差为 63.17 mm·min^{-1}，标准差为 20.42 mm·min^{-1}，变异系数为 0.52。稳定入渗率(简称稳渗率)的波动范围则是 4.21～34.74 mm·min^{-1}，极差为 30.53 mm·min^{-1}，平均值为 14.86 mm·min^{-1}，标准差为 9.92 mm·min^{-1}，变异系数为 0.67。平均入渗率的波动范围为 4.13～42.56 mm·min^{-1}，极差为 38.52 mm·min^{-1}，平均值为 20.13 mm·min^{-1}，标准差为 12.43 mm·min^{-1}，变异系数为 0.62。对于入渗总量而言，其波动范围为 3570.00～34360.00 mL，极差为 30790.00 mL，平均值为 14956.81 mL，标准差为 9644.54 mL，变异系数为 0.64。4 个入渗特征指标的变异系数均处于中等程度变异。各裂隙样点之间不同入渗特征差异较大，哪怕是同一种植被类型下均存在着较大的差异，这可能是裂隙中填充土壤来源不一致以及岩-土界面影响所导致的结果。

表 3.3 裂隙土壤入渗特征

裂隙编号	初渗率/(mm/min)	稳定入渗率/(mm/min)	平均入渗率/(mm/min)	入渗总量/mL
2	21.06	7.37	9.98	6920.00
4	21.06	8.42	13.86	8700.00
5	47.38	6.32	12.21	8200.00
6	44.22	10.53	18.91	10960.00
7	27.37	11.58	13.94	10970.00
12	57.90	6.32	12.53	8940.00
13	22.11	9.48	12.99	10135.00
16	10.53	4.21	4.13	3570.00
17	10.53	5.26	6.65	4566.00
26	24.21	12.00	14.08	11495.00
27	23.16	13.69	14.60	12135.00
28	61.06	20.00	32.58	24270.00
29	73.70	31.58	42.56	34360.00
30	60.01	29.48	40.72	27870.00
31	52.64	26.85	32.95	25458.00
32	66.33	34.74	39.21	30760.00

表 3.4 裂隙土壤入渗特征统计

入渗特征	最大值	最小值	极差	平均值	标准差	变异系数
初渗率/(mm/min)	73.70	10.53	63.17	38.95	20.42	0.52
稳渗率/(mm/min)	34.74	4.21	30.53	14.86	9.92	0.67
平均入渗率/(mm/min)	42.65	4.13	38.52	20.13	12.43	0.62
入渗总量/mL	34360.00	3570.00	30790.00	14956.81	9644.54	0.64

3.3.3 土壤水分入渗模型拟合

为了比较不同拟合模型对喀斯特地下浅层裂隙土壤入渗过程的拟合优度，本书采用了 Kostiakov 模型、Philip 模型和 Horton 模型对裂隙土壤入渗过程进行优化拟合(表 3.5)。

表 3.5 裂隙土壤入渗模型拟合

裂隙编号	Kostiakov 模型			Philip 模型			Horton 模型			
	β	α	R^2	S	A	R^2	f_c	f_0-f_c	k	R^2
2	17.041	0.231	0.689	26.209	5.433	0.775	8.683	29.019	1.024	0.863
4	21.760	0.204	0.834	30.470	8.120	0.740	7.620	11.226	2.131	0.845
5	48.608	0.486	0.987	96.889	0.461	0.987	8.283	45.528	0.251	0.952
6	50.147	0.401	0.901	96.342	3.995	0.890	10.307	43.424	2.395	0.922
7	25.899	0.200	0.932	36.384	9.816	0.914	11.827	14.058	0.156	0.896
12	55.260	0.525	0.984	108.839	-0.325	0.982	9.450	0.663	0.306	0.928
13	23.408	0.189	0.942	31.297	9.503	0.856	10.114	11.092	0.074	0.895
16	7.4801	0.201	0.474	11.082	2.758	0.652	4.164	21.913	5.635	0.808
17	7.229	0.101	0.307	7.701	4.331	0.532	5.353	17179.196	11.468	0.940
26	21.159	0.136	0.791	24.098	11.080	0.874	13.466	13.325	1.015	0.766
27	19.152	0.091	0.636	17.289	12.333	0.817	14.378	16.572	2.408	0.830
28	65.463	0.230	0.938	98.594	21.039	0.853	21.021	34.670	0.054	0.895
29	76.273	0.175	0.914	96.785	33.400	0.811	29.290	36.134	0.069	0.886
30	63.408	0.185	0.909	83.611	26.262	0.826	29.003	32.346	3.258	0.947

续表

裂隙编号	Kostiakov 模型			Philip 模型			Horton 模型			
	β	α	R^2	S	A	R^2	f_c	f_o-f_c	k	R^2
31	48.502	0.141	0.946	55.273	24.935	0.959	28.736	22.068	0.168	0.864
32	52.113	0.120	0.495	58.811	28.859	0.704	35.732	70.737	5.841	0.901

由表 3.5 可知，Kostiakov 模型拟合决定系数 R^2 在 0.307～0.987，平均值为 0.792；Philip 模型的拟合决定系数 R^2 为 0.532～0.987，平均值为 0.823；而 Horton 模型拟合决定系数 R^2 则是 0.766～0.952，平均值为 0.884。结合本书中 16 个裂隙样点的土壤入渗的最优模型，其中 Kostiakov 模型占 6 个，Philip 模型占 3 个，Horton 模型各占 8 个。由此可见，本书所选取的三种模型中 Horton 模型对裂隙土壤的入渗过程拟合适用性最好，相较于另外两种拟合模型，Horton 模型可以更好地模拟和预测浅层裂隙土壤的入渗能力和入渗过程。

利用 Horton 模型[式(3.4)]拟合了排土场土壤水分入渗过程，并得到了相应的模型参数。由表 3.5 可以看出，Horton 模型中 f_c 值为 4.164～35.732，f_o-f_c 值为 0.663～17179.196，k 值为 0.054～11.468，其大小和初始含水量相关，能较好地反映土壤初始含水量的变化情况。

3.3.4　土壤水分入渗影响因素

裂隙作为喀斯特区水分及溶质向岩溶地下系统传输的重要通道之一，其裂隙土壤水分渗透特性与裂隙结构、充填物、根系穿插情况及裂隙下部连通情况等密切相关。基于此，裂隙土壤水分入渗仅存在两个明显的入渗阶段，这与非喀斯特区不同。因此，分析裂隙土壤水分入渗特性影响因素，是充分认识裂隙水分漏失的重要内容。

一般情况下，不同结构裂隙的土壤水分入渗情况可能会不同。在裂隙受雨面积(表土层所在的裂隙张开度相同)及裂隙内部填充物相同时，梯形裂隙由于其下部渗流区域大，水分入渗迅速；竖长方裂隙土壤柱几近垂直，但其下部渗流区域较梯形裂隙小，故其渗透性次之；斜长方裂隙和漏斗形裂隙分别受倾斜度和漏斗嘴大小影响，其渗透性相对较弱。

裂隙充填土壤结构、物质组成、团聚体结构等是裂隙土壤水分入渗的重要影响因素之一。通过对样地二裂隙土壤水分入渗特征与裂隙充填物自然含水量、土壤容重、毛管孔隙度、总孔隙度、非毛管孔隙度、田间持水量、饱和含水量、砂粒(0.05～2 mm)、粉粒(0.002～0.05 mm)、黏粒(<0.002 mm)、>5 mm 水稳性团聚体、>2 mm 水稳性团聚体、>0.25 mm 水稳性团聚体含量进行相关分析，结果如表 3.6 所示。可以看出，除初始入渗率与砂砾含量呈极显著($P<0.01$)正相关外，各因素与裂隙初始入渗率、稳定入渗率和平均入渗率相关关系不显著，这进一步说明裂隙土壤水分入渗是一个受多因素制约的过程。

当然，以上因素对裂隙土壤渗透特性的影响，关键还要取决于裂隙下部的连通情况。若裂隙下部空间较大，其入渗量最大，若裂隙下部闭合时其入渗量就小。

表 3.6　土壤入渗特征与土壤基本物理性质相关分析

	初始入渗率	稳定入渗率	平均入渗率	自然含水量	土壤容重	毛管孔隙度	总孔隙度	非毛管孔隙	田间持水量	饱和含水量	砂粒(0.05～2 mm)	粉粒(0.002～0.05 mm)	黏粒＜(0.002 mm)	＞5 mm 水稳性团聚体	＞2 mm 水稳性团聚体	＞0.25 mm 水稳性团聚体
初始入渗率	1															
稳定入渗率	0.195	1														
平均入渗率	0.351	0.978**	1													
自然含水量	−0.336	−0.019	−0.088	1												
土壤容重	−0.161	0.320	0.251	−0.634	1											
毛管孔隙度	0.307	−0.180	−0.094	0.621	−0.936**	1										
总孔隙度	0.161	−0.322	−0.252	0.632	−1.000**	0.936**	1									
非毛管孔隙	−0.415	0.012	−0.080	−0.528	0.748*	−0.934**	−0.747*	1								
田间持水量	0.534	−0.159	−0.050	0.448	−0.881**	0.929**	0.881**	−0.854**	1							
饱和含水量	0.495	−0.205	−0.072	0.382	−0.910**	0.940**	0.911**	−0.845**	0.967**	1						
砂粒(0.05～2 mm)	0.853**	0.200	0.320	−0.137	−0.442	0.475	0.443	−0.445	0.683	0.646	1					
粉粒(0.002～0.05 mm)	−0.031	0.274	0.265	0.180	−0.370	0.133	0.370	0.125	0.188	0.223	0.403	1				
黏粒＜0.002 mm	−0.194	−0.306	−0.309	−0.203	0.410	-0.213	−0.410	−0.015	−0.330	−0.310	−0.590	−0.953**	1			
＞5 mm 水稳性团聚体	0.700	−0.502	−0.385	−0.134	−0.338	0.378	0.339	−0.368	0.588	0.519	0.549	−0.274	0.052	1		
＞2 mm 水稳性团聚体	0.409	−0.596	−0.552	0.184	−0.380	0.405	0.380	−0.377	0.540	0.417	0.300	−0.351	0.130	0.903**	1	
＞0.25 mm 水稳性团聚体	0.651	0.024	0.107	0.145	−0.528	0.584	0.528	−0.563	0.827*	0.709*	0.756*	0.162	−0.352	0.627	0.526	1

注：**表示 0.01 水平上相关；*表示在 0.05 水平上相关，观测数为 8。

对样地三土壤水分入渗数据进行斯皮尔曼(Spearman)相关性分析可知(表 3.7)，初渗率、稳渗率、平均入渗率及入渗总量与容重、毛管孔隙度、总孔隙度、黏粒含量、有机质、根长密度、根表面积密度虽然具有一定相关性，但都呈现出相关性不显著($P>0.05$)的特点。初渗率与非毛管孔隙度呈极显著相关性($P<0.01$)，稳渗率、平均入渗率则与非毛管孔隙度呈显著性相关($P<0.05$)，4 个入渗特征中仅有初渗率与土壤粉粒含量呈显著性相关，相关系数为 0.558。入渗特征与砂粒含量的也只有稳渗率与入渗总量呈现出显著性相关。已有研究表明土壤渗透能力与根系特征密不可分，这是由于植物生长发育过程中根系在土壤中穿插、延伸作用将会形成植物根孔，使得土壤水分将会沿着这些根孔运动。

表 3.7　裂隙土壤入渗特征与各土壤属性斯皮尔曼相关性分析

入渗特征	容重	非毛管孔隙度	毛管孔隙度	总孔隙度	黏粒	粉粒	砂粒	有机质	根长密度	根表面积密度
初渗率	−0.282	0.653**	−0.113	0.494	−0.274	0.558*	−0.315	−0.412	−0.217	−0.309
稳渗滤	−0.195	0.498*	−0.095	0.37	0.071	0.362	−0.560*	−0.409	−0.105	−0.095
平均入渗率	−0.181	0.515*	−0.102	0.379	−0.021	0.41	−0.487	−0.417	−0.14	−0.188
入渗总量	−0.185	0.487	−0.073	0.377	−0.028	0.448	−0.526*	−0.429	−0.172	−0.171

注：**表示 $P<0.01$；*表示 $P<0.05$，观测数为 16。

但是本书发现裂隙土壤渗透能力与植物根系的特征并没有较好的联系，而容重、毛管孔隙度、总空隙度等因素也存在着这样的情况，由此可见裂隙土壤的水分入渗是一个受到多种因素影响的过程，而不是受到单一因素所影响。此外，本书重点研究了 0～10 cm 表层土壤的渗透能力，但是喀斯特地下裂隙土壤的渗透能力还与其岩-土界面、裂隙下部空间的封闭性有着极大的关系。

3.3.5　土壤水分入渗能力评价

为了评价喀斯特地下浅层裂隙土壤的入渗能力，采用 SPSS 软件对样地三的初渗率、稳渗率、平均入渗率和入渗总量 4 个指标进行主成分分析，以揭示各指标对土壤入渗能力的贡献。从表 3.8 可以看出，抽取的主成分贡献率达到了 93.17%，完成了对总方差的解释，因子负荷载表明主成分 4 个变量差异较小，入渗总量 X_4 最大(0.268)，可以解释为土壤入渗能力的量度。其主成分方程为 $P_1=0.243X_1+0.257X_2+0.267X_3+0.268X_4$($X$ 为各指标的标准化数据)。

表 3.8　土壤入渗能力 PCA 分析

主成分	X_1	X_2	X_3	X_4	特征值	贡献率/%	累计贡献率/%
P_1	0.243	0.257	0.267	0.268	3.727	93.17	93.17

通过主成分方程，本书可以比较不同植被类型下裂隙中填充土壤的入渗能力。从图 3.5 和表 3.9 可知，喀斯特地下浅层裂隙土壤入渗能力由强至弱的排序依次为草地＞耕地＞乔木地＞灌木地。造成这一结果的原因可能是土壤质地疏松的石灰土由于灌木地、乔木地类

型的根系较为发育，对土壤有一定改良作用，且乔木林地地表枯枝落叶较多，对水分有一定拦截作用，使得乔木地、灌木地两种植被类型的裂隙土壤入渗能力较弱。另一方面，草地与耕地两种植被类型下的裂隙土壤由于土壤腐殖质含量较低，从而入渗能力较好。

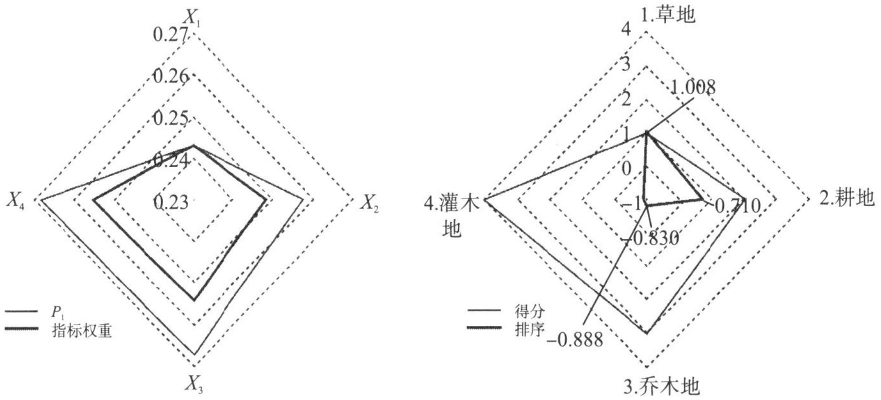

图 3.5 土壤入渗能力 PCA 分析

表 3.9 土壤入渗能力评价

植被类型	得分	排序
草地	1.008	1
耕地	0.710	2
乔木地	−0.830	3
灌木地	−0.888	4

3.4 喀斯特坡地优先流发育特征

裂隙优先流作为一种常见的土壤水分运移形式，其优先流路径分布特征不但能直接反映土壤水分运移过程，还在植物水分利用效率以及土壤水源涵养能力等方面具有重要影响，成为间接评价生态系统水土保持能力的重要指标（Ma et al., 2017; Hangen et al., 2004）。采用野外染色示踪试验研究喀斯特地下浅层裂隙土壤在不同植被类型下土壤优先流的形态特征，摸清土壤剖面染色面积比随土层深度的变化规律，确定喀斯特裂隙土壤优先流的主要影响因素。

3.4.1 裂隙优先流路径特征

染色剂在裂隙剖面中不同部位的染色浓度差异，可反映裂隙水分优先流路径或裂隙水分漏失路径。图 3.6 显示了样地二非裂隙坡地（对照）、不同形态裂隙（竖长方裂隙、漏斗形裂隙、斜长方裂隙）以及不同植被类型（坡耕地、荒草地及灌草地）裂隙剖面染色浓度效果图。可以看出，非裂隙坡地[图 3.6(a)]土壤优先流区发生在表层 0～20 cm 范围，即耕作层，下层为犁底层且为黄色黏土层，渗透性差，水分不易渗透通过，水流主要以漏斗状形式向下运移。不同形态及植被类型裂隙土壤优先流主要发生在 20 cm 土层范围，优先流路径主要为两侧岩石界面，两侧的岩-土界面流为裂隙主要的优先流形式，其能沿岩-土界面穿过渗透性较差的黄色黏土层[图 3.6(b)，图 3.6(e)，图 3.6(i)]，岩石界面被染色部分能达到裂隙土层 50 cm 及以下深度；土层中发生优先流现象的区域分布着较多植物根系[图 3.6(b)，图 3.6(h)，图 3.6(i)]，而未发生明显优先流现象的区域没有或很少有植物根系，且该类优先流很难穿过裂隙中赋存的黄色黏土层。如图 3.6(j)所示，该斜长方裂隙土层中的水流仅在 30 cm 土层范围内染色明显，而下部土层的染色不明显，但对岩-土界面而言，其水流能直达裂隙 70 cm 深度，该处的岩石界面染色明显，在 80 cm 以下黄色黏土层部分很难再观测到染色部分。

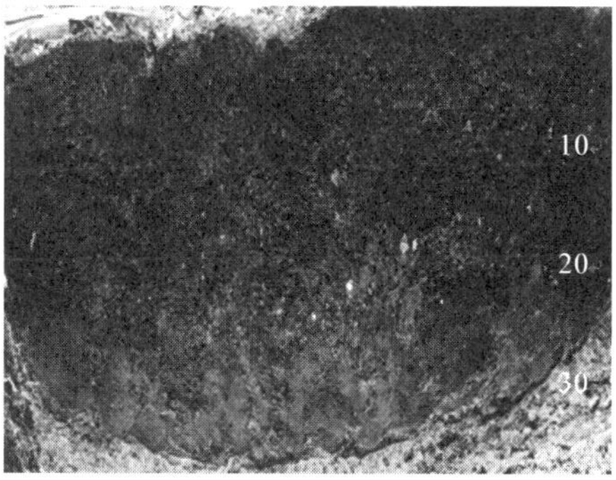

(a)CK

(b)S1

(c)S2

(d)S3

(e)S4

(f)S5

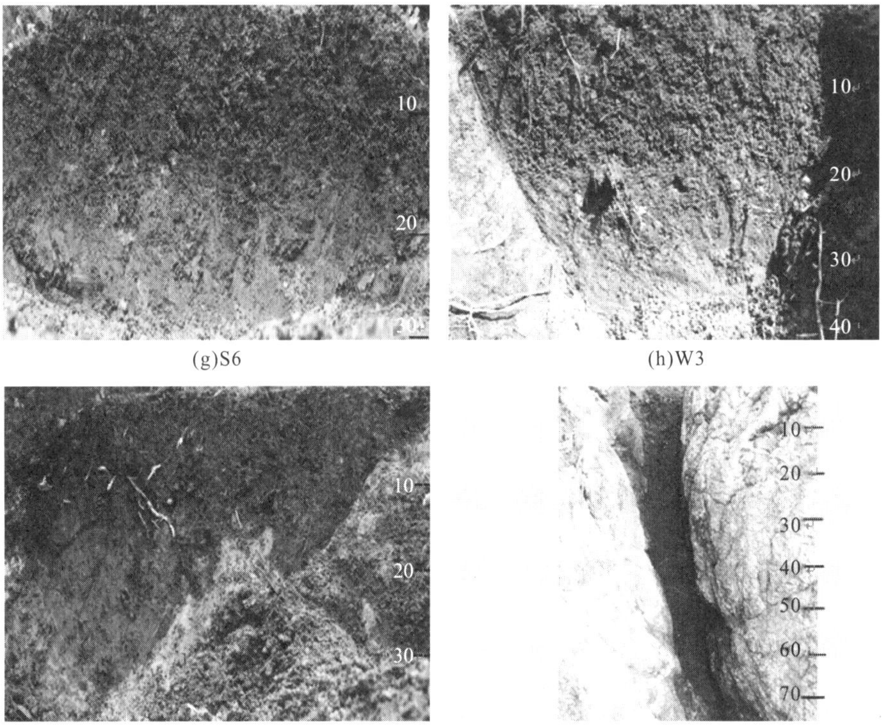

(g)S6 (h)W3

(i)W4 (j)W6

图 3.6 裂隙剖面染色浓度图(单位：cm)

通过野外染色示踪实验得到不同土地利用类型浅层岩溶裂隙土壤剖面的染色照片，室内结合 Photoshop 和 Image-Pro Plus 软件处理得到优先流的垂直分布图像。图 3.7 分别代表坡耕地裂隙、乔木林地裂隙、草地裂隙、灌木林地裂隙、裸地、坡耕地漏斗形裂隙和坡耕地竖长方裂隙。可以看出，不同土地利用类型浅层岩溶裂隙优先流的发生范围主要在 0～20 cm 土层，且优先流发生区的植物根系较多，如在草地裂隙，优先流只集中发生在根系聚集的区域，而未发生优先流现象的区域几乎没有根系。不同土地利用类型浅层岩溶裂隙优先流形式主要为岩-土界面流，如在灌木林地裂隙中，裂隙中部岩石界面的存在，导致优先流能沿着岩-土界面穿过渗透性较差的黄色黏土层，其优先流路径可到 60 cm 土层深度；在裸地中，其优先流路径不明显，主要集中在表层、耕作层及 20 cm 土层范围；在坡耕地漏斗形裂隙中，优先流水流沿着两边的岩-土界面向下渗漏，中间部分染色不明显，岩-土界面的优先流染色较深，其路径范围可达 80 cm 土层深度。

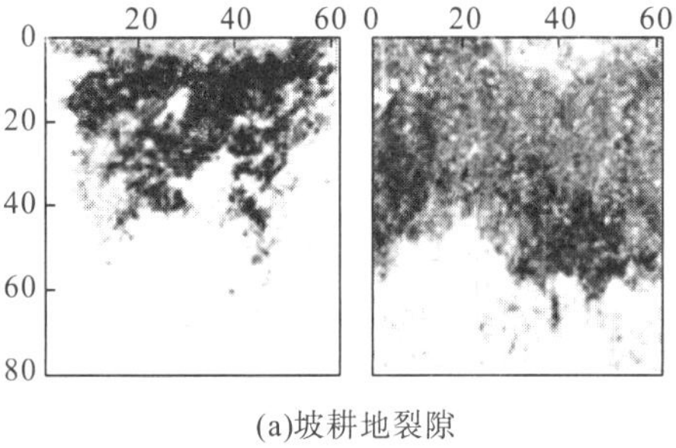

(a)坡耕地裂隙

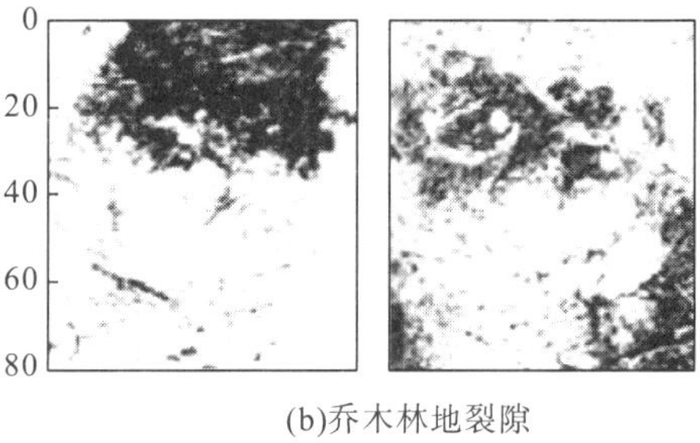

(b)乔木林地裂隙

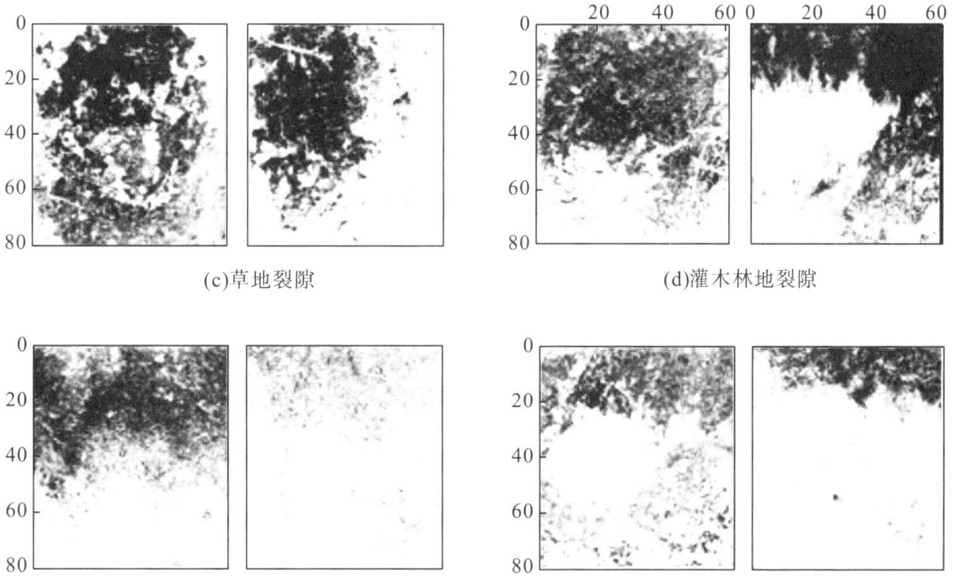

(c)草地裂隙　(d)灌木林地裂隙

(e)裸地　(f)坡耕地漏斗形裂隙和竖长方裂隙

图 3.7　各个样地土壤剖面染色情况(单位：cm)

染色路径数量是指在某指定深度处，染色部分与未染色部分之间出现的间隔数(徐宗恒 等，2012)。不同土地利用类型裂隙剖面优先流平均染色路径数特征如图 3.8 所示，可以看出，每种类型裂隙剖面的平均染色路径数曲线都出现不同程度的波动现象，说明优先流路径随土层深度的增加变化不稳定。总体而言，在图 3.8(a)中，不同土地利用类型裂隙剖面平均染色路径数随土层深度的增加而较少，整体均呈现下降趋势。其中，草地裂隙的平均染色路径数随土层下降趋势比较平缓，平均染色路径数量在 5 cm 土层深度达到最大值；坡耕地和乔木林地裂隙平均染色路径数随土层深度变化呈波状趋势，乔木林地裂隙平均染色路径数在 15 cm 土层深度达到最大值，坡耕地裂隙平均染色路径数在 13 cm 土层深度达到最大值。灌木林地裂隙剖面的平均染色路径曲线的下降趋势较急，其染色路径数在 10 cm 土层左右出现最大值，随后呈急剧下降趋势。不同土地利用类型裂隙土壤剖面平均染色路径数整体表现为：灌木林地＞坡耕地＞乔木林地＞草地。非裂隙坡地的平均染色路径数变化不明显，其平均染色路径数在 5 cm 土层深度最大[图(3.8(b)]。斜长方裂隙的平均染色路径数变化趋势稍大于非裂隙坡地，其平均染色路径数在 15 cm 土层深度出现最大值。坡耕地漏斗形裂隙和坡耕地竖长方裂隙的平均染色路径数随土层下降趋势较急，均在 5 cm 土层深度达到最大值。不同类型裂隙土壤剖面平均染色路径数整体表现为：坡耕地漏斗形裂隙＞裸地＞坡耕地斜长方裂隙＞坡耕地竖长方裂隙。

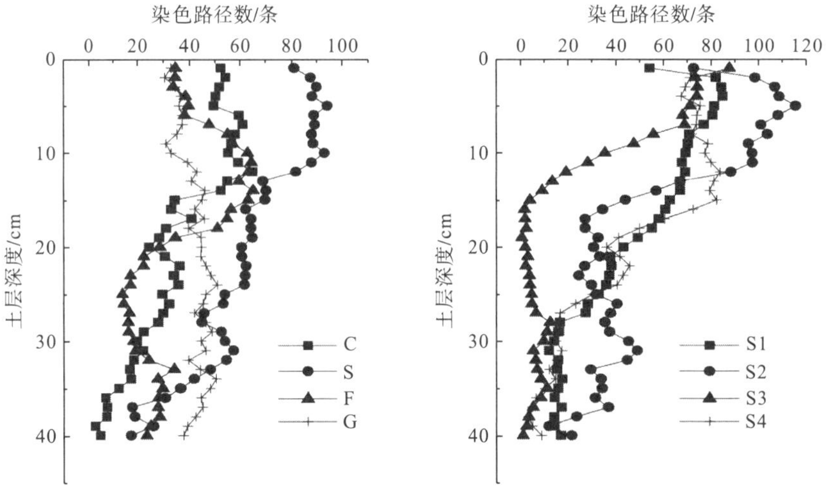

(a)不同土地利用类型　(b) 不同地下裂隙形状

图 3.8　裂隙剖面优先流平均染色路径数特征

注：C.坡耕地裂隙；S.灌木林地裂隙；F.乔木林地裂隙；G.草地裂隙；S1.裸地；S2.坡耕地漏斗形裂隙；S3.坡耕地竖长方裂隙；S4.坡耕地斜长方裂隙。后同。

3.4.2　裂隙剖面染色特征

样地二非裂隙 CK、裂隙 S1、裂隙 S2、裂隙 S3、裂隙 S4、裂隙 S5、裂隙 S6、裂隙 W3、裂隙 W4、裂隙 W6 垂直剖面染色面积比随裂隙深度变化规律如图 3.9 所示。

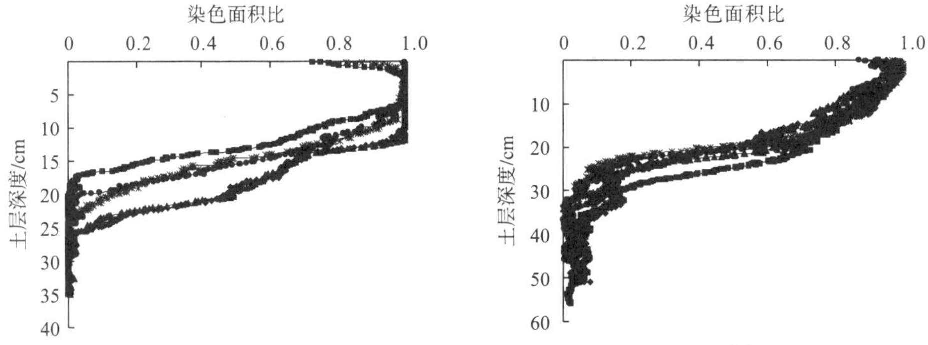

(a)CK　(b)裂隙S1

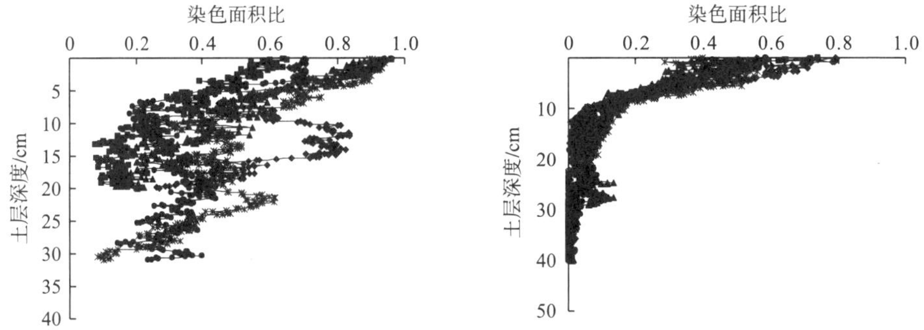

(c)裂隙S2　(d)裂隙S3

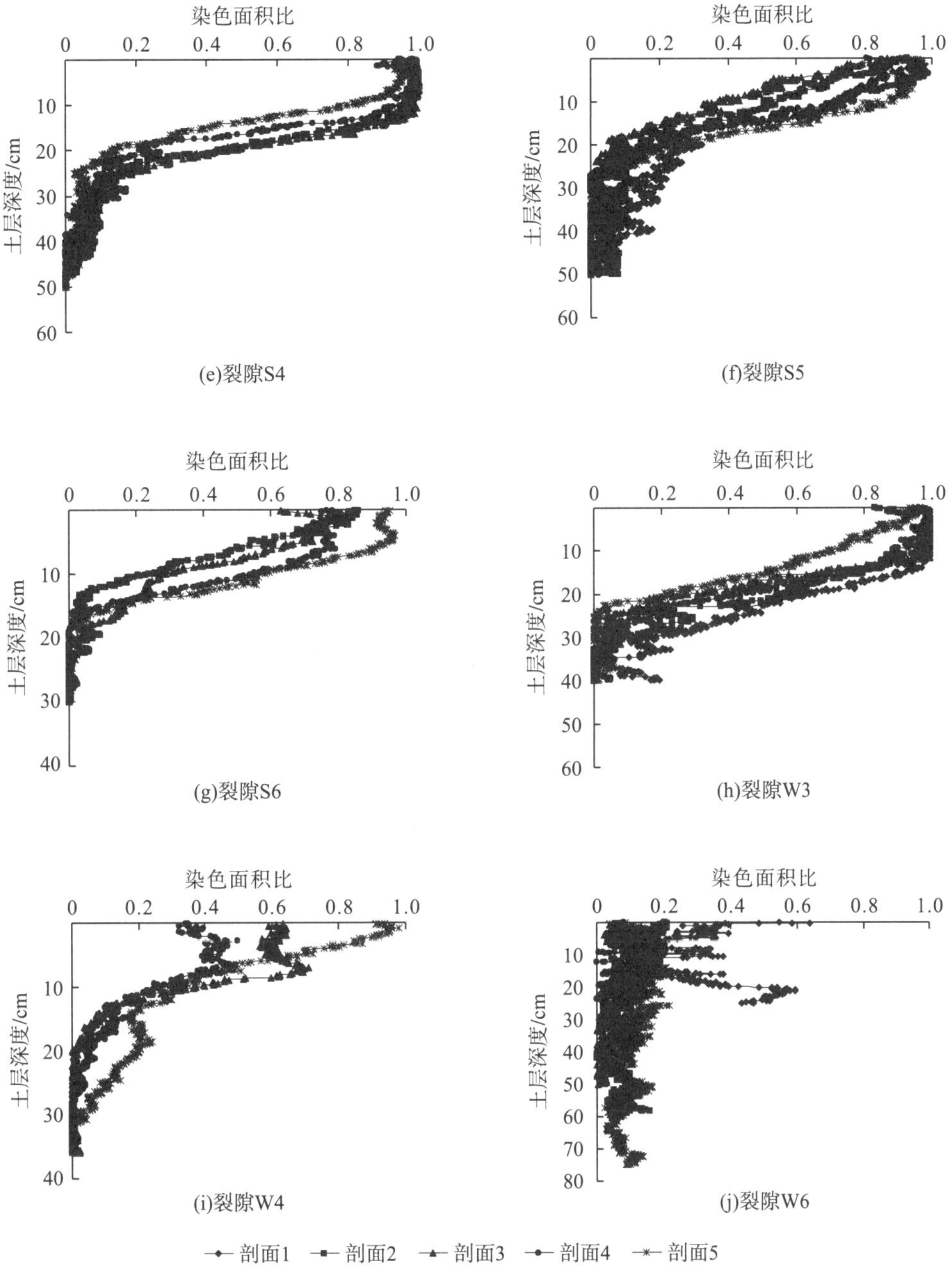

图 3.9　裂隙剖面染色面积比随深度变化规律

对照坡地各剖面染色面积差异较大，染色面积比随土层深度增加整体呈先增加后逐渐减小的趋势[图 3.9(a)]，在 0～15 cm 表土范围内，各剖面染色面积均能达到 70%以上，而在 17～25 cm 处染色面积出现锐减，下降幅度均匀且单调递减，降至 4%以下，但各剖面所处土层深度不同，剖面 1 和剖面 3 在 25 cm 处，剖面 2 在 17 cm 处，剖面 4 在 20 cm

处，剖面 5 在 23 cm 处，各剖面在 30～35 cm 土层处其染色面积趋于 0，这与坡地土层 30 cm 以下的黄色黏土覆盖层[图 3.6(a)]有关。

退耕-草地漏斗形裂隙 S1 各剖面染色面积差异较小，染色面积均随裂隙土层深度增加呈单调递减趋势[图 3.9(b)]，下降幅度均匀，在 10 cm 表土范围内，裂隙剖面染色面积在 90%以上，总体在 25～35 cm 土层范围内各剖面染色面积呈锐减趋势，而此深度恰好是漏斗嘴处，且该位置是裂隙下部黄色黏土层覆盖处[图 3.6(b)]，在 35 cm 土层下各剖面染色面积均降至 10%以下，但其所处土层深度不同，说明裂隙水分运移路径异质性较大。

退耕-林地梯形裂隙 S2 各剖面染色面积明显不同于其他裂隙。该裂隙各剖面染色面积随土层深度增加总体呈先减小后增加随后又减小的趋势[图 3.9(c)]，这可能与该裂隙生长的植物(桃树)有关，桃树根系在裂隙土壤中向各个方向随机穿插，同时裂隙内还存在锥形块石[图 3.6(c)]，而这些颜料随根系在裂隙土壤中发生不定向流动。

退耕-草地竖长方裂隙 S3 各剖面染色面积变化趋势相同，总体亦随裂隙土层深度增加呈降低趋势[图 3.9(d)]，由于受两侧岩石影响，在表层 2 cm 土层深度内其染色面积仅在 41%以上，在 10 cm 土层处发生锐减，降至 6%～12%以下，剖面 1、剖面 4 和剖面 5 染色面积整体下降幅度均匀，剖面 2 在 27 cm 土层处略微反弹，剖面 3 在 24 cm 和 27 cm 处出现双峰，这主要是由于裂隙下部土层存在 3 个横向块石[图 3.6(d)]，其透水性差，水在块石界面发生横向侧流。

坡耕地竖长方裂隙 S4 各剖面染色面积亦随裂隙土层深度增加呈降低趋势[图 3.9(e)]，在表层 12～19 cm 土层其染色面积均能达到 90%以上，随后迅速下降，在 25 cm 裂隙土层处降至 20%以下，随后缓慢降低，除剖面 3 在 28 cm 处略微反弹，各剖面染色面积随裂隙土层深度降低均匀，呈单调递减趋势，在 48～50 cm 处各剖面无染色现象，究其原因主要是裂隙土壤剖面下部为黄色黏土层[图 3.6(e)]，其透水性弱，且染色剂受黏土矿物吸附而很难下渗。

坡耕地竖长方裂隙 S5 各剖面染色面积随裂隙土层深度变化与上述相同，但各剖面间差异相对较大[图 3.9(f)]。在表层 10 cm 范围内该裂隙染色面积变化幅度差异最大，5 个剖面染色比变化为 40%～100%，在 10～42 cm 土层范围内各剖面染色面积均存在差异，在 42 cm 土层深度处各剖面染色比差异开始变小，5 个剖面染色比为 0～7%，这种差异一直保持在 50 cm 处。究其原因，该裂隙在一定宽度范围内覆盖着黄色黏土层，该黏土层随土层深度变化几近直线下降，而在 40 cm 土层处小范围内无黏土层覆盖[图 3.6(f)]，染色剂能垂直向下渗流，加之还受岩-土界面水流的影响。

坡耕地竖长方裂隙 S6 染色面积随土层深度变化趋势与上述裂隙相同，所不同的是，表层 5 cm 范围内染色面积并非单调变化[图 3.9(g)]，这主要与裂隙土壤表层平整程度有关；而该裂隙在 20 cm 深度处染色面积开始降至最小，染色比仅为 0～6%，在 27 cm 处剖面 2 略微出现反弹，但总体染色面积均趋于 0，究其原因，该裂隙在 20 cm 土层下均为黄色黏土层覆盖[图 3.6(g)]。

坡耕地漏斗形裂隙 W3 剖面 1 在裂隙土层 33 cm 和 40 cm 处出现双峰[图 3.9(h)]，究其原因，该裂隙旁乔灌根系穿插于该裂隙中；而其他剖面染色面积均随土层深度增加单调递减，在 33 cm 土层下的染色面积仅在 6%以下。与漏斗形裂隙 S1 相比，W3 裂隙还未到漏斗嘴处[图 3.6(h)]其染色面积就降至最低，这主要受下伏黏土层的影响。

荒草地漏斗形裂隙 W4 各剖面染色面积变化情况不同[图 3.9(i)]，在 10 cm 裂隙土层范围内，3 个剖面染色面积相差最大，这主要是两侧岩石收缩使裂隙变小的缘故[图 3.6(i)]；在 10～14 cm 裂隙土层，各剖面染色面积接近，而在 14 cm 土层下，其染色面积差异开始变大，以剖面 3 最为突出，其在 19 cm 处染色面积出现反弹，而在裂隙 32～36 cm 处染色面积趋于 0。

灌草地斜长方裂隙 W6 染色面积变化明显不同于各竖长方裂隙和漏斗形裂隙。各剖面染色面积随裂隙土层深度增加呈多峰多谷变化[图 3.9(j)]，剖面 1 染色面积在裂隙土层 21 cm 处达到最大(59%)；明显地，在裂隙 60～75 cm 土层，其染色面积还呈现出增加趋势，究其原因，该裂隙 80 cm 深度处才出现黄色黏土层，而在 60～75 cm 土层范围内被染色的部分几乎为岩-土界面[图 3.6(j)]。

将各剖面优先流染色面积比平均后，得到不同样地类型裂隙染色面积比变化特征，如图 3.10 所示。在草地裂隙中[图 3.10(a)]，染色面积比在 0～15 cm 土层达到最大值 51.26%，随后随土层深度呈下降趋势。在乔木林地裂隙中[图 3.10(b)]，染色面积比在 0～12 cm 土层随土层深度的增加而增加，最大值为 51.72%，在 12～25 cm 土层染色面积比随土层深度的增加而减小，在 25～40 cm 土层染色面积比随土层的增加而增加，分析其原因是在 25～40 cm 土层深度处有岩石存在，导致优先流沿着岩-土界面流动，使得染色面积增加。在灌木林地裂隙[图 3.10(c)]中，染色面积比整体上随土层深度的增加而较少，且出现双峰，在 0～10 cm 土层，染色面积比均能达到 60%以上，最大值为 69.37%，在 25 cm 土层深度处，染色面积比出现锐减，降至 2%以下，主要是由于岩石界面的存在。在坡耕地裂隙中[图 3.10(d)]，染色面积比总体上随土层深度的增加而减小，在 0～10 cm 土层，染色面积比略微呈现反弹，随土层深度的增加而增加，随后变化平缓，在 15 cm 土层深度和 28 cm 土层深度处出现急剧锐减，30 cm 土层深度以下，染色面积比基本趋于稳定，降至 0%，基本看不到染色区域。在非裂隙坡地中[图 3.10(e)、(g)]，0～28 cm 土层的染色面积比随着土层深度的增加而增加，在 11 cm 土层深度处达到最大值 40.45%，随后染色面积几乎没有，分析其原因是与坡地土层 30 cm 以下的黄色黏土覆盖层有关。在漏斗形裂隙坡地中[图 3.10(f)、(h)]，0～10 cm 土层染色面积比随土层深度的增加而增加，在 9 cm 土层深度处达到最大值 47.24%，10～20 cm 土层染色面积比随土层深度的增加而急剧减少，随后保持稳定在 10%左右，这主要是受下伏黏土层的影响。在竖长方裂隙中[图 3.10(i)]，染色面积比整体随土层深度的增加而减少，在土壤表层达到最大值 60.51%，随后染色面积比随土层深度的变化趋于稳定，在 1%左右，分析其原因是受下伏黏土层的影响。在斜长方裂隙中[图 3.10(j)]，0～15 cm 土层染色面积比随土层深度的增加呈缓慢增加趋势，并在 8 cm 土层深度处达到最大值 39.6%，15～40 cm 土层染色面积比随土层深度的增加而减小，并稳定在 3%左右。

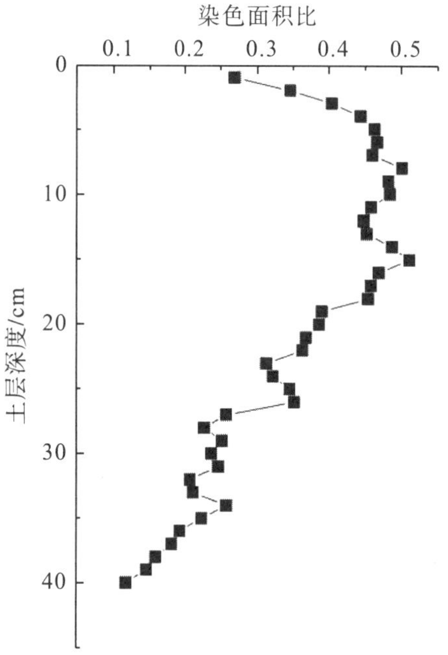
染色面积比
0.1 0.2 0.3 0.4 0.5
土层深度/cm
0
10
20
30
40

(a)G

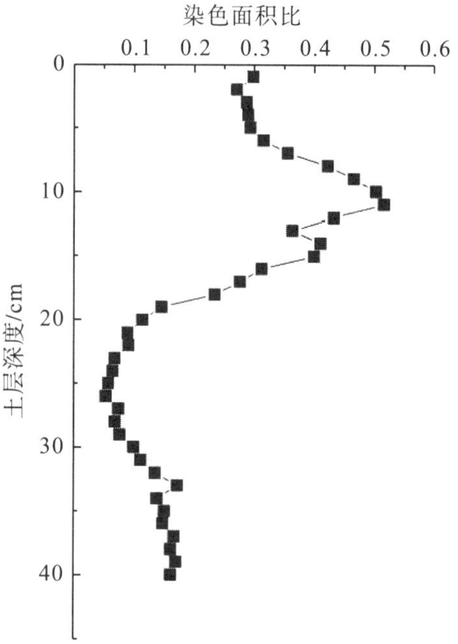
染色面积比
0.1 0.2 0.3 0.4 0.5 0.6
土层深度/cm
0
10
20
30
40

(b)F

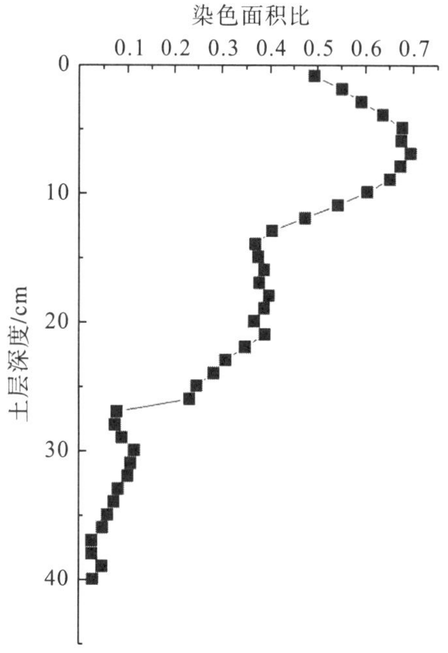
染色面积比
0.1 0.2 0.3 0.4 0.5 0.6 0.7
土层深度/cm
0
10
20
30
40

(c)S

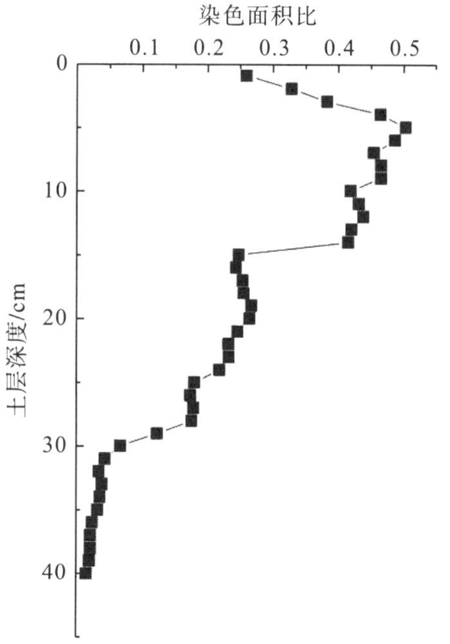
染色面积比
0.1 0.2 0.3 0.4 0.5
土层深度/cm
0
10
20
30
40

(d)C

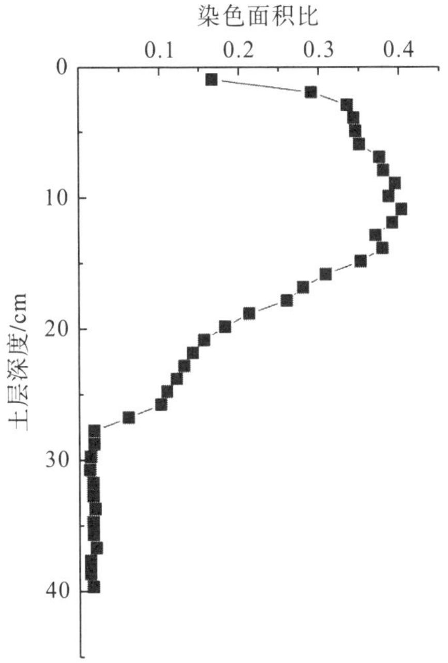

(e)S1(一)

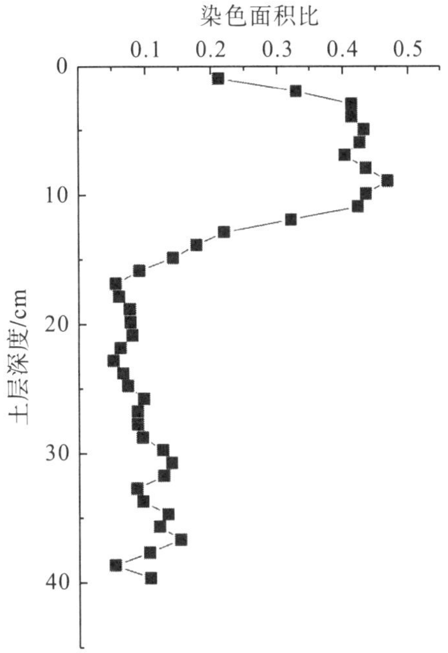

(f)S2(一)

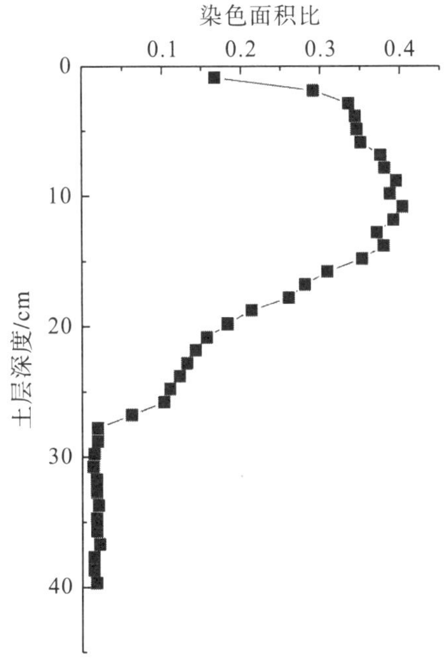

(g)S1(二)

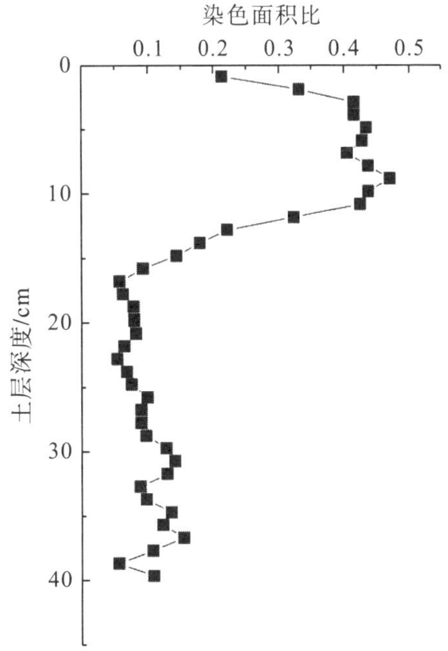

(h)S2(二)

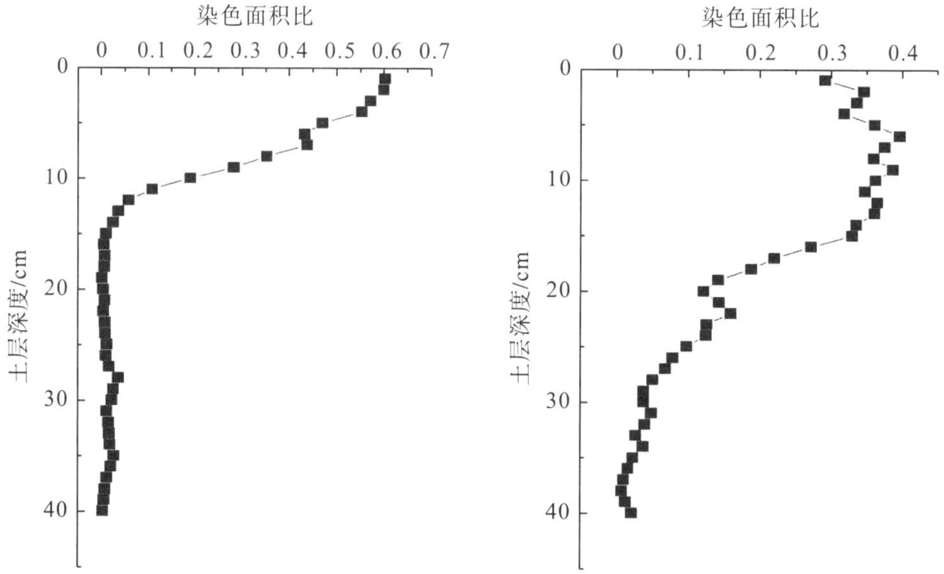

(i)S3　　(j)S4

图 3.10　不同类型裂隙剖面染色面积比随深度变化规律

图 3.11 为各裂隙剖面平均染色面积比变化特征。染色面积比越高则土壤优先流发育越发达。对照坡地 CK、裂隙 S2 和 W3 平均染色面积比最大，分别为 46%、45%和 48%，说明其土壤优先流发育程度高；而裂隙 S3、W4 和 W6 平均染色面积比最小，说明其土壤优先流发育程度弱，但其岩-土界面处的优先流非常发育。不同类型裂隙剖面平均染色比变化特征如图 3.12 所示。可以看出，草地裂隙和灌木林地裂隙的平均染色面积比较大，分别为 34.72%和 32.74%，说明其优先流发育程度高；竖长方裂隙的平均染色面积比是最小的，为 12.71%，说明其优先流发育程度最弱。坡耕地裂隙、乔木林地裂隙、裸地、坡耕地漏斗形裂隙和坡耕地斜长方裂隙的平均染色面积比为 24.07%、22.55%、19.04%、19.18%和 18.46%。各裂隙剖面平均染色面积比从大到小依次为草地裂隙＞灌木林地裂隙＞坡耕地裂隙＞乔木林地裂隙＞裸地＞坡耕地漏斗形裂隙＞坡耕地斜长方裂隙＞坡耕地竖长方裂隙。

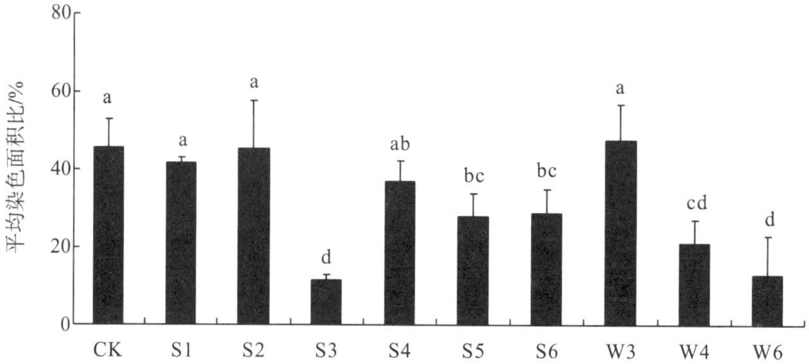

图 3.11　裂隙剖面平均染色面积比变化特征

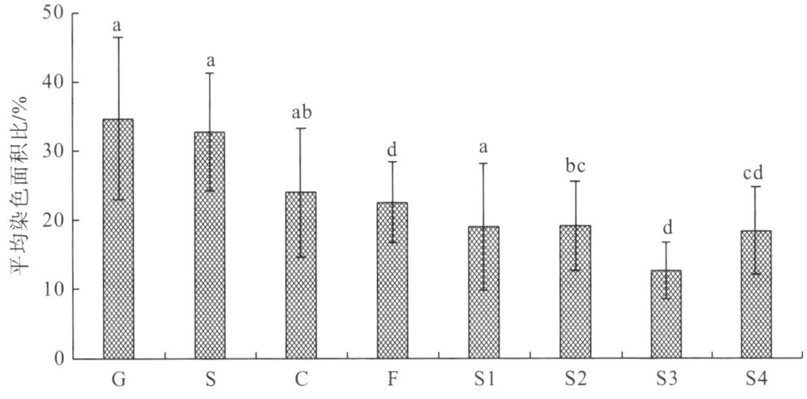

图 3.12　不同类型裂隙剖面平均染色面积比变化特征

图 3.13 为各裂隙剖面优先流程度评价指数变化特征。该系数越小则优先流发育程度越高。各裂隙剖面土壤优先流程度评价指数大小依次为 S3（140.63%）＞W4（113.00%）＞S5（112.56%）＞S6（112.00%）＞S4（107.12%）＞CK（94.53%）＞S1（91.44%）＞W3（83.15%）＞W6（52.55%）＞S2（43.89%），可见，W3、W6 和 S2 裂隙优先流发育程度高。不同类型裂隙剖面平均染色比如图 3.14 所示。非裂隙坡地的优先流评价程度指数最高为 48.20%，说明其优先流的发育程度最低。灌木林地裂隙的优先流评价程度最低为 26.02%，说明其优先流发育程度最高。草地裂隙的优先流评价指数为 33.76%，坡耕地裂隙的优先流评价指数为 38.48%，乔木林地裂隙的优先流评价指数为 25.93%，漏斗形裂隙的优先流评价指数为 33.73%，坡耕地竖长方裂隙的优先流评价指数为 33.08%，坡耕地斜长方裂隙的优先流评价指数为 34.29%。各裂隙剖面土壤优先流程度评价指数从大到小依次为裸地＞坡耕地裂隙＞坡耕地斜长方裂隙＞草地裂隙＞坡耕地漏斗形裂隙＞坡耕地竖长方裂隙＞乔木林地裂隙＞灌木林地裂隙，优先流发育程度从大到小依次为灌木林地裂隙＞乔木林地裂隙＞坡耕地竖长方裂隙＞坡耕地漏斗形裂隙＞草地裂隙＞坡耕地斜长方裂隙＞坡耕地裂隙＞裸地。

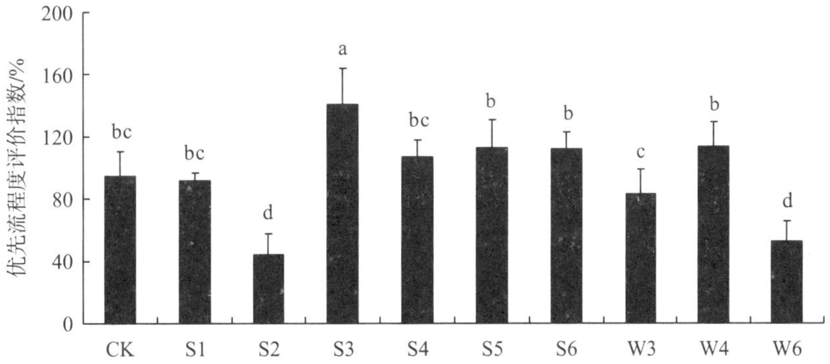

图 3.13　各裂隙剖面优先流程度评价指数变化特征

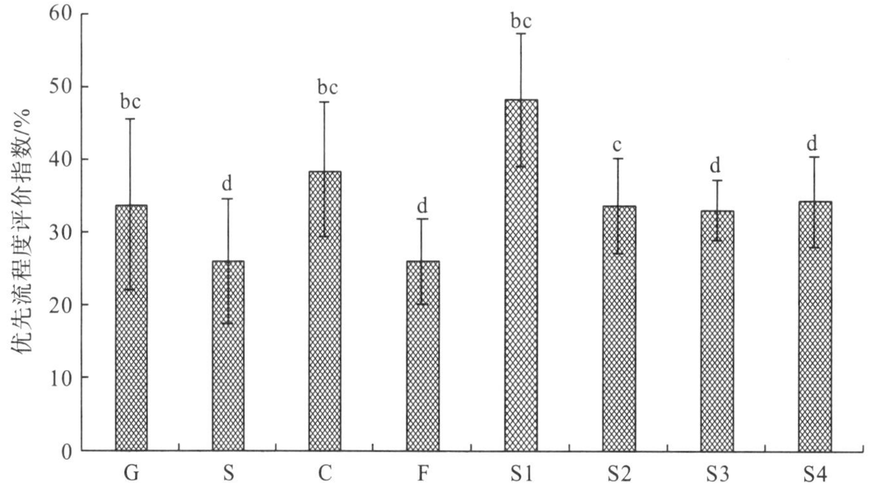

图 3.14　不同类型裂隙剖面平均染色比

样地三地下浅层裂隙土壤的垂直剖面染色面积比随土层深度变化特征如图 3.15 所示，总体上染色面积比随土层深度的增加而减小的同时，各个裂隙样点之间的染色深度也存在着不小的差异。

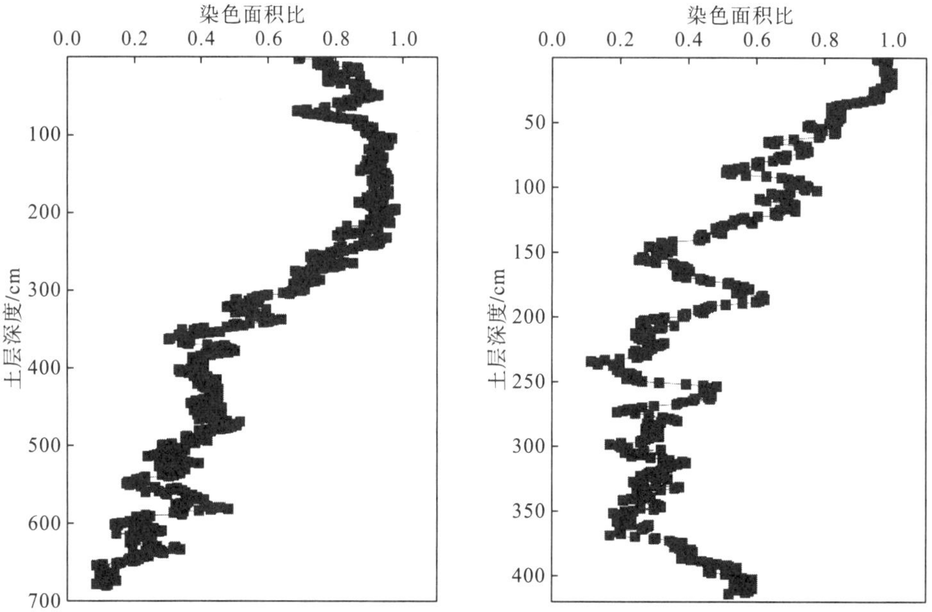

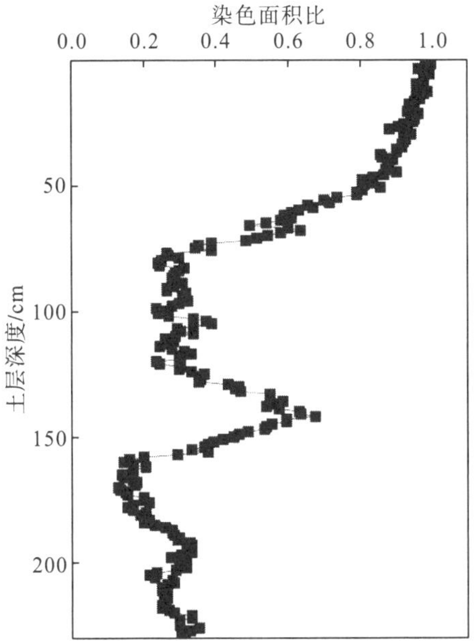

(c) 19号裂隙

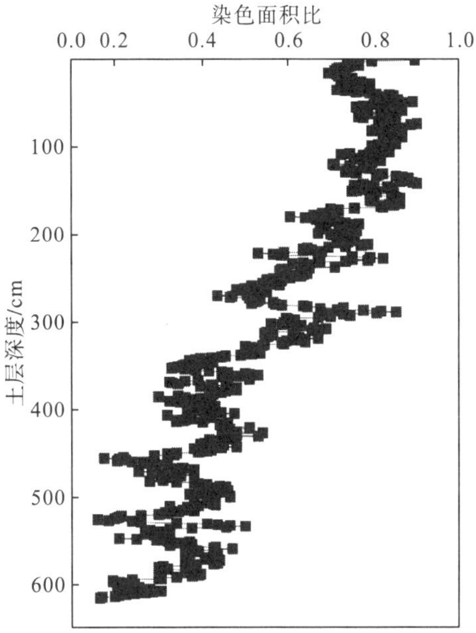

(d) 20号裂隙

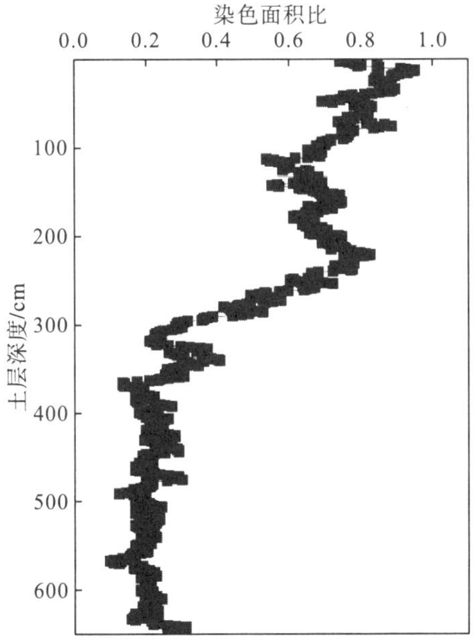

(e) 21号裂隙

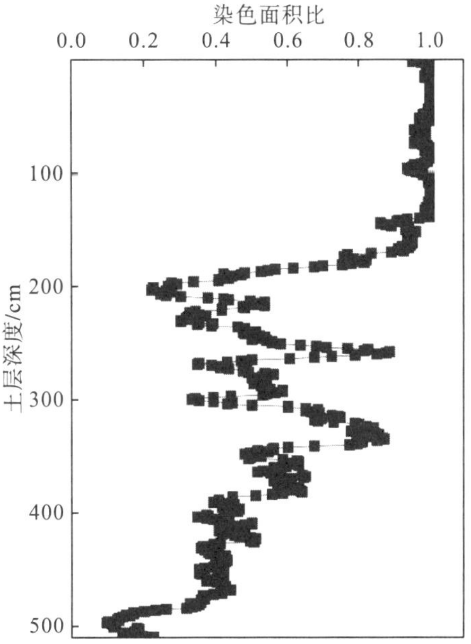

(f) 22号裂隙

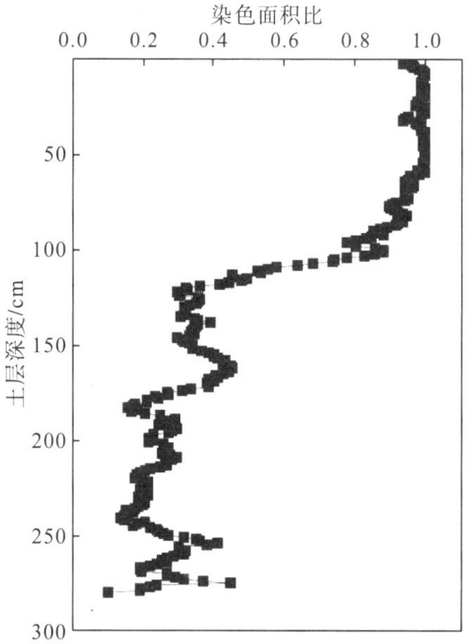

(g) 23号裂隙

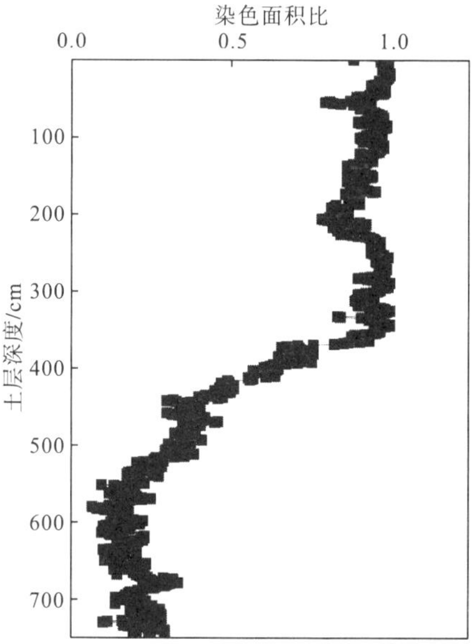

(h) 24号裂隙

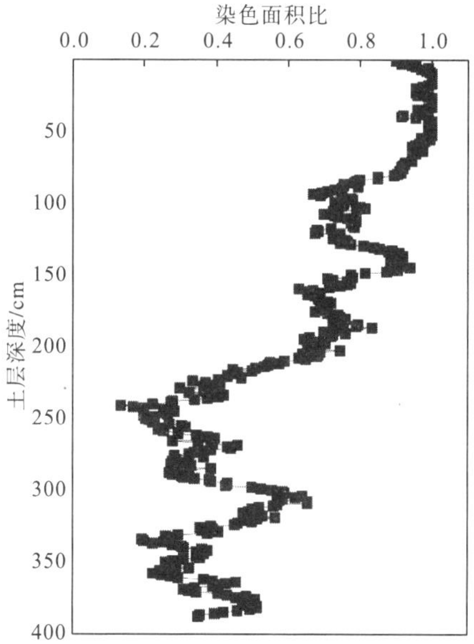

(i) 25号裂隙

图 3.15 样地三地下浅层裂隙土壤的垂直剖面染色面积比随土层深度变化特征

3 号裂隙中，染色最大深度达到了 68.20 cm，染色面积比的均值在 10～20 cm 土层为最大值(92.77%)，之后染色面积比便随着土层深度呈下降趋势，在 60～70 cm 土层稳定为 18.52%左右且最大值仅为 34.00%，变异系数随土层变化为波动性递增的趋势。

18 号裂隙土壤染色最大深度为 41.40 cm，染色面积比的均值在 0～10 cm 土层最大(81.26%)，之后染色面积比便随着土层深度呈下降趋势，在 30～40 cm 土层最小，为 29.22%，变异系数随土层变化呈波动性递增的趋势(0.17～0.29)。

19 号裂隙染色最大深度达到了 23 cm，染色面积比的均值在 0～10 cm 土层为最大值

(68.62%)，之后染色面积比便随着土层深度呈下降趋势，在 20～23 cm 土层稳定为 28.25%，变异系数随土层变化呈先上升后减小的趋势。

20 号裂隙染色最大深度达到了 61.60 cm，染色面积比的均值在 0～10 cm 土层为最大值(79.84%)，之后染色面积比便随着土层深度呈下降趋势，在 60～61.60 cm 土层稳定为 23.59%，变异系数随土层变化呈波动性递增的趋势。

21 号裂隙染色最大深度达到了 64.70 cm，染色面积比的均值在 0～10 cm 土层为最大值(81.10%)，之后染色面积比便随着土层深度呈下降趋势，在 50～60 cm 土层稳定为 19.19%，变异系数随土层变化呈先增大后减小的趋势。

22 号裂隙染色最大深度达到了 51 cm，染色面积比的均值在 0～10 cm 土层为最大值(98.75%)，之后染色面积比便随着土层深度呈下降趋势，在 50～51 cm 土层稳定为 16.95%，变异系数随土层变化呈先增大后减小的趋势，在 20～30 cm 土层最高达到了 0.30。

23 号裂隙染色最大深度达到了 28 cm，染色面积比的均值在 0～10 cm 土层为最大值(95.69%)，之后染色面积比便随着土层深度呈下降趋势，在 20～28 cm 土层稳定为 24.04%，变异系数随土层变化呈波动性递增的趋势。

24 号裂隙染色最大深度达到了 74.60 cm，染色面积比的均值在 0～10 cm 土层为最大值(95.22%)，之后染色面积比便随着土层深度呈下降趋势，在 50～60 cm 土层稳定为 18.61%，变异系数随土层变化呈波动性递增的趋势。

25 号裂隙染色最大深度达到了 38.80 cm，染色面积比的均值在 0～10 cm 土层为最大值(92.72%)，之后染色面积比便随着土层深度呈下降趋势，在 20～30 cm 土层稳定为 38.16%，变异系数随土层变化呈波动性递增的趋势。

3.4.3　岩-土界面对裂隙优先流影响

前述分析认为，岩-土界面流是裂隙主要的优先流形式。国内外研究人员通过各种研究方法、技术和手段(如探地雷达、开挖断面、染色示踪、模拟降雨、土壤 TDR 等)也发现喀斯特坡地壤中流主要以优先流形式发生于岩-土界面处。笔者进一步对样地二裂隙剖面中“土”和“岩”进行区分，基于 MATLAB 程序计算得到裂隙中仅含土壤层的染色面积、裂隙中去除土壤层的染色面积变化情况，结果如图 3.16 所示。

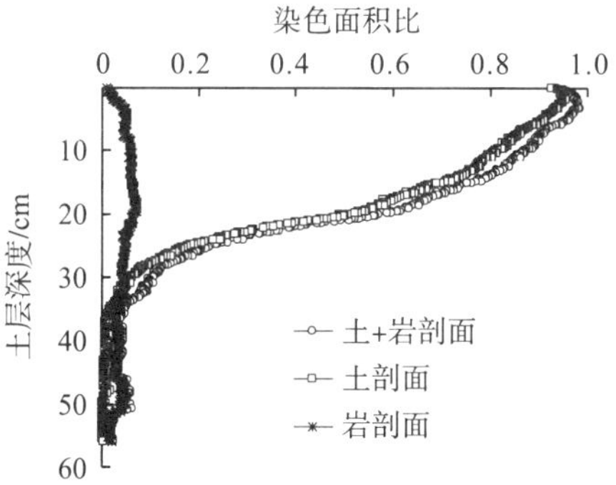

(a)裂隙S1

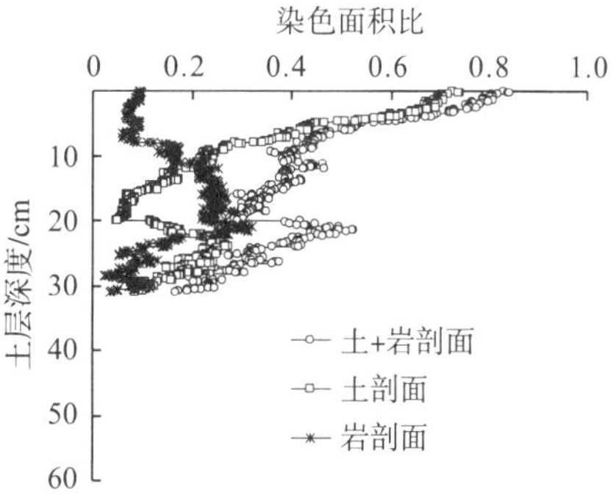

(b)裂隙S2

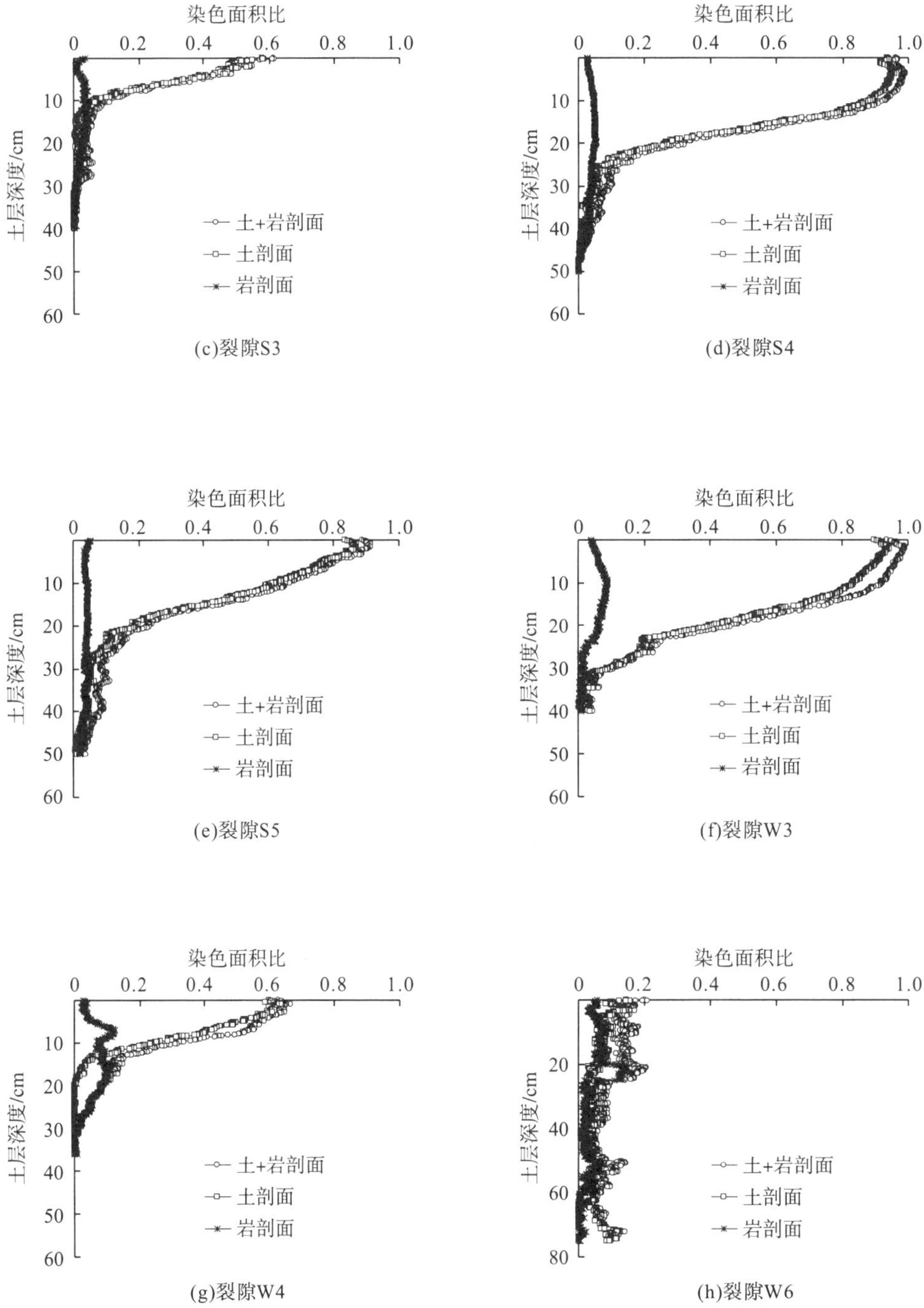

图 3.16 裂隙“土”和“岩”剖面染色特征

可以看出，除裂隙 S2 土+岩剖面和土剖面染色面积比存在较大差异外，其他裂隙土+岩剖面和土剖面染色面积比相差不大，随土层深度增加其变化趋势相同。然而，裂隙岩剖面(虽然裂隙岩剖面的染色面积受人为主观因素控制，但其在裂隙剖面染色面积中所占比例小，总体在 10%以下，而实际若开挖裂隙染色土岩剖面，其剖面中岩石界面处染色部分应为线形，因此，本书对裂隙岩剖面的选择和划分可行)的染色面积比明显不同于裂隙土+岩剖面和土剖面，其与二者差异较大，数值总体在 10%以下，其随裂隙土层深度增加无明显变化规律。明显地，裂隙 W6 土+岩剖面、土剖面和岩剖面染色面积比三者相差不大，说明岩石界面优先流决定了该裂隙优先流形式，也决定了该裂隙水分运移形式。

表 3.10 为裂隙剖面染色面积比统计特征。各裂隙土+岩剖面优先流染色面积比数值为 0.12～0.48，裂隙土剖面为 0.06～0.43，而裂隙岩剖面在 0.02～0.16，其优先流染色面积比均以岩剖面最小且其变化范围最小。各裂隙土+岩剖面、土剖面、岩剖面优先流程度评价指数分别在 43.9%～140.6%、74.1%～144.4%和 49.3%～105.7%，明显地，裂隙土+岩剖面优先流程度评价指数变异最大，土剖面次之，而岩剖面仍最小，表明岩-土界面虽然在裂隙剖面染色面积中所占比例极小，但其是裂隙最主要的优先流形式。

表 3.10　裂隙剖面染色面积比统计特征

裂隙	土+岩剖面		土剖面		岩剖面	
	优先流染色面积比	优先流程度评价指数/%	优先流染色面积比	优先流程度评价指数/%	优先流染色面积比	优先流程度评价指数/%
S1	0.42 a	94.5 bc	0.37 ab	100.0 cde	0.04 b	49.3 c
S2	0.45 a	91.4 d	0.29 bc	83.9 de	0.16 a	59.4 bc
S3	0.12 d	43.9 a	0.09 d	169.3 a	0.02 b	80.8 abc
S4	0.37 ab	140.6 bc	0.34 abc	115.6 bcd	0.03 b	54.2 c
S5	0.28 bc	107.1 b	0.25 c	121.6 bc	0.03 b	88.7 abc
W3	0.29 bc	112.6 b	0.43 a	88.6 cde	0.05 b	82.1 abc
W4	0.48 a	112.0 c	0.15 d	144.4 ab	0.06 b	105.7 ab
W6	0.13 d	113.0 d	0.06 d	74.1 e	0.07 b	78.0 bc

注：用最小显著差异(LSD)法进行多重比较。同列不同小写字母表示组间差异显著($P<0.05$)，相同字母表示组间差异不显著($P>0.05$)。

3.4.4　裂隙优先流路径影响因子分析

岩-土界面流是裂隙最主要的优先流形式，其主要受裂隙岩石界面的起伏状况、倾斜程度等影响。除此之外，裂隙优先流还受裂隙内部充填土壤及其植物根系的影响。分析裂隙充填土壤、植物根系对裂隙优先流影响，选取样地二土壤因子、水分因子、植物因子三大类因子与裂隙优先流染色面积比及优先流程度评价指数进行相关分析，其中土壤因子包括土壤质地(砂粒、粉粒和黏粒)、团聚体状况(>5 mm、>2 mm 和>0.25 mm 水稳性团聚体含量)、土壤容重及总孔隙度、毛管孔隙度和非毛管孔隙度等，水分因子包括田间持水量、饱和含水量、初始入渗率、稳定入渗率和平均入渗率等，植物因子包括根长度、根投影面积、根面积、根表面积、根体积和根平均直径等，结果如表 3.11 所示。

表 3.11 裂隙优先流与裂隙充填物特征相关分析

	染色面积比	优先流程度	根长度	根投影面积	根面积	根表面积	根体积	根平均直径	土壤含水率	土壤容重	毛管孔隙度	总孔隙度	非毛管孔隙度	田间持水量	饱和含水量	砂粒	粉粒	黏粒	>5 mm WA	>2 mm WA	>0.25 mm WA	初始入渗率	稳定入渗率	平均入渗率
染色面积比	1																							
优先流程度	-0.595**	1																						
根长度	0.424*	-0.283	1																					
根投影面积	0.404*	-0.270	0.995**	1																				
根面积	0.413*	-0.278	0.995**	0.999**	1																			
根表面积	0.404*	-0.270	0.995**	1.000**	0.999**	1																		
根体积	0.285	-0.209	0.780**	0.830**	0.833**	0.830**	1																	
根平均直径	0.012	-0.159	0.535**	0.575**	0.581**	0.575**	0.772**	1																
土壤含水率	-0.050	0.069	-0.526**	-0.556**	-0.551**	-0.556**	-0.547**	-0.304	1															
土壤容重	-0.207	0.253	0.055	0.049	0.045	0.049	-0.113	0.024	-0.170	1														
毛管孔隙度	0.268	-0.049	-0.014	-0.026	-0.026	-0.026	0.000	-0.213	0.466**	-0.796**	1													
总孔隙度	0.207	-0.253	-0.054	-0.049	-0.045	-0.049	0.114	-0.024	0.170	-1.00**	0.797**	1												
非毛管孔隙度	-0.241	-0.124	-0.017	0.005	0.008	0.005	0.082	0.318	-0.568**	0.415**	-0.880**	-0.415**	1											
田间持水量	0.239	-0.131	0.019	0.003	0.005	0.003	0.025	-0.172	0.274	-0.855**	0.853**	0.855**	-0.613**	1										
饱和含水量	0.331*	-0.195	0.000	-0.011	-0.008	-0.011	0.047	-0.204	0.222	-0.898**	0.859**	0.898**	-0.588**	0.958**	1									
砂粒	-0.262	0.194	-0.207	-0.175	-0.180	-0.175	0.022	0.073	0.309	-0.024	0.123	0.024	-0.175	0.132	0.065	1								
粉粒	0.357*	-0.242	-0.186	-0.215	-0.202	-0.215	-0.175	-0.324	-0.102	-0.177	0.137	0.177	-0.061	0.136	0.191	-0.692**	1							
黏粒	-0.129	0.129	0.422*	0.421*	0.411*	0.421*	0.167	0.223	-0.257	0.225	-0.284	-0.225	0.253	-0.308	-0.293	-0.370*	-0.376*	1						
>5 mmWA	-0.384*	0.308*	0.126	0.142	0.126	0.142	0.068	-0.113	-0.331*	-0.117	0.135	0.117	-0.111	0.083	0.070	-0.010	-0.215	0.313*	1					
>2 mmWA	-0.515**	0.210	0.049	0.071	0.058	0.071	0.054	0.060	-0.229	-0.071	0.036	0.071	0.002	0.021	-0.001	0.125	-.323*	0.202	0.877**	1				
>0.25 mmWA	-0.252	0.134	-0.049	-0.054	-0.050	-0.054	-0.070	-0.120	-0.140	0.063	0.024	-0.063	-0.085	-0.016	0.019	0.115	-0.132	-0.035	0.413**	0.581**	1			
初始入渗率	-0.028	-0.199	-0.002	-0.013	-0.033	-0.013	-0.181	-0.417	-0.415	-0.011	0.582	0.011	-0.878*	0.538	0.269	0.282	0.221	-0.436	0.821*	0.746	0.697	1		
稳定入渗率	0.626	-0.635	0.097	0.005	0.012	0.005	-0.314	-0.178	0.245	-0.024	0.139	0.023	-0.191	0.580	0.399	0.147	0.259	-0.367	-0.413	-0.531	0.199	0.164	1	
平均入渗率	0.567	-0.618	0.084	-0.003	0.000	-0.003	-0.317	-0.223	0.153	-0.034	0.241	0.034	-0.336	0.658	0.428	0.190	0.256	-0.397	-0.245	-0.367	0.311	0.340	0.983**	1

注：**表示在 0.01 水平上相关；*表示在 0.05 水平上相关，观测数为 46。优先流特征取裂隙土壤囊部分。WA 为水稳性团聚体。后同。

优先流染色面积比与优先流程度评价指数呈极显著($P<0.01$)负相关关系，这与二者对优先流发育程度的表达意义一致，说明以优先流染色面积比和优先流程度评价指数来分析其影响因子，其结果可行。不同裂隙优先流染色面积比与根长度、根投影面积、根面积、根表面积、土壤饱和含水量、粉粒含量呈显著($P<0.05$)正相关关系，与>5 mm 水稳性团聚体含量呈显著($P<0.05$)负相关关系，与>2 mm 水稳性团聚体含量呈极显著($P<0.01$)负相关关系；不同裂隙优先流程度评价指数仅与>5 mm 水稳性团聚体含量呈显著($P<0.05$)正相关关系，其余因子不相关($P>0.05$)。以上分析表明，根长度、根投影面积、根面积、根表面积、土壤饱和含水量、粉粒含量、>5 mm 水稳性团聚体是裂隙土壤优先流发育的重要促进因素。

相比之下，样地三裂隙土壤优先流染色面积比与土壤容重、非毛管孔隙度和总孔隙度呈极显著($P<0.01$)相关，与黏粒含量为显著性($P<0.05$)相关，与毛管孔隙度、粉粒含量、砂粒含量以及有机质含量呈现出一定的相关性，但并不显著($P>0.05$)。所选取的与优先流染色面积比相关的水分因子中饱和导水率、最大持水量、毛管持水量、田间持水量以及有效水含量均与裂隙土壤优先流染色面积比呈极显著($P<0.01$)相关。植物因子中裂隙土壤优先流染色面积比与根长密度和根表面积密度为显著($P<0.05$)相关，与样地二研究结果一致。分析结果如表 3.12 所示。

表 3.12　染色面积比与环境因子相关性

环境因子		相关系数	双侧显著性检验	样本数/个
土壤因子	容重	−0.697**	0.000	44
	非毛管孔隙度	0.512**	0.000	44
	毛管孔隙度	0.221	0.149	44
	总孔隙度	0.506**	0.000	44
	黏粒含量	−0.357*	0.017	44
	粉粒含量	0.093	0.547	44
	砂粒含量	0.174	0.259	44
	有机质含量	0.114	0.461	44
水分因子	饱和导水率	0.463**	0.002	44
	饱和含水量	0.589**	0.000	44
	毛管持水量	0.553**	0.000	44
	田间持水量	0.498**	0.001	44
	有效水含量	0.415**	0.005	44
植物因子	根长密度	0.400**	0.007	44
	根表面积密度	0.372*	0.013	44

1. 容重对浅层岩溶裂隙优先流的影响

不同土地利用类型各个样地的土壤容重随土层深度的变化情况如图 3.17 所示。可以看出，不同土地利用类型的裂隙剖面中，总体上来看，土壤容重随着土层深度的增加而增加，且同一土层深度处未染色区的容重均高于染色区的容重，染色区与非染色区的土壤容重差值随土层深度的增加而逐渐缩小。在草地裂隙中，非染色区的土壤容重明显大于染色区的土壤容重，非染色区的土壤容重均值为 1.18 g/cm^3，染色区的土壤容重均值为 1.01 g/cm^3。在乔木林地裂隙中，土壤容重随土层深度的增加呈波状变化，非染色区的土壤容重均值为 1.00 g/cm^3，染色区的土壤容重均值为 0.91 g/cm^3。在灌木林地裂隙中，土壤容重随土层深度先减小后增加，非染色区的土壤容重均值为 1.05 g/cm^3，染色区的土壤容重均值为 0.90 g/cm^3。在坡耕地裂隙中，土壤容重低于草地、乔木和灌木林地裂隙，非染色区的土壤容重均值为 0.90 g/cm^3，染色区的土壤容重均值为 0.78 g/cm^3。染色区土壤容重和染色面积比的关系可用线性关系进行拟合，结果如图 3.18 所示，可以看出，土壤容重越大，染色面积比越小，R^2 的值为 0.4101，拟合方程为：$y=-0.0073x+1.1463$。分析其原因可能是土壤容重与大孔隙数量密切相关，土壤容重越大，大孔隙数量越少，土壤入渗能力越差，大孔隙的数量与优先流路径息息相关。

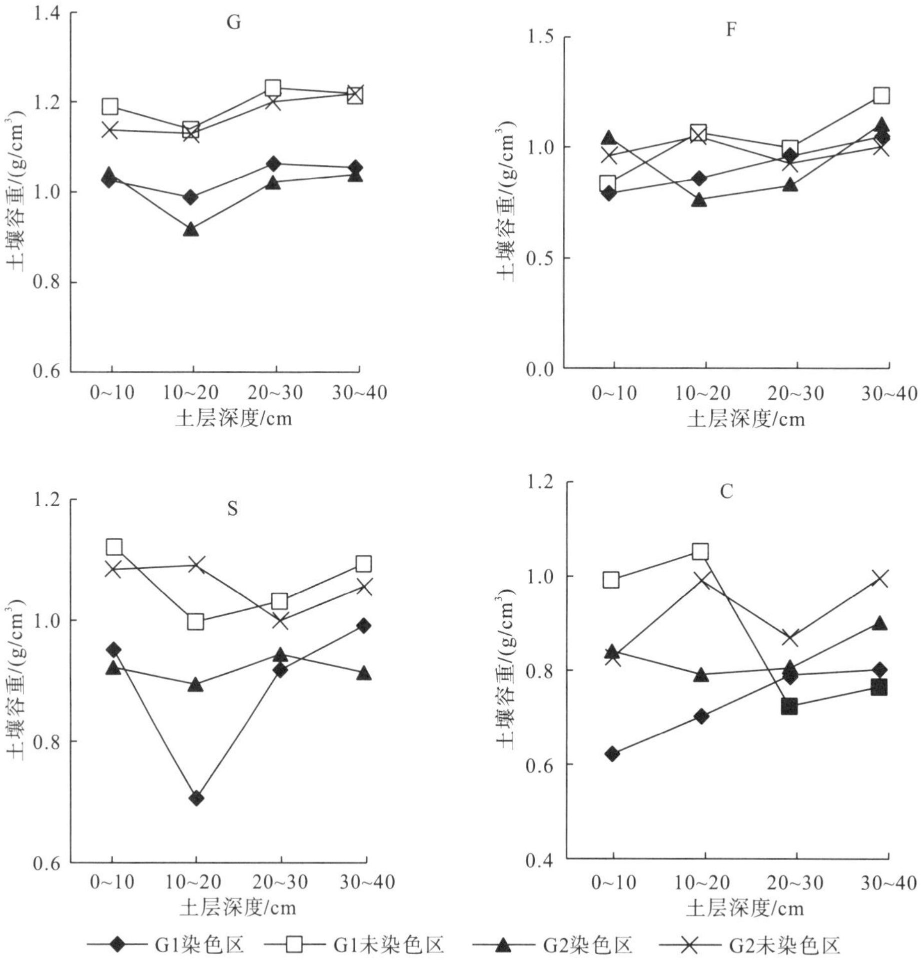

图 3.17 土壤容重随土层深度的变化情况

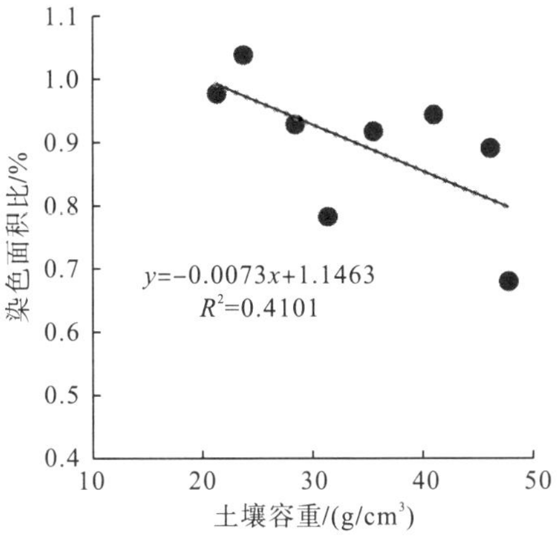

图 3.18　浅层岩溶裂隙染色面积比与土壤容重的关系

2. 孔隙度对浅层岩溶裂隙优先流的影响

不同土地利用类型各个样地的土壤非毛管孔隙度随土层深度的变化情况如图 3.19 所示。可以看出，在草地裂隙中，土壤非毛管孔隙度随土层深度的增加呈波状变化，非染色区的土壤非毛管孔隙度均值为 13.12%，染色区的土壤非毛管孔隙度均值为 9.94%。在乔木林地裂隙中，染色区的土壤非毛管孔隙度整体高于非染色区，非染色区的土壤非毛管孔隙度均值为 1.67%，染色区的土壤非毛管孔隙度均值为 2.62%。在灌木林地裂隙中，土壤非毛管孔隙度随土层深度的增加而增加，且染色区的土壤非毛管孔隙度高于非染色区，非染色区的土壤非毛管孔隙度均值为 11.96%，染色区的土壤非毛管孔隙度均值为 16.09%。在坡耕地裂隙中，土壤非毛管孔隙度随土层深度先增加再减少再增加，非染色区的土壤非毛管孔隙度均值为 29.01%，染色区的土壤非毛管孔隙度均值为 30.21%。染色区土壤非毛管孔隙度和染色面积比的关系可用线性关系进行拟合，结果如图 3.20 所示，可以看出，土壤非毛管孔隙度随染色面积比的增加而增加，R^2 的值为 0.3607，拟合方程为：$y=0.668x-8.2771$。分析其原因，可能是土壤非毛管孔隙度越大，土壤入渗能力越好，其优先流路径越明显。

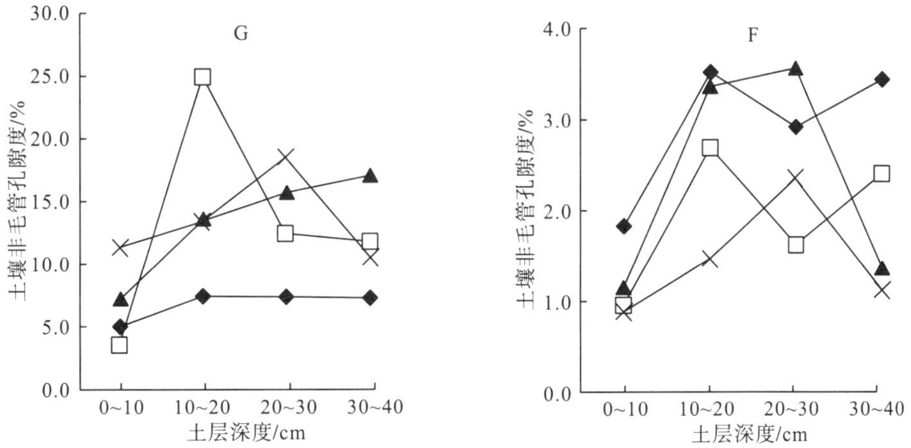

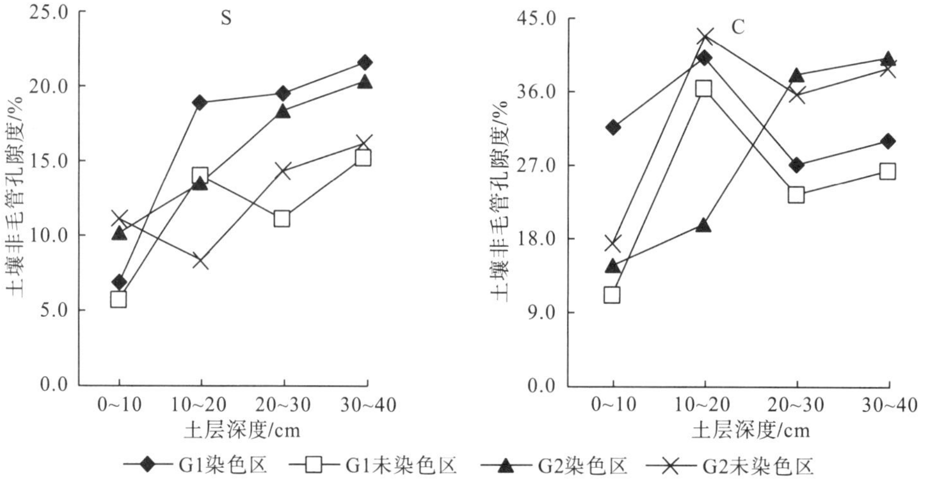

图 3.19 土壤非毛管孔隙度随土层深度的变化情况

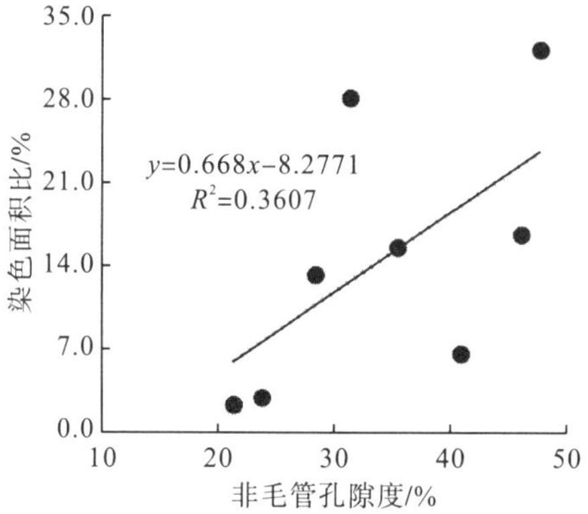

图 3.20 浅层岩溶裂隙染色面积比与土壤非毛管孔隙度的关系

土壤总孔隙度不仅是评价土壤结构特征的重要指标之一，更在一定程度上影响水分的入渗，因此，土壤总孔隙度可以影响优先流的路径分布。不同土地利用类型各个样地的土壤总孔隙度随土层深度的变化情况如图 3.21 所示。在草地裂隙中，土壤总孔隙度随土层深度先增加后减少，非染色区的土壤总孔隙度均值为 17.45%，染色区的土壤总孔隙度均值为 20.28%。在乔木林地裂隙中，染色区的土壤总孔隙度高于非染色区，非染色区的土壤总孔隙度均值为 7.00%，染色区的土壤总孔隙度均值为 11.50%。在灌木林地裂隙中，土壤总孔隙度随土层深度的增加而增加，且染色区的土壤总孔隙度高于非染色区，非染色区的土壤总孔隙度均值为 25.16%，染色区的土壤总孔隙度均值为 28.37%。在坡耕地裂隙中，土壤总孔隙度随土层深度先增加再减少，非染色区的土壤总孔隙度均值为 38.85%，染色区的土壤总孔隙度均值为 43.16%。染色区土壤总孔隙度和染色面积比的关系可用线性关系进行拟合，结果如图 3.22 所示，可以看出土壤总孔隙度随染色面积比的增加而增加，R^2 的值为 0.376，拟合方程为：$y=0.8175x-2.3119$。

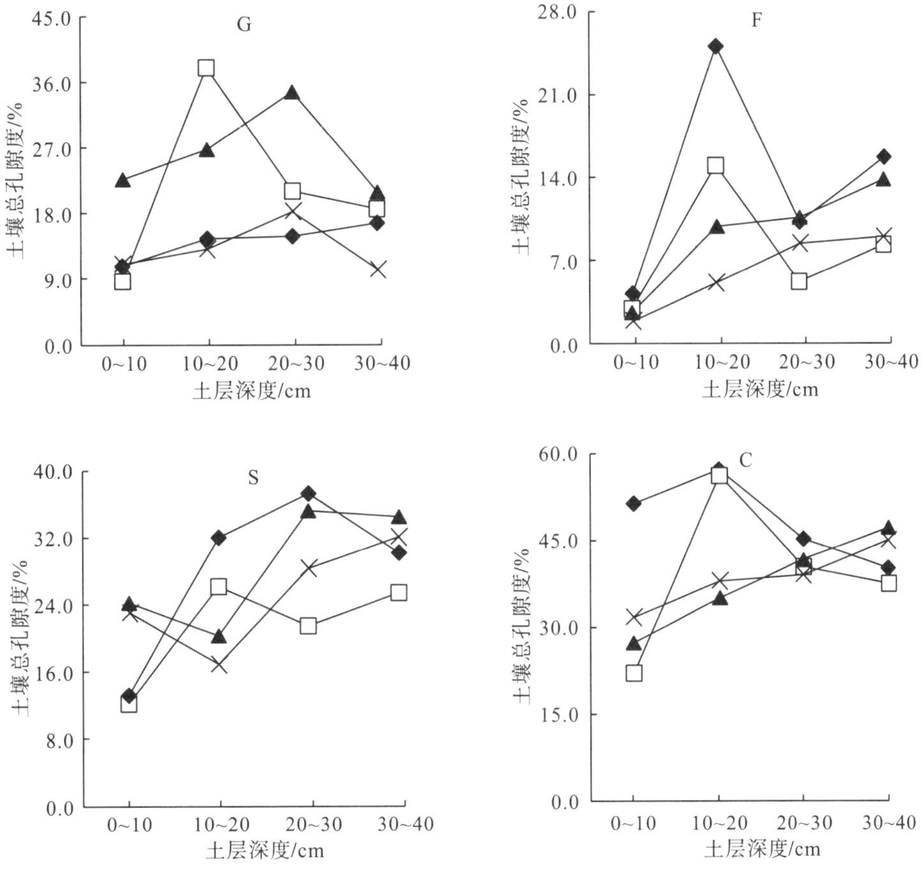

图 3.21　土壤总孔隙度随土层深度的变化情况

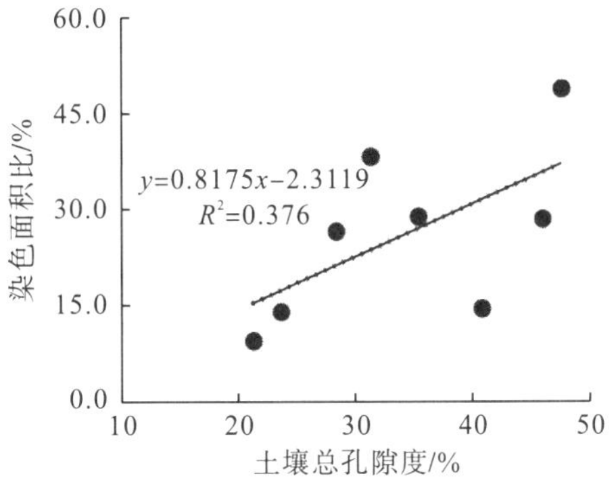

图 3.22　浅层岩溶裂隙染色面积比与土壤总孔隙度的关系

3. 有机质含量对浅层岩溶裂隙优先流的影响

土壤有机质是形成土壤理化性状的基础，是联系成土过程中生物要素与土壤发生、演化的纽带；同时，土壤有机质也是土壤肥力形成的物质基础。不同土地利用类型各个样地的土壤有机质含量随土层深度的变化情况如图 3.23 所示。总体上来看，不同土地利用类型下各个样地的土壤有机质含量随土层深度的增加而减少，且同一土层深度处染色区的有机质含量大于非染色区。在草地裂隙中，土壤有机质含量随土层深度的增加而减少，非染色区的有机质含量均值为 5.33 g/kg，染色区的土壤有机质含量均值为 9.11g/kg。在乔木林地裂隙中，染色区的土壤有机质含量高于非染色区，非染色区的土壤有机质含量均值为 4.25 g/kg，染色区的土壤有机质含量均值为 10.12 g/kg。在灌木林地裂隙中，土壤有机质含量随土层深度的增加呈波状变化，非染色区的土壤有机质含量均值为 11.37 g/kg，染色区的土壤有机质含量均值为 12.31 g/kg。在坡耕地裂隙中，土壤有机质含量较其他几个裂隙相比是最小的，且随土层深度的增加再减少，且染色区的有机质含量明显大于非染色区的土壤有机质含量，非染色区的土壤有机质含量均值为 2.04 g/kg，染色区的土壤有机质含量均值为 6.15 g/kg。染色区土壤有机质含量和染色面积比的关系可用多项式关系进行拟合，结果如图 3.24 所示，可以看出，土壤染色面积比在一定范围内随土壤有机质含量增加而增加，R^2 的值为 0.2578，拟合方程为：$y=-0.0116x^2+0.6812x+0.7699$。

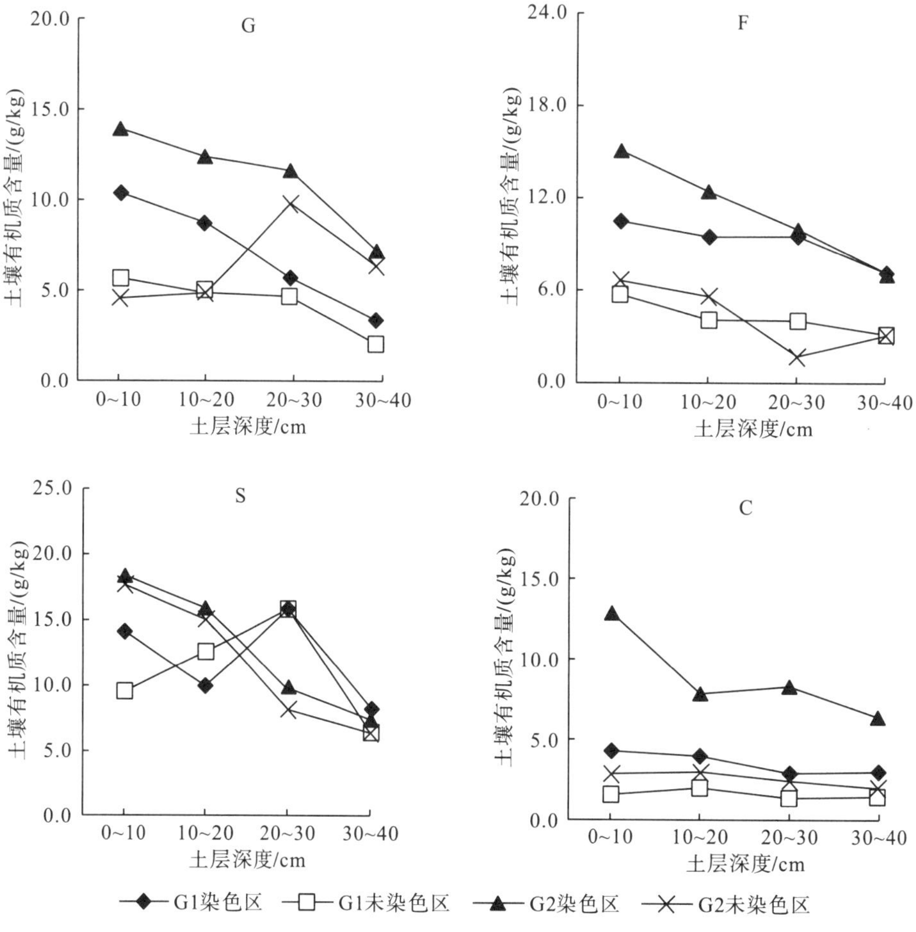

图 3.23 土壤有机质含量随土层深度的变化情况

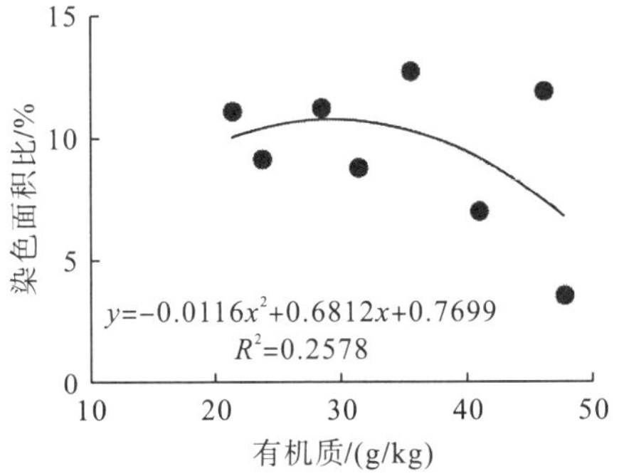

图 3.24　浅层岩溶裂隙染色面积比与土壤有机质的关系

4. 土壤含水量对浅层岩溶裂隙优先流的影响

不同土地利用类型各个样地的土壤含水量随土层深度的变化情况如图 3.25 所示。可以看出，不同土地利用类型的裂隙剖面中，总体上来说，土壤含水量随着土层深度的增加而减少，且同一土层深度处染色区的土壤含水量高于非染色区的土壤含水量，染色区与非染色区的土壤含水量差值随土层深度的增加而逐渐缩小。在草地裂隙中，非染色区的土壤含水量均值为 34.31%，染色区的土壤含水量均值为 37.08%。在乔木林地裂隙中，土壤含水量随土层深度的增加而减少，非染色区的土壤含水量均值为 35.15%，染色区的土壤含水量均值为 39.89%。在灌木林地裂隙中，土壤含水量随土层深度先增加后减少，非染色区的土壤含水量均值为 32.14%，染色区的土壤含水量均值为 34.65%。在坡耕地裂隙中，土壤含水量随土层深度的增加而减少，非染色区的土壤含水量均值为 41.51%，染色区的土壤含水量均值为 39.07%。染色区土壤含水量和染色面积比的关系可用多项式关系进行拟合，其拟合度最高，结果如图 3.26 所示，可以看出土壤含水量越大，染色面积比越大，R^2 的值为 0.7658，拟合方程为：$y=0.093x^2-6.2867x+135.89$。

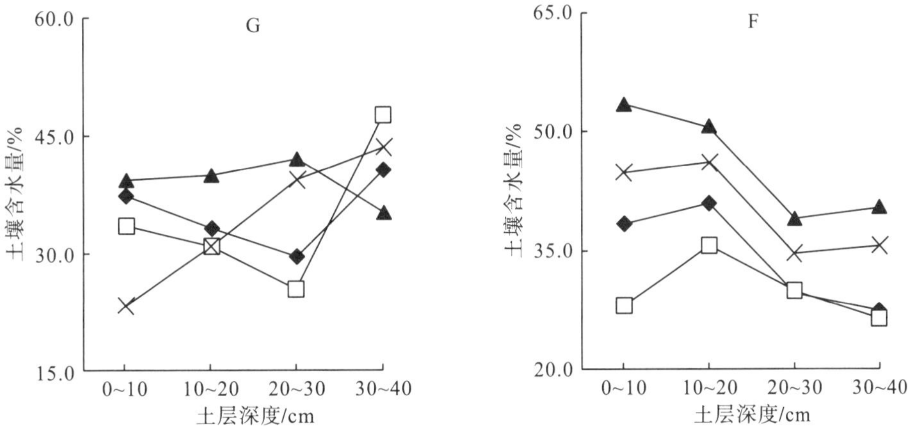

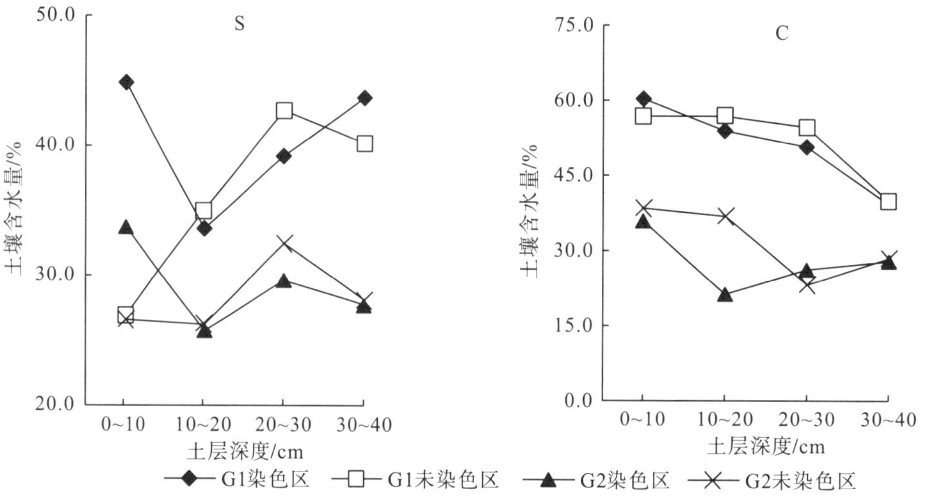

图 3.25 土壤含水量随土层深度的变化情况

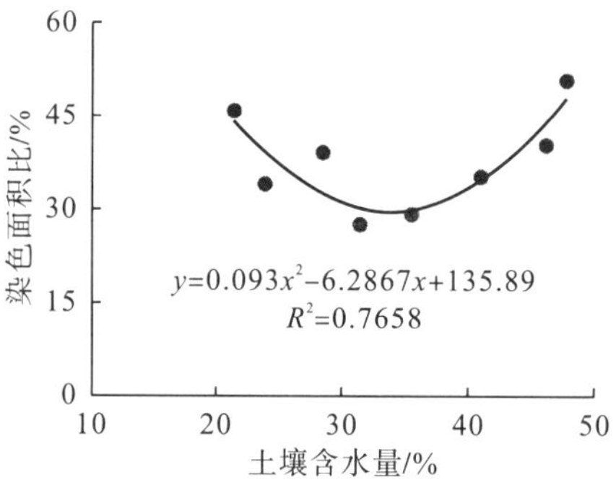

图 3.26 浅层岩溶裂隙染色面积比与土壤含水量的关系

图 3.27 表示不同土地利用类型各个样地的土壤田间持水量随土层深度的变化情况，总体上来看，土壤田间持水量随着土层深度的增加而减少，染色区与非染色区的土壤田间持水量差值随土层深度的增加而逐渐缩小。在草地裂隙中，非染色区的土壤田间持水量均值为 34.00%，染色区的土壤田间持水量均值为 34.76%。在乔木林地裂隙中，土壤田间持水量随土层深度的增加而减少，非染色区的土壤田间持水量均值为 44.87%，染色区的土壤田间持水量均值为 48.70%。在灌木林地裂隙中，土壤田间持水量随土层深度的增加而减少，非染色区的土壤田间持水量均值为 37.88%，染色区的土壤田间持水量均值为 40.87%。在坡耕地裂隙中，土壤田间持水量随土层深度的变化不明显，非染色区的土壤田间持水量均值为 55.75%，染色区的土壤田间持水量均值为 51.13%。染色区土壤田间持水量和染色面积比的关系可用多项式关系进行拟合，结果如图 3.28 所示，可以看出土壤田间持水量越大，染色面积比越大，R^2 的值为 0.1121，拟合方程为：$y = 0.0216x^2 - 1.7175x + 75.674$。

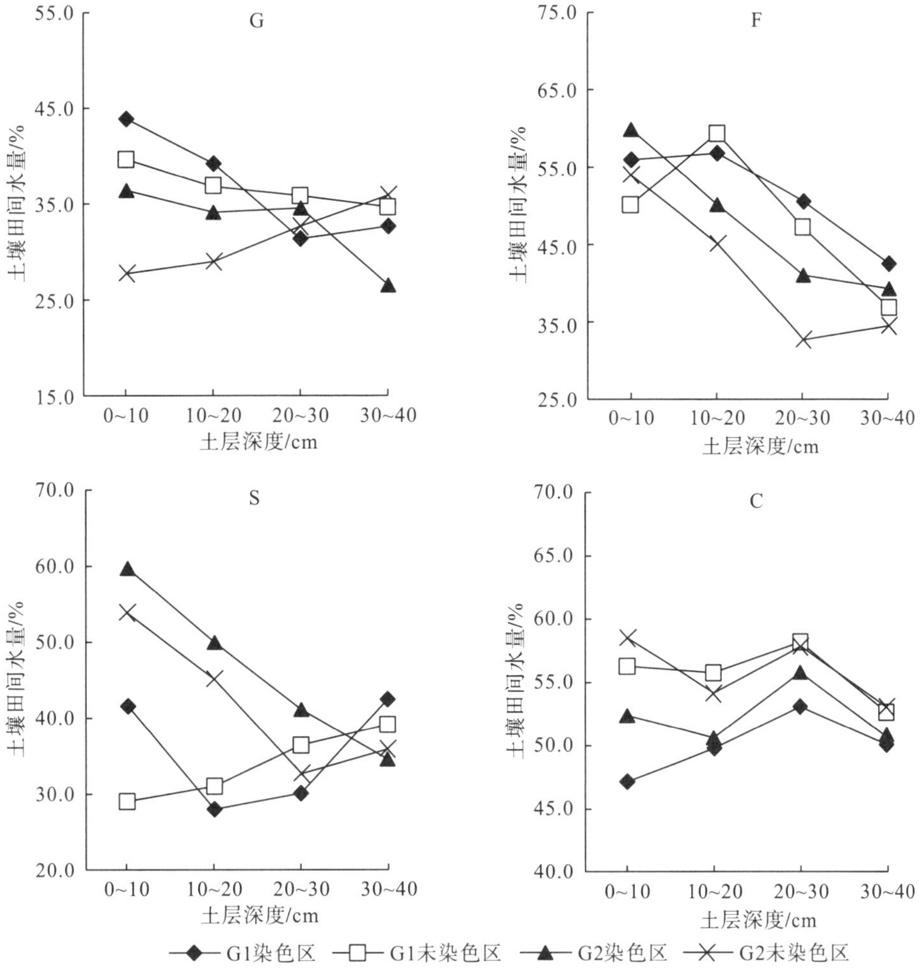

图 3.27　土壤田间持水量随土层深度的变化情况

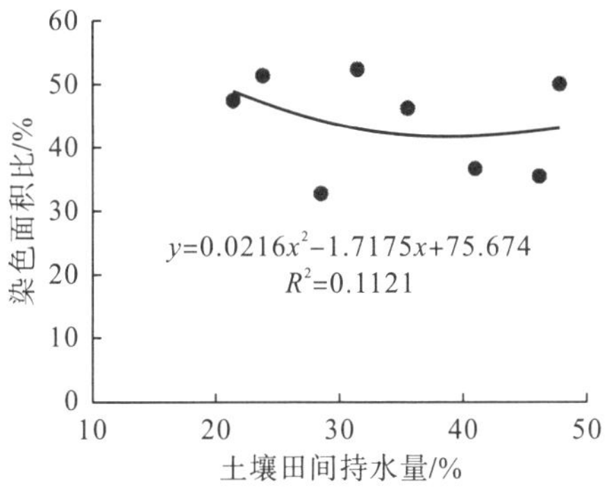

图 3.28　浅层岩溶裂隙染色面积比与土壤田间持水量的关系

5. 土壤水分入渗率对浅层岩溶裂隙优先流的影响

不同土地利用类型各个样地的土壤水分入渗率随时间的变化情况如图 3.29 所示。可以看出，不同土地利用类型的裂隙剖面中，总体上来说，不同裂隙土壤水分入渗率变化过程存在明显差异，与非喀斯特区不同，裂隙土壤水分入渗过程大致可分为两个阶段，即迅速降低和趋于稳定阶段。究其原因，这主要是裂隙内赋存的土壤总量少，其雨水很容易渗透裂隙土层。当然，这也证明了水土地表流失仅发生在较大雨强时，而裂隙漏失在各种雨强下均可发生，因为降雨条件下裂隙水分入渗很快就能进入稳定入渗阶段。坡耕地裂隙入渗过程的迅速降低阶段发生在入渗 4 min 内，其入渗率由最初 1.71 mm/min 直接降至 0.84 mm/min，随后稳定在 0.25 mm/min 左右。草地裂隙入渗过程的迅速降低阶段发生在入渗在 2 min 内，其入渗率由最初 0.46 mm/min 直接降至 0.29 mm/min，随后稳定在 0.15 mm/min。灌木林地裂隙入渗过程的迅速降低阶段发生在入渗第 2 min 内，其入渗率由最初 1.13 mm/min 直接降至 0.67 mm/min，随后稳定在 0.33 mm/min。乔木林地裂隙入渗过程的迅速降低阶段发生在入渗第 2 min 内，其入渗率由最初 0.82 mm/min 直接降至 0.50 mm/min，随后稳定在 0.12 mm/min。染色区土壤水分入渗率和染色面积比的关系可用多项式关系进行拟合，结果如图 3.30 所示，可以看出土壤水分入渗率越大，染色面积比越大，R^2 的值为 0.3607，拟合方程为：$y=0.0013x^2-0.0876x+1.7796$。

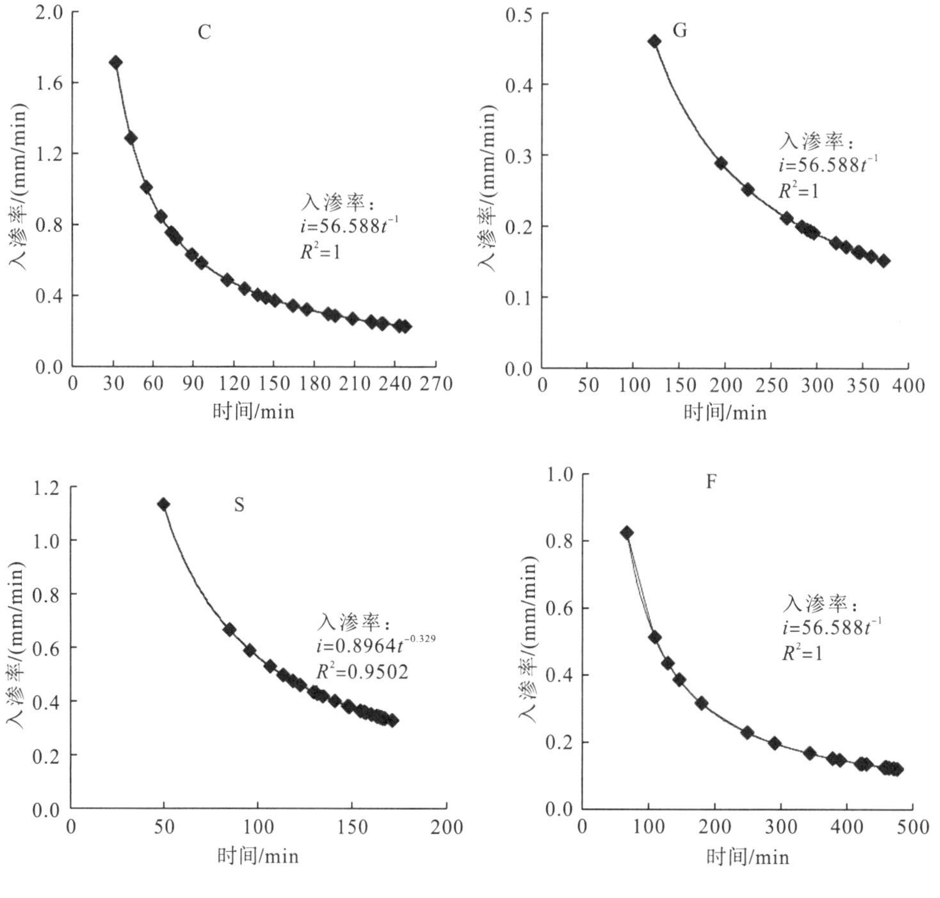

图 3.29 浅层岩溶裂隙土壤水分入渗率随时间的变化情况

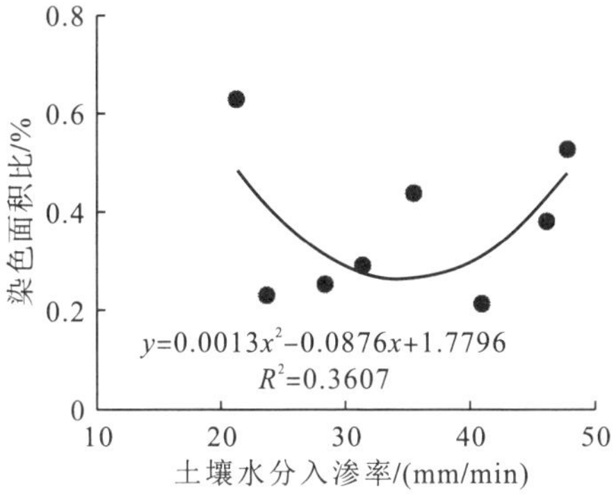

图 3.30　浅层岩溶裂隙染色面积比与土壤水分入渗率的关系

第 4 章　喀斯特坡地产流过程

4.1　引　　言

喀斯特地区强烈的溶蚀作用形成的地下溶洞、地下暗河及在表层岩溶带溶蚀形成的各种形态的裂隙，组成了喀斯特地下岩溶管道，与地表组成了不均匀的二元结构(袁道先，1994；王世杰和李阳兵，2007)。这使得喀斯特坡地降雨径流关系复杂。降雨是形成坡面水土流失的外营力，也是动力基础。降雨经岩溶裂隙、漏斗、落水洞等流入地下，使得土壤随径流向下流失严重，从而导致地表基岩裸露，土被不连续。

喀斯特地区可溶岩在优越的水文气候条件下易于风化溶蚀，引起岩石中的垂直节理和裂隙溶蚀发育形成地下裂隙，并分割破碎包气带，形成地表、地下双层空间开放的水文系统，使得地表水文网系统缺乏。地下水文网及地下空间与水域发育，降雨下渗通过地下水文网排泄，其呈现出岩溶地区地表水与地下水关系密切、转化迅速，地下水动态变化较大的水文特征，为喀斯特区地下裂隙流侵蚀提供了有利的环境条件。地表水通过裂隙、漏斗、落水洞等直接与地下水系统发生水力联系，降水难以在地表滞留较长时间，致使该地区水文过程变化迅速、旱涝时常发生，加上降水变率大、季节分配不均，水土流失/漏失加重。水分流失的同时挟带着土壤颗粒，被带走的土壤颗粒中含溶质成分，其水分也会溶解部分溶质成分，造成土壤养分流失，一方面使表土资源生产力下降，另一方面使岩溶地下水受到污染，加速水质退化。因此，研究坡地产流过程及特征，对揭示喀斯特地区坡地土壤侵蚀具有重要意义。

本章在模拟典型喀斯特裸坡面地形地貌特征及地下岩溶地质构造的基础上，通过人工模拟降雨，结合野外径流小区观测，对喀斯特坡地土壤水分蓄满饱和后的降雨产流过程机理进行研究探索。

4.2　材料与方法

4.2.1　试验材料

黄壤和石灰土是贵州省分布面积最大的两种土壤类型。黄壤分布面积最大，共 738.37 万 hm^2，占全省土壤总面积的 46.4%；其次为石灰土，共 278.56 万 hm^2，占全省土壤总面积的 17.51%。

供试土壤一取自大方县南部的羊场镇桶井村，该村属于大湾小流域。大湾小流域主要岩层为石灰岩、砂页岩等，出露地层多为碳酸盐类石灰岩。其地带性土壤为石灰岩、砂页岩风化形成的黄壤和水稻土等，黄壤占土地面积的 98.6%，本试验用土为当地坡耕地用土。所用土壤没有过筛，只是在处理过程中将大的土壤团块进行分散处理。所用土壤颗粒组成为：粒径＜0.001 mm 含量为 23.48%，粒径 0.001～0.050 mm 含量为 60.95%，粒径 0.05～1.00 mm 含量为 15.57%。

供试土壤二采自贵州省贵阳市花溪区（106°39′18″E，26°19′17″N）碳酸盐岩发育的石灰性土坡耕地 0～30 cm 耕层土壤，其土壤粒径 0.05～1.00 mm 含量为 38.33%，粒径 0.001～0.050 mm 含量为 43.33%，粒径＜0.001 mm 含量为 18.33%，全氮含量为 9.72 g/kg，全磷为 2.04 g/kg，全钾为 8.72 g/kg，速效磷为 22.91 mg/kg，速效钾为 60.53 mg/kg，水解氮为 124.60 mg/kg。供试土壤不过筛，只对大的土壤团块进行分散处理（即将大于 10 cm 土块沿自然脆弱带掰开），风干，均匀混合备用。

4.2.2　室内人工模拟降雨

1. 试验设备

试验设备主要由自主设计的变坡钢槽（专利编号 CN：101988886A）和降雨器组成，其中变坡钢槽规格为长 4.0 m、宽 1.5 m、深 0.35 m，钢槽底部由两块均匀分布有 192 个直径为 5 cm 的孔的底板组成，通过调节底板孔洞的重合面积调节孔隙度，孔隙度调节范围为 0～8%，坡度调节范围为 0～45°，钢槽设有地表、地下裂隙流集流槽。降雨器采用西安清远测控技术有限公司生产的 QYJY-501 型便携式全自动下喷式人工模拟降雨器，由降雨器、雨量计、水泵及控制器组成。降雨器降雨高度为 6 m，降雨设备的有效面积为 6.5 m×6.5 m，均匀度大于 85%，降雨设备的调节精度为 7 mm/h，调节变化时间小于 30 s，雨强可由控制器自动控制或手动控制，降雨历时任意可调。

2. 坡面模拟

喀斯特坡耕地地貌特征多表现为基岩裸露，同时，特殊的地质岩溶极其发育，地下水垂直作用方式引起的岩溶裂隙较为发育。试验模拟喀斯特石漠化地区自然坡面的地表、地下二元结构环境下的土壤侵蚀产流产沙特征。试验选取基岩裸露率、雨强、坡度及地下裂隙度 4 个指标。为模拟喀斯特自然坡面，地表微地貌采用裸露基岩和土壤进行模拟，首先选择直径≥35 cm 的碳酸盐类石灰岩块石测量并标记出 30 cm 以上部分露头面积，随机排列在试验钢槽中（图 4.1），使块石标记处 5 cm 以上部分的基岩裸露率达到设计水平，然后装填土壤。试验填土厚度为 30 cm，按分层厚度为 10 cm 分为 3 层，自下而上按野外实测土壤紧实度分层装填土壤，其土壤紧实度平均值依次为 1070 kPa、760 kPa、410 kPa（土壤容重依次为 1.4 g/cm^3、1.2 g/cm^3 和 1.0 g/cm^3），使填土表面与石灰岩块石 30 cm 标记处水平齐平；填土表面用特制木板耙平，边界处人为用手压实以减小边缘效应影响。地下裂隙则采用钢槽底板的排水孔进行模拟，孔径为 5 cm，其裂隙度则通过调节两块底板圆孔错位进行模拟（图 4.2）。最后模拟降小雨使土壤沉降，并调节地下裂隙度至试验设计水平。

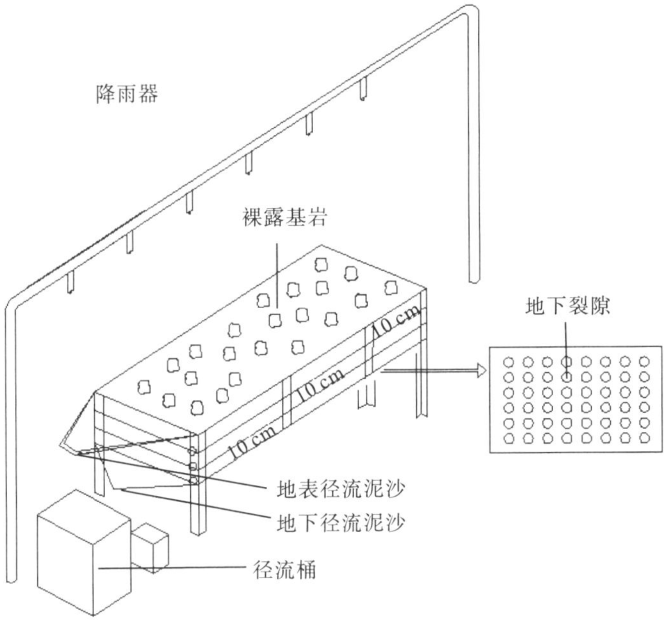

图 4.1　试验装置示意图

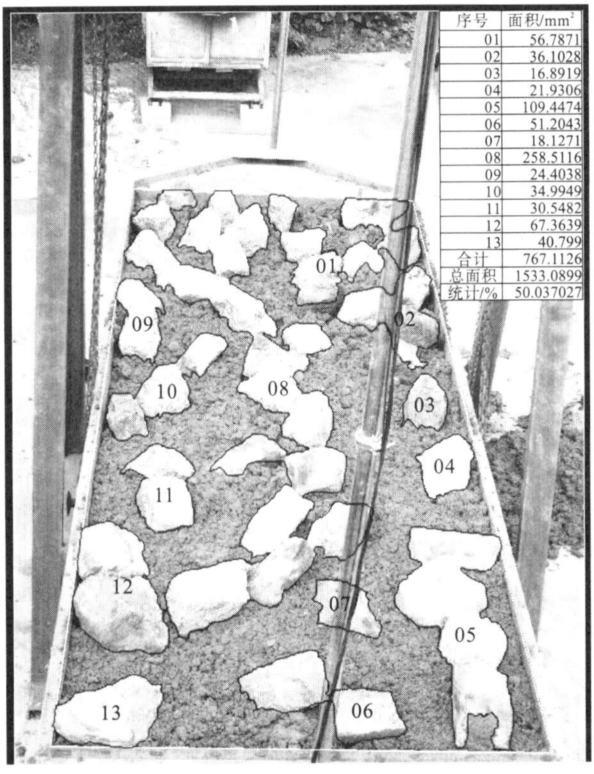

序号	面积/mm²
01	56.7871
02	36.1028
03	16.8919
04	21.9306
05	109.4474
06	51.2043
07	18.1271
08	258.5116
09	24.4038
10	34.9949
11	30.5482
12	67.3639
13	40.799
合计	767.1126
总面积	1533.0899
统计/%	50.037027

图 4.2　微地貌模拟及校准

3. 试验设计

喀斯特坡耕地地貌特征多表现为基岩裸露，同时，特殊的地质岩溶极其发育，地下水垂直作用方式引起的岩溶裂隙较为发育。对贵州省贵阳市花溪区、南明区及安顺市普定县坡耕地样地以及岩石剖面的裂隙进行调查并统计计算。试验设计以裸露基岩占坡面水平投影面积的百分率为标准，设定坡面基岩裸露率分别为 10%、20%、30%、40%、50%这 5 个水平。地下裂隙度以地下裂隙水平投影面积占钢槽底板总面积的百分数为标准，设定为 1%、2%、3%、4%、5%这 5 个水平。土层厚度及紧实度根据野外裸坡面特征调查统计分析结果，试验设计平均土层厚度为 30 cm，并自下而上按分层厚度 10 cm/层分为 3 层，土壤紧实度分别为 1070 kPa、760 kPa、410 kPa。试验设计以雨强和降雨历时作为喀斯特降雨特性指标，设计雨强分别为 30 mm/h（0.50 mm/min）、50 mm/h（0.83 mm/min）、80 mm/h（1.33 mm/min）、120 mm/h（2.00 mm/min）、150 mm/h（2.50 mm/min）、180 mm/h（3.00 mm/min），共 6 个水平。一场降雨历时 90 min，共划分为 9 个测定时段，每段降雨历时为 10 min。试验在变坡钢槽的集流槽出水口用塑料小桶分别收集地表径流和地下裂隙流，试验前先模拟降小雨沉降，再调节裂隙度、坡度、雨强至设计水平，待土壤含水量饱和并产流后，开始计时收集水样。地表、地下径流水样先用塑料小桶收集，后分别装在标记有刻度的大桶内，用于测定累计径流量、径流率与累计产沙量、输沙率。待降雨 90 min 一场结束后，更换表层 10 cm 土壤并达到设计要求后开始下一场降雨。试验重复 2 次，共 300 场降雨。

4. 研究方案

1）坡面基岩裸露率

先将变坡钢槽调至设计坡度后，将碳酸盐岩石随机排列在变坡钢槽中，并对岩石露头大于 30 cm 的面积进行测量，将岩石露头面积调至设计水平。将土壤装填到钢槽中至设计水平后，采集坡面垂直影片并利用 ArcGIS 校核坡面基岩裸露率。

2）地下裂隙度调节

通过调节变坡钢槽底部上下两个底板间孔洞的重合面积调节地下裂隙度，上下两底板孔洞完全重合时地下裂隙度最大，上下两底板孔洞完全错开时地下裂隙度最小。地下裂隙度调节方法为：先通过计算得到地下裂隙度在设计水平时底板孔洞重合区域的最大弦长，通过摇臂调节孔洞重合区域弦长至设计水平（图 4.3）。地下裂隙度计算公式如下：

$$S_{孔} = \frac{\pi R^2 \arcsin\dfrac{L}{R}}{90} - 2L\sqrt{R^2 - \frac{L^2}{4}} \tag{4.1}$$

$$P = \frac{S_{孔}}{S_{底}} \tag{4.2}$$

式中，P 为地下裂隙度，%；$S_{孔}$ 为孔洞重合区域的面积，m^2；$S_{底}$ 为底板的面积，取 6 m^2；π 为圆周率，取 3.14；R 为底板孔洞半径，取 0.025 m；L 为孔洞重合区域最大弦长，m。

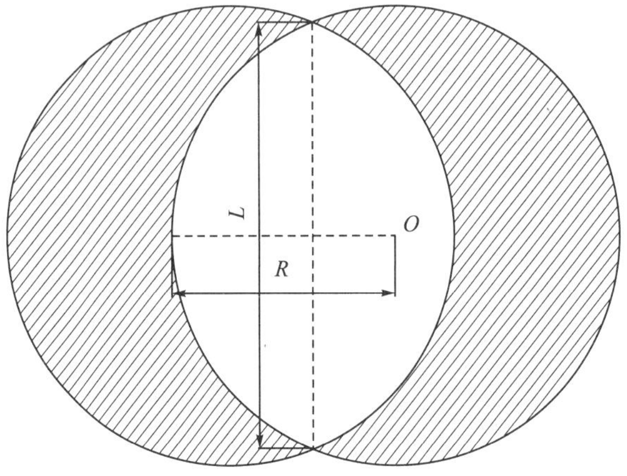

图 4.3 地下裂隙度调节示意图

O 为圆心

3) 坡面土壤紧实度

将试验土样装填至变坡钢槽，每 10 cm 为一层，利用土壤紧实仪测定每层土壤的紧实度。

4) 产流量测定

试验开始前将塑料容器放在地表径流与地下裂隙流相应的收集口，试验开始后利用塑料容器收集相应部位的产流，以每 10 min 为一个测定时段，分别统计各时段内的地表与地下累计产流量及整个降雨历时内各部位的产流总量。

5) 雨强测定

试验过程中，在钢槽的两侧各放置 1 个雨量桶，记录降雨开始到结束的时间，算出雨强，求取平均值为本次试验实际雨强。

4.2.3 野外径流小区观测

本书在贵州大学苗圃布设 8 个喀斯特野外径流小区进行地表径流及侵蚀产沙过程研究(图 4.4)。野外径流小区的监测是在每次自然降雨结束后，对集流池内的水深及泥沙含量进行测定。集流池内的水深用刻度尺测定，因为集流池的底面积已经测定，可以算出每场降雨产生的地表径流量。池内泥沙含量的测定是先用竹竿将池内径流水搅匀，然后用 500 mL 取样瓶取样，测定方法与人工降雨试验悬移质的测定方法相同(表 4.1)。取完水样后，打开每个集流池底排水连通管的阀门，抽排径流水，排空后将集流池清洗干净，以备下一次采样和测量。

图 4.4　径流小区布置示意图

表 4.1　径流小区基本情况

径流小区	坡度/(°)	长/m	宽/m	土壤类型	处理
1#	5	4.7	2	黄壤	土壤颗粒分布与用于降雨模拟试验的试验土壤相同
2#	15	5.1	2		
3#	25	5.2	2		
4#	45	6.5	2		
5#	15	10	2		
6#	8.8	15	2		
7#	13	20	2		
8#	0	20	5		

4.3　地表产流过程与特征

4.3.1　地表产流过程

地表产流过程与坡面土壤流失密切相关，地表径流是地表土壤流失的动力，地表径流输沙是坡面土壤流失的主要方式之一，是研究坡面水蚀最主要的研究内容。因此，分析喀斯特地表径流的形成过程对研究喀斯特坡面土壤侵蚀具有重要意义。本节采用地表径流每 10 min 的累计径流量平均值，研究不同因子的地表产流过程总体规律。

1. 不同雨强地表产流过程

降雨主要通过增大地表承雨量和雨滴溅蚀形成结皮两个方面影响地表产流过程。雨强越大，地表承雨量越大，坡面径流量也越大。同时雨滴打击力越大，地表结皮速度越快，发育程度越高。地表结皮的作用可概括为两大过程，首先是雨滴打击表土充填土壤孔隙，形成地表结皮阻碍降水下渗，促进地表产流；其次是径流运移雨滴溅散的土壤颗粒沿土壤孔隙下渗沉积，降低土壤入渗率，促进地表产流。

石灰土坡面的试验结果表明，在较小雨强条件下，坡面降雨以地下裂隙流为主，地表径流较少。随雨强增加，地表结皮形成加剧，土壤入渗率降低，降水以地表径流为主。为了进一步了解土壤水蓄满饱和条件下，不同雨强水平地表径流随降雨历时的变化规律，将各雨强水平 10 min 地表累计径流量绘制在坐标内，结果如图 4.5 所示。

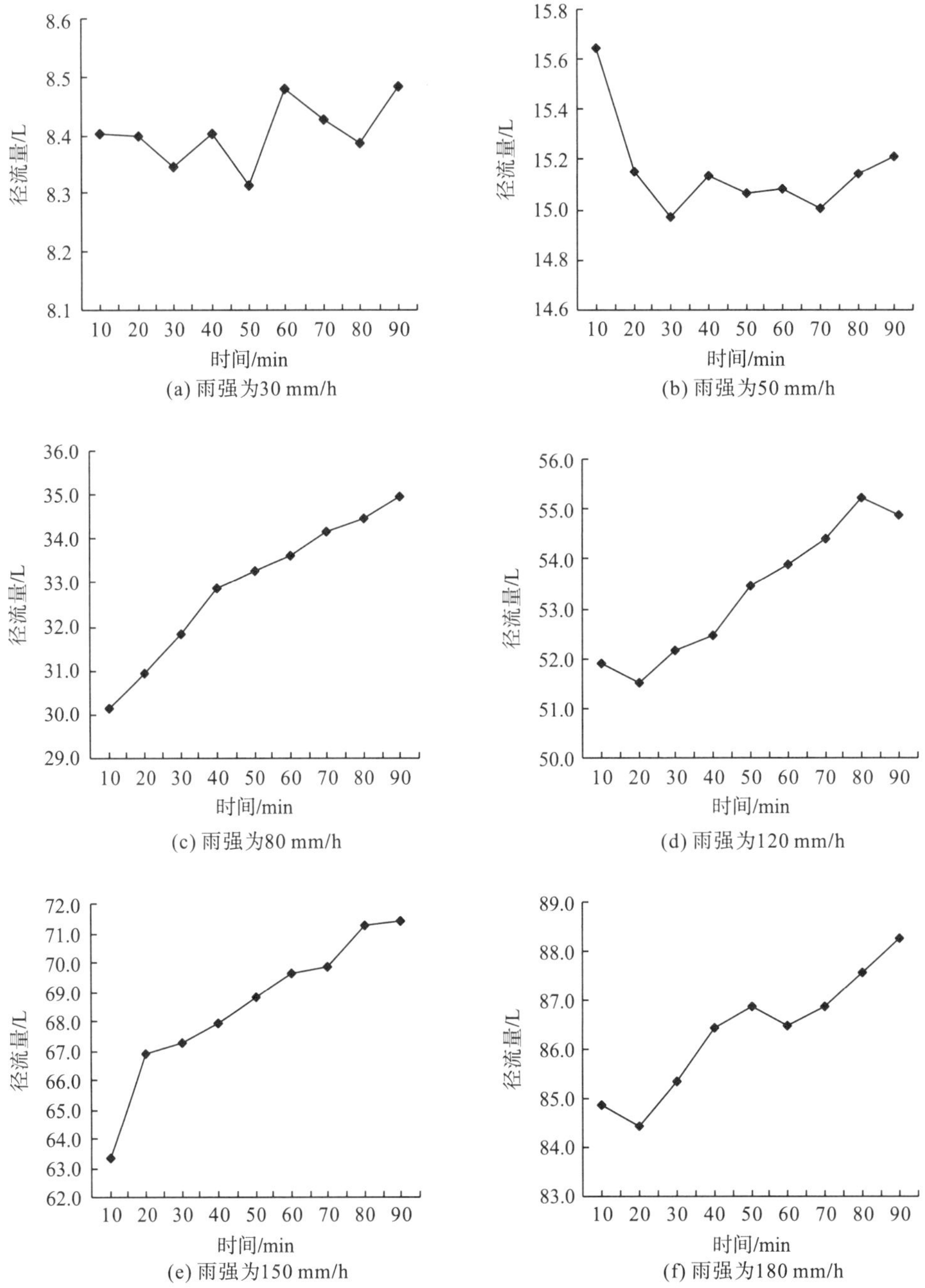

图 4.5 石灰土坡面不同雨强地表产流过程

图 4.5 反映了不同雨强水平地表径流随降雨历时的变化过程。由图可知，较小雨强(30 mm/h 和 50 mm/h)的地表径流量变幅较小，产流稳定；雨强≥80 mm/h，地表径流量

随降雨历时的增长而增加，产流的波动性增强。例如，180 mm/h 雨强的产流过程，自降雨开始，径流量便下降，到 20 min 时出现最小值；而后随降雨进行，径流量逐渐增大，并在 50 min 时出现峰值；随后，径流量再次下降，至 60 min 停止下降变化，并一直呈增长趋势。同时，通过对比 120 mm/h 雨强与 180 mm/h 雨强的径流过程线，可以更清楚地发现这一规律。120 mm/h 雨强的降雨全过程表现为减小—增大—减小的变化规律，变化的周期为 70 min，相对较长；180 mm/h 雨强的产流过程线表现为减小—增大—减小—增大的变化规律，而变化周期为 30 min。

由图 4.5 还可以看出，地表径流量随雨强的增大明显增加，将各雨强水平的地表径流量点绘于坐标内(图 4.6)，分析地表径流量随雨强的变化关系。

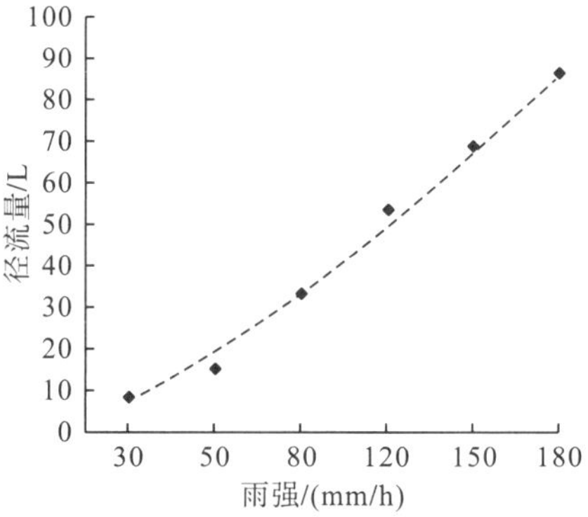

图 4.6　石灰土坡面地表径流与雨强的关系

从图 4.6 可以看出，地表径流量随雨强的增大而增加的变化显著。通过非线性回归分析发现，地表径流量与雨强呈幂函数关系，且曲线拟合程度较高，具体拟合方程为

$$Q=7.4204I^{1.3645}, \qquad R^2=0.9816 \tag{4.3}$$

式中，Q 为地表径流量，L；I 为雨强，mm/h。

为揭示不同雨强对黄壤坡面侵蚀过程的影响规律，把降雨过程中实测到的径流强度变化过程绘制成图 4.7。从图 4.7 可以看出，径流强度在开始产流后的 10～50 min 增加较快，然后逐步变缓并基本趋于稳定。在 10～50 min，雨强为 120 mm/h 和 150 mm/h 的变化趋势较明显，80 mm/h 的变化趋势较平缓，可能是因为雨强较大时，一定时间内形成的降水较多，土壤来不及下渗，就直接形成地表径流，使得地表径流较多。

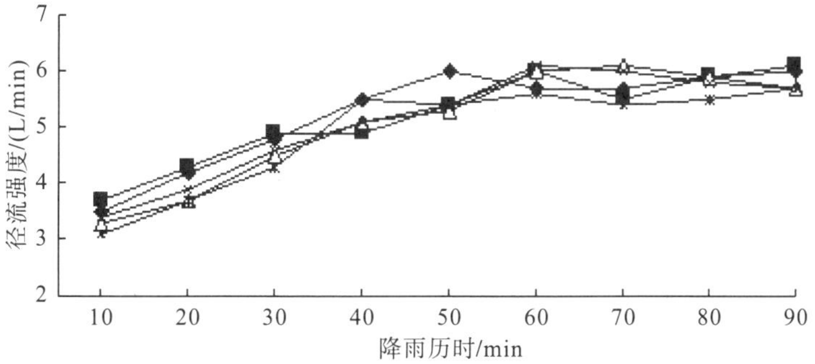

(a) 雨强为80 mm/h

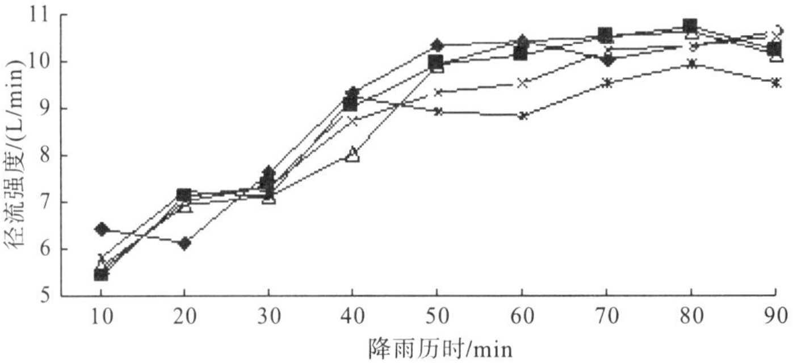

(b) 雨强为120 mm/h

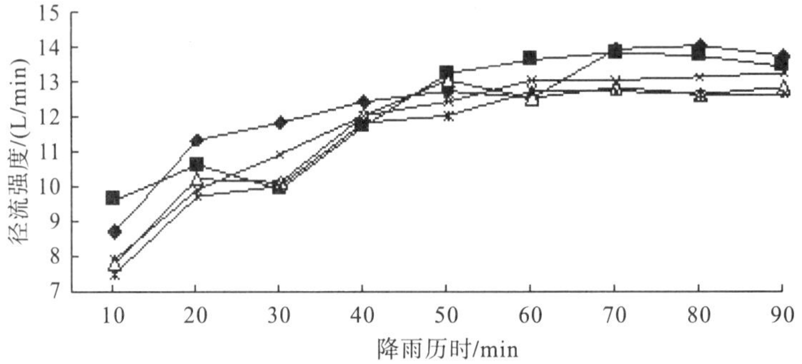

(c) 雨强为150 mm/h

裂隙度 —◆— 1% —■— 2% —△— 3% —×— 4% —✱— 5%

图 4.7 黄壤坡面不同雨强条件下的地表径流强度随时间变化图(坡度为 20°)

2. 不同坡度地表产流过程

雨强≥50 mm/h 时地表均产流(图 4.8)。雨强为 50 mm/h、70 mm/h 时，各坡度坡面从低到高的稳定产流量分别为 0.31 L/m^2、0.48 L/m^2、0.91 L/m^2、1.40 L/m^2、1.80 L/m^2，0.37 L/m^2、1.24 L/m^2、2.52 L/m^2、3.02 L/m^2、4.35 L/m^2。坡度增大，地表产流量增加，陡坡(25°)第一个 10 min 时段内产流量远高于缓坡(5°)产流量。不同坡度地表产流量变化过程差异大，缓坡(5°)时，其产流过程曲线波动性小，产流量达到稳定时间短，坡度增大，其产流波动性增大，达到稳定产流所需时间增加。雨强为 90 mm/h 时，地表产流波动性大，无相对稳定产流量，第一个 10 min 时段地表产流量最小，第二个 10 min 时段地表产流基本达到最高产流量，此后坡面产流量波动性减小，坡面坡度越大，其波动性越大。总体而言，坡度越大，地表产流量越大，产流量稳定性越差，缓坡产流量波动性小，达到稳定产流历时短，达到最高产流量历时长，陡坡则相反。

由不同坡度相同雨强条件下的径流率变化过程曲线(图 4.9)可知，不同坡度下的径流率随时间的变化趋势是先增大，当达到一定值后，径流率变化趋于稳定，但不同坡度达到稳定水平所需时间不同，也就是曲线出现拐点的位置不同，坡度为 10°达到稳定的时间为 40 min 左右，坡度为 20°达到稳定的时间为 60 min 左右，坡度为 30°达到稳定所需时间为 40 min 左右(但径流率的最大值出现在 20 min)。

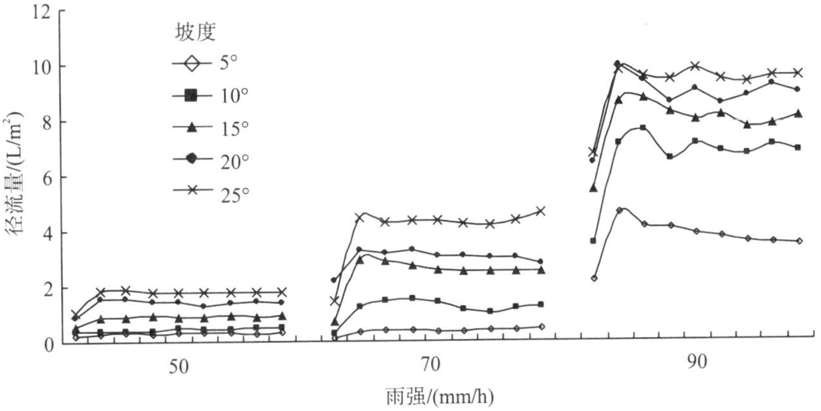

图 4.8　不同坡度石灰土坡面地表产流产沙过程图

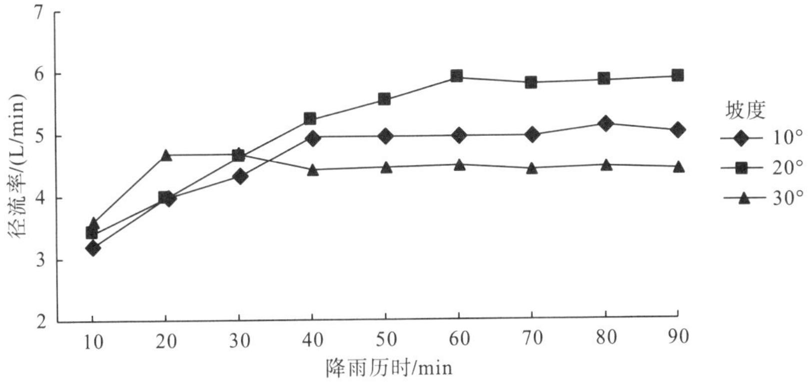

图 4.9　不同坡度下黄壤坡面径流率随时间变化曲线(雨强为 80 mm/h，基岩裸露率为 20%)

3. 不同地下裂隙度地表产流过程

喀斯特地上地下双层空间岩溶地质构造发育的地下裂隙，增大了坡面降水的渗漏率，对地表径流的形成具有延缓作用。主要因为喀斯特山区土层浅薄，土壤入渗率较高，地表降水迅速下渗至地下沿地下裂隙及土壤层流动，降水能否形成地表径流与流量大小及产流位置均取决于雨强与地下裂隙渗漏率的差值。若雨强小于地下裂隙渗漏率，则地表不产流；当雨强大于地下裂隙渗漏率时，降水一部分沿地下裂隙流失，另一部分则形成壤中流顺坡面向下流动，随流程增加，壤中流的流量增大，直至达到坡面横断面的土壤孔隙过流能力而回归地表形成地表径流，其流程的长短与雨强和土壤剖面过流能力有关。将不同地下裂隙度每 10 min 的地表累计径流量分别点绘在坐标内(图 4.10)，对比分析石灰土坡面不同地下裂隙度地表产流过程。

从图 4.10 看出，不同地下裂隙度的地表径流量均随降雨历时增长而增大，但不同地下裂隙度的地表径流量差异显著。

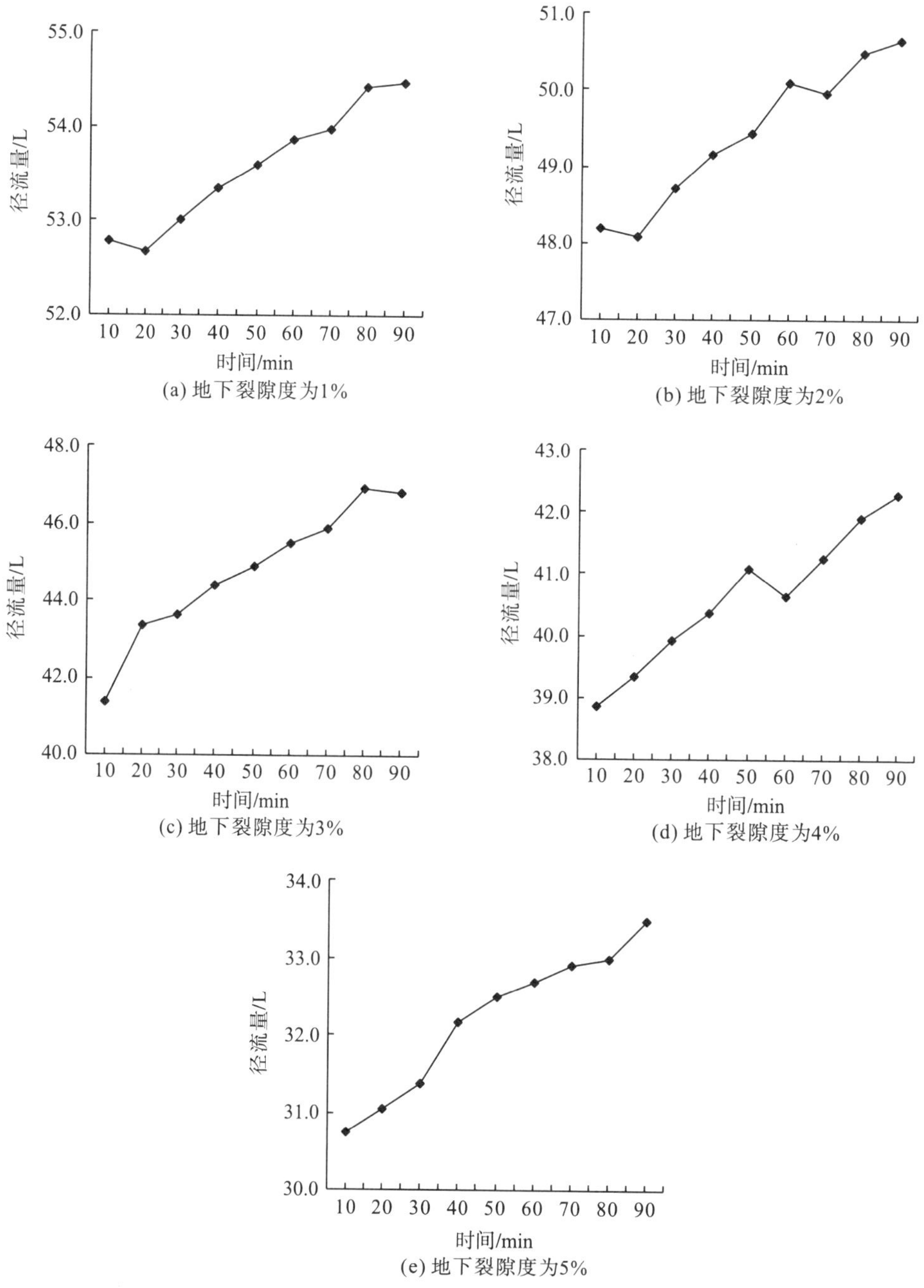

图 4.10　石灰土坡面不同地下裂隙度地表产流过程

为了进一步了解地下裂隙流随地下裂隙度的变化过程及径流量与裂隙度的关系，将各裂隙度的平均径流量点绘在坐标内绘制成图 4.11。由图 4.11 可知，地表径流量随地下裂隙度的增大而减小。经数理统计回归分析，地表径流量与地下裂隙度呈一元线性关系，回归方程为

$$Q = -4.6903A + 62.514, \quad R^2 = 0.9909 \tag{4.4}$$

式中，Q 为径流量，L；A 为地下裂隙度，%。

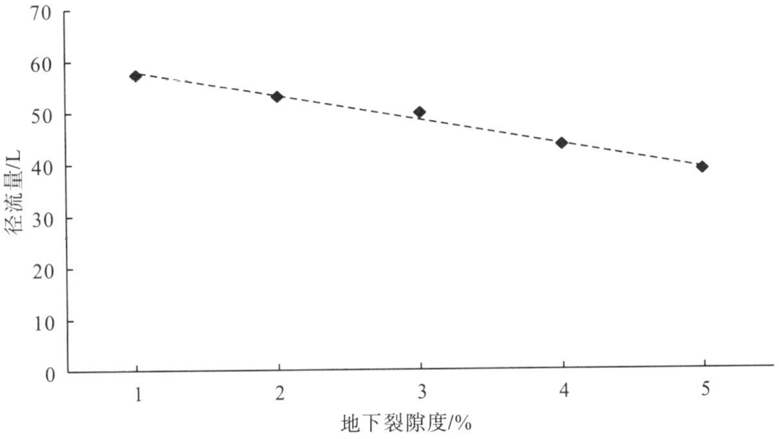

图 4.11　石灰土坡面地表径流量与地下裂隙度的关系

由黄壤坡面不同地下裂隙度的累计产流量曲线(图 4.12)可知，不同裂隙度下的黄壤坡面累计产流量差异不大。

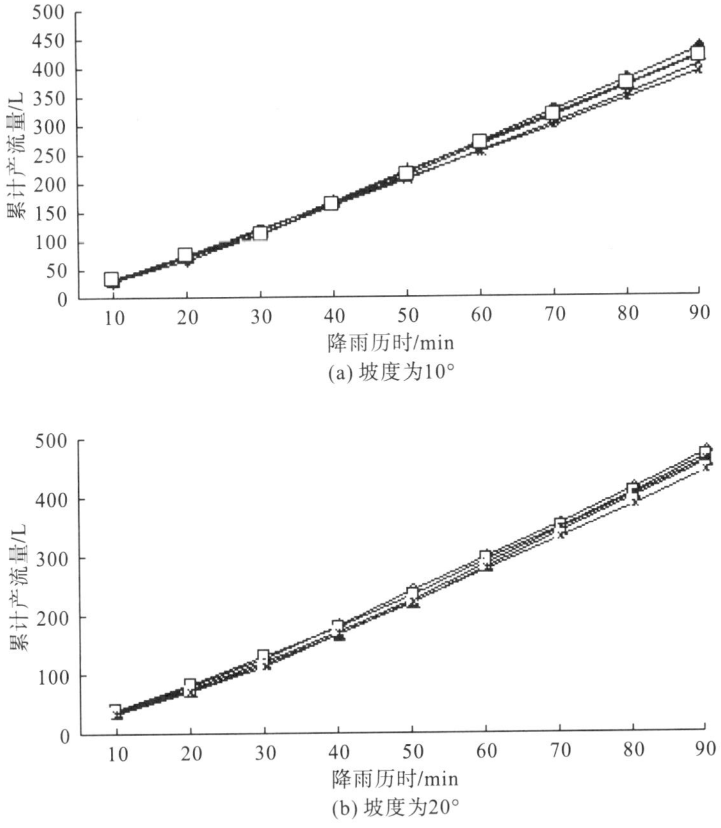

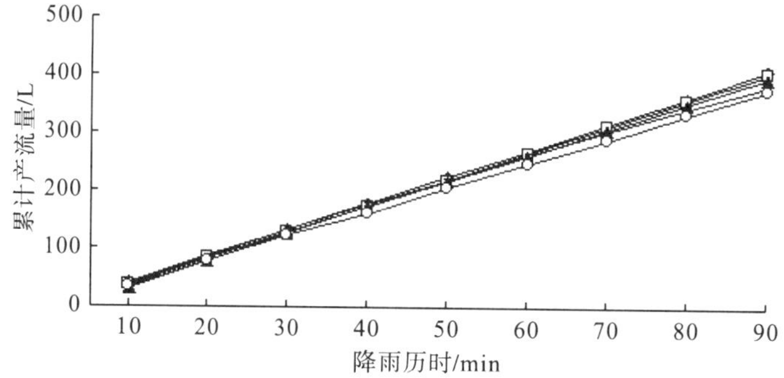

(c) 坡度为30°

地下裂隙度 —◆—1% —□—2% —▲—3% —×—4% —○—5%

图 4.12 黄壤坡面不同地下裂隙度的累计产流量曲线(雨强为 80 mm/h，基岩裸露率为 20%)

4. 不同基岩裸露率地表产流过程

喀斯特地表裸露的基岩在降雨分配过程中，一方面增大了地表不透水面积，减小了地表土壤下渗面积，有利于地表径流的形成，另一方面，高低起伏的裸露基岩也增大了地表微地貌的破碎程度和软硬岩-土界面面积，而有利于降水填洼蓄积和水分下渗。因此，不同基岩裸露率的地表产流过程与这两种作用效应密切相关。为了弄清不同基岩裸露率地表产流过程规律，将试验设计的石灰土坡面各基岩裸露率水平每 10 min 的地表累计径流量分别点绘在坐标内，绘制成图 4.13，对不同基岩裸露率水平的地表产流过程进行对比分析。

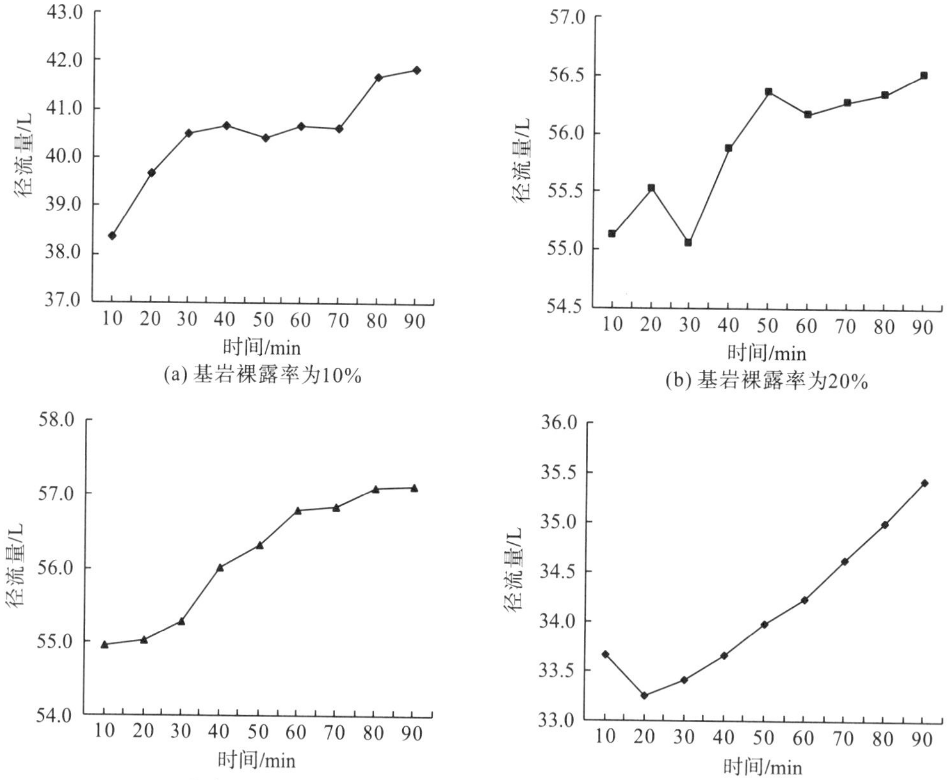

(a) 基岩裸露率为10%

(b) 基岩裸露率为20%

(c) 基岩裸露率为30%

(d) 基岩裸露率为40%

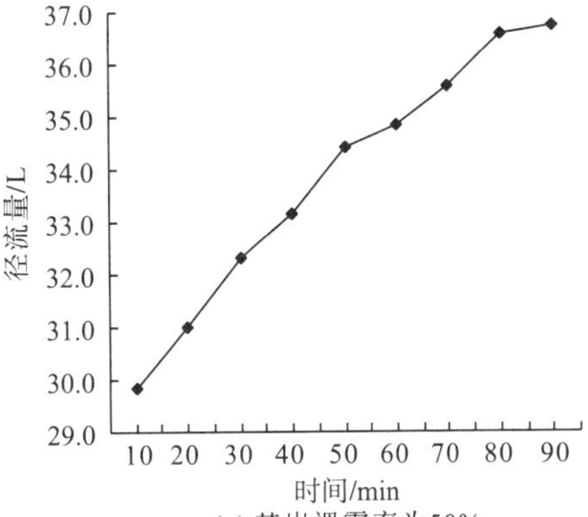

(e) 基岩裸露率为50%

图 4.13　石灰土坡面不同基岩裸露率地表产流过程

从图 4.13 看出，不同基岩裸露率水平的地表径流量总体随降雨过程增长而逐渐增大，但不同基岩裸露率间存在差异。其中，基岩裸露率为 10%和 20%的地表径流量，在降雨开始后的 50 min 内增长较快而后渐趋稳定；基岩裸露率为 30%的地表径流量随降雨历时增长而缓慢增长，稳定产流现象不明显；基岩裸露率为 40%和 50%的地表径流量增幅较大，基本呈稳步增长趋势，无稳定产流迹象。同时从图 4.13 还看出，不同基岩裸露率的地表径流量差异较大。通过将各基岩裸露率水平地表累计径流量点绘在坐标内绘制成图 4.14，分析地表径流量随基岩裸露率的变化过程及其变化关系。

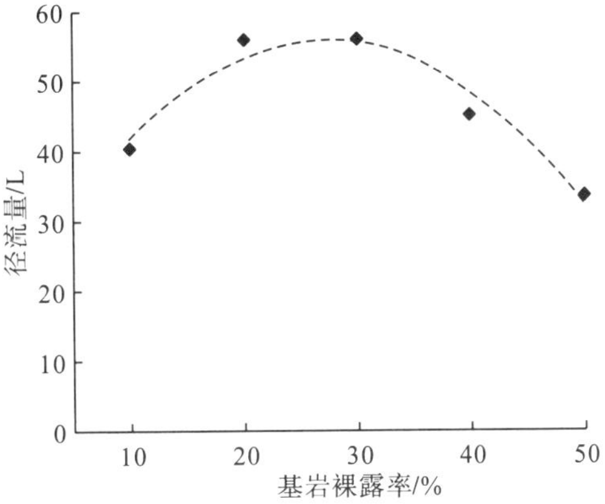

图 4.14　石灰土坡面地表径流量与基岩裸露率的关系

由图 4.14 可知，地表径流量随基岩裸露率的增加呈抛物线状的变化规律。经非线性回归分析发现，地表径流量随基岩裸露率的变化过程用二次函数关系曲线拟合较好，拟合曲线方程为

$$Q = -4.625J^2 + 25.349J + 21.15, \qquad R^2=0.9403 \tag{4.5}$$

式中，Q 为地表径流量，L；J 为基岩裸露率，%。

黄壤坡面不同地下裂隙度、不同基岩裸露率坡面地表产流率及产沙率随时间的变化如图 4.15 所示。从图中可以看出：①坡面产流率开始时不断增加，40 min 或 50 min 以后就慢慢趋于稳定，不同基岩裸露率变化规律一致；②坡面产沙率开始时不断增大，但很快就会变小，随着时间的推移，产流量逐渐趋于稳定，径流中含沙量不断变少，不同基岩裸露率的坡面产沙率变化规律相同。

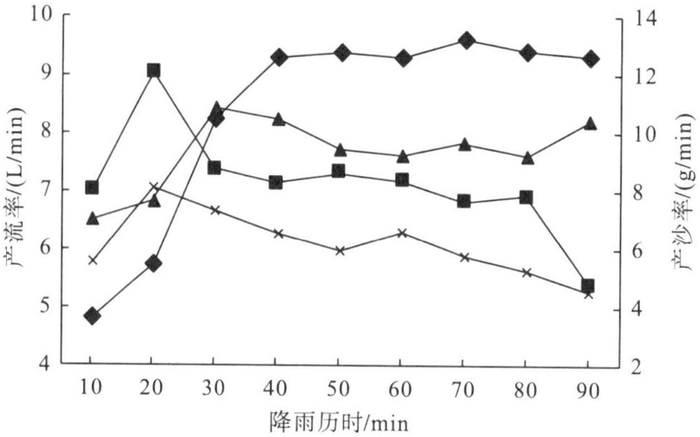

(a) 地下裂隙度为1%

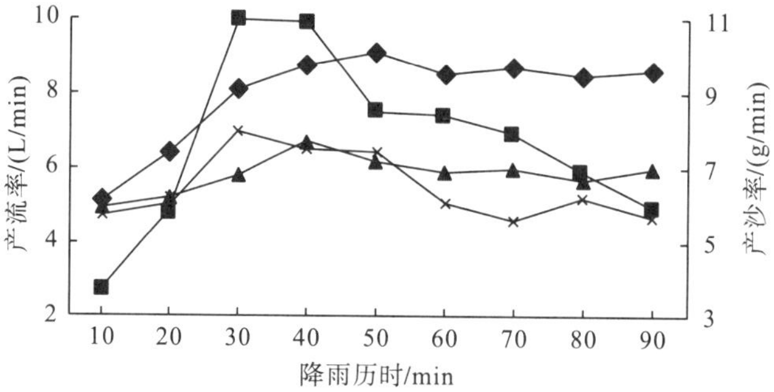

(b) 地下裂隙度为2%

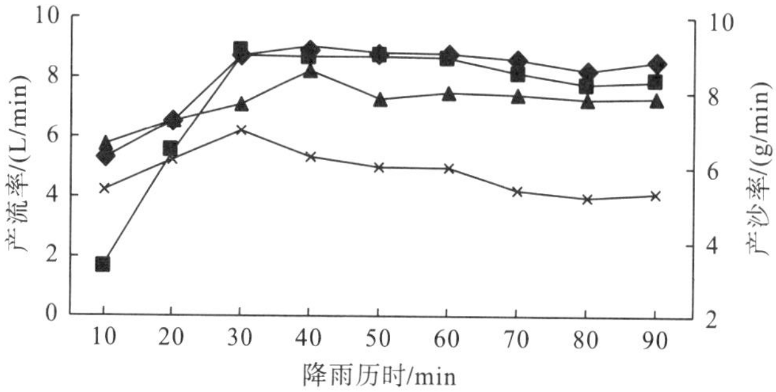

(c) 地下裂隙度为3%

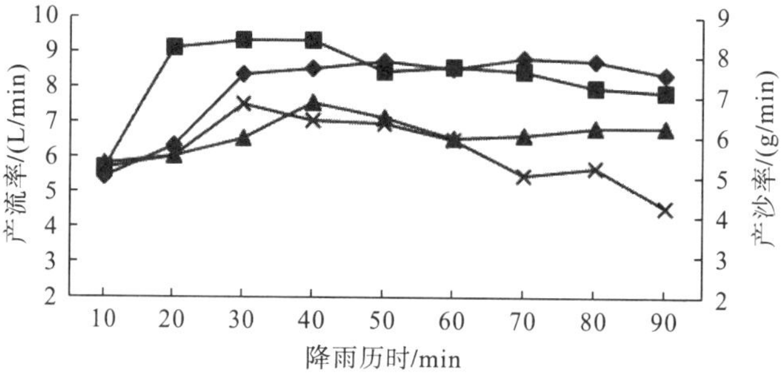

(d) 地下裂隙度为4%

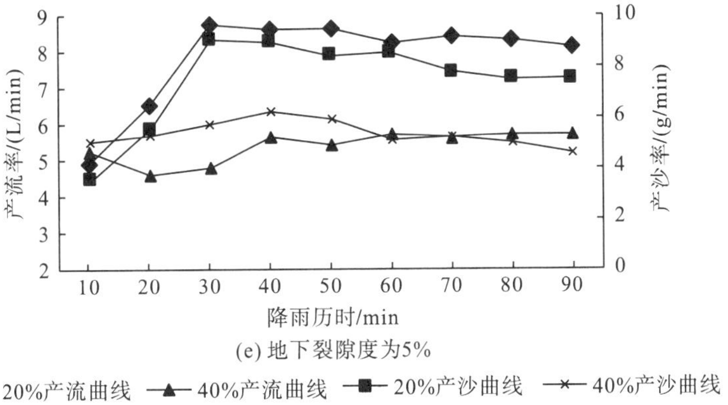

图 4.15　黄壤坡面不同基岩裸露率、不同地下裂隙度条件下的地表产流过程曲线(坡度为 10°、雨强为 120 mm/h)

4.3.2　地表产流特征

试验观察发现，在坡面土壤水饱和的条件下，4 m 坡长的试验钢槽中，地表产流面在不同的降雨时段其面积大小不一致，具有明显的产流露头线，表现为自降雨开始，首先在坡下部 0～0.5 m 段产流，随降雨过程，产流面逐渐向上扩展至一定位置停止稳定，试验测定的最大露头线位置为自坡下缘向上的 2.35 m 处。产流面的扩展速度在降雨初期 0～15 min 较快，而后逐渐减慢，最长时间至 23 min 停止。同时不同的雨强和下垫面条件的初始产流面和最终产流面的露头线位置、扩展速度及扩展期长短不一致。另外在试验过程中还发现，地表径流在顺坡面向下运移过程中的流量随流程的增长而增大。

根据蓄满产流理论，在降雨过程中，当土壤水达到田间持水量即蓄满饱和后便会在地表发生产流现象。但结合本书的试验设计、试验过程所见以及图 4.16 数据分析可知，在土壤前期含水量蓄满饱和的条件下，当地下裂隙度与基岩裸露率较高时，较小强度的降雨并不会在地表形成产流，如图 4.16 的 30 mm/h 雨强，在基岩裸露率为 50%的条件下，即使是 1%的地下裂隙度，也未形成地表径流，而前述 30 mm/h 雨强时，地下已经产流。因此，在喀斯特岩溶地区特殊的下垫面条件下，可将地表径流的形成过程可分为三个阶段：地表及土壤对降雨的蓄渗过程；土壤水蓄满饱和后的地下裂隙渗漏过程；降雨量及强度大于土壤蓄渗量和地下裂隙渗漏率后在地表形成产流过程。

从图 4.16 的 30～80 mm/h 雨强的地表产流过程特征曲线可知，在特定的下垫面条件下，喀斯特坡面产流的形成具有临界雨强[图 4.16(c)]，可以作为本书所模拟的坡面产流临界雨强标准。

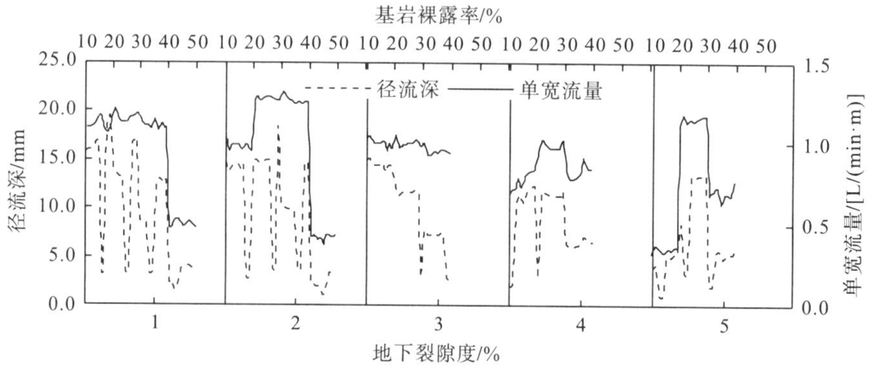

(a) 30 mm/h

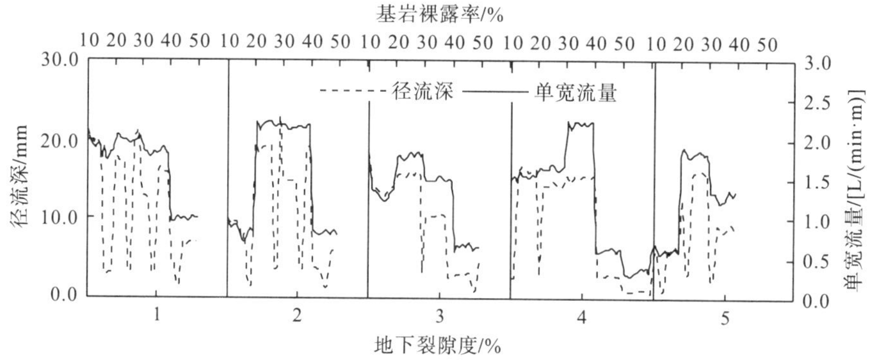

(b) 50 mm/h

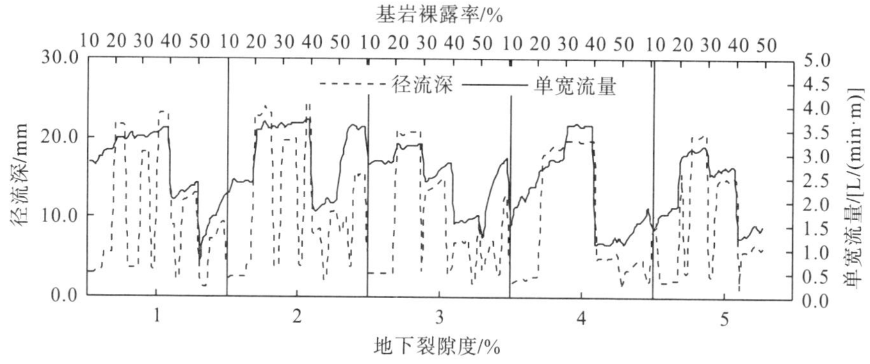

(c) 80 mm/h

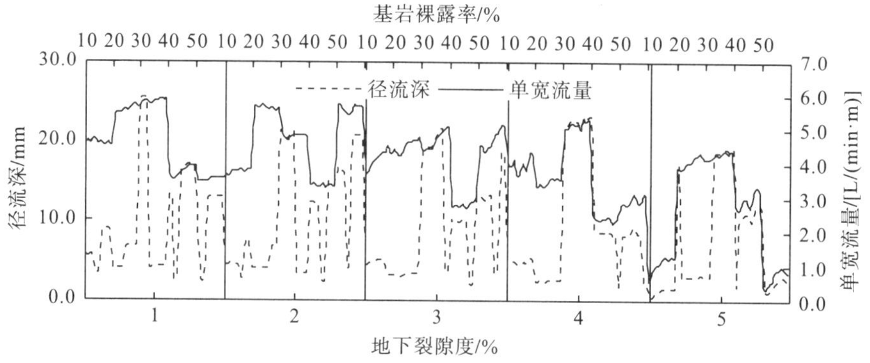

(d) 120 mm/h

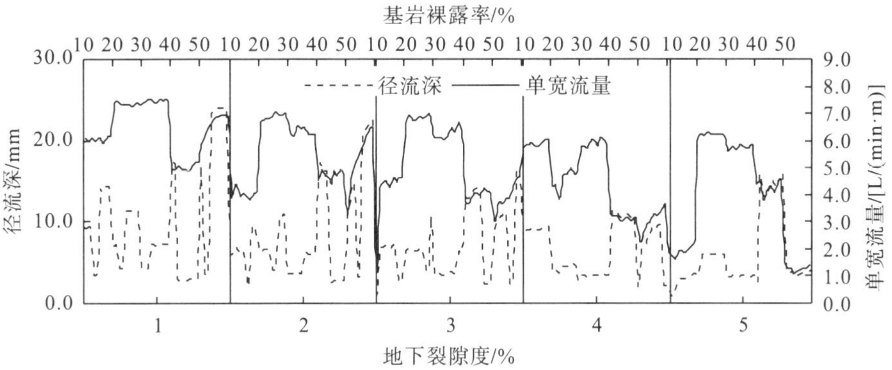

(e) 150 mm/h

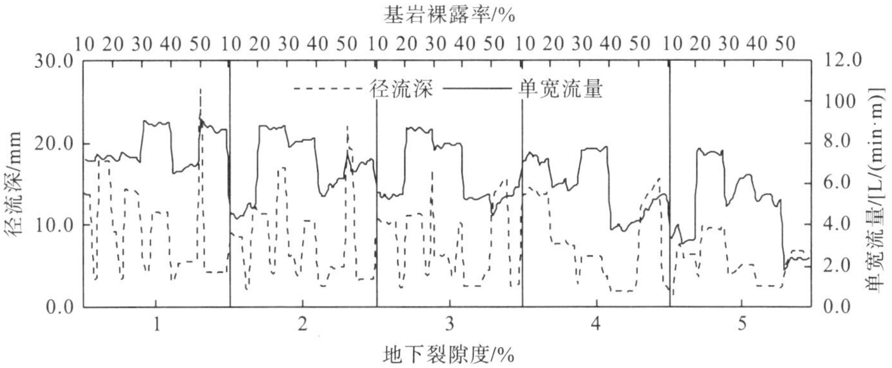

(f) 180 mm/h

图 4.16　石灰土坡面地表产流过程特征曲线

通过观察对比图 4.16 可看出，在试验模拟的典型喀斯特裸坡面上，试验设计的中等基岩裸露率水平(30%)是地表径流形成峰值最多的区域，而在其两侧基岩裸露率水平的产流量则相对较小。分析认为，这可用地表容许入渗面积(或称可入渗面积)进行解释，地表径流之所以在这一基岩裸露率区间出现峰值，与可入渗面积和不可入渗面积间的比例关系有关，作用机理类似土壤侵蚀地形因子中的临界坡度。因此，在不同微地貌特征的喀斯特坡面上，降水产流量应具有一个临界地貌参数。

从坡度为 20°、不同雨强下的黄壤坡面地表产流情况(表 4.2)可以看出，在坡度相同、雨强不同的情况下，坡面产流存在明显的差异。随着雨强的增大，地表产流总量也不断增大。雨强较小(30 mm/h 和 50 mm/h)时，地表未产生径流，雨水通过壤中流和地下径流流走，还有一部分蓄积在土壤中；当雨强不断变大时，地表径流量不断增多，雨强为 120 mm/h 和 150 mm/h 的地表产流总量分别是雨强为 80 mm/h 的地表产流总量的 1.72 倍和 2.34 倍(地下裂隙度相同，为 2%)，单宽流量和径流系数也随雨强的增大而变大，雨强从 80 mm/h 变为 150 mm/h，径流系数从 0.70 变为 0.87(地下隙度为 1%)，雨强为 120 mm/h 和 150 mm/h 的径流系数分别是雨强为 80 mm/h 的径流系数的 1.14～1.15 倍和 1.22～1.25 倍(相同地下裂隙度比较)。

表 4.2 不同雨强下黄壤坡面产流特征(坡度为 20°)

雨强/(mm/h)	地下裂隙度/%	产流总量/L	径流强度/(L/min)	单宽流量/[L/(min·m)]	径流系数
80	1	473	5.256	3.504	0.70
	2	467	5.189	3.459	0.69
	3	456	5.067	3.378	0.67
	4	460	5.111	3.407	0.68
	5	442	4.911	3.274	0.65
120	1	810	9.000	6.000	0.80
	2	802	8.911	5.941	0.79
	3	783	8.700	5.800	0.77
	4	791	8.789	5.859	0.78
	5	759	8.433	5.622	0.75
150	1	1110	12.33	8.220	0.87
	2	1095	12.17	8.113	0.86
	3	1038	11.53	7.687	0.82
	4	1054	11.71	7.807	0.83
	5	1016	11.29	7.527	0.80

注：基岩裸露率为 20%，因雨强为 30 mm/h 和 50 mm/h 均未产生地表径流，所以表中未列出。

由不同坡度下的地表径流量(表 4.3)可知，在雨强相同的条件下，坡度为 20°时比坡度为 10°和 30°时的产流总量大，坡度为 10°时比坡度为 30°的产流量略大，坡度为 10°的地表产流总量介于 392～432 L，坡度为 20°的地表产流总量介于 442～473 L，坡度为 30°的地表产流总量介于 376～411 L；其他条件一致时，坡度为 20°的径流系数最大，其次为 30°，最小的是 10°，说明土壤侵蚀可能存在临界坡度。杨具瑞等(2008)通过计算得出黄土坡面细沟侵蚀临界坡度为 21.3°～50.4°。

表 4.3 不同坡度下的地表产流特征(基岩裸露率为 20%，雨强为 80 mm/h)

坡度/(°)	地下裂隙度/%	产流总量/L	径流强度/(L/min)	单宽流量/[L/(min·m)]	径流系数
10	1	432	4.800	3.200	0.61
	2	418	4.645	3.097	0.59
	3	420	4.667	3.111	0.59
	4	404	4.489	2.993	0.57
	5	392	4.356	2.904	0.55
20	1	473	5.256	3.504	0.70
	2	467	5.189	3.459	0.69
	3	456	5.067	3.378	0.67
	4	460	5.111	3.407	0.68
	5	442	4.911	3.274	0.65

续表

坡度/(°)	地下裂隙度/%	产流总量/L	径流强度/(L/min)	单宽流量/[L/(min·m)]	径流系数
30	1	411	4.567	3.045	0.66
	2	405	4.500	3.000	0.65
	3	398	4.422	2.948	0.64
	4	384	4.267	2.845	0.62
	5	376	4.178	2.785	0.60

从表 4.4 可知，在坡度和降雨条件相同的情况下，不同基岩裸露率产生的地表径流存在差异。基岩裸露率为 20%的地表径流系数比基岩裸露率为 40%的大，是基岩裸露率为 40%的地表径流系数的 1.08～1.20 倍；基岩裸露率为 20%的地表径流系数变化范围为 0.66～0.70，基岩裸露率为 40%的地表径流系数变化范围为 0.56～0.65。

表 4.4　不同基岩裸露率下黄壤坡面地表产流特征(坡度为 10°，雨强为 120 mm/h)

基岩裸露率/%	地下裂隙度/%	产流总量/L	径流强度/(L/min)	单宽流量/[L/(min·m)]	径流系数
20	1	750	8.333	5.555	0.70
	2	718	7.978	5.319	0.67
	3	725	8.056	5.371	0.68
	4	715	7.945	5.297	0.67
	5	704	7.822	5.215	0.66
40	1	688	7.645	5.097	0.65
	2	615	6.833	4.555	0.58
	3	644	7.156	4.771	0.61
	4	596	6.622	4.415	0.56
	5	613	6.812	4.550	0.58

4.4　地下产流过程与特征

4.4.1　地下产流过程

喀斯特岩溶作用发育地表、地下双层空间开放水文系统，导致降水下渗至地下基岩面后，形成地下岩溶裂隙流而大量漏失，以致成为喀斯特地表水资源短缺的主要原因。同时，地下岩溶裂隙流所引发的土壤流失，由于其发生在地下空间，更是严重加剧了喀斯特土壤侵蚀研究的复杂程度与难度。因此，对土壤流失动力因素的发生过程进行研究，对喀斯特水土保持意义重大。本节采用地下裂隙流每 10 min 累计径流量平均值，研究不同因子的地下裂隙流产流过程总体规律。

1. 不同雨强下地下产流过程

由图 4.17 可知，在土壤前期含水量蓄满饱和的条件下，不同雨强水平地下裂隙流流量随降雨过程的变化差异显著。通过对比，30 mm/h 雨强地下裂隙流流量为 14.7～15 L，变幅较小，全降雨过程产流稳定；50 mm/h 雨强在降雨开始后的 10～30 min 增长相对较快，但变幅较小，仅为 1 L，而后变平缓，与较大雨强相比较总体上属于稳定产流；雨强增大到 80 mm/h 后，地下裂隙流流量均随降雨过程增长呈较大幅度的下降变化，变幅在 5 L 范围内，但不同雨强在变化过程中的稳定性不同，表现为随雨强增大而波动性增强的变化特征。

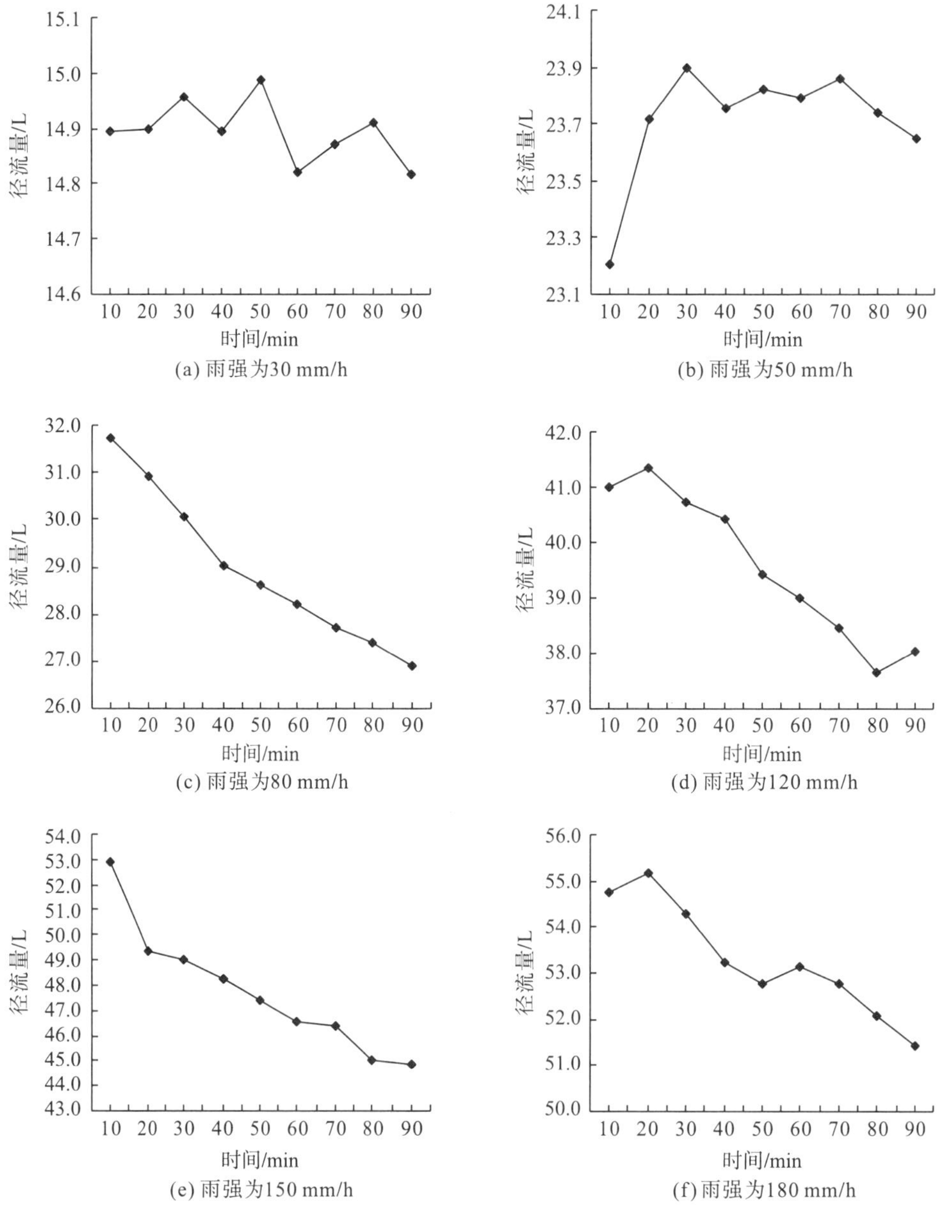

(a) 雨强为30 mm/h
(b) 雨强为50 mm/h
(c) 雨强为80 mm/h
(d) 雨强为120 mm/h
(e) 雨强为150 mm/h
(f) 雨强为180 mm/h

图 4.17 石灰土坡面不同雨强地下裂隙流产流过程

分析认为：较小雨强(30 mm/h 和 50 mm/h)下，地下裂隙流所表现出的稳定产流与雨滴溅蚀动能及降水在坡面的入渗有关。由于雨强较小，雨滴中值粒径小，雨滴动能也较小，雨滴对坡面的打击力度较低，地表结皮不发育，所以土壤入渗性能基本保持稳定不变，降水渗漏形成地下裂隙流的量基本不变；随着雨强的增大，雨滴中值粒径增大，雨滴动能增加，降雨对坡面的打击力度升高，地表结皮发育，所以地下裂隙流流量降低，然而随雨强增大地表径流量增加，同时地表结皮也使地表径流有不同程度提升，从而加大地表径流的冲刷侵蚀力，导致坡面发生雨滴溅蚀结皮与径流冲刷侵蚀破坏结皮的现象，因此地下裂隙流流量随降雨历时的产流过程波动性增强。

为了进一步了解地下裂隙流流量随雨强的变化规律，本书通过把不同雨强的地下裂隙流流量点绘于坐标内，可很好地反映地下裂隙流流量随雨强的变化过程，结果如图 4.18 所示。

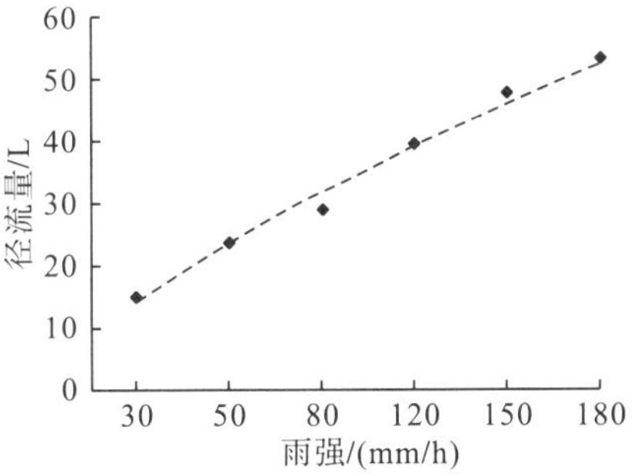

图 4.18 石灰土坡面地下裂隙流径流量与雨强的关系

如图 4.18 所示，地下裂隙流径流量随雨强增大而明显增加，这主要是随雨强增大，坡面供水量增加所致。同时还可以看出，地下裂隙流径流量随雨强增长的线性变化明显。通过对图中散点进行曲线拟合发现，地下裂隙流径流量与雨强的关系用幂函数关系曲线拟合较好。拟合方程为

$$Q=14.43I^{0.72}, \quad R^2=0.9897 \tag{4.6}$$

式中，Q 为径流量，L；I 为雨强，mm/h。

由式(4.6)可知，当雨强增大时，地下裂隙流径流量 Q 增加。

在不同雨强、相同裂隙度下，地下径流率随时间的变化曲线如图 4.19 所示，雨强越大，地下径流率随时间的变化越小；径流率随时间的增加，表现出先增加较快、然后趋于稳定的趋势，不同雨强达到稳定所需的时间大约在降雨 50 min 后；50 mm/h 雨强下的地下径流率最大，其次是 30 mm/h、80 mm/h、120 mm/h 和 150 mm/h，雨强较大的地下径流率随时间的变化曲线波动不大，造成这种情况的原因可能是，较小雨强时，随着雨强的增大，在不产生地表径流的条件下，土壤入渗量增大，但较大雨强时，雨强增大，产生的地表径流较多，渗入土壤的水分相对较少，也就是雨强较大时，坡面超渗产流明显，而且进入土壤的水分不但没有随雨强的增大而增多，可能还会减少，所以地下径流率变化较平稳。

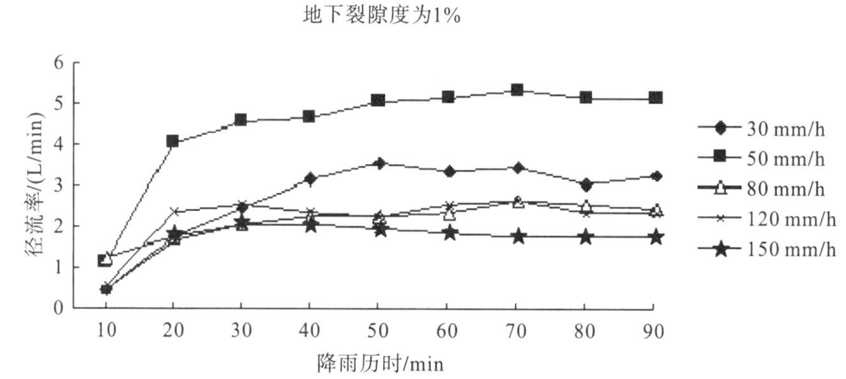

图 4.19　黄壤坡面不同雨强下的地下裂隙流随时间的变化(坡度为 20°，基岩裸露率为 20%)

2. 不同坡度地下裂隙流产流过程

石灰土坡面地下裂隙流产流随坡度变化的特征如图 4.20 所示。雨强为 15 mm/h 时，地下裂隙流产流量小，持续降雨 50 min 后，地下裂隙流产流趋于稳定，时间和过程高度一致，坡度对地下裂隙流产流无影响；50 mm/h 雨强时，降雨 20 min 地下裂隙流达到最大值，此后持续减小并最终趋于稳定产流，坡度增大，地下裂隙流减小，产流量差异性增大；次降雨地下裂隙产流量过程具有波动性，这是因为地表产流量小、不稳定和土壤水分入渗变化；90 mm/h 雨强时，地下裂隙产流量在第 20 min 左右趋于稳定且产流量增加到最高值，不同坡面地下裂隙产流量差值减小，坡度增大，地下裂隙流减小，产流过程波动性小。

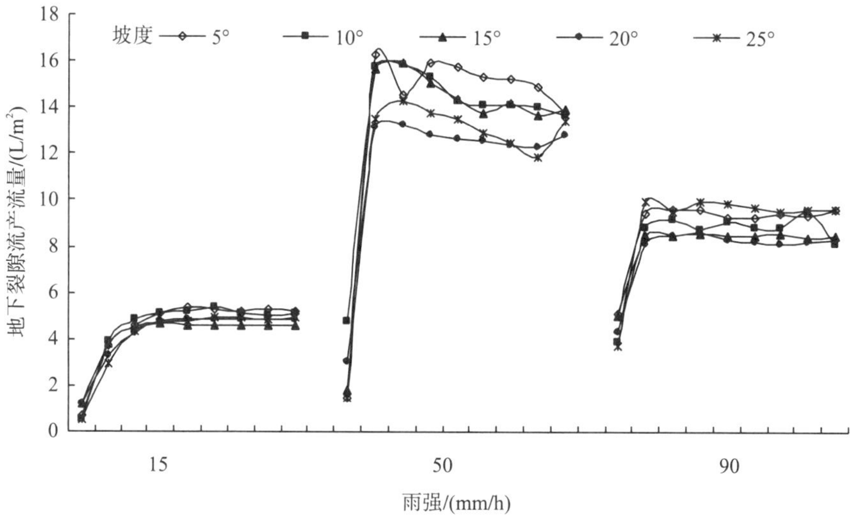

图 4.20　不同坡度下石灰土坡面地下产流过程

3. 不同地下裂隙度地下裂隙流产流过程

地下裂隙流渗漏是喀斯特岩溶环境降水分配中的重要组成部分，是喀斯特降水资源流失的主要原因之一，其发育程度严重影响水资源的蓄积与利用。同时，地下岩溶裂隙流侵蚀是喀斯特土壤侵蚀的特点，更是土壤侵蚀研究的难点，因为地表土壤随降水入渗进入地下空间系统，增添了喀斯特坡面土壤侵蚀的隐秘性。因此研究地下裂隙流的产流过程机理对喀斯特水土保持具有重要意义。

通过把不同地下裂隙度 10 min 的地下累计径流量点绘在坐标内成图，可较为清晰地呈现不同地下裂隙度下地下裂隙流随降雨历时的变化过程，结果如图 4.21 所示。

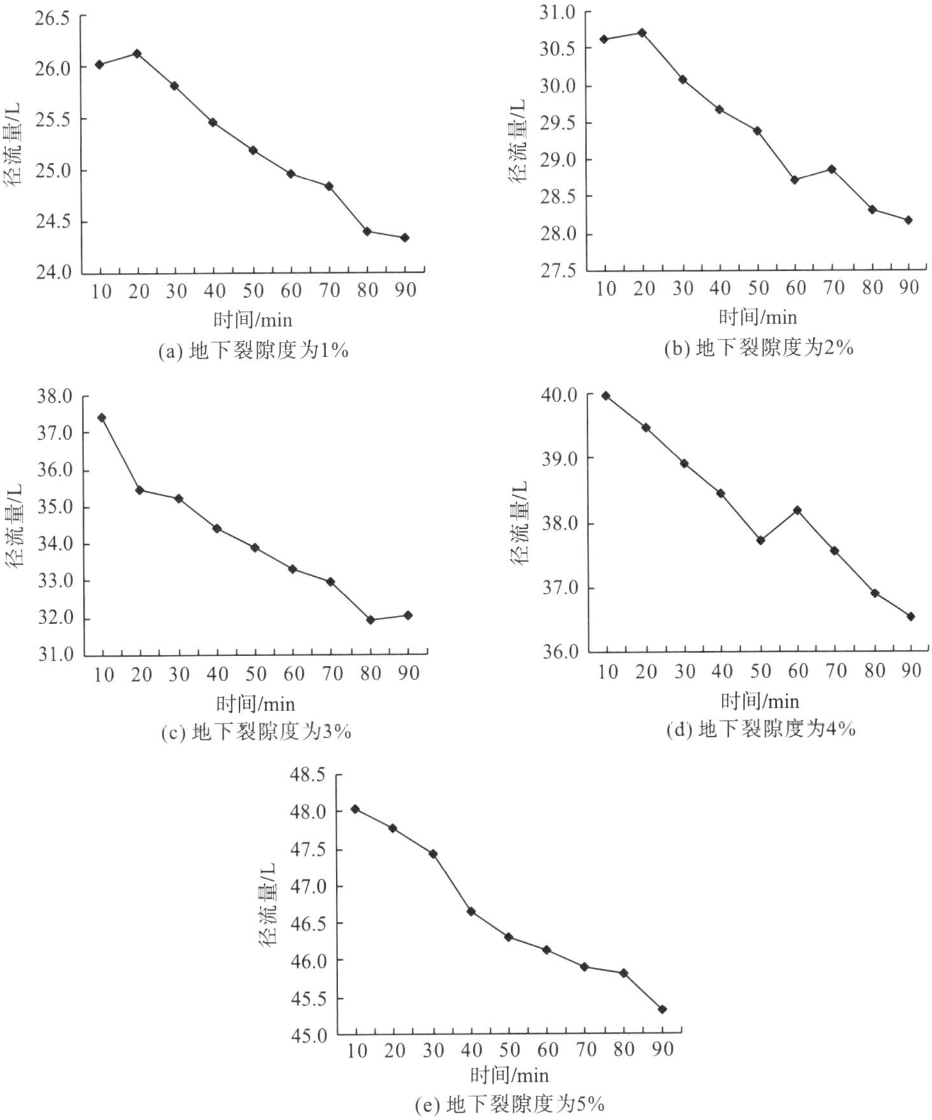

图 4.21　石灰土坡面不同地下裂隙度裂隙流产流过程

从图 4.21 可看出，不同地下裂隙度的地下裂隙流流量均呈现出随降雨历时的增长而减小，随裂隙度的增大而增大的变化规律。通过分析认为，在降雨过程中，地下裂隙流流量主要取决于地表土壤孔隙的大小与通透状况，土壤孔隙越大，通透性越好，降水入渗率越大，则地下裂隙流流量越大，但由于雨滴溅蚀影响，表层土壤裂隙不断被雨滴溅蚀分散的土壤颗粒充填封锁而发育成地表结皮，减小了表层土壤裂隙大小、通透性能，使地下裂隙流流量降低。不同地下裂隙度的地下裂隙流流量变化差异，主要与降水在地下基岩面上的二次分配有关，当降水入渗到地下基岩面上后，由于基岩的弱透湿性而大量聚集，形成自由重力水，地下裂隙则与土壤层对其进行二次分配，基岩面上裂隙度的大小(地下裂隙面积占地下基岩水平投影面积的百分比)则决定了自由重力水的分配比例，从而决定地下裂隙流的流量。

为了更进一步分析地下裂隙流随地下裂隙的变化过程及其关系，将不同地下裂隙度的地下裂隙流径流量点绘成图 4.22。

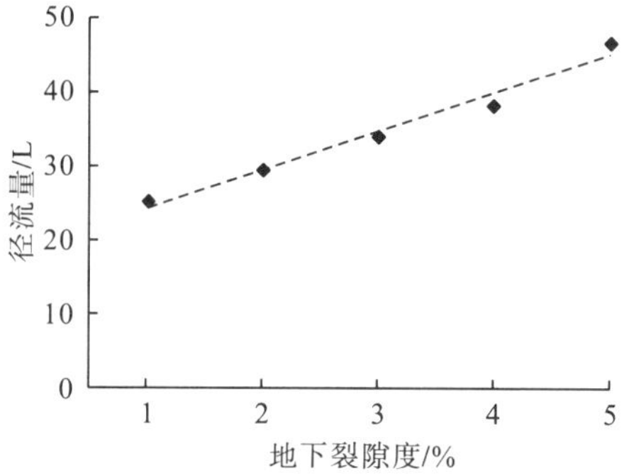

图 4.22 地下裂隙流径流量与地下裂隙度的关系

从图 4.22 可知，地下裂隙流径流量明显随裂隙度的增加而增大，且变化的线性特征显著，地下裂隙度的径流量数据点基本落在一条直线上。经统计回归分析发现，地下裂隙流径流量与地下裂隙度呈一元线性关系，拟合较好，统计回归的方程为

$$Q = 5.1509A + 19.211, \quad R^2=0.9754 \tag{4.7}$$

式中，Q 为地下裂隙流径流量，L；A 为地下裂隙度，%。

由不同雨强、不同地下裂隙度下的地下径流率变化过程曲线(图 4.23)可知，较小雨强(30 mm/h 和 50 mm/h)时，地下裂隙度对地下径流率的影响较小，当雨强较大时，随着雨强的增大，地下裂隙度对径流率的影响逐渐明显，在 150 mm/h 雨强时，地下裂隙度为 5%的径流率达到稳定的值要比其他的都大，而且随着地下裂隙度的增大，径流率达到稳定的值增大；随着地下裂隙度的增大，一定时间内形成的地下裂隙流径流量也增大。

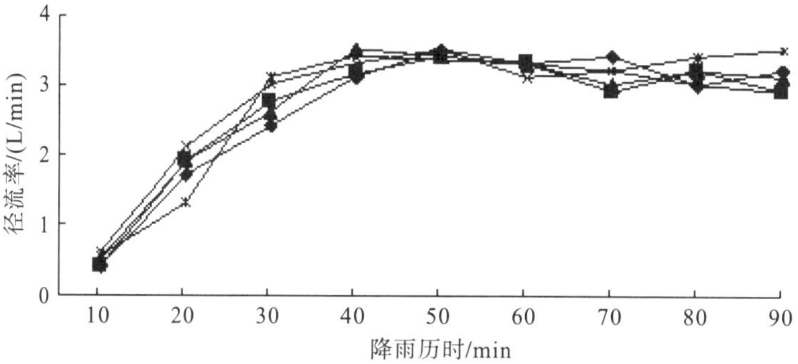

(a) 雨强为30 mm/h

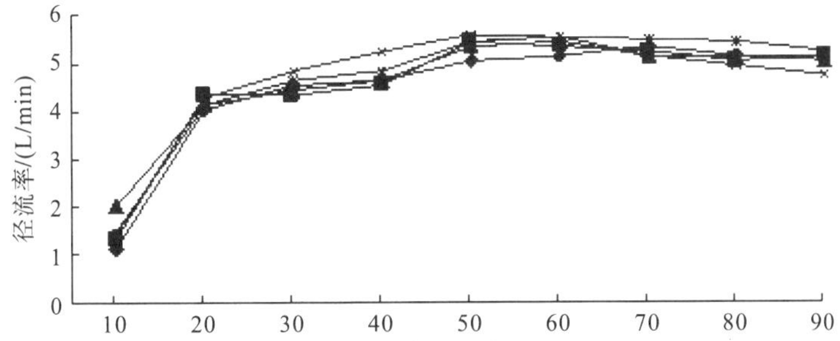

(b) 雨强为50 mm/h

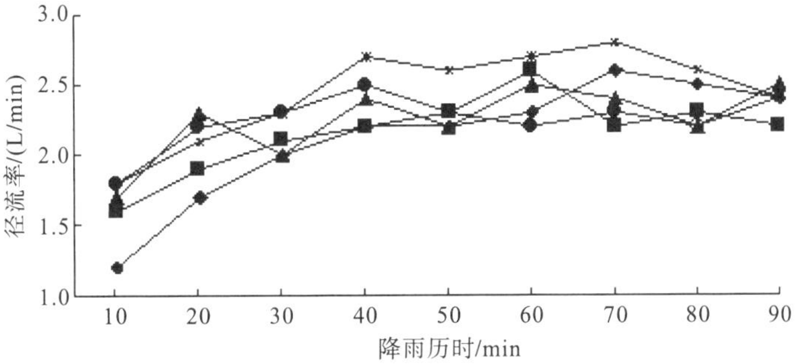

(c) 雨强为80 mm/h

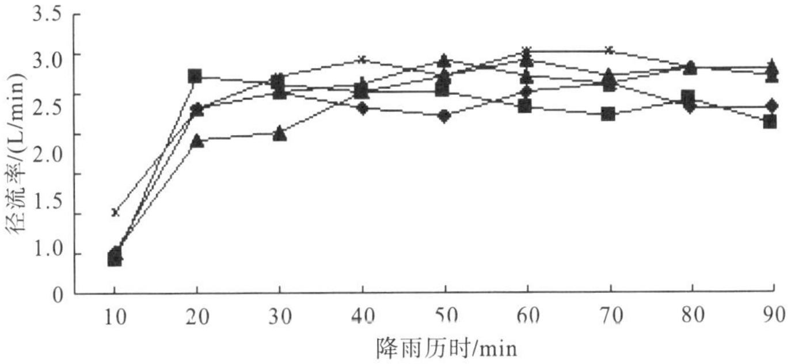

(d) 雨强为120 mm/h

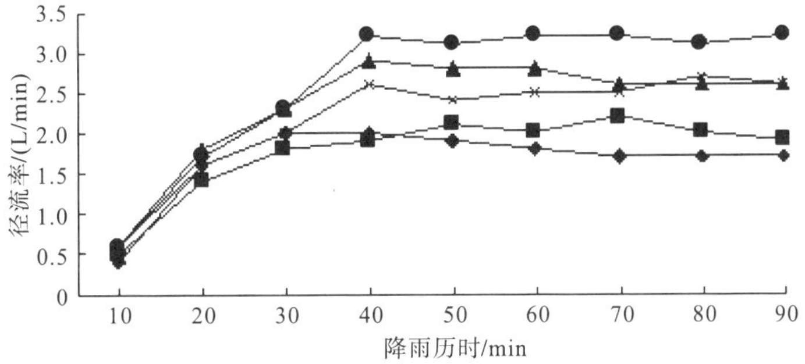

(e) 雨强为150 mm/h

地下裂隙度 —◆— 1%　—■— 2%　—▲— 3%　—×— 4%　—●— 5%

图 4.23　黄壤坡面不同雨强、不同地下裂隙度下的地下径流率变化过程曲线(基岩裸露率为 20%，坡度为 20°)

4. 不同基岩裸露率地下裂隙流产流过程

图 4.24 反映了不同基岩裸露率地下裂隙流流量随降雨历时变化的过程。由图可知，

不同基岩裸露率的地下裂隙流径流量均随降雨历时呈逐渐减小的变化规律，但变化过程差异明显。基岩裸露率为 10%时，在 10～40 min 地下裂隙流流量显著下降；40～70 min 时段变化较小，下降缓慢，产流基本稳定；自 70 min 到最后，地下裂隙流流量再次快速下降。基岩裸露率为 20%时，在 10～60 min 地下裂隙流流量表现为先减小而后增加再降低的变化；自 60 min 到降雨结束，地下裂隙流流量变化较小，下降缓慢，产流稳定。基岩裸露率为 30%时，由径流变化过程线可知，在前 30 min 与后 40 min 变化较小，径流量呈平稳下降；而在 30～60 min 的中间时段，流量下降变化相对较大。基岩裸露率为 40%的径流量除在 10～20 min 略有增长外，后面均平稳降低。基岩裸露率为 50%的地下裂隙流流量在 90 min 的降雨过程中基本平稳下降。

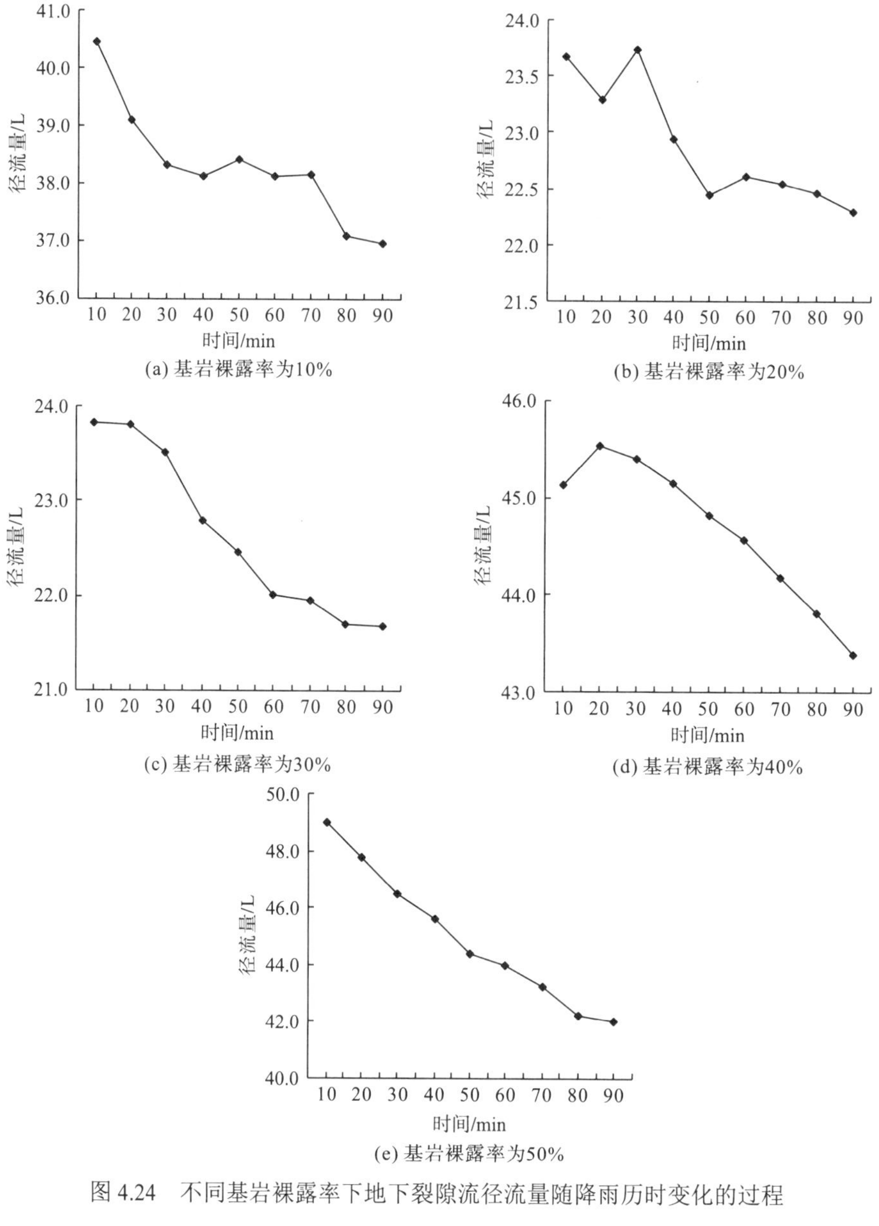

图 4.24　不同基岩裸露率下地下裂隙流径流量随降雨历时变化的过程

分析原因：地表基岩裸露率为 10%时，由于地表土壤覆盖度高，地表较完整，雨滴溅蚀形成结构结皮直接降低地表土壤入渗率，从而使降雨前期的地下裂隙流流量急剧下降；对于降雨过程中 40～70 min 时段的稳定产流现象，可能是结皮形成后，地表径流增大而缓冲雨滴溅蚀打击力，使地表土壤入渗率出现短暂的稳定期所致；之后的再次下降则与地表细沟侵蚀破坏结皮，重新释放地表土壤裂隙增大降水入渗有关。基岩裸露率为 20%时，地表土壤覆盖度降低，地表微地貌破碎程度加大，具有高入渗率的软硬岩-土界面的导水作用缓冲了地表结皮阻止降水下渗的作用，导致径流量变幅降低，同时也因此延后了坡面漫流降低雨滴打击力的作用，使稳定产流下降，但这样的稳定现象从基岩裸露率为 2%的径流过程线，可以推测认为只是一个短暂的过程，若延长降雨历时，将很有可能因地表径流冲刷侵蚀的增强而被打破。基岩裸露率为 30%～50%的径流变化现象主要与地表微地貌破碎程度增大有关，随基岩裸露率增加，地表微地貌破碎程度加大，土壤覆盖度降低，软硬岩-土界面的导水作用提高，雨滴溅蚀封锁土壤裂隙阻止降水入渗的作用相对减弱，因此地下裂隙流流量下降平稳，但这种下降过程也随基岩裸露率的增大而加剧。

由图 4.24 还可看出，不同基岩裸露率的地下裂隙流起始产流量明显不同，由此可知，不同基岩裸露率的渗漏率不一致。通过将各基岩裸露率水平 10 min 的累计地下裂隙流流量平均值点绘于坐标内，分析地下裂隙流径流量随基岩裸露率的变化过程及其关系，结果如图 4.25 所示。

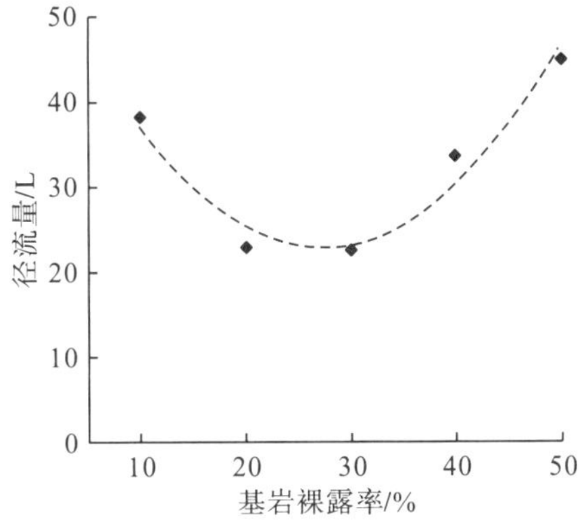

图 4.25　地下裂隙流径流量与基岩裸露率的关系

由图 4.25 可看出，地下裂隙流径流量随基岩裸露率的增大呈先逐渐减小后增大的变化规律。究其原因，基岩裸露率高则地表破碎程度和软硬岩-土界面面积大，同时高低起伏的裸露基岩蓄积降水增大入渗水压力，促进降雨入渗；基岩裸露率处于中间水平时，软硬岩-土界面面积与地表破碎程度降低，裸露基岩间的填洼蓄积作用减弱，降水入渗率减小，地下裂隙流的降水分配率降低；随基岩裸露率降低，地表土壤入渗面积增大，降水入渗率提高，地下裂隙流的降水分配率增加。

对地下裂隙流径流量与基岩裸露率的关系进行曲线拟合发现，用二次函数关系式拟合较好，拟合方程为

$$Q = 4.627J^2 - 25.356J + 57.66\text{，}\quad R^2 = 0.9404 \tag{4.8}$$

式中，Q 为地下裂隙流径流量，L；J 为基岩裸露率，%。

4.4.2 地下产流特征

在喀斯特地区特殊下垫面环境条件下，地下裂隙流的形成与降水量密切相关。只有当到达地表的降水量大于土壤最大蓄水能力后，土壤水分才会因蓄满饱和而在重力作用下沿地下岩溶裂隙发生垂向运移形成地下裂隙流。径流强度受雨强、土壤入渗率及地下裂隙渗漏率等因素交互影响控制。然而当到达地表的雨强小于土壤入渗速率时，降水将全部下渗，一部分在土壤中顺坡向下流动形成壤中流，另一部分则沿地下裂隙流动形成地下裂隙流，此时地下裂隙流的径流强度与地下裂隙对聚集在地下基岩界面上的自由重力水的渗漏分配有关。当雨强增加到大于地表土壤入渗速率时，才产生地表径流。地表径流运移雨滴溅蚀分散的土壤颗粒充填土壤裂隙，将直接降低土壤入渗速率并减少土壤中可供地下裂隙渗漏的自由重力水，进而减小地下裂隙流的径流强度。由此可知，喀斯特地下裂隙流产流过程特征与地表土壤入渗及地下裂隙渗漏对降水的二次分配关系密切。

计算各场降雨的地下裂隙流的径流深及降水渗漏率，并绘制图 4.26。

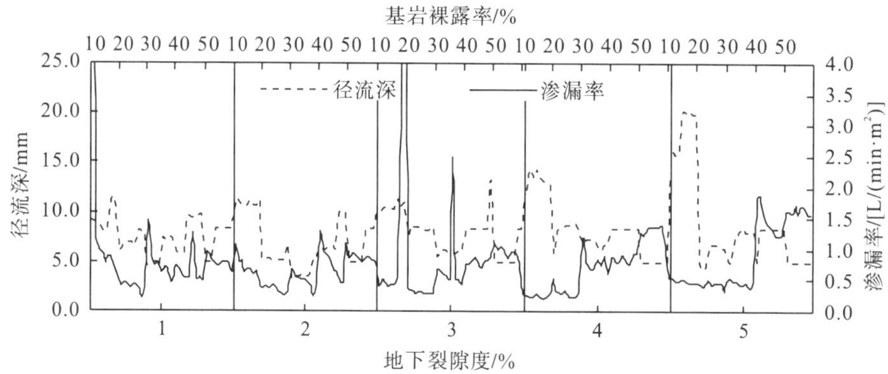

(a) 30 mm/h

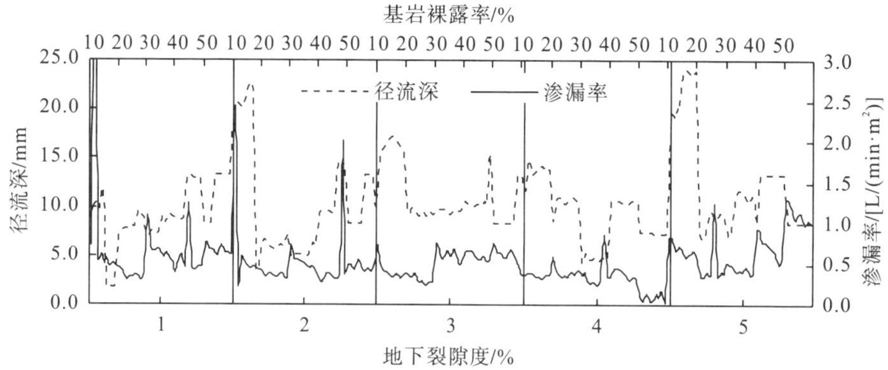

(b) 50 mm/h

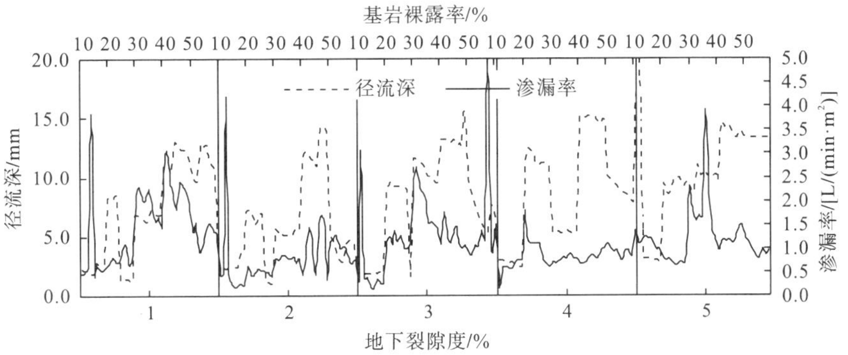

(c) 80 mm/h

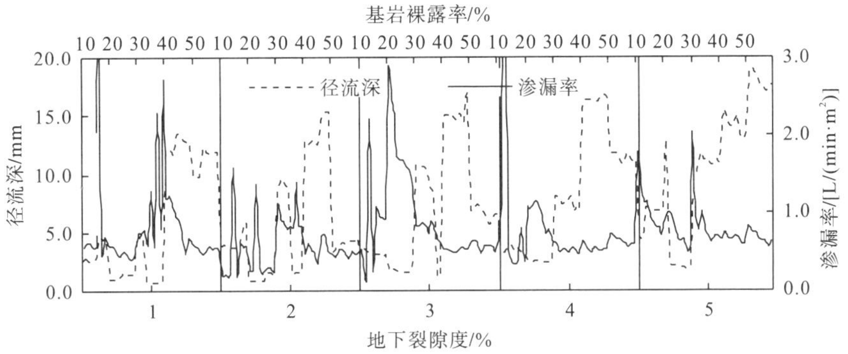

(d) 120 mm/h

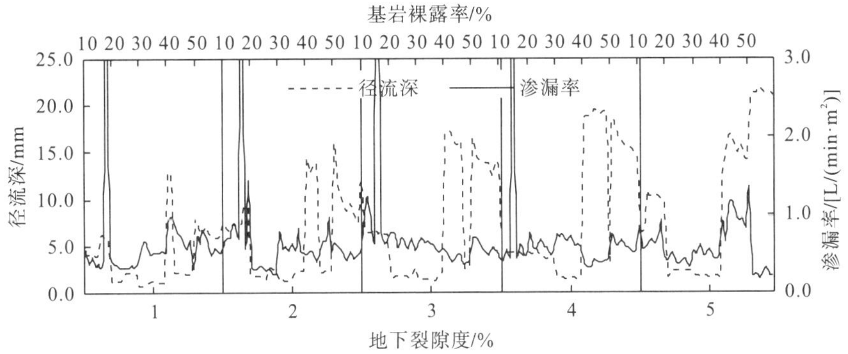

(e) 150 mm/h

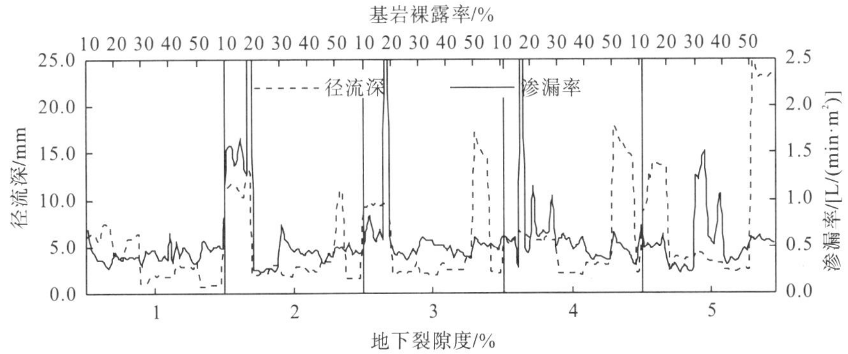

(f) 180 mm/h

图 4.26　地下裂隙流产流过程特征曲线

分析地下裂隙流产流特征(图 4.26)可知，地下裂隙流径流深在不同雨强水平时均表现出随地下裂隙度的增大逐渐增加的变化特征，但在较小雨强水平时，这种增长变化集中发生于较小的基岩裸露率水平，如雨强为 30 mm/h 和 50 mm/h 时，集中发生在地表基岩裸露率为 10%的水平；随雨强增大，这一变化逐渐趋向于更高的地表基岩裸露率，如在 120 mm/h 雨强时达到顶峰，呈现出地下裂隙流径流深随基岩裸露率增加而增加的变化现象；随后可以看出，随雨强的增加，虽然峰值仍然停留在较高的基岩裸露率和地下裂隙度水平，但也呈现出下降的趋势。再通过对比不同雨强水平的地下裂隙流径流深变化可以发现，雨强由 30 mm/h 增大到 120 mm/h 的过程中，地下裂隙流径流深呈现出不断增长的变化趋势，但随后开始迅速回落。

另外通过观察图 4.26 中渗漏率的变化过程可以看出，地下裂隙流渗漏率的变化过程呈现出与地下裂隙流径流深相反的变化特征，但也有共同点。不同点表现为：较小雨强(30 mm/h、50 mm/h)水平时，其峰值集中于较大的地表基岩裸露率；而随雨强增大，其峰值逐渐向较低的基岩裸露率回落。共同点则是随雨强增加，数值均呈增长的变化且都在 120 mm/h 达到峰值，而后逐渐降低。

4.5 自然降雨下地表产流过程与特征

本试验对贵州大学苗圃的 8 个径流小区进行了一年的观测，结果如表 4.5 和表 4.6 所示。随着降雨量的增大，径流小区地表产流量经历一个先升高，变稳定，然后再升高的过程，降雨量在 10.3～56.2 mm 时，径流小区地表产流量变化不大，基本上比较稳定，但有大暴雨时，地表径流量会迅速增大，因为在同一个径流小区内，条件基本相同，当坡面上接受的雨水很多时，雨强大于土壤入渗速率，坡面以超渗产流为主，造成地表径流产生较多(图 4.27)。

表 4.5 各径流小区的产流量 (单位：L)

日期(年-月-日)	1#	2#	3#	4#	5#	6#	7#	8#
2011-5-11	70	44	66	45	42	28	40	64.8
2011-5-21	70	56	70	57	40	36	35	55
2011-6-5	135	100	142	110	93	80	84	150
2011-6-10	69	47	78	45	35	30	43	69
2011-6-18	66	53	110	56	45	47	45	72
2011-8-5	67	61	85	45	42	36	70	69.2
2011-9-9	16	15	20	18	11	13	18	20

表 4.6 各径流小区的径流系数

日期(年-月-日)	1#	2#	3#	4#	5#	6#	7#	8#
2011-5-11	0.38	0.27	0.39	0.27	0.12	0.06	0.06	0.04
2011-5-21	0.13	0.11	0.14	0.11	0.04	0.03	0.02	0.01

续表

日期(年-月-日)	1#	2#	3#	4#	5#	6#	7#	8#
2011-6-5	0.13	0.11	0.15	0.12	0.05	0.03	0.02	0.02
2011-6-10	0.24	0.18	0.29	0.17	0.07	0.04	0.04	0.03
2011-6-18	0.15	0.13	0.27	0.14	0.06	0.04	0.03	0.02
2011-8-5	0.64	0.65	0.88	0.48	0.22	0.12	0.18	0.07
2011-9-9	0.64	0.66	0.85	0.79	0.23	0.18	0.19	0.08

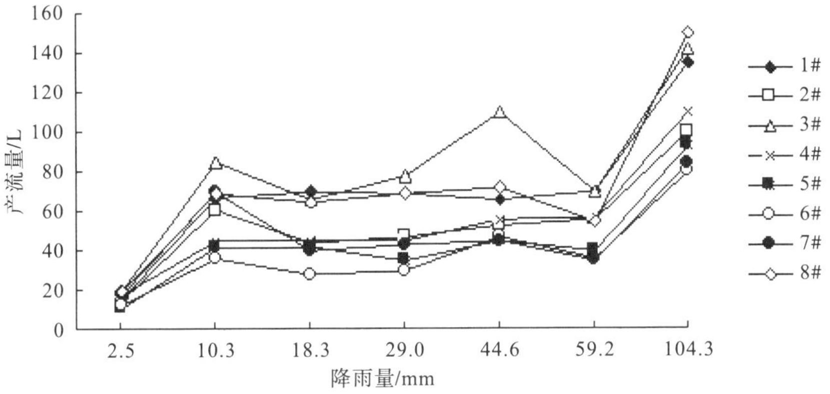

图 4.27　各径流小区的产流量和降雨量的关系

由坡度和地表产流量的关系(图 4.28)可知，降雨量不同，径流小区地表产流量存在差异。在降雨量为 2.5 mm 时，地表产流量随坡度的增加几乎无变化；当降雨量增多时，地表产流量随坡度的变化会产生波动变化，可能会出现 2 个峰值；虽然降雨量不同，但在坡度为 25°时，都出现了地表产流量的一个峰值；一般认为随着坡度的增加，坡面受雨面积增大，径流的汇集速度加快而且能够汇集较多的径流，土壤水分入渗时间缩短，坡面径流较多。本书用于观测的几个径流小区面积不等，受雨面积不同，坡度不同，会造成径流量的不同。

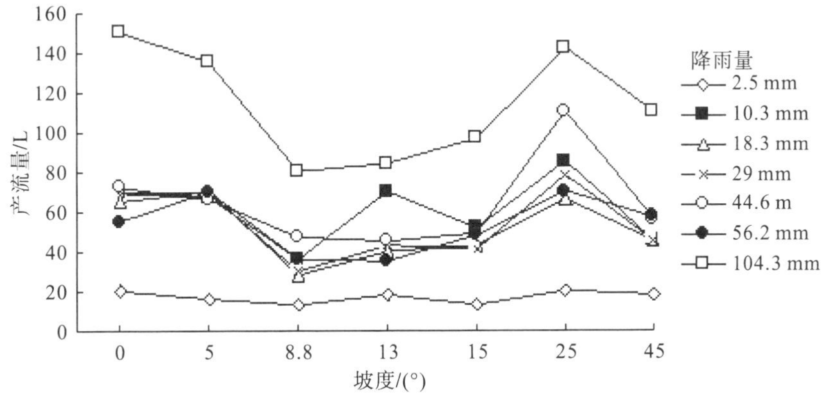

图 4.28　坡度与产流量的关系

由不同坡度、不同降雨量下的地表径流系数(图 4.29)可知，不同降雨量、不同坡度下的地表径流系数变化趋势相同，地表径流系数在 5°和 25°坡面时出现两个峰值，当坡度大于 5°且小于 25°时，地表径流系数先减小再增大，坡度为 45°的地表径流系数比 25°的小；从图中也可以看出，随着降雨量的增多，地表径流系数不断变小；彭韬等(2008)对喀斯特坡地 6 种不同土地利用条件下径流小区的地表径流系数实施半年监测，得出地表径流系数随降雨量呈指数型增长，而本书的研究结果与彭韬等的结果正好相反，彭韬等研究的径流小区有基岩出露，样地面积较大，坡度都在 30°以上，降雨量大于 15 mm 时才会明显产流，而本书的研究小区除人为除草一次后，再也没有对其干扰过，而且坡向一致，面积较小且没有基岩出露，在植被自然恢复下，基本以草本覆盖为主，降雨量较小时的地表产流可能是降雨时从集流槽收集的雨水，但降雨量较大时，仍然是降雨量变大，径流系数变小，则有可能是长期缺少降雨，土壤前期含水量较小，降雨有很大一部分被土壤所蓄积，而且植被不断旺盛生长，对水分的截留也会增加，从而造成地表径流系数减小。

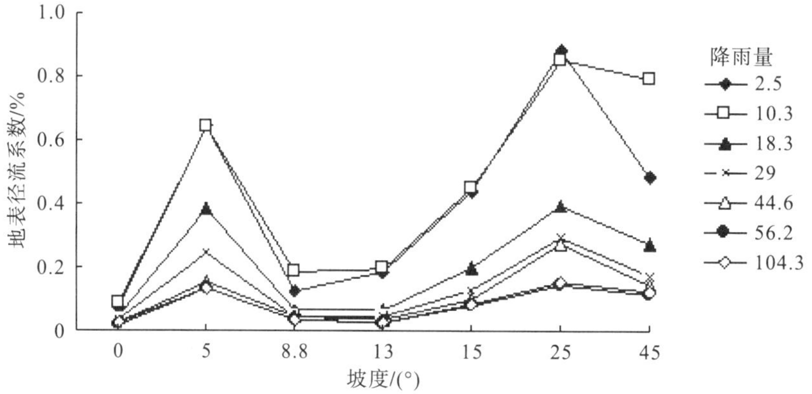

图 4.29 不同坡度、不同降雨量下的地表径流系数

第5章　喀斯特坡地土壤侵蚀/漏失过程

5.1　引　　言

中国西南喀斯特岩溶山地脆弱生态系统作为我国关键生态区之一，其复杂的侵蚀机理和严重的水土流失制约着该地区的生态恢复与重建。水土流失是造成喀斯特石漠化发展的主要因子，深入揭示自然营力作用引发石漠化发展的重要物理过程——土壤侵蚀过程，具有重要的理论和现实意义。喀斯特地区土壤侵蚀过程极其复杂，土壤不仅随地表径流流失，同时还沿岩溶裂隙、漏斗、落水洞等向地下流失。喀斯特坡面产流形式决定了其土壤侵蚀/漏失的方式，充分揭示喀斯特地区坡地土壤侵蚀/漏失发生过程、特征是控制石漠化发展的关键，也是其生态恢复的基础。

喀斯特地区可溶岩在特殊的水文气候条件下易于风化溶蚀，引起岩石中的垂直节理和裂隙溶蚀发育形成地下裂隙，并分割破碎包气带，形成地表、地下双层空间开放的水文系统，使得地表水文网系统缺乏，而地下水文网及地下空间与水域发育，降雨下渗通过地下水文网排泄，呈现出岩溶地区地表水与地下水关系密切、转化迅速，地下水动态变化较大的水文特征，为喀斯特区地下裂隙流侵蚀提供了有利的环境条件。喀斯特地表浅薄土层与基岩间存在明显的软硬岩-土界面，严重降低了土层与基岩之间的附着力，若遇暴雨则易产生水土流失和块体滑移；另外，当降雨渗透到土壤与母岩界面间的化学侵蚀面时，极易造成水土流失。严重的水土流失使土层变薄，基岩裸露，土壤中的营养元素丧失殆尽，造成土地石漠化，严重制约喀斯特地区的发展。

受特殊岩溶环境及人为活动影响，我国西南岩溶区水土流失危害程度日趋严重，局部区域已达到无土可蚀，形成特殊的石漠化景观，严重影响该地区社会经济发展。特别是坡耕地，在作为长江和珠江两大水系的重要生态屏障的中国西南岩溶地区，坡耕地占耕地资源的比例高达 54.38%，其中贵州省 246.23 万 hm^2 坡耕地全部为水土流失区域，其年均土壤流失量达 16303.16 万 t，是长江和珠江上游水土流失的主要来源地。近年来，喀斯特山地石漠化过程中特殊的地下流失被广泛关注。然而，已有研究还未能揭示喀斯特地区裂隙地下漏失在流失总量中的贡献率和喀斯特石漠化发展驱动力及其发生机制。

本章在前期研究基础上，利用可调坡度、裂隙度的试验钢槽，建立喀斯特坡地模拟径流小区，采用人工模拟降雨试验的方法，研究不同雨强、坡度、基岩裸露率、地下裂隙度等情况下土壤地表侵蚀和地下漏失过程及特征。

5.2 材料与方法

供试土壤一用于溅蚀研究。试验于 2020 年 8 月在野外采样，按五点法取样，用环刀在研究区每点取 3 个环刀样用于测定土壤的含水量、容重；直接挖取装袋，带回实验室去除杂质，风干后均匀混合用于测定土壤理化性质，同时用于溅蚀试验的土样过 7 mm 筛。溅蚀研究石灰土有机质含量为 54.4 g/kg，土壤容重为 1.15 g/cm^3，土壤粒径 0.05～2 mm 含量为 21.30%，粒径 0.002～0.05 mm 含量为 36.58%，粒径＜0.002 mm 含量为 42.12%。

5.3 地表侵蚀产沙过程与特征

5.3.1 地表侵蚀产沙过程

土壤侵蚀是一次降雨事件中一系列作用的集合，径流侵蚀产沙过程是径流冲刷搬运土粒做功的物理过程，通常包括雨滴溅蚀和径流冲刷侵蚀两部分，而侵蚀产沙量与降雨特性、径流流量、流速及地表起伏高度相关。雨滴溅蚀分散破坏土壤结构体，为地表径流侵蚀搬运提供物质基础，但同时由于雨滴冲击压实表土改变表层土壤结构性，形成表土结皮，也将影响地表径流侵蚀产沙。径流冲刷侵蚀是引发真正意义上的地表土壤流失的最直接动力，通常称为径流侵蚀力。径流侵蚀力大小与下垫面特性及降雨特性关系密切，如地表组成及覆盖，微地貌特征等都对其具有不同程度的影响。同时地表径流侵蚀在坡面土壤流失中具有突出的贡献率，因此，研究喀斯特坡面径流侵蚀产沙过程及机理是很有必要的。

1. 地表悬移质流失过程

地表悬移质主要来源于雨滴溅蚀分散的土壤黏粒成分，是导致喀斯特土壤向粗骨化、石质化，甚至石漠化发展的主要原因之一，因此，研究地表悬移质流失过程意义重大。采用地表径流每 10 min 的推移质、悬移质累计流失量平均值，研究不同因子的地表悬移质流失过程总体规律。

1) 不同雨强地表悬移质流失过程

降雨雨滴打击分散表层土壤团聚体是地表径流悬移质形成的主要动力机制，雨滴打击动力与地表溅蚀分散量密切相关。雨强越大，雨滴中值粒径越大，雨滴打击动能也越大，因此地表被分散的土壤颗粒物质越多，为地表径流侵蚀搬运提供了大量的物质基础。图 5.1 反映了石灰土坡面不同雨强地表径流悬移质流失过程变化规律。

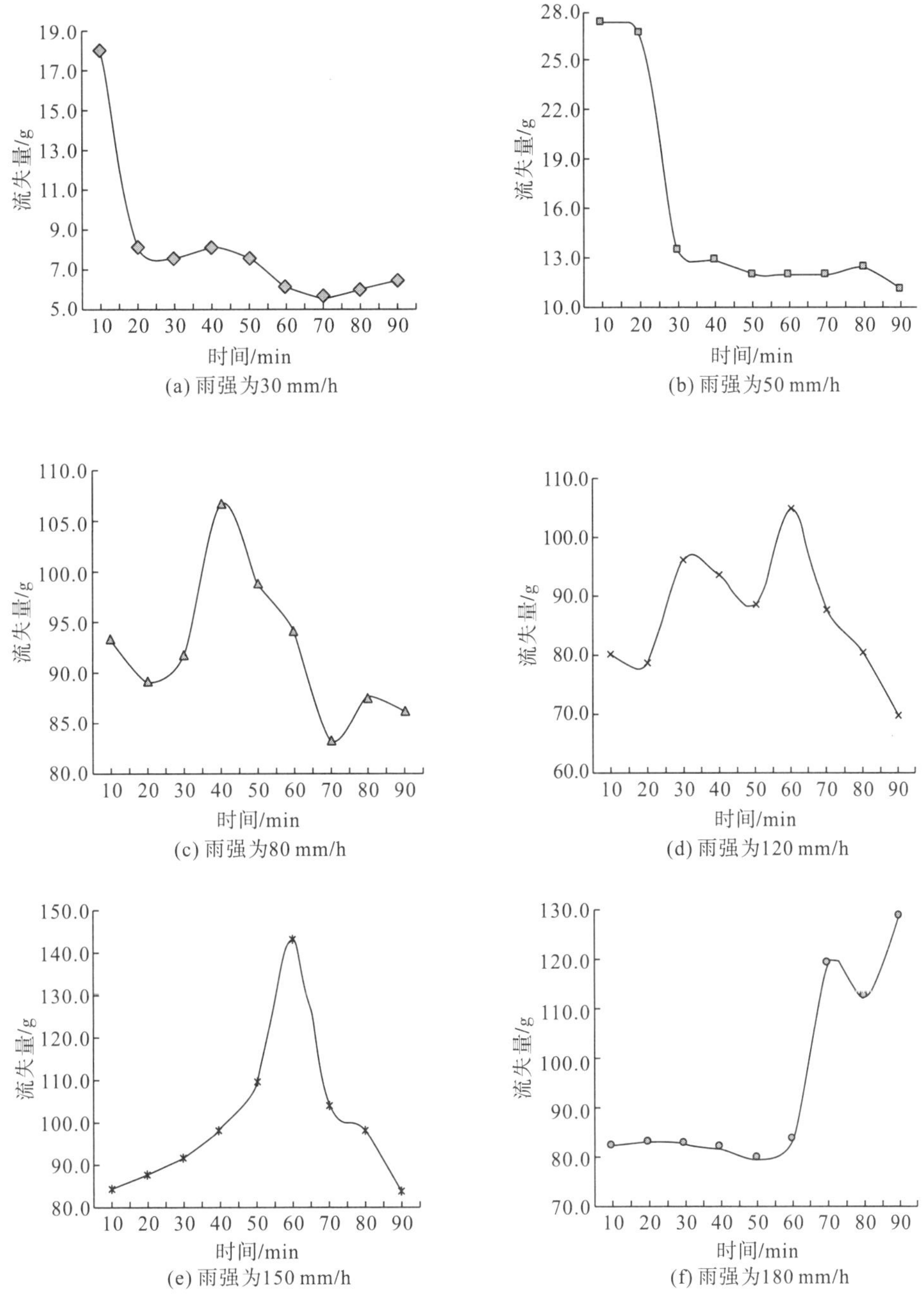

图 5.1　石灰土坡面不同雨强地表悬移质流失过程变化规律

在降雨过程中，不同雨强的地表悬移质流失过程差异显著，呈现出流失量随雨强增大而波动性增强的特征，但不同雨强间的变化具有分组现象。其中，30 mm/h 雨强和 50 mm/h 雨强的地表径流悬移质流失量变化过程规律基本一致，即在降雨初期均显著下降，而后变幅减小，流失量稳定；80 mm/h 雨强同 120 mm/h 雨强以及 150 mm/h 雨强的悬移质流失量变化过程相似，都表现出先增大而后减小的变化过程，但变化过程中达到峰值的时间差异较大，其中 80 mm/h 雨强在 40 min 时出现峰值，120 mm/h 雨强则先后分别在 30 min 和 70 min 经历两次峰值变化，而 150 mm/h 雨强则平稳增长至 60 min 后开始下降回落；180 mm/h 雨强表现为流失量变化稳定而后迅速增加的变化过程。

通过以上分析，总体上可将不同雨强的地表悬移质流失过程划分为三大变化类型，即较小雨强的先减小后稳定变化类型、较大雨强的先增长后减小的变化类型和大雨强的先稳定后增长变化类型。分析认为，引起这些变化的主要原因在于不同雨强的雨滴打击动能差异以及地表土壤结构状况的动态变化。

从图 5.1 还看出，不同雨强水平间的流失量差异较大，特别是较大雨强与较小雨强的对比更明显。为了弄清地表径流悬移质流失量与雨强的关系，对各雨强水平的流失量求平均值后绘制成图，进一步研究地表径流悬移质流失量随雨强的变化关系，结果如图 5.2 所示。由图 5.2 可知，地表径流悬移质流失量先随雨强的增大而增加，而后逐渐减小。究其原因，雨强较小时，雨滴打击力小，地表被分散的土壤颗粒数量少，同时地表径流量也较小，导致径流搬运能力低，所以流失量小；随雨强增大，雨滴打击分散的土粒增多，且由于地表径流量增加引起径流侵蚀搬运能力增强，从而流失量随之增大；但这种趋势也因为径流量不断增加而提高了地表径流深，进而影响雨滴溅蚀的分散作用，地表可供侵蚀搬运的土粒数量减少。

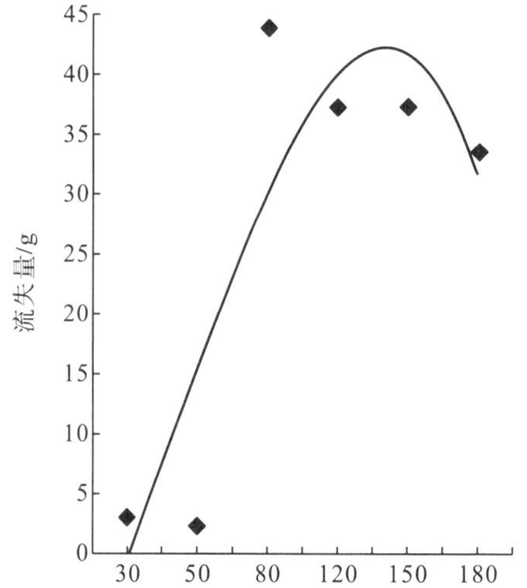

图 5.2　石灰土坡面地表悬移质流失量与雨强的关系

对两者的关系进行曲线拟合，得如下三次函数关系式：

$$S=-1.3124I^3+8.2015I^2+16.798I-20.324,\quad R^2=0.8778 \tag{5.1}$$

式中，S 为流失量，g；I 为雨强，mm/h。

图 5.3、图 5.4 为黄壤坡面在不同雨强条件下的径流输沙率变化过程。雨强为 80 mm/h 和 120 mm/h 的径流输沙率过程曲线比较平缓，雨强为 150 mm/h 时的径流含沙量变化曲

线是先降低，然后趋于稳定；在雨强为 80 mm/h 和 120 mm/h 条件下，径流输沙率和径流含沙量变化曲线都是先增大，然后趋于稳定，含沙量变化曲线有降低的趋势，但不是很明显；在不同雨强下，径流输沙率与径流含沙量变化过程曲线趋于稳定的时间基本一致，在 50 min 左右，但不同雨强下径流输沙率和径流含沙量达到最大的时间却存在差异，雨强为 80 mm/h 条件下，径流输沙率和径流含沙量达到最大值的时间为 30～50 min，雨强为 120 mm/h 时，径流含沙量达到最大的时间为 20～30 min，雨强为 150 mm/h 时，径流含沙量达到最大则是 10 min 左右，说明雨强增大，坡面产沙量出现最大值的时间可能会提前。

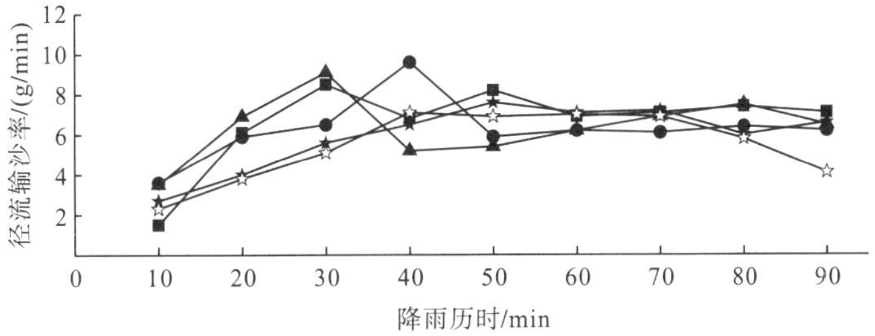

(a) 雨强为80 mm/h

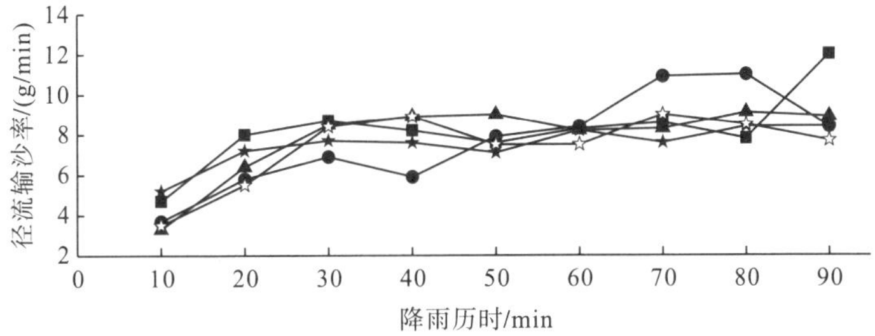

(b) 雨强为120 mm/h

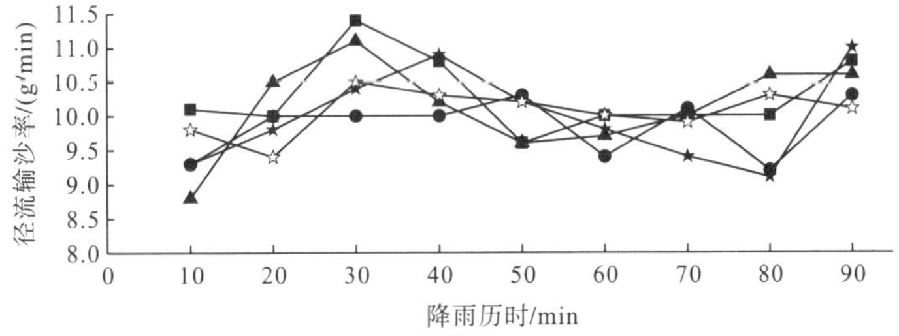

(c) 雨强为160 mm/h

裂隙度 —■— 1% —●— 2% —▲— 3% —★— 4% —☆— 5%

图 5.3　黄壤坡面不同雨强条件下的径流输沙率变化过程(坡度为 10°，基岩裸露率为 20%)

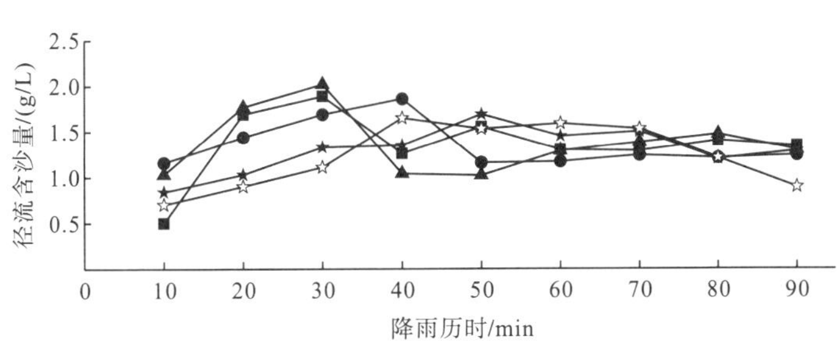

(a) 雨强为80 mm/h

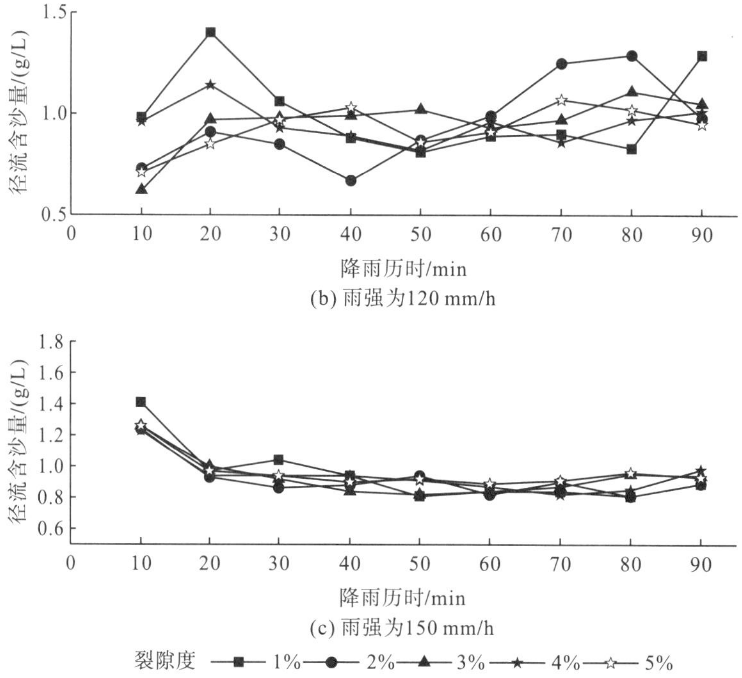

图 5.4 黄壤坡面不同雨强条件下的地表径流含沙量变化过程(坡度为 10°时，基岩裸露率为 20%)

由不同雨强、不同地下裂隙度条件下的产沙量可知(图 5.5)，雨强为 120 mm/h 的地表径流产沙量比 80 mm/h 和 150 mm/h 的产沙量大，雨强为 150 mm/h 的地表径流产沙量比 80 mm/h 的产沙量大。这与蔡雄飞等(2009)的试验结果一致，他们认为可能存在土壤侵蚀雨强转折点。

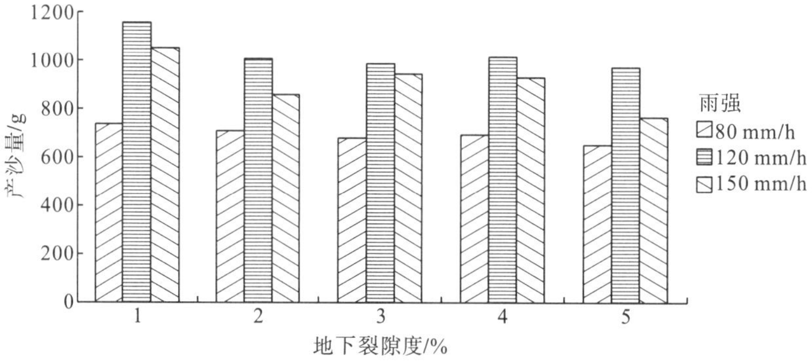

图 5.5 黄壤坡面不同雨强条件下的径流产沙量(坡度为 20°)

2) 不同坡度地表悬移质流失过程

坡面产沙与产流过程密切相关，由图 5.6 可知：不同雨强时，地表产沙过程随坡度变化差异大。50 mm/h 雨强时，地表产沙量小，第一个 10 min 时间段内产沙量差异大，5 个坡度产沙量分别为 0.08 g/m^2、0.20 g/m^2、1.29 g/m^2、1.17 g/m^2、2.78 g/m^2，5°和 10°

坡面产沙量小，随降雨历时延长，地表产沙量增加，降雨 50 min 增加到最高值且趋于稳定，其稳定产沙量分别为 0.15 g/m^2、0.24 g/m^2；15°和 20°以及 25°坡面，坡面产沙量 10 min 时达到最高值，其后产沙量急剧减小，产沙过程曲线有波动性。雨强为 70 mm/h 时，坡面产沙过程相似，第一个 10 min 时间段地表产沙量最小，5 个坡面产沙量分别为 0.37 g/m^2、1.17 g/m^2、1.49 g/m^2、2.53 g/m^2、2.75 g/m^2，第二个 10 min 时段，地表产沙量达到最高值，此后坡面产沙量减小，无相对稳定产沙量，坡度越大，产沙量越高，波动性也越大，其中 25°坡面地表产沙量急剧增大且波动性高。极端降雨(90 mm/h)时，地表产沙量急剧增大，第一个 10 min 时段地表产沙量即达到最高值，5 个坡度地表产沙量分别为 8.14 g/m^2、11.79 g/m^2、12.70 g/m^2、21.93 g/m^2、29.25 g/m^2，产沙量高，坡度越大，产沙量增加越大，陡坡(25°)产沙量是缓坡(5°)产沙量的 4 倍，降雨初期地表产沙量高，产沙量随降雨历时不断减小，坡度越大，产沙量波动性越大；产沙过程平均值分别为 3.03 g/m^2、6.62 g/m^2、7.54 g/m^2、11.11 g/m^2、15.94 g/m^2，陡坡产沙量高，约是缓坡的 5 倍。

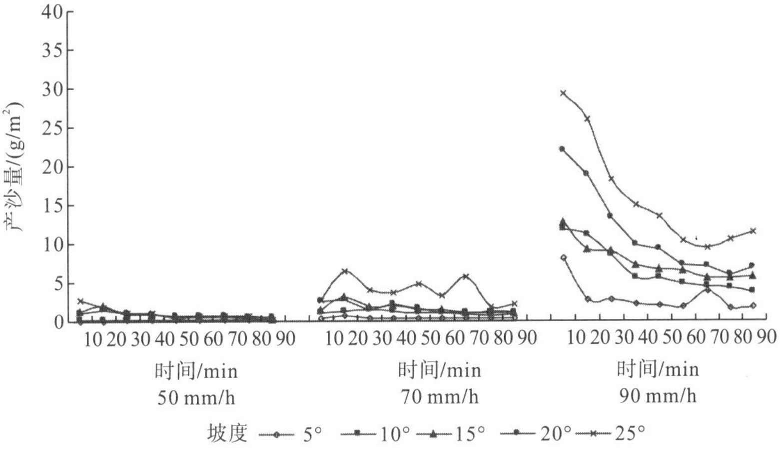

图 5.6　不同坡度石灰土坡面地表产沙过程

综上所述，地表产沙有两种变化过程，地表产流侵蚀性降雨时，坡面产沙与产流过程相似，第一个 10 min 时段产沙量小，第二个时段产沙量增到最高值，此后波动性减小，降雨历时 40～50 min 产沙达到稳定；极端降雨(90 mm/h)时，地表产沙量大，第一个 10 min 时段即达到最高产沙量，地表产沙量随降雨历时不断波动减小，产沙趋于稳定，历时长，波动性大。产沙量具有波动性的原因同产流过程曲线呈现波动性一致，是坡面汇流过程的作用结果，此外还与试验中悬移质和推移质取样误差有关，水样中悬移质与推移质之间转换与径流速度密切相关，悬移质与推移质随径流速度和泥沙饱和度相互转换，取悬移质和推移质时径流流速难以控制，造成取样误差。

由不同坡度、相同雨强条件下的输沙率曲线(图 5.7)可知，不同坡度下的坡面地表径流输沙率的变化趋势相似，都是先上升，后下降；坡度为 10°的输沙率曲线出现下降的时间是 30 min 后，20°坡面输沙率出现下降的时间是 20 min 后，30°坡面径流输沙率下降时间是在 40 min 后。

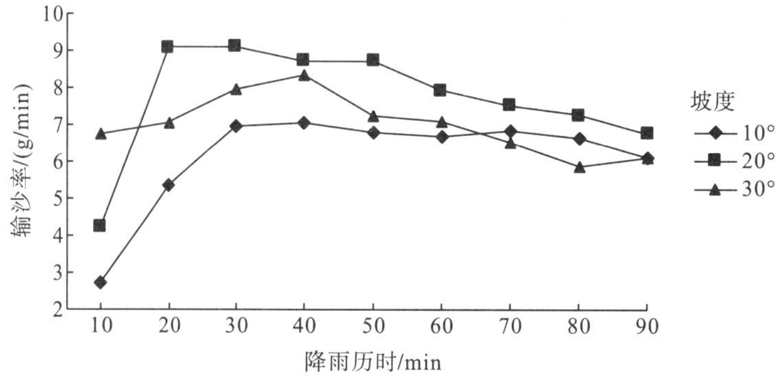

图 5.7　不同坡度、相同雨强条件下的输沙率曲线(雨强为 80 mm/h，基岩裸露率为 20%)

图 5.8 为不同坡度、不同地下裂隙度的坡面地表累计产沙量曲线，由图 5.8 可以看出，不同坡度下的累计产沙量随时间呈直线上升的趋势，坡度为 20°和 30°的变化率基本相同，坡度为 10°时的变化率较小，分析其原因可能是坡度越大，土壤颗粒沿坡面向下的分力就会越大，在雨滴的击溅和径流的冲刷下，泥沙很容易被挟带走，也就是在一段时间内，坡度越大，被径流带走的泥沙会越多。将相同雨强、不同坡度下的累计产沙量与降雨历时进行拟合，得到产沙量与降雨历时之间符合一元二次多项式方程。

$$
\begin{aligned}
10^\circ\text{：}\ & Y=-65.00+7.503X-0.002X^2 \qquad R^2=0.995 \\
20^\circ\text{：}\ & Y=-61.33+10.85X-0.023X^2 \qquad R^2=0.997 \\
30^\circ\text{：}\ & Y=-11.05+8.496X-0.013X^2 \qquad R^2=0.998
\end{aligned}
\tag{5.2}
$$

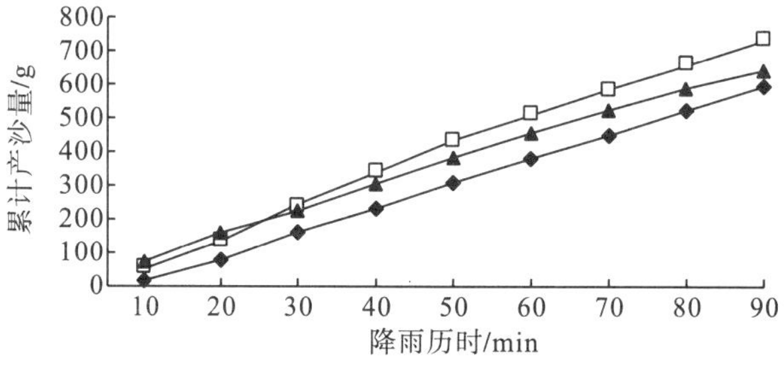

(a) 地下裂隙度为1%

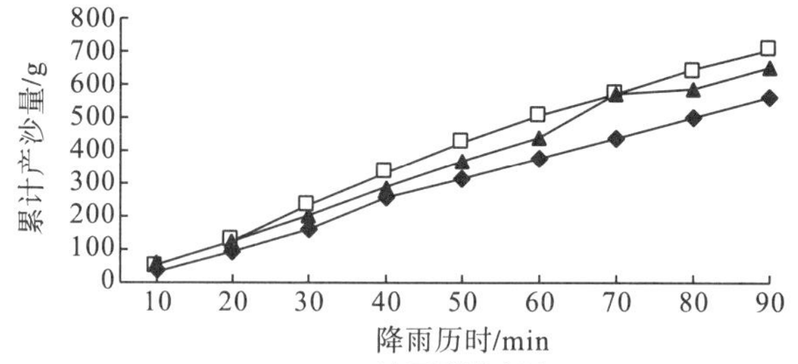

(b) 地下裂隙度为2%

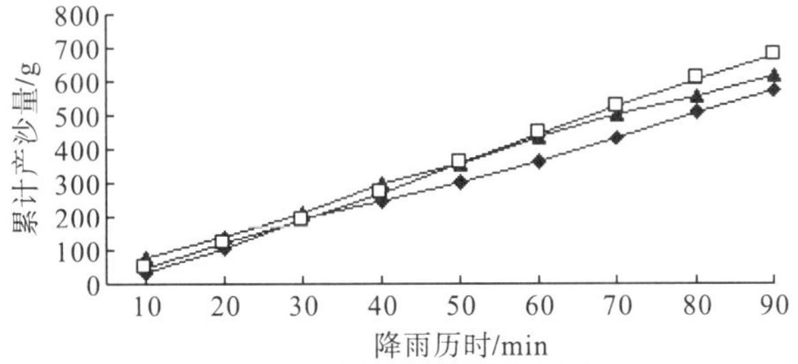

(c) 地下裂隙度为3%

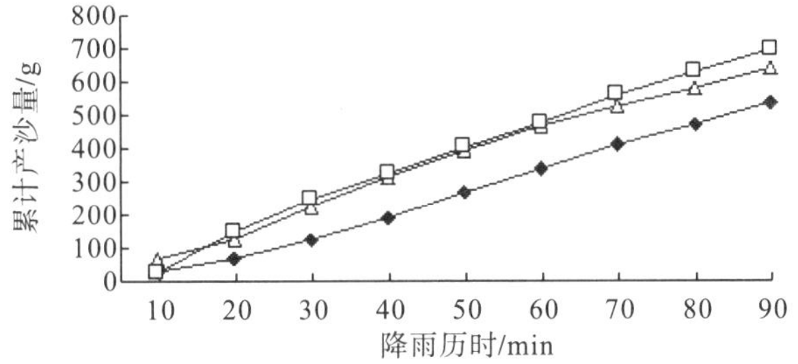

(d) 地下裂隙度为4%

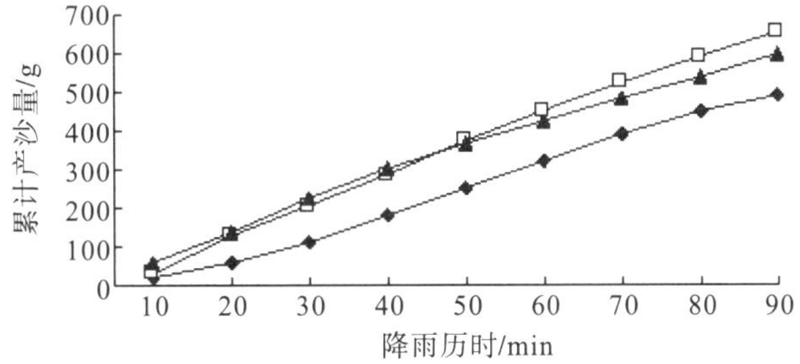

(e) 地下裂隙度为5%

坡度 —◆—10° —□—20° —▲—30°

图 5.8　不同坡度、不同地下裂隙度的地表累计产沙量曲线(雨强为 80 mm/h，基岩裸露率为 20%)

3) 不同地下裂隙度地表悬移质流失过程

地下裂隙度是影响喀斯特降水分配的下垫面因素之一，对雨滴溅蚀分散的土壤悬移质分配具有一定影响，表现为地下裂隙流量决定了降水下渗运移土壤悬移质的数量，从而影响雨滴溅蚀分散形成的悬移质在地表界面上的分配。图 5.9 是石灰土坡面不同地下裂隙度的地表径流悬移质流失过程。由图 5.9 可知，不同地下裂隙度的地表悬移质流失过程，在总体上呈现出随降雨过程的波动性变化特征，但不同地下裂隙度水平间的差异显著。

通过观察对比图 5.9 可知，地下裂隙度为 1%的地表径流悬移质流失过程峰值频繁，波动强烈，但可以看出，其 10 min 的累计流失量基本在 80 g 上下波动；地下裂隙度为 2%的变化与地下裂隙度为 1%具有相似之处，其 10 min 的累计流失量基本在 70 g 上下波动，但出现波峰的次数降低，变幅增大；地下裂隙度增大到 3%时，波动性变化明显下降，在 10～40 min 表现出明显的流失量变化稳定期，随后这种稳定被打破，呈现出总体上扬的变化趋势；地下裂隙度增大到 4%时，流失量变化剧烈，波动性显著增强，变幅增大，但 10 min 累计流失量总体在 65 g 上下波动；5%地下裂隙度的悬移质流失量变化与 1%和 2%的变化规律基本相似，但峰值出现的频率较少，变幅明显降低，10 min 累计流失量最大变幅小于

5 g，基本属于稳定流失的变化过程。

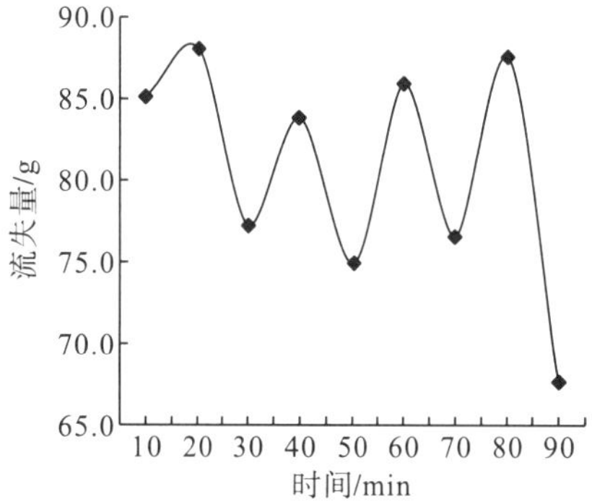

(a) 地下裂隙度为1%

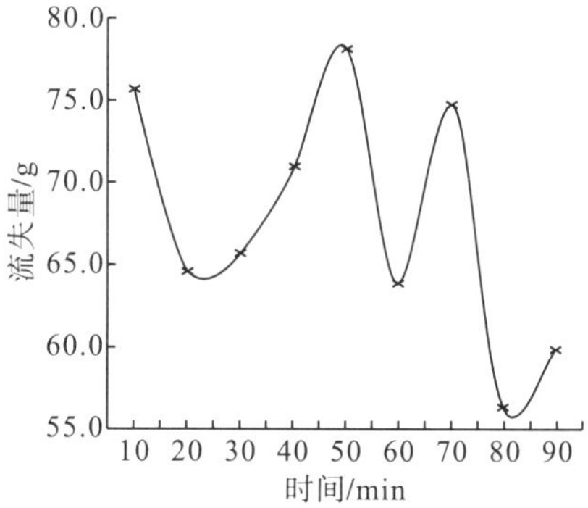

(b) 地下裂隙度为2%

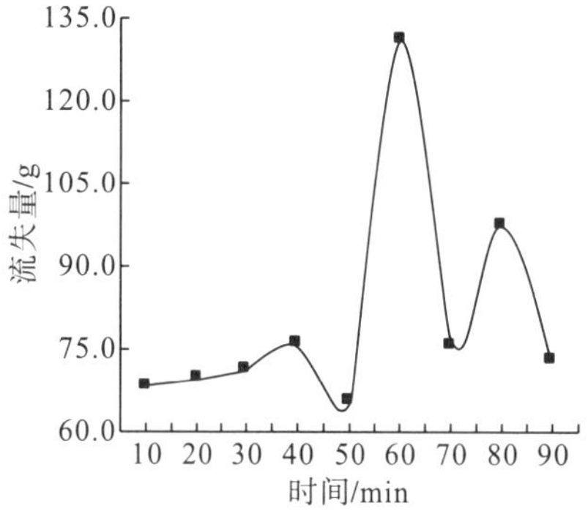

(c) 地下裂隙度为3%

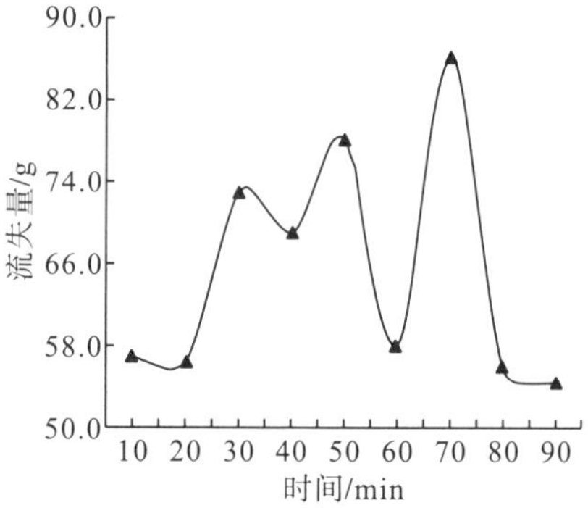

(d) 地下裂隙度为4%

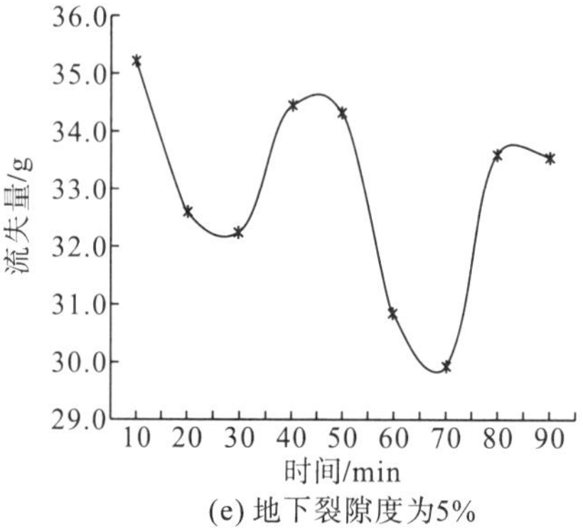

(e) 地下裂隙度为5%

图 5.9 不同地下裂隙度地表悬移质流失过程

地表径流悬移质流失量随地下裂隙度的增大明显降低(图 5.10)。究其原因，地表径流和地下裂隙流侵蚀运移的悬移质，大多来源于坡面雨滴溅蚀和径流冲刷侵蚀分离的土壤黏粒成分。地表与地下裂隙流侵蚀搬运泥沙的过程，更多地体现为对地表雨滴溅蚀和径流冲刷侵蚀产生的土壤颗粒的分配过程。因此随地下裂隙度的增大，地下裂隙流量增加，地下裂隙流输移搬运的悬移质量增加，从而导致地表径流侵蚀搬运的悬移质量降低。通过对各地下裂隙度水平的悬移质流失量随地下裂隙度变化关系进行曲线拟合，得出地表径流悬移质流失量与地下裂隙度呈二次函数关系，拟合方程为

$$S = -5.3309A^2 + 21.868A + 65.664 \qquad R^2 = 0.8842 \tag{5.3}$$

式中，S 为流失量，g；A 为地下裂隙度，%。

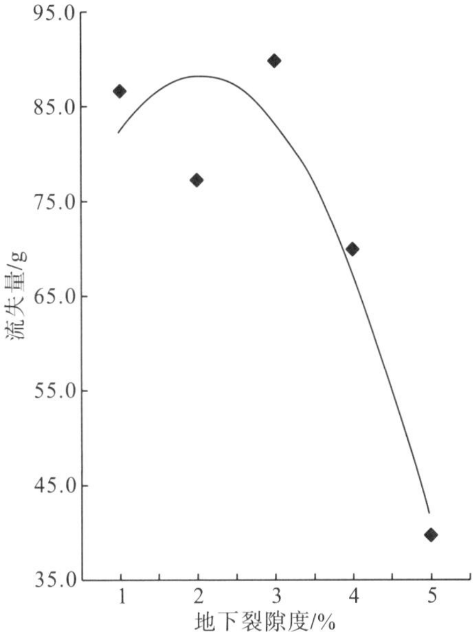

图 5.10　石灰土坡面地表悬移质流失量与地下裂隙度的关系

由黄壤坡面不同地下裂隙度下的累计产沙流量曲线(图 5.11)可知，不同裂隙度下的黄壤坡面累计产沙量差异不大。

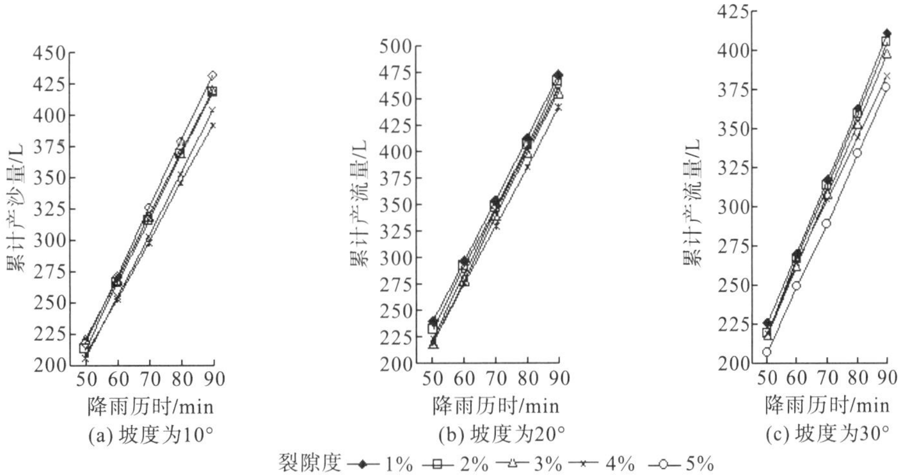

图 5.11　黄壤坡面不同地下裂隙度下的累计产沙流量曲线(雨强为 80 mm/h，基岩裸露率为 20%)

4) 不同基岩裸露率地表悬移质流失过程

地表裸露的基岩主要通过增大地表微地貌破碎程度增加地表径流阻力，促进降水填洼蓄积，拦截径流泥沙沉积，降低径流冲刷搬运侵蚀力；而同时大面积的裸露基岩也有利于降水汇流形成坡面漫流及股流，从而增强径流侵蚀力。据试验观测分析，这一作用机制将随降雨历时的增长而呈现出明显的时间先后关系，主要表现为三个方面：首先是雨滴打击压实表土形成地表结皮降低土壤入渗及径流泥沙量，同时裸露的基岩拦截径流及泥沙，在低洼处沉积并封锁水流入渗通道，致使地表、地下裂隙流含沙量同时降低，从而减小地表悬移质流失量；其次是随降雨历时增长，地表填洼蓄积量不断增大，最后蓄满外溢形成坡面漫流及股流，增大径流侵蚀力，引发细沟侵蚀，同时沉积在低洼处的泥沙也因为径流紊动性增强而再次启动，一并加入含沙水流，使径流含沙量不同程度地增加而增大径流侵蚀产沙量出现峰值；最后，由于径流冲刷破坏地表结皮使被封锁的土壤孔隙再次开放，从而增大土壤入渗及径流含沙量，引起径流侵蚀产沙量增加。不同基岩裸露率地表径流悬移质流失过程如图 5.12 所示。

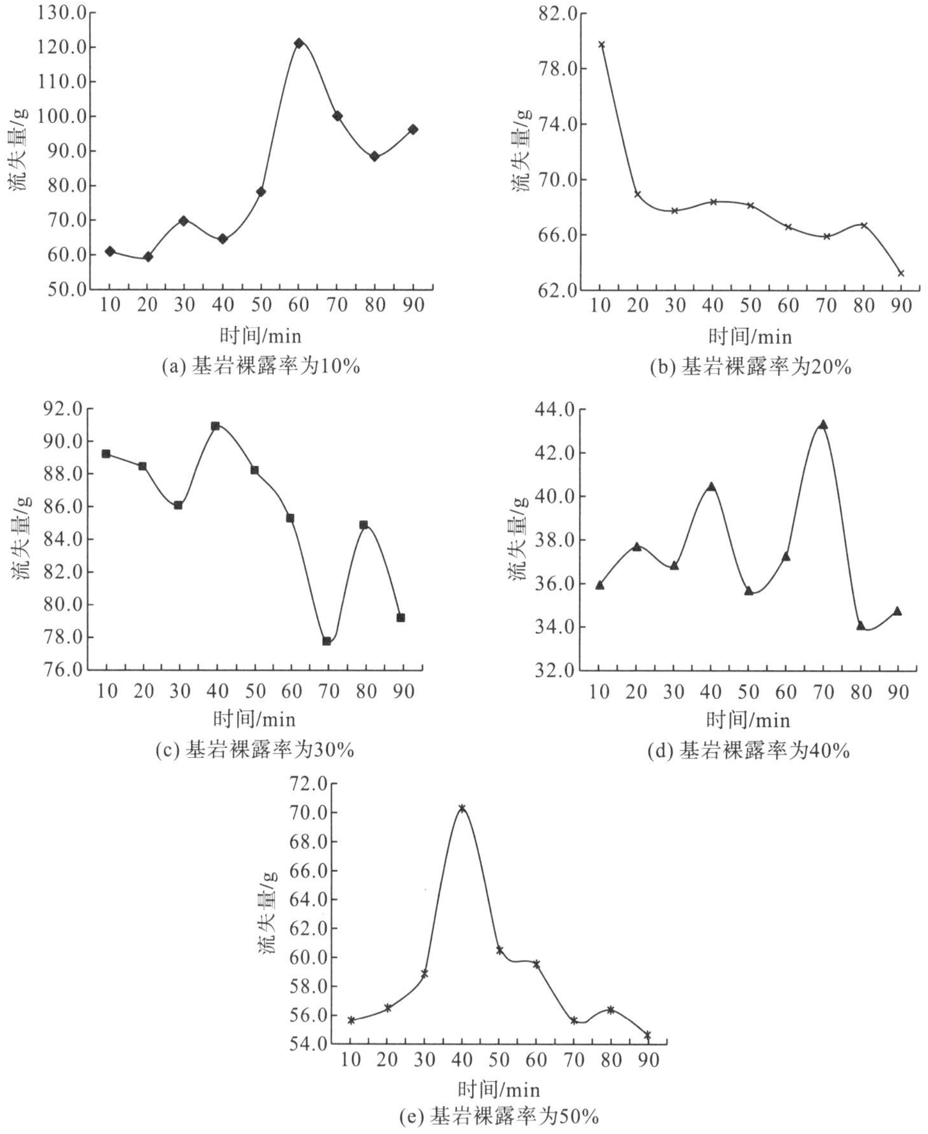

图 5.12 不同基岩裸露率地表径流悬移质流失过程

由图 5.12 可看出，不同基岩裸露率水平的地表悬移质流失过程差异显著，但总体上在降雨前期的 10～30 min 与后期的 70～90 min 流失量变化相对稳定。如图 5.12 所示，20%基岩裸露率水平的流失量变化过程与其他 4 个水平的悬移质流失过程差异较大，表现为在降雨开始后的 10～20 min，流失量迅速下降，而后的地表悬移质流失量变化过程稳定，变化较小；由基岩裸露率为 10%的悬移质流失量变化过程线可知，在 10～40 min，悬移质流失量变化较平稳，随后自 40～60 min 迅速增长，增幅达 150%，但自 60 min 达到峰值后逐渐回落；30%基岩裸露率的悬移质流失量，在降雨过程中的前后期变化较大，均具有大小不等的峰值出现，而总体呈下降的趋势；40%基岩裸露率水平的悬移质流失量随降雨历时增长，变幅增大，稳定性减弱；50%基岩裸露率的悬移质流失量变化，呈现为 10～40 min 的增长阶段和 40～90 min 的降低回落阶段，40 min 时达到峰值。

将不同基岩裸露率水平地表悬移质流失量均值绘制成图，分析其随基岩裸露率的变化过程及其关系，结果如图 5.13 所示。不同基岩裸露率水平的地表悬移质流失量差异明显，随基岩裸露率增加，地表悬移质流失量变化过程总体上呈下降趋势变化。通过曲线拟合发现，地表径流悬移质流失量与基岩裸露率呈 4 阶函数关系，拟合方程为

$$S=-5.5995B^4-67.997B^3+283.45B^2-472.17B+333.314 \qquad R^2=0.991 \tag{5.4}$$

式中，S 为流失量，g；B 为基岩裸露率，%。

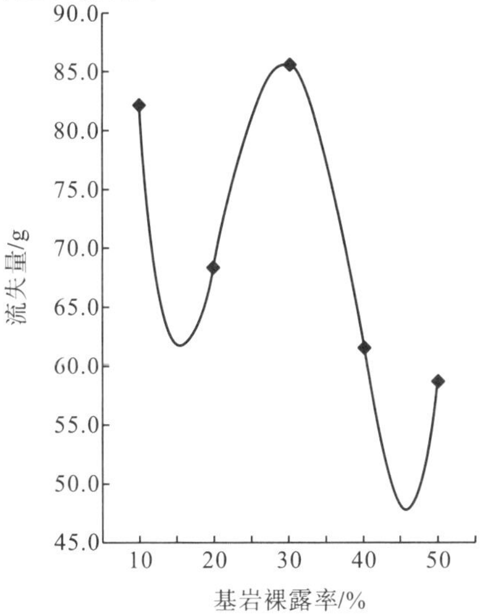

图 5.13　地表悬移质流失量与基岩裸露率的关系

2. 地表推移质流失过程

1) 不同雨强地表推移质流失过程

通过对比分析图 5.14 各雨强水平地表推移质流失量随降雨过程的变化发现，30 mm/h 雨强与 50 mm/h 雨强的地表推移质流失过程较为相似，均随降雨历时的增长而呈减小的变化，但不同时段的变幅差异较大。其中，30 mm/h 雨强的地表推移质流失量在降雨过程中呈小幅度波动性下降；而 50 mm/h 雨强的地表推移质流失量则在降雨开始后的 10～30 min

下降迅速，降低幅度大于 3 g/10 min，随后变幅减小，基本处于流失量变化稳定的状态。80 mm/h 雨强同 120 mm/h 雨强及 150 mm/h 雨强的地表推移质流失过程基本相似，都表现出先增大而后降低的变化特征，但不同时段的变幅差异较大。例如，80 mm/h 雨强的地表推移质流失量在降雨开始后的 10～20 min 略有下降，而后至 60 min 基本稳步上升，随后出现波动性增强，至 80 min 达到峰值，而后回落；120 mm/h 雨强与 150 mm/h 雨强的地表推移质流失量自降雨开始均呈波动性上升，其中 120 mm/h 雨强在 50 min 达到峰值，150 mm/h 雨强的地表推移质流失量在 60 min 达到峰值，随后均逐渐下降。180 mm/h 雨强的地表推移质流失量在降雨初期的 10～20 min 下降迅速，自 20～60 min 的地表推移质流失量稳定，之后出现短暂的快速增长，并在 70 min 达到峰值后开始回落。

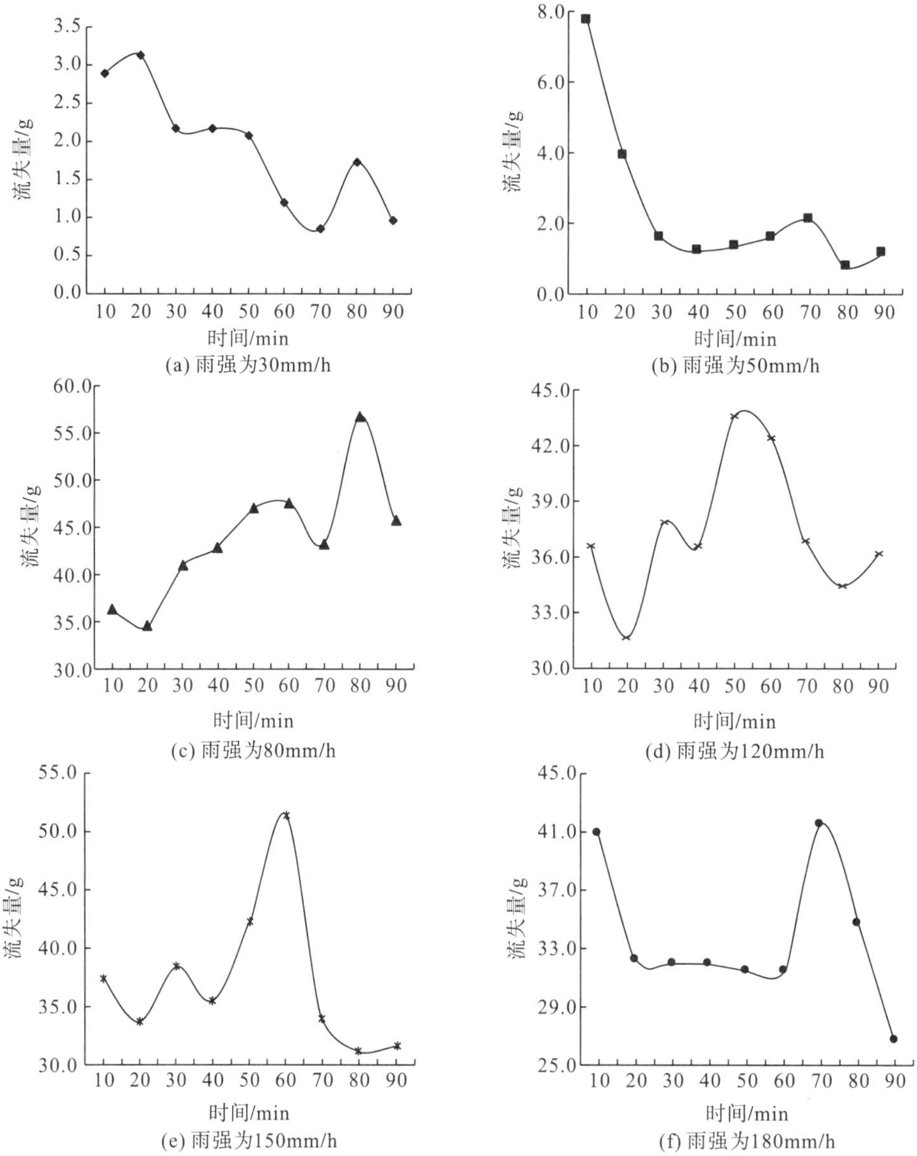

图 5.14　不同雨强地表推移质流失过程

对上述现象进行分析，认为在地表推移质流失过程中，地表推移质流失量的变化主要与地表产流机制有关。在降雨过程中，地表推移质径流量随降雨历时的增长，呈现为不断增大的总体变化特征，且伴随有地表结皮与径流冲刷侵蚀破坏结皮的交替发生，使地表径流量随降雨历时增长而呈动态变化。因此，地表径流的侵蚀搬运能力也呈动态变化，所以地表推移质的流失量呈波动性变化。同时不同雨强的降雨侵蚀力不同，雨强大的雨滴中值粒径相对较大，雨滴对表土的打击力较强，从而导致不同雨强水平间的推移质流失过程差异。

不同雨强的地表推移质流失量差异较大。通过把各雨强水平地表推移质流失量点绘在坐标内成图，进一步分析地表径流搬运推移质的量随雨强的变化过程及相互关系，结果如图 5.15 所示。随雨强的增大，地表径流侵蚀搬运的推移质的量呈先增大而后减小的变化规律。对造成这一现象的原因进行分析，可能是 150 mm/h 以下雨强的地表径流下切侵蚀破坏作用弱于雨滴打击强化地表的作用，导致地表结皮程度较高，地表径流量增加，从而增大地表径流输沙能力；当雨强超过 150 mm/h 时，地表径流下切侵蚀力增大，对结皮的破坏作用增强，发育细沟侵蚀破坏地表结皮增大降水入渗，降低地表径流输沙能力。通过对地表推移质流失量随雨强的变化进行曲线拟合发现，与三次函数关系曲线拟合较好，拟合方程为

$$S=-0.6018I^3+3.0783I^2+10.778I-13.935 \qquad R^2=0.7655 \tag{5.5}$$

式中，S 为流失量，g；I 为雨强， mm/h。

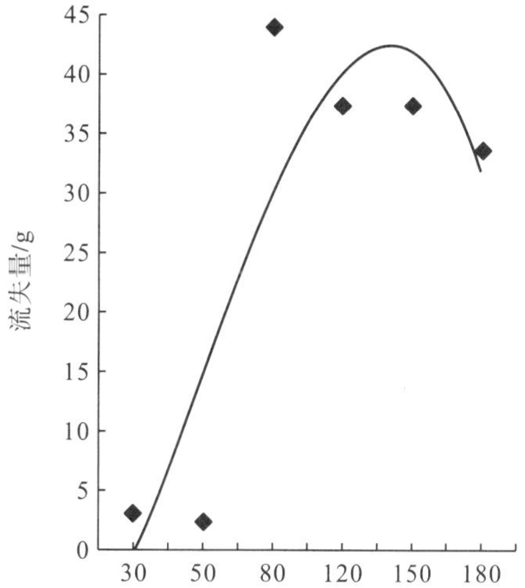

图 5.15　地表推移质流失量与雨强的关系

2) 不同裂隙度地表推移质流失过程

地下裂隙度主要以控制降水渗漏来促进地下水回归地表形成回归流补充地表径流量，增大地表径流侵蚀产沙量。图 5.16 是不同地下裂隙度的地表推移质流失量变化过程。从图 5.16 看出，不同地下裂隙度的地表推移质流失量随降雨过程的变化差异较大，且不同裂隙度水平间的变化差异也明显。其具体过程分别表现为，自降雨开始后的 10 min，各地

下裂隙度水平的推移质流失量均减少，但随降雨进行，各地下裂隙度水平下的流失量变化差异明显增加。地下裂隙度为 1%时，自 20～40 min 呈增长的变化过程，而后回落并在 50 min 时流失量较小，随后在 80 min 出现峰值。地下裂隙度为 2%时总体表现出随降雨历时增长而流失量不断减少的变化规律，但其间出现两次峰值。地下裂隙度为 3%时，在 20～50 min 时段呈现出稳步增长的变化，而后的 50～70 min 时段增减幅度较大，并在 60 min 时，出现峰值，随后的 70～90 min 基本稳定，变幅较小。地下裂隙度为 4%时的变化过程曲线则表现出两极变幅较小而中间时段大的变化过程，峰值出现在 50 min。地下裂隙度为 5%时呈现出随降雨过程不断增长的总体趋势，但中途出现较小幅度的波动现象。

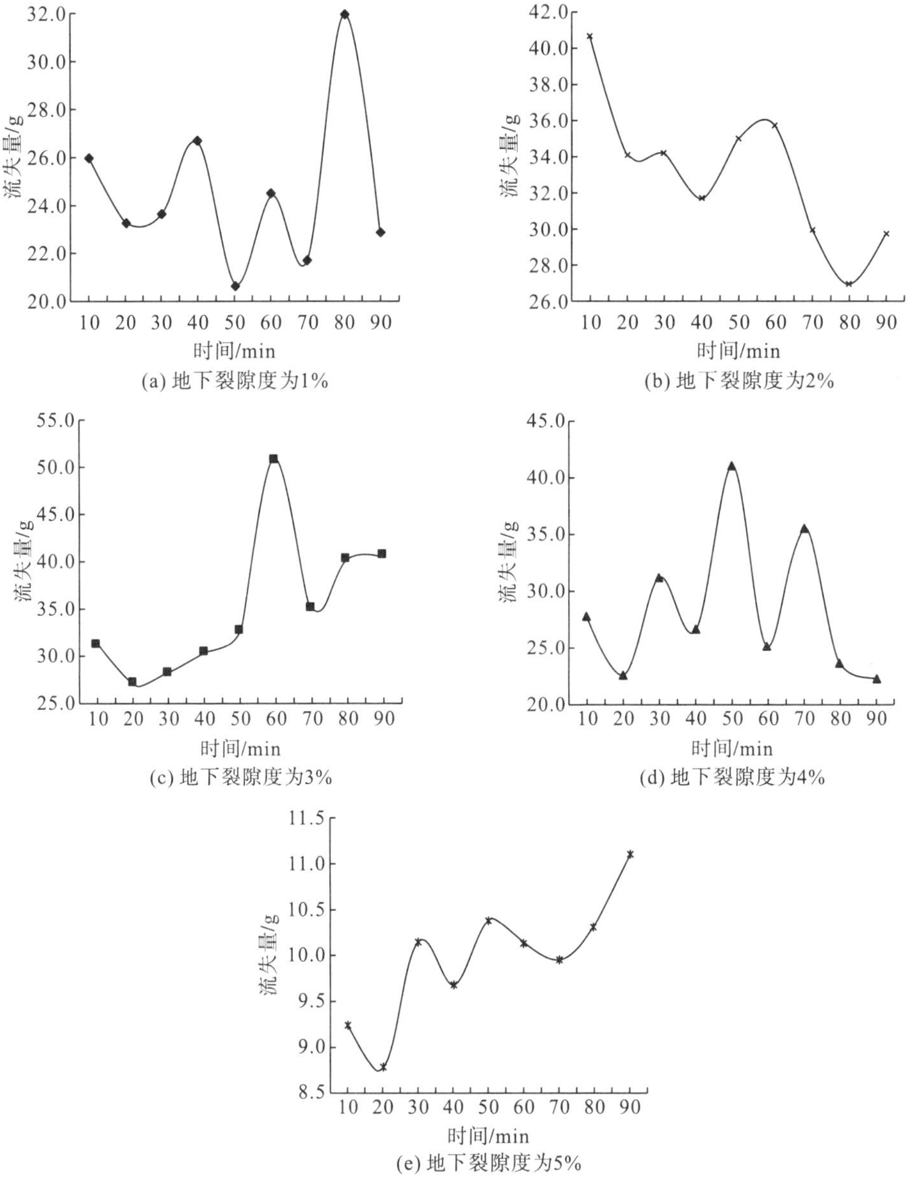

图 5.16 不同地下裂隙度地表推移质流失过程

分析认为，导致地表推移质流失量变化波动的主要原因可能是径流冲刷侵蚀破坏结皮与雨滴打击压实表土结皮的反复交替作用，而变幅的大小则与两种作用过程在不同时段的主次地位有关，当雨滴击溅压实作用占主导地位时，地表被分离的泥沙减少，因此地表推移质流失量降低；而当地表径流冲刷侵蚀占主导地位时，由于径流冲刷侵蚀破坏地表使被压实的土粒发生分离，增大了径流泥沙含量，引起流失量升高。

为了进一步了解地表推移质流失量随地下裂隙度的变化过程及其相互间的关系，将试验数据绘制成图 5.17。

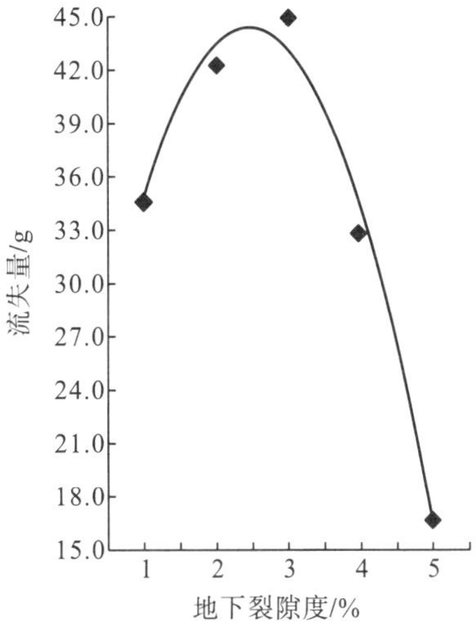

图 5.17　地表推移质流失量与裂隙度的关系

地表推移质流失量随地下裂隙度升高呈先增加而后逐渐减小的变化规律。通过曲线拟合，地表推移质流失量随地下裂隙度变化呈二次函数关系，拟合方程分别为

$$S=-4.4385A^2+22.098A+16.708 \qquad R^2=0.8842 \tag{5.6}$$

式中，S 为流失量，g；A 为地下裂隙度，%。

3) 不同基岩裸露率地表推移质流失过程

在地表推移质的运移过程中，喀斯特地表基岩裸露形成低洼不平的地表微地貌特征有利于推移质的滞留沉积。但在降雨过程中，也因为降水的填洼蓄满外溢易形成细沟股流而有利于地表径流搬运推移质，因此导致推移质流失量在降雨过程中具有明显的规律性。图 5.18 反映了不同基岩裸露率水平下地表推移质流失过程。

10%基岩裸露率的最小变幅小于 5 g/10 min，最大变幅接近 10 g/10 min；20%基岩裸露率的最小变幅小于 1 g/10 min，最大变幅小于 3 g/10 min；30%基岩裸露率的最小变幅小于 1 g/min，最大变幅小于 2.5 g/min；40%基岩裸露率的最小变幅小于 0.5 g/10 min，最大变幅小于 2 g/10 min；50%基岩裸露率的最小变幅小于 1 g/10 min，最大变幅小于 15 g/10 min。通过对比不同基岩裸露率的地表推移质流失量变幅差异发现，不同基岩裸露率的地表推移质流失量的变化稳定性不同。同时从不同基岩裸露率的推移质流失量总体变化规律可知，基岩裸露率为10%、30%及50%时均呈先增长后下降的变化规律；20%基岩裸露率的地表推移质流失过程则表现为不断下降的总体规律；而40%基岩裸露率的推移质流失过程呈现出逐渐上升的总体变化规律。

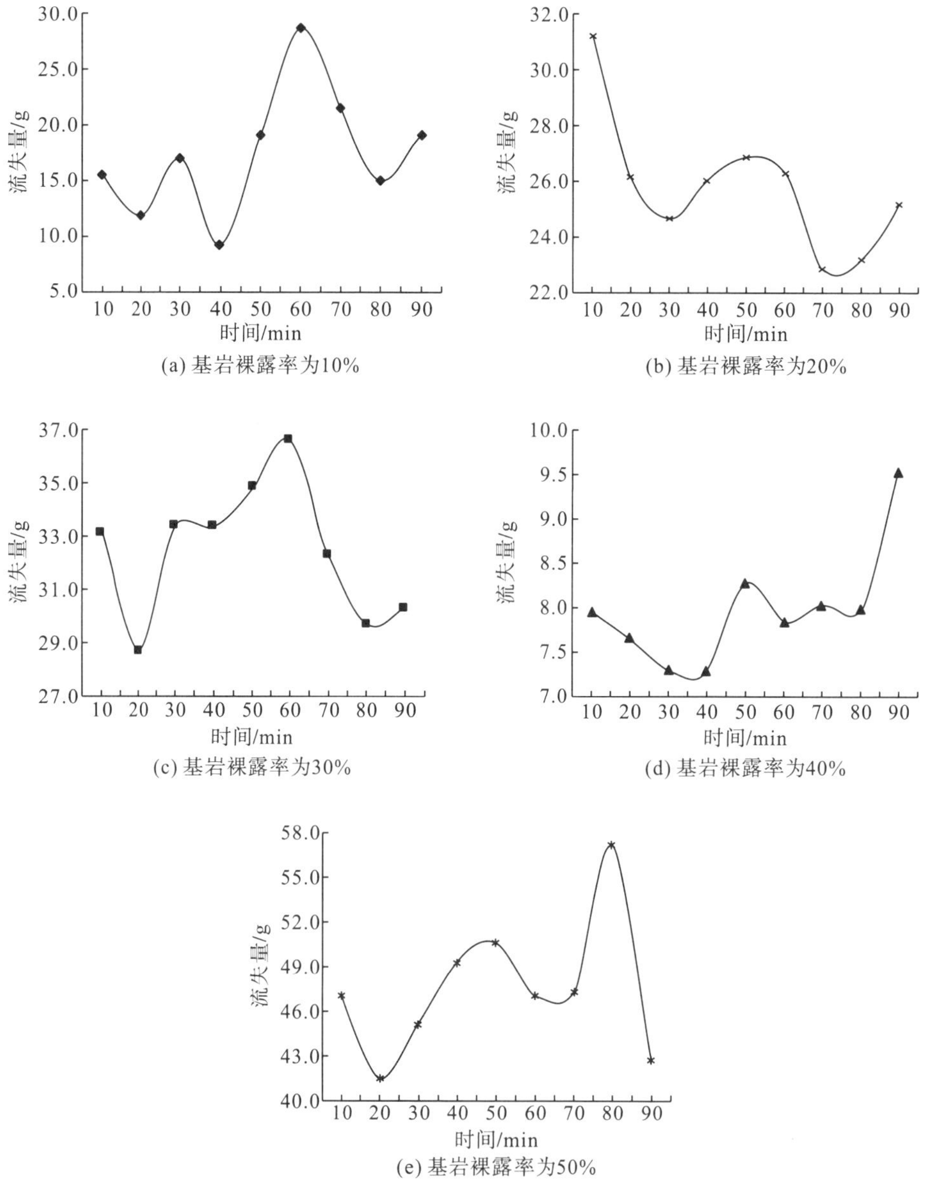

(a) 基岩裸露率为10%

(b) 基岩裸露率为20%

(c) 基岩裸露率为30%

(d) 基岩裸露率为40%

(e) 基岩裸露率为50%

图5.18 不同基岩裸露率地表推移质流失过程

从图 5.19 可知，随基岩裸露率增高，地表推移质流失量的变幅均增大，但不同基岩裸露率的地表推移质流失量变化差异较大，如 10%基岩裸露率的推移质流失量小于20g/10 min，40%基岩裸露率的推移质流失量略等于 20g/10 min，而 50%基岩裸露率的推移质流失量则大于 45 g 10 min。通过分析 10%～30%基岩裸露率的地表推移质流失量随基岩裸露率的变化过程的机理可知，在较小基岩裸露率时，坡面较完整，地表填洼蓄满外溢形成细沟股流的数量较少，且地表容许入渗面积较大，降水入渗率高，坡面不易形成漫流，所以推移质流失量较低；随基岩裸露率增大，地表微地貌破碎程度增加，地表容许入渗面积降低，降水在地表易于形成细沟股流和坡面漫流且流量增大，所以推移质的流失量增多。而对于地表基岩裸露率为 40%～50%时的推移质流失量随基岩裸露率的变化过程，分析认为，可能因为裸露基岩减小了地表径流在坡面的过流宽度从而增大了地表径流的搬运能力，所以地表推移质流失量表现为迅速上升的变化。

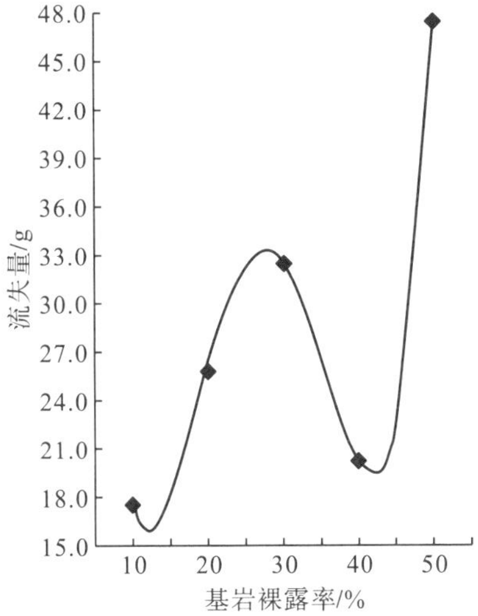

图 5.19　地表推移质流失量与基岩裸露率的关系

通过统计分析，对地表径流搬运推移质的量与基岩裸露率的关系进行曲线拟合，得出地表推移质流失量与基岩裸露率呈多项式函数关系，其函数为

$$S=3.145B^4-34.31B^3+126.395B^2-177.85B+100.1 \qquad R^2=0.9831 \tag{5.7}$$

式中，S 为流失量，g；B 为基岩裸露率，%。

5.3.2　地表侵蚀产沙特征

地表径流侵蚀产沙过程与坡面降雨及地表径流密切相关，降雨分布、雨强、径流分布、径流强度都将直接影响地表土壤侵蚀的发生区域及侵蚀强度。降雨在更大程度上体现为对表土的侵蚀分离过程，而地表径流则既包括有侵蚀的成分，也更多地体现为搬运泥沙引发土壤流失，即产沙过程。

根据试验观测分析，地表土壤侵蚀具有明显的空间差异性，由于在坡上部很难形成地表径流，土壤侵蚀以雨滴溅蚀为主，地表基本不发生土壤流失。而在坡下部，坡面薄层水流的不断补给累积，导致地表径流量不断增大，同时地下水位上移发生地下水托定作用，产生回归流补充地表径流，在地表形成不同深度的坡面漫流及细沟股流侵蚀土壤，致使坡下部不仅仅发生雨滴溅蚀，同时还叠加了地表径流侵蚀的成分。由于地表产流，被雨滴击溅分散和径流冲刷分离的土壤颗粒随水流向下运移，引发地表土壤流失。但在流失的泥沙中，由于地表径流的分布规律显著，而使泥沙来源表现出明显的规律性，如试验过程中所见，通常在产流面的上缘以悬移质流失为主，而在坡下部则以推移质流失为主。

在喀斯特地区，地表基岩裸露是该区域典型的地貌特征。试验观测及数据分析发现，由于大面积裸露基岩的存在，使地表土壤侵蚀并不是在全坡面发生，表现出一定的区域性分布特征，即在裸露的基岩面上因为缺乏侵蚀的物质基础而无土壤侵蚀及土壤流失现象发生，地表径流侵蚀产沙则发生在基岩间的石沟、石槽及石缝等聚集土壤的区域内。对此，本书根据喀斯特地表有无发生侵蚀的物质基础将其划分为可蚀地表与不可蚀地表，而对应的面积则称为可蚀面积与不可蚀面积。

根据喀斯特地表微地貌组成及地质构造特征，通过将不同雨强、地下裂隙度和基岩裸露率的地表径流强度及输沙率过程特征曲线绘制成图 5.20，对喀斯特地表径流侵蚀产沙特征展开分析。

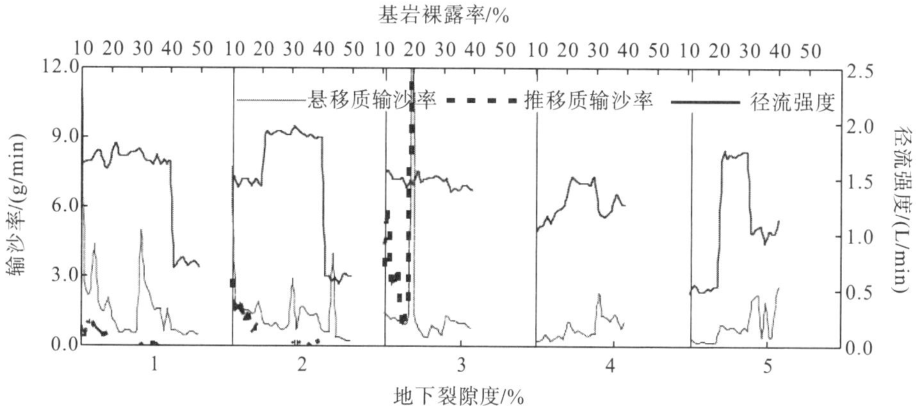

(a) 30 mm/h

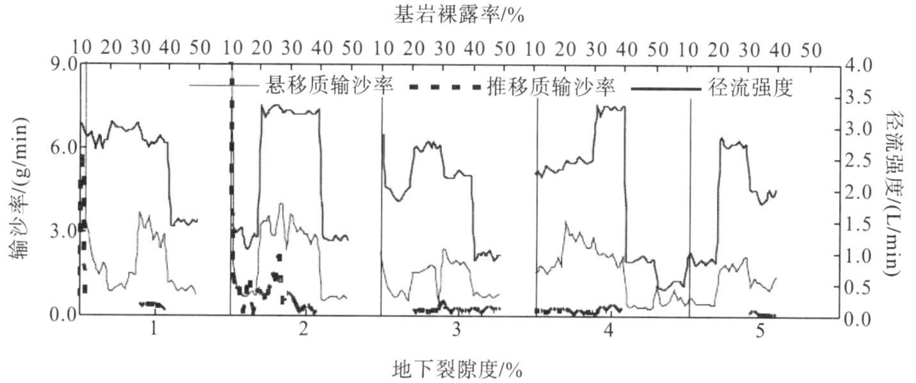

(b) 50 mm/h

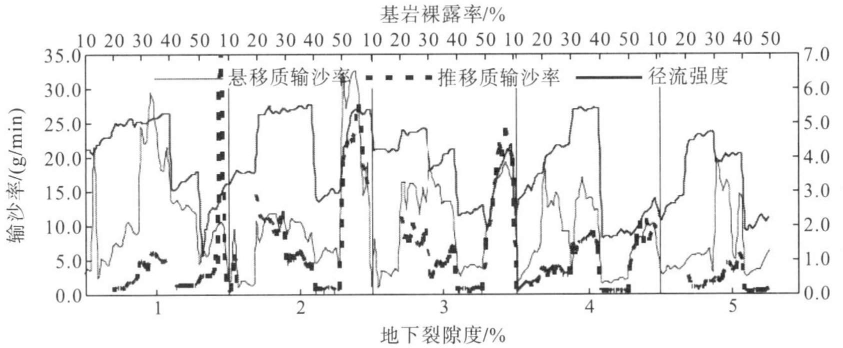

(c) 80 mm/h

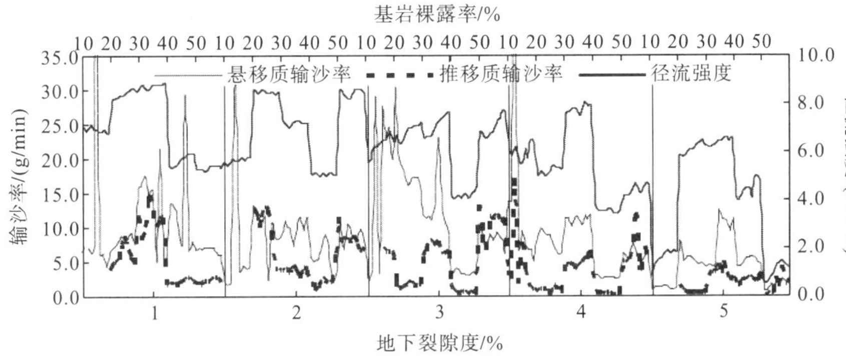

(d) 120 mm/h

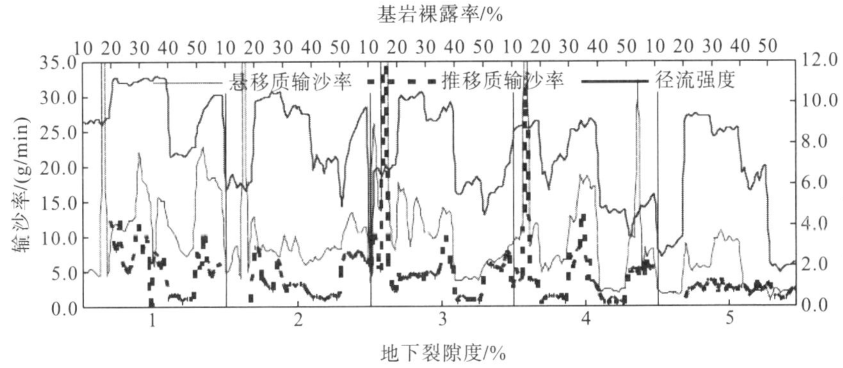

(e) 150 mm/h

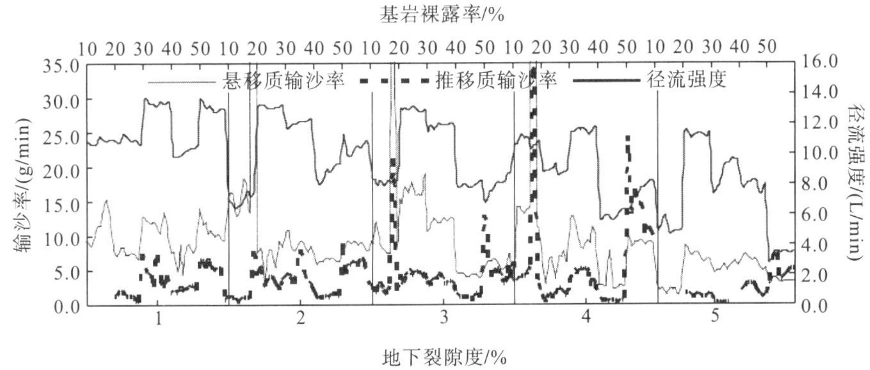

(f) 180 mm/h

图 5.20　石灰土坡面地表径流侵蚀产沙过程特征曲线

由图 5.20 可知，地表径流侵蚀物质中不仅有悬移质，而且还有推移质。在地表所有的产流过程中均有悬移质流失发生，基本是有产流就有悬移质流失，但不一定有推移质流失。对于能否形成推移质流失，通过观察图 5.20 发现，与雨强和径流强度的关系较大，如对比 80 mm/h 雨强到 180 mm/h 雨强的推移质流失过程曲线可知，雨强越大，发生推移质流失的频率越高，但流失量不一定大。从图 5.20 还看出，地表径流侵蚀产沙与地表径流变化较显著，特别是悬移质流失过程基本与径流强度的变化过程一致。通过对比地表推移质与悬移质的输沙率变化过程曲线发现，悬移质流失一直占据整个侵蚀过程的主导地位。这可能是导致试验过程中坡上部土壤随降雨而明显粗骨质化的原因所在。

从同一坡度、不同雨强下的黄壤坡面地表产沙量(表 5.1)可以看出，较小雨强(30 mm/h 和 50 mm/h)由于未产生地表径流，对泥沙的搬运能力较小；当雨强增大到产生地表径流时，泥沙开始流失，并且随着雨强的不断增大，土壤侵蚀模数也不断增大，而且主要是以推移质的形式流失，推移质的量占总产沙量的 67%～73%；泥沙平均浓度随雨强的增大而变小，可能是因为雨强增大，在一定时间内降水量增大，超过了土壤的入渗能力，同时土壤含水量逐渐饱和，地表产流量不断增大，但泥沙总量并没有不断增大或增长速率小于产流速率。

表 5.1 同一坡度、不同雨强下黄壤坡面地表产沙特征(坡度为 20°)

雨强/(mm/h)	裂隙度/%	产沙量/g	含沙量/(g/L)	推移质输沙率/(g/min)	悬移质输沙率/(g/min)	侵蚀模数/[g/(m^2·h)]
80	1	734	1.552	5.918	2.238	86.79
	2	709	1.518	5.719	2.159	83.83
	3	675	1.480	5.445	2.055	79.81
	4	689	1.498	5.558	2.098	81.47
	5	652	1.475	5.259	1.986	77.09
120	1	1153	1.424	8.540	4.271	136.33
	2	1007	1.256	7.459	3.730	119.07
	3	982	1.254	7.274	3.637	116.11
	4	1015	1.283	7.519	3.759	120.01
	5	968	1.275	7.170	3.586	114.46
150	1	1045	0.9415	8.430	3.181	123.56
	2	856	0.7818	6.905	2.606	100.15
	3	942	0.9076	7.570	2.897	111.38
	4	928	0.8805	7.486	2.825	109.73
	5	760	0.7481	6.131	2.314	89.86

注：基岩裸露率为 20%，因雨强为 30 mm/h 和 50 mm/h 时坡面均未产沙，所以表中未列出。

从表 5.2 可以看出，在坡度和降雨条件相同的情况下，不同基岩裸露率产沙量存在差异。基岩裸露率为 20%的地表产沙量都比基岩裸露率为 40%的大，是基岩裸露率为 40%的产沙量的 1.34～1.40 倍；地表侵蚀以推移质为主，基岩裸露率为 20%的推移质输沙率变化范围介于 3.74～5.06 g/min，悬移质输沙率介于 2.70～3.66 g/min，基岩裸露率为 40%的推移质输沙率变化范围介于 3.12～4.54 g/min，悬移质输沙率介于 1.62～2.50 g/min；基岩裸露率不同造成的土壤侵蚀模数也不同，基岩裸露率为 20%的地表土壤侵蚀模数变化范围介于 74.98～83.32 g/(m^2·h)，基岩裸露率为 40%的地表土壤侵蚀模数变化范围介于 53.89～62.35 g/(m^2·h)。

表 5.2　不同基岩裸露率下黄壤坡面地表产沙特征(坡度为 10°，雨强 120 mm/h)

基岩裸露率/%	孔裂隙度/%	产沙量/g	含沙量/(g/L)	推移质输沙率/(g/min)	悬移质输沙率/(g/min)	侵蚀模数/[g/(m^2·h)]
20	1	739	0.990	5.06	3.16	83.32
	2	689	0.960	4.96	2.70	77.68
	3	706	0.980	4.79	3.06	79.60
	4	674	0.950	4.56	2.93	75.99
	5	665	0.950	3.74	3.66	74.98
40	1	553	0.810	4.54	1.62	62.35
	2	497	0.810	3.33	2.20	56.04
	3	528	0.820	3.55	2.33	59.53
	4	505	0.850	3.12	2.50	56.94
	5	478	0.780	3.27	2.05	53.89

由表 5.3 可知，不同坡度的产沙量存在差异。3 个坡度中，坡度为 20°的产沙量最大，其次是 30°，最少的是 10°；地表产沙以推移质为主，占总量的 62%～74%；含沙量随坡度的增大而增大，坡度为 20°的产沙量分别是 10°和 30°的 1.18～1.33 倍和 1.09～1.14 倍；坡度为 20°和 30°的土壤侵蚀模数较大，坡度为 20°的侵蚀模数变化范围介于 77.09～86.79 g/(m^2·h)，坡度为 30°的坡面土壤侵蚀模数介于 76.41～83.72 g/(m^2·h)，坡度为 10°的坡面土壤侵蚀模数介于 55.25～66.07 g/(m^2·h)。

表 5.3　不同坡度条件下的地表产沙特征(基岩裸露率为 20%，雨强为 80 mm/h)

坡度/(°)	地下裂隙度/%	产沙量/g	含沙量/(g/L)	推移质输沙率/(g/min)	悬移质输沙率/(g/min)	侵蚀模数/[g/(m^2·h)]
10	1	596	1.380	4.420	2.210	66.07
	2	564	1.350	4.320	1.960	63.59
	3	572	1.370	4.550	1.820	64.49
	4	533	1.320	3.780	2.150	60.09
	5	490	1.250	3.330	2.130	55.25

续表

坡度/(°)	地下裂隙度/%	产沙量/g	含沙量/(g/L)	推移质输沙率/(g/min)	悬移质输沙率/(g/min)	侵蚀模数/[g/(m²·h)]
20	1	734	1.552	5.918	2.238	86.79
	2	709	1.518	5.790	2.159	83.83
	3	675	1.480	5.445	2.055	79.81
	4	689	1.498	5.558	2.098	81.47
	5	652	1.475	5.259	1.986	77.09
30	1	648	1.580	4.880	2.330	83.08
	2	653	1.620	4.490	2.770	83.72
	3	615	1.550	4.600	2.240	78.85
	4	634	1.660	4.890	2.160	81.29
	5	596	1.590	4.430	2.200	76.41

由不同雨强、不同基岩裸露率、坡度相同条件下的地表侵蚀产沙结果(表 5.4)可知，雨强为 30 mm/h 和 50 mm/h 都不会产生地表径流，随着雨强增大，坡面地表产流产沙量均增大，但同一雨强下，40%基岩裸露率比 20%基岩裸露率的产流产沙量小。随着雨强的增大，地表土侵蚀模数也在不断增大，含沙量却在减小，可能是因为雨强增大，一定时间内到达坡面的雨量增大，雨强远大于土壤入渗速率，形成较多的地表径流，较多的地表径流能够挟带较多的泥沙，但由于地表结皮或岩石的截留等因素，泥沙会在搬运过程中沉积，径流含沙量相对变小。

表 5.4　不同基岩裸露率和不同雨强下黄壤地表产流产沙特征(坡度为 10°，地下裂隙度为 3%)

基岩裸露率/%	雨强/(mm/h)	产流量/L	产沙量/g	含沙量/(g/L)	径流系数	侵蚀模数/[g/(m²·h)]
20	30	0	0	0	0	0
	50	0	0	0	0	0
	80	420	572	1.37	0.59	64.49
	120	725	706	0.98	0.68	79.60
	150	989	912	0.93	0.74	102.82
40	30	0	0	0	0	0
	50	0	0	0	0	0
	80	392	402	1.03	0.56	45.33
	120	644	528	0.82	0.61	59.53
	150	821	640	0.78	0.62	72.16

从图 5.21 中可以看出，在基岩裸露率、雨强及坡度一定的情况下，不同地下裂隙度的坡面地表产流产沙量不同，随着裂隙度的增大，地表径流量和产沙量均减小。分析原因，主要是地下裂隙度的增大，水分向下渗漏的速率就会增大，地表径流量就会相对减少，从而降低了地表径流搬运泥沙的能力，使得地表径流侵蚀模数变小。

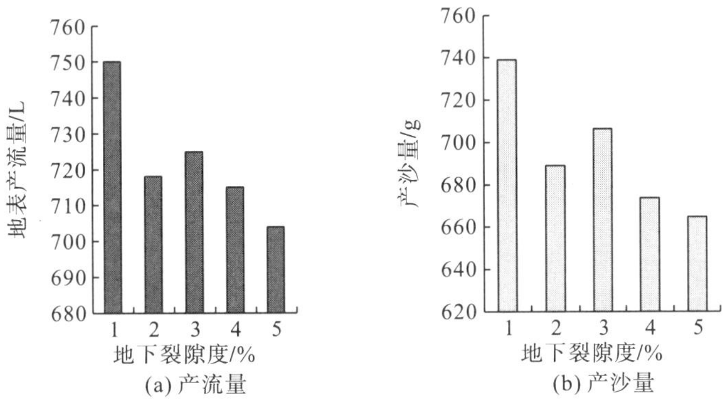

图 5.21　不同地下裂隙度的黄壤坡面地表产流产沙量(基岩裸露率为 20%，雨强为 120 mm/h，坡度为 10°)

5.4　地下漏失过程与特征

5.4.1　地下产沙过程

地下裂隙流侵蚀产沙是喀斯特地区坡面水土流失的特点之一，一直伴随喀斯特土地退化发生与发展的全过程，同时也是引起石漠化的诸多因子中具有较高贡献率的因子。根据彭旭东等(2018a；2018b)的研究结果，地下裂隙产沙过程分析如下。

1. 不同雨强下土壤裂隙漏失过程

图 5.22 为不同雨强下土壤裂隙漏失和地表流失过程。可以看出，各雨强下的土壤裂隙漏失量随降雨历时增加呈先增加后减小的波动变化趋势，且随雨强增加而增大；土壤地表流失量也呈相同变化趋势，但其在雨强为 15 mm/h 和 30 mm/h 时无土壤流失发生，这与其产流过程一致，即发生土壤地表流失的临界雨强也为 30～50 mm/h。当雨强由 15 mm/h 依次增大到 90 mm/h，降雨过程中土壤裂隙漏失量分别在第 6 min、9 min、12 min、9 min 和 18 min 时达到最大值，最大值依次为 0.38 g、0.73 g、1.81 g、3.35 g 和 5.33 g，其土壤裂隙漏失量达到最大值的时间及其最大值均随雨强呈总体增加趋势，说明雨强越大，对土壤裂隙漏失作用越强；土壤地表流失量也具相同变化趋势，雨强由 50 mm/h 依次增大到 90 mm/h，土壤流失量达到最大的时间依次为第 12 min、15 min 和 15 min，最大值依次为 1.78 g、3.17 g 和 6.55 g。

由图 5.23 可以看出，不同雨强下黄壤坡面地下径流侵蚀产沙过程存在差异，在降雨过程中地下径流产沙量会不断波动。30 mm/h 和 50 mm/h 雨强地下径流产沙过程差不多，总体上呈不断下降的趋势，80 mm/h、120 mm/h 和 150 mm/h 雨强的地下径流产沙过程中会出现多个峰值，原因可能是降雨过程中，土壤表层不断形成结皮及破坏的循环交替，导致入渗的波动变化。较小雨强对土壤的击溅和压实作用较弱，形成土壤结皮的时间较长，可能在 60～70 min，较大雨强下，形成土壤结皮所需时间较短，20～30 min 内就会形成结皮。

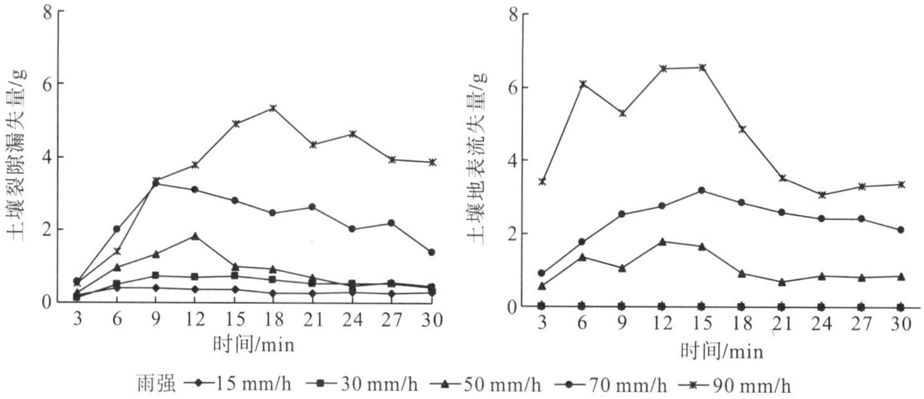

图 5.22　不同雨强下的石灰土坡面土壤裂隙漏失和地表流失过程

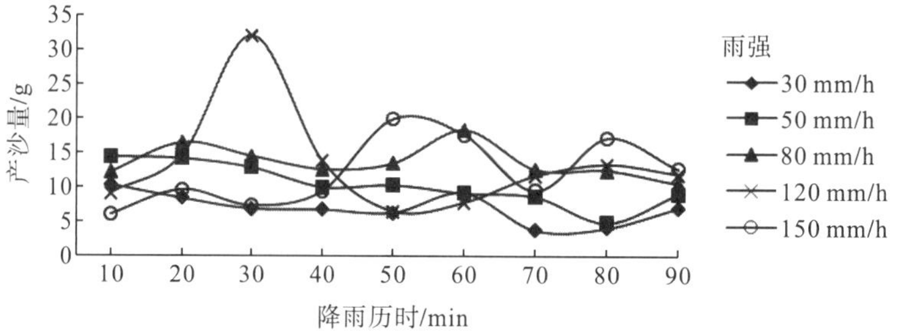

图 5.23　不同雨强黄壤坡面地下裂隙流侵蚀产沙过程(基岩裸露率为 20%，坡度为 20°，地下裂隙度为 3%)

2. 不同坡度下土壤裂隙漏失过程

不同坡度下土壤裂隙漏失和地表流失过程(图 5.24)明显不同于雨强因子作用下的过程。不同坡度下的土壤裂隙漏失量及土壤地表流失量随降雨历时的增加总体亦呈先增加后减小的波动变化趋势，但其波动式较小，且各坡度下的土壤裂隙漏失量及地表流失量数值相差不大，说明坡度对土壤漏失/流失量的影响较径流流失弱。土壤侵蚀/漏失量呈先增加后减小的原因在于，降雨初期，表层土壤较松散，所含土壤细颗粒含量较高，因此随地表径流流失的泥沙含量就多，随着时间的延长，坡面土壤中细颗粒含量逐渐减少，加上雨滴对土壤颗粒的击溅能力一定，因此随径流流失的泥沙含量相应减少。当坡度由 5°依次增大到 25°，降雨过程中土壤裂隙漏失量分别在第 9 min、12 min、12 min、9 min 和 12 min 时达到最大值，其最大值依次为 2.94 g、2.48 g、1.51 g、1.30 g 和 1.81 g，其土壤裂隙漏失量达到最大值的时间及其最大值随坡度增加无明显变化，说明坡度对土壤裂隙漏失作用较弱；土壤地表流失量在降雨过程中达到最大的时间依次为第 9 min、9 min、6 min、6 min 和 12 min，其最大值依次为 0.44 g、0.82 g、1.18 g、1.53 g 和 1.78 g，这进一步说明坡度对土壤地表流失影响较大而对土壤裂隙漏失影响较小。

石灰土坡面地下裂隙流产沙随坡度变化特征如图 5.25 所示。雨强为 15 mm/h 时，不同坡度坡面地下裂隙流产沙小，地下裂隙流产沙在前 10 min 产沙量小，10～20 min 时段内产沙量急剧增加到最高值，此后产沙量减小，最高产沙为 1.528 g/m^2，约 50 min 地下裂隙产沙趋于稳定，不同坡度地下裂隙产沙量相当；50 mm/h 雨强时，坡面地下裂隙产沙为 0.694～5.963 g/m^2，地下裂隙流产沙前 10 min 地下裂隙流产沙量高、产流量小，产沙量先急剧增大，在 20 min 达到最高值，此后产沙量持续减小至 1.281～1.433 g/m^2 时趋于稳定，结合产流产沙过程和实验观测发现降雨 60 min 时地下裂隙流径流含沙量趋于稳定，其产沙量也趋于稳定，不同坡面地下裂隙流产沙量差异较大，5°和 10°坡面产沙量小，15°、20°、25°坡面产沙量高，总体上来说坡度越大，地下裂隙流产沙量越高。雨强为 90 mm/h 时，地下裂隙流产沙量高，坡度越大，地下裂隙流产流过程中产沙量越高，且 15°以上坡面坡度增大，地下裂隙产流过程中产沙量急剧增加。

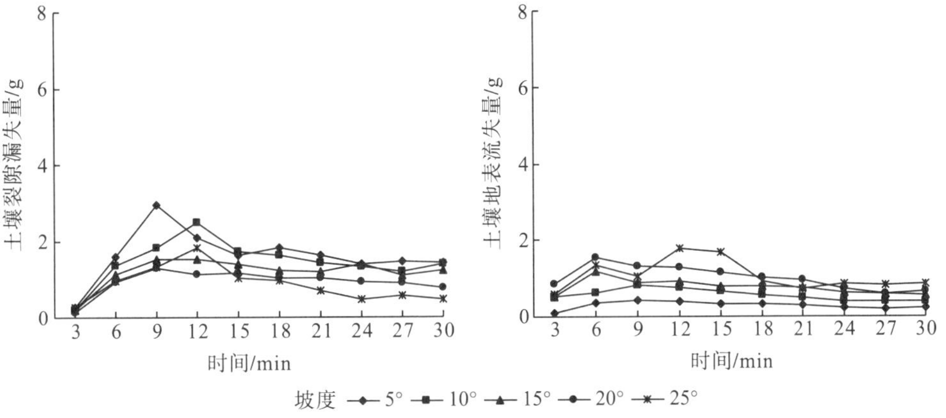

图 5.24　不同坡度下土壤裂隙漏失和地表流失过程

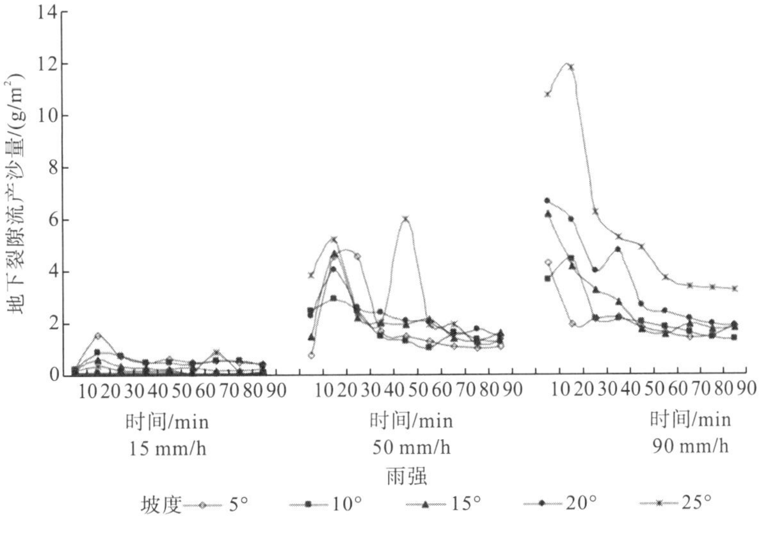

图 5.25　不同坡度下石灰土坡面地下裂隙流产沙

综上所述，坡面无地表径流时，地下裂隙流产流过程中产流产沙量大致相当，地下裂隙产流产沙受坡度影响不明显。坡面产流侵蚀性雨强时，坡面坡度影响水土流失地表地下二元空间分布，不同雨强 5 个试验坡度，坡面坡度为 5°时地下裂隙产流过程中产流量最高，坡度增大，地下裂隙产流过程产流量减小，地下裂隙产流过程中产流量还受雨强影响，雨强从坡面产流时增大，地下裂隙产流过程中产流量减小，而地下裂隙流产过程中产沙量与坡度有关，总体上坡度越大，地下裂隙产流过程中产沙量越高，产沙过程的波动性和突变性削弱了坡度与地下裂隙产流过程中产沙与坡度的相关性。

3. 不同裂隙发育程度下土壤裂隙漏失过程

图 5.26 为不同地下裂隙度下土壤裂隙漏失和地表流失过程。不同地下裂隙度下的土壤裂隙漏失量及土壤地表流失量随降雨历时的增加总体亦呈先增加后减小的波动变化趋势。其中，土壤地表流失量波动及数值最大，且总体随裂隙度增加而减小；而各裂隙度下的土壤裂隙漏失量数值相差不大，说明裂隙发育到一定程度时裂隙度增加对土壤裂隙漏失影响小，而对地表土壤流失量有较大影响。当裂隙度由 1%依次增大到 5%，降雨过程中土壤裂隙漏失量分别在第 15 min、12～18 min、12 min、18 min 和 12 min 时达到最大值，其最大值依次为 0.74 g、0.82 g、0.70 g、1.15 g 和 1.81 g，其土壤裂隙漏失量达到最大值的时间及其最大值随裂隙度增加无明显变化，说明裂隙度的增加对土壤裂隙漏失影响较弱；土壤地表流失量在降雨过程中达到最大的时间依次为第 21 min、21 min、12 min、18 min 和 12 min，其最大值依次为 7.19 g、2.12 g、4.56 g、0.94 g 和 1.78 g，其总体高于相同条件下的土壤裂隙漏失量最大值。

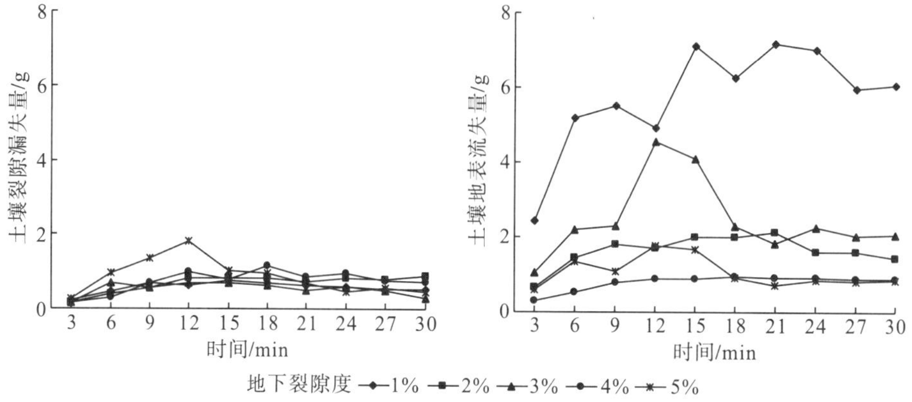

图 5.26 不同地下裂隙度下土壤裂隙漏失和地表流失过程

图 5.27 为不同地下裂隙度、相同雨强和基岩裸露率下的地下产沙过程曲线。从图中可以看出，不同地下裂隙度的地下径流产沙量随降雨历时都有个短暂的增大过程，然后不断减少，而且在 20～40 min 内达到最大值，产沙量随降雨历时在不停地波动，但总体趋势都是降低的。将同一雨强、坡度和基岩裸露率下的产沙量与地下裂隙度进行回归，得到回归方程：

$$Y = 12143X^2 + 121.4X + 192.6 \qquad R^2 = 0.810 \tag{5.8}$$

式中，Y为地下径流产沙量，g；X为地下裂隙度，%；

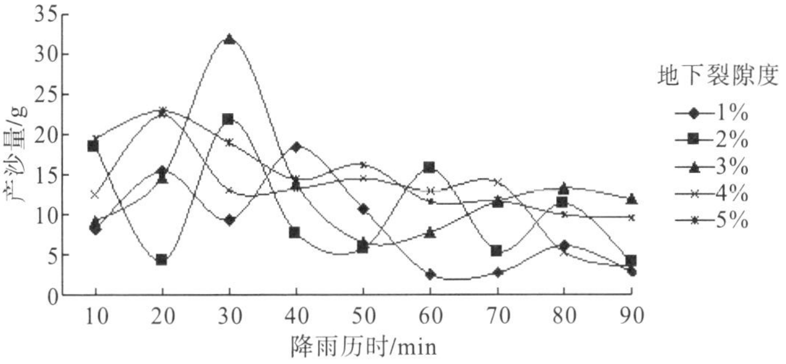

图 5.27　不同地下裂隙度的地下径流侵蚀产沙过程(基岩裸露率为 20%，雨强为 120 mm/h，坡度为 20°)

4. 不同石漠化强度下土壤裂隙漏失过程

图 5.28 为不同基岩裸露率下土壤裂隙漏失和地表流失过程。各基岩裸露率下的土壤裂隙漏失量及土壤地表流失量均随降雨历时的增加总体呈先增加后减小的波动趋势，其中土壤地表流失量波动及数值较大，而各基岩裸露率下的土壤裂隙漏失量数值相差不大，说明基岩裸露率的增大对土壤裂隙漏失影响小，而对地表土壤流失量有较大影响。当基岩裸露率由 10%依次增大到 40%，降雨过程中土壤裂隙漏失量分别在第 12 min、12 min、6 min 和 6 min 时达到最大值，其最大值依次为 0.88 g、1.81 g、2.19 g 和 1.03 g，其土壤裂隙漏失量达到最大值的时间及其最大值随基岩裸露率增加无明显变化，这进一步说明基岩裸露率的增大对土壤裂隙漏失影响较弱；土壤地表流失量在降雨过程中达到最大的时间依次为第 12 min、12 min、15 min 和 27 min，其最大值依次为 1.58 g、1.78 g、5.91 g 和 4.39 g。

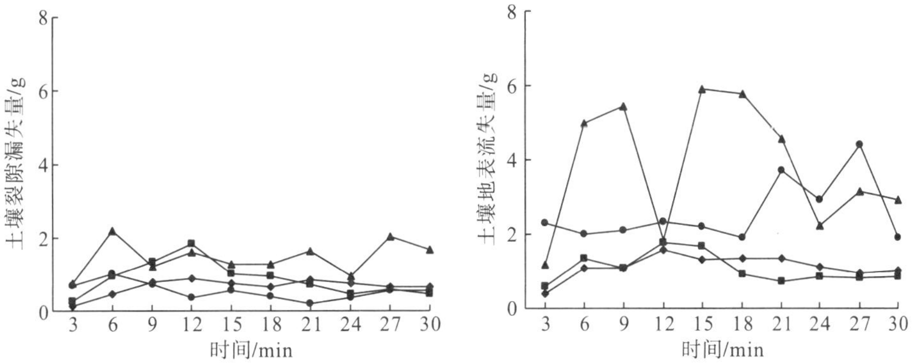

图 5.28　不同基岩裸露率下土壤裂隙漏失和地表流失过程

5.4.2　地下产沙特征

地下裂隙流侵蚀产生的侵蚀物质主要是土壤中的黏粒成分，即悬移质流失。地下裂隙流侵蚀与地下裂隙流的形成及变化呈现出同步性。在降雨试验过程的不同时段，地下裂隙流的含沙量不同，表现出随降雨历时增长而越来越清澈的变化规律。地下裂隙流的含沙量变化与地表结皮的形成过程表现出同步性，地表结皮发育越完善，地下裂隙流越清澈。

在试验所进行的各场次降雨过程中均有地下裂隙流发生，且都有不同程度的地下悬移质流失现象。通过试验观测还发现，地下裂隙流侵蚀发生的条件相对于地表径流侵蚀较容易发生，但有地下裂隙流是地下裂隙流侵蚀发生的先决条件，这可联系前面章节来解释说明。

通过观察分析图 5.29 发现，地下裂隙流悬移质输沙率变化过程曲线的变化动态与径流强度变化过程特征曲线的变化基本吻合，即地下裂隙流强度增大时，地下裂隙流输沙率也增大，但输沙率的变化过程并不是径流强度变化过程特征曲线的水平位移，其具体的变化过程表现出随径流强度增加而波动性增强的变化特征。

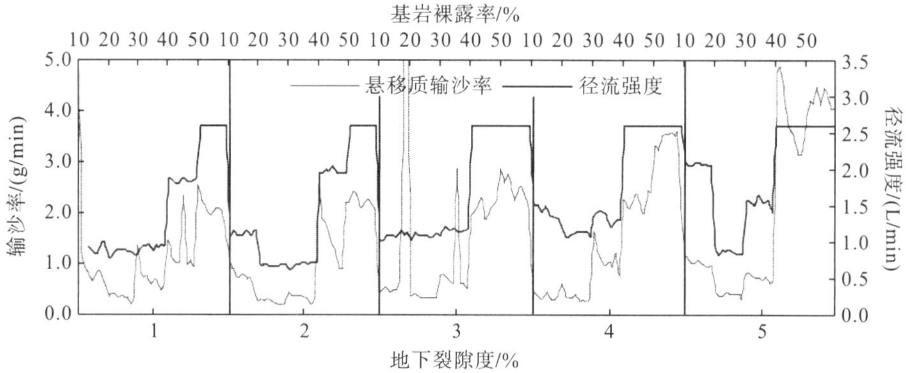

(a) 30 mm/h

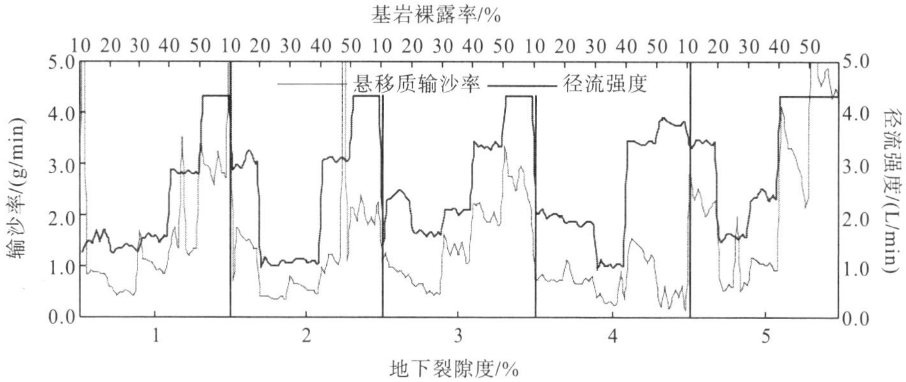

(b) 50 mm/h

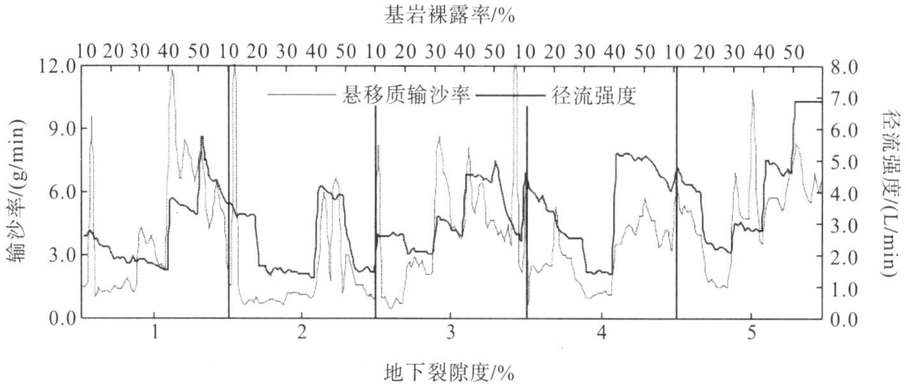

(c) 80 mm/h

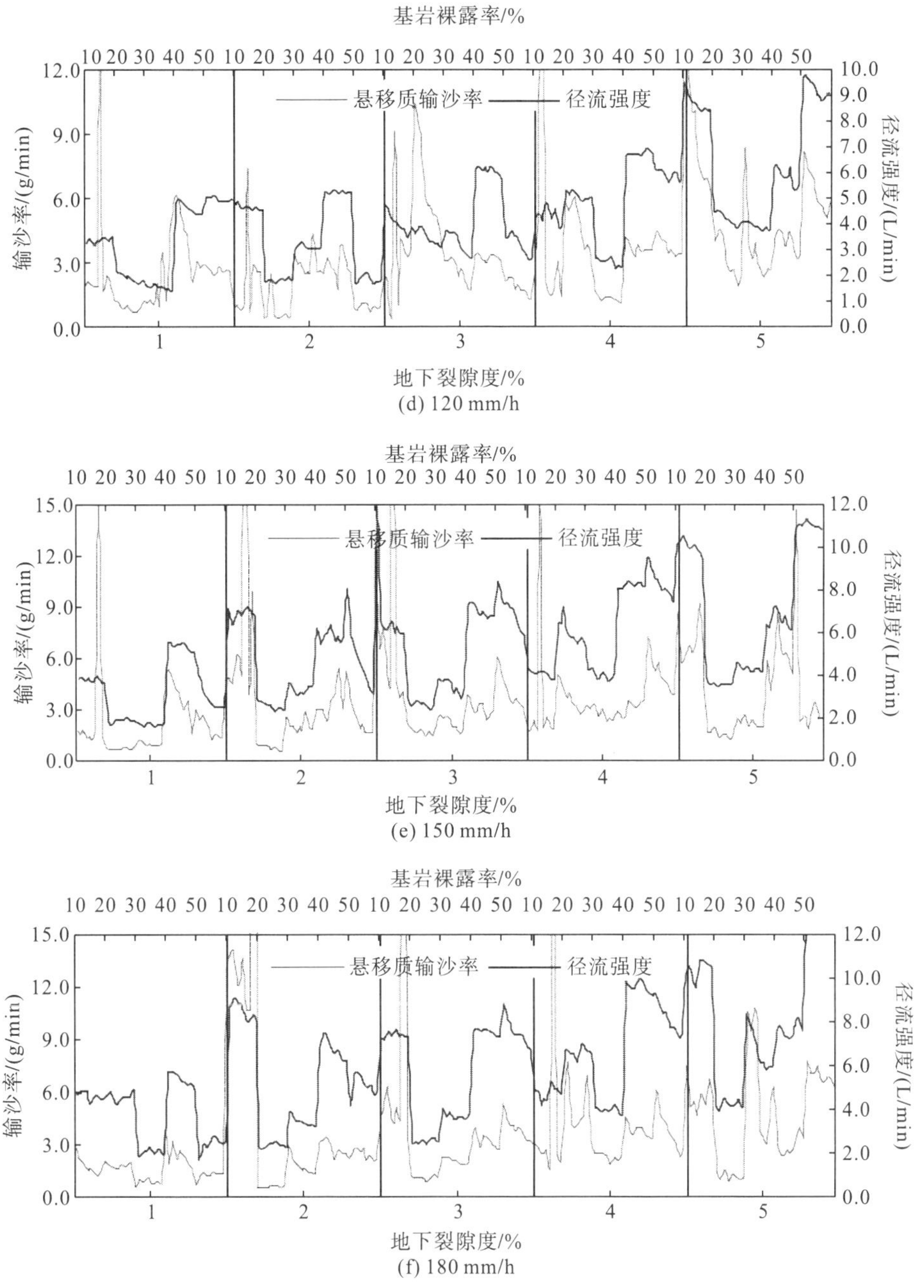

图 5.29　石灰土坡面地下裂隙侵蚀产沙过程特征曲线

可见，地下裂隙流悬移质输沙率变化过程特征曲线的峰值分布与径流强度变化过程特征曲线的峰值分布基本吻合，均集中发生在具有较高基岩裸露率和大裂隙度组合的坡面，这可能是导致喀斯特坡面土壤流失一旦达到一定程度以后，则呈现出愈演愈烈的流失特征的主要原因之一。从图 5.29 还发现，地下裂隙流悬移质输沙率随雨强的增加，呈先增大而后逐渐降低的变化特征。

由表 5.5 可知，坡度相同的条件下，不同雨强黄壤坡面地下产流量不同。雨强为 50 mm/h 的地下产流量最大，其次是 30 mm/h，较大雨强产生的地下裂隙流较少，雨强为 80 mm/h、120 mm/h 和 150 mm/h 的地下产流量相差不大，可能是雨强增大，一段时间内造成较多的地表径流所致；地下径流系数随雨强的增大而不断减小，雨强在 30 mm/h 和 50 mm/h 下，由于坡面没有产生地表径流，当土壤蓄满后，降雨大部分随土壤裂隙形成壤中流或向下入渗经地下裂隙流出，雨强为 30 mm/h 和 50 mm/h 的径流系数变化范围均为 0.94～0.99，雨强为 80 mm/h 和 120 mm/h 的径流系数变化范围分别为 0.28～0.33 和 0.19～0.23，150 mm/h 的径流系数变化范围为 0.12～0.19，不同雨强下的地下径流系数最大值与地下裂隙度最大值对应；地下产流量随地下裂隙度的增大而增大，但增幅较小。

表 5.5 不同雨强下黄壤坡面地下裂隙产流特征（坡度为 20°，基岩裸露率为 20%）

雨强/(mm/h)	地下裂隙度/%	产流总量/L	径流强度/(L/min)	单宽流量/[L/(min·m)]	径流系数
30	1	240	2.667	1.778	0.95
	2	239	2.656	1.771	0.94
	3	245	2.722	1.815	0.97
	4	247	2.745	1.830	0.97
	5	251	2.789	1.859	0.99
50	1	398	4.422	2.948	0.94
	2	404	4.489	2.993	0.96
	3	410	4.556	3.037	0.97
	4	414	4.600	3.067	0.98
	5	419	6.983	4.655	0.99
80	1	191	2.122	1.415	0.28
	2	194	2.156	1.437	0.29
	3	204	2.267	1.511	0.30
	4	202	2.245	1.497	0.30
	5	220	2.445	1.630	0.33
120	1	195	2.167	1.445	0.19
	2	197	2.189	1.459	0.19
	3	216	2.400	1.600	0.22
	4	208	2.311	1.541	0.20
	5	232	2.578	1.719	0.23
150	1	148	1.645	1.097	0.12
	2	158	1.756	1.171	0.12
	3	210	2.333	1.555	0.17
	4	195	2.167	1.445	0.15
	5	236	2.622	1.748	0.19

表 5.6 为不同雨强和地下裂隙度，同等坡度下的地下径流产沙状况。从表中可以看出，不同的雨强产沙量不同；相同雨强下，地下裂隙度不同造成的产沙量也不同；雨强越大，侵蚀模数越大。

表 5.6　不同雨强和裂隙度下黄壤坡面地下产沙状况(坡度为 20°，基岩裸露率为 20%)

雨强/(mm/h)	地下裂隙度/%	产沙量/g	含沙量/(g/L)	悬移质输沙率/(g/min)	侵蚀模数/[g/(m²·h)]
30	1	54	0.225	0.600	6.385
	2	59	0.247	0.656	6.976
	3	62	0.253	0.689	7.331
	4	71	0.287	0.789	8.395
	5	84	0.335	0.933	9.933
50	1	60	0.151	0.667	7.095
	2	71	0.176	0.789	8.395
	3	93	0.227	1.033	10.99
	4	100	0.242	1.111	11.82
	5	121	0.289	1.344	14.31
80	1	75	0.393	0.833	8.868
	2	88	0.454	0.978	10.41
	3	122	0.598	1.356	14.43
	4	117	0.579	1.300	13.83
	5	132	0.600	1.467	15.61
120	1	75	0.385	0.833	8.868
	2	93	0.472	1.033	10.99
	3	120	0.556	1.333	14.19
	4	110	0.529	1.222	13.01
	5	134	0.578	1.489	15.84
150	1	66	0.446	0.733	7.804
	2	83	0.525	0.922	9.814
	3	109	0.519	1.211	12.89
	4	128	0.656	1.422	15.14
	5	132	0.559	1.467	15.61

降雨过程中，雨滴的打击使土壤表层趋于紧实，容积密度增加，同时，一些土壤细颗粒随着水分的入渗逐渐填塞表层土壤裂隙，形成淋入层，从而形成土壤表层结皮，阻碍了降雨径流的入渗(吴发启和范文波，2005)。在形成结皮的过程中，降雨以打击夯实作用为主，径流以淤积压实作用占主导地位，坡度也会影响结皮的形成(吴发启和范文波，2002)。范云涛等(2009)研究发现土壤团聚体稳定性影响土壤的结皮发育。

为进一步研究雨强与地下径流产沙量的关系，将不同雨强下的产沙量与雨强进行曲线拟合(图 5.30)，得到的拟合方程为二次方程，即

$$Y = -0.006X^2 + 1.450X + 30.38 \qquad R^2 = 0.969 \tag{5.9}$$

式中，Y为产沙量，g；X为雨强，mm/h。

由不同坡度、同等雨强下的地下径流产流产沙结果(表 5.7)可知，10°坡面的地下产流产沙比 20°和 30°坡面的产流产沙多，坡度为 10°和 30°的不同地下裂隙度的地下径流系数均比 20°相应裂隙度的要大，坡度为 10°的地下侵蚀模数介于 11.62～18.62g/(m²·h)，坡度为 20°的侵蚀模数介于 8.868～15.61 g/(m²·h)，30°的侵蚀模数介于 10.01～16.43 g/(m²·h)。究其原因，可能是同等雨强下，坡度越小，越不容易产生地表径流，土壤入渗的水分就相

对较多，地下裂隙流与土壤的相互作用就会加剧，造成的水土流失就会严重一点；随着坡度的增大，坡面地表径流越易形成，地表土层较易被剥离，雨水的下渗量相对稳定，造成的地下裂隙流侵蚀产沙也不会变化太大。

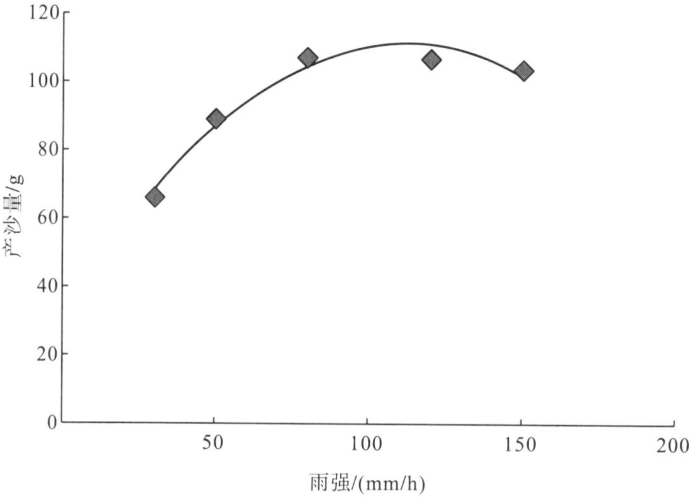

图 5.30 不同雨强下黄壤坡面地下径流产沙量

表 5.7 不同坡度下黄壤地下裂隙产流产沙量(雨强为 80 mm/h，基岩裸露率为 20%)

坡度/(°)	地下裂隙度/%	产流量/L	产沙量/g	径流系数	侵蚀模数/[g/(m²·h)]
10	1	267	103	0.38	11.62
	2	278	121	0.39	13.65
	3	276	125	0.39	14.10
	4	288	146	0.41	16.47
	5	306	165	0.43	18.62
20	1	191	75	0.28	8.868
	2	194	88	0.29	10.41
	3	204	122	0.30	14.43
	4	202	117	0.30	13.83
	5	220	132	0.33	15.61
30	1	201	78	0.32	10.01
	2	210	92	0.34	11.80
	3	217	115	0.35	14.75
	4	229	113	0.37	14.50
	5	238	128	0.38	16.42

从不同基岩裸露率的产沙产流结果(表 5.8)可以看出，随着基岩裸露率的增大，地下产流量和产沙量均增大，基岩裸露率增大到 40%时，地下产流量和产沙量分别增加了 27%～41%和 40%～75%，基岩裸露率为 20%的地下径流系数为 0.19～0.23，基岩裸露率为 40%的地下径流系数为 0.24～0.30。

表 5.8　不同基岩裸露率下黄壤坡面地下裂隙流侵蚀产沙量(雨强为 120 mm/h)

基岩裸露率%	地下裂隙度/%	产流量/L	产沙量/g	径流系数	侵蚀模数/[g/(m²·h)]
20	1	195	75	0.19	8.868
	2	197	93	0.19	10.41
	3	216	120	0.22	14.43
	4	208	110	0.20	13.83
	5	232	134	0.23	15.61
40	1	247	105	0.24	12.42
	2	265	132	0.26	15.61
	3	269	188	0.27	22.23
	4	293	192	0.29	22.70
	5	302	208	0.30	24.60

图 5.31 为坡度和基岩裸露率交互作用下的地下径流产流产沙状况，从图 5.31 中可以看出，不同坡度、不同基岩裸露率的坡面地下径流产流产沙差异显著，在各坡度下，基岩裸露率为 40%的坡面地下产流量和产沙量要比基岩裸露率为 20%的多，当坡度为 30°时，相同基岩裸露率下的产流量和产沙量并未因为坡度增加而比坡度为 20°的地下产流量和产沙量多，而是和坡度为 20°的相差不大，说明坡度增大对土壤水分入渗的影响逐渐变小；同一坡度下，基岩裸露率较大的产流量和产沙量比基岩裸露率较小的产流产沙量大，可能是由水分沿土壤与岩石的接触面向下入渗导致的。

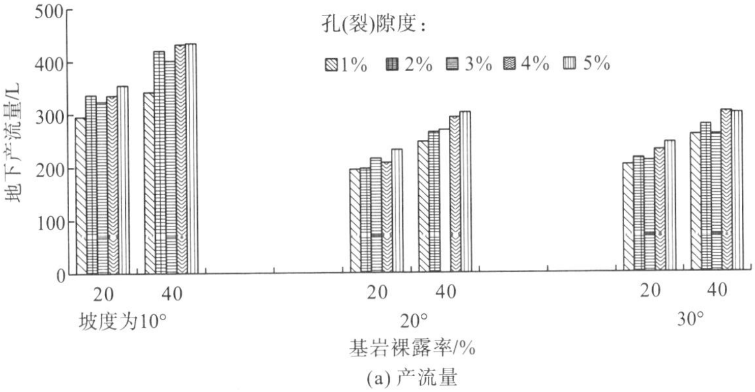

(a) 产流量

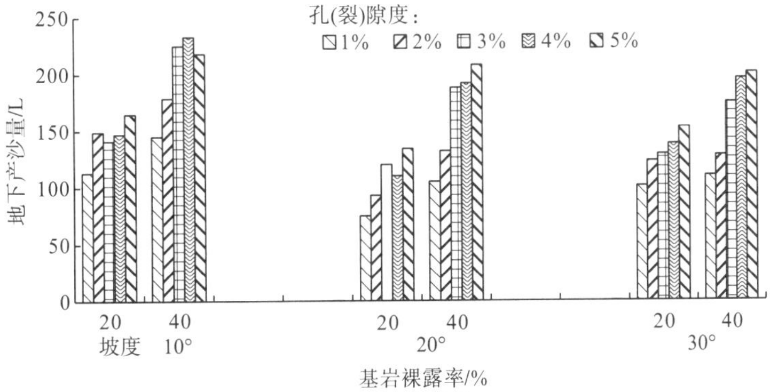

(b) 产沙量

图 5.31　不同坡度和不同基岩裸露率下黄壤坡面地下产流产沙(雨强为 120 mm/h)

5.4.3 侵蚀/漏失分布特征

1. 不同雨强下土壤裂隙漏失量及其分配比例

表 5.9 为不同雨强下土壤裂隙漏失和土壤地表流失(侵蚀)统计特征。土壤裂隙漏失及地表流失总量、平均漏失/流失量、最大漏失/流失量均随雨强增大而增加(除地表未产流外)，与径流变化一致，雨强仍是决定土壤漏失大小的关键因素。从降雨过程中各阶段土壤漏失/流失量的变异系数可知，各雨强下土壤裂隙漏失的变异系数高于相同雨强下的土壤地表流失量变异系数，这与水分漏失变化一致，说明水土裂隙漏失过程较地表流失过程复杂。从不同雨强下的流失比例来看，当雨强为 15 mm/h 和 30 mm/h 时，土壤裂隙漏失比例为 100%，土壤地表流失比例为 0；而当雨强为 50 mm/h、70 mm/h 和 90 mm/h 时，土壤裂隙漏失比例在 48.8%以下，土壤地表流失比例高于 51.2%，这表明喀斯特坡地的土壤流失方式是一个随雨强变化而变化的过程，即随雨强增加由一个从地下漏失到地表流失的转变过程，小雨强时主要以漏失为主，而在大雨强(大暴雨)下主要以地表侵蚀的形式发生。

表 5.9 不同雨强下土壤裂隙漏失和土壤地表流失特征

类型	雨强/(mm/h)	总量/(g/m)	平均值/[g/(min·m^2)]	最大值/[g/(min·m^2)]	最小值/[g/(min·m^2)]	极差/[g/(min·m^2)]	变异系数/%	流失/漏失比例/%
地表流失	15	0	0.00	0.00	0.00	0.00	—	0.0
	30	0	0.00	0.00	0.00	0.00	—	0.0
	50	1.95	0.07	0.11	0.04	0.07	38.09	55.6
	70	4.32	0.14	0.19	0.05	0.14	27.33	51.2
	90	8.46	0.28	0.40	0.19	0.21	30.99	56.1
裂隙漏失	15	0.57	0.02	0.02	0.01	0.01	21.27	100.0
	30	0.99	0.03	0.04	0.01	0.04	34.03	100.0
	50	1.56	0.05	0.11	0.02	0.09	54.55	44.4
	70	4.11	0.14	0.20	0.04	0.16	35.84	48.8
	90	6.63	0.22	0.33	0.03	0.29	42.37	43.9

2. 不同坡度下土壤裂隙漏失量及其分配比例

表 5.10 为不同坡度下土壤裂隙漏失和土壤地表流失特征。可以看出，不同坡度下的土壤裂隙漏失总量、平均漏失量、最大漏失量均随坡度增大而减小，而土壤地表流失总量、平均流失量、最大流失量则随坡度增大而增加，与径流变化一致，陡坡条件同样易于发生土壤地表流失而缓坡易于发生土壤裂隙漏失。从降雨过程中各阶段土壤漏失/流失量的变异系数可知，不同坡度下土壤裂隙漏失量的变异系数同样高于相同坡度下的土壤地表流失量变异系数，这与水分漏失变化一致，不同坡度下水土裂隙漏失过程较地表流失过程复杂。从流失比例来看，当坡度在 5°～15°时，土壤裂隙漏失比例在 60.5%～84.6%，而土壤地表流失比例在 15.4%～39.5%，当坡度为 20°～25°时，其土壤裂隙漏失比例在 44.4%～47.9%，

而土壤地表流失比例在 52.1%～55.6%，这表明喀斯特坡地的土壤流失方式亦是一个随坡度变化而变化的过程，即随坡度增加由一个从地下漏失到地表流失的转变过程，缓坡(5°～15°)时主要以漏失为主，而陡坡(20°～25°)时主要以地表流失的形式发生。

表 5.10　不同坡度下土壤裂隙漏失和土壤地表流失特征

类型	坡度/(°)	总量/(g/m)	平均值/[g/(min·m^2)]	最大值/[g/(min·m^2)]	最小值/[g/(min·m^2)]	极差/[g/(min·m^2)]	变异系数/%	流失比例或漏失比例/%
地表流失	5	0.49	0.02	0.02	0.01	0.02	34.36	15.4
	10	0.95	0.03	0.05	0.02	0.02	28.19	28.2
	15	1.32	0.04	0.07	0.03	0.04	26.05	39.5
	20	1.80	0.06	0.09	0.04	0.05	30.54	52.1
	25	1.95	0.07	0.11	0.04	0.07	38.09	55.6
裂隙漏失	5	2.71	0.09	0.16	0.01	0.15	41.19	84.6
	10	2.46	0.08	0.14	0.01	0.13	39.20	71.8
	15	2.04	0.07	0.09	0.01	0.08	32.07	60.5
	20	1.66	0.06	0.08	0.01	0.07	33.66	47.9
	25	1.57	0.05	0.11	0.02	0.09	54.55	44.4

3. 不同裂隙发育程度下土壤裂隙漏失量及其分配比例

表 5.11 为不同裂隙度下土壤裂隙漏失和土壤地表流失特征。不同裂隙度下的土壤裂隙漏失总量、平均漏失量、最大漏失量均随裂隙度无明显变化规律，而土壤地表流失总量、平均流失量、最大流失量则总体随裂隙度增大而减小，表明裂隙度增加并不会加大土壤裂隙漏失量，反而对土壤地表流失有减小作用。不同裂隙度下土壤裂隙漏失的变异系数总体亦高于相同裂隙度下的土壤地表流失量变异系数。不同裂隙度下(1%～5%)土壤裂隙漏失比例在 9.0%～48.4%，而土壤地表流失比例在 51.6%～91.0%，说明各裂隙度下的土壤流失总体以地表流失为主。

表 5.11　不同裂隙度下土壤裂隙漏失和土壤地表流失特征

类型	裂隙度/%	总量/(g/m)	平均值/[g/(min·m^2)]	最大值/[g/(min·m^2)]	最小值/[g/(min·m^2)]	极差/[g/(min·m^2)]	变异系数/%	流失比例或漏失比例/%
地表流失	1	10.62	0.35	0.44	0.15	0.29	24.62	91.0
	2	3.01	0.10	0.13	0.04	0.09	25.70	70.4
	3	4.53	0.15	0.28	0.06	0.22	42.82	82.1
	4	1.44	0.05	0.06	0.02	0.04	26.54	51.6
	5	1.95	0.07	0.11	0.04	0.07	38.09	55.6
裂隙漏失	1	1.05	0.04	0.05	0.01	0.03	25.05	9.0
	2	1.26	0.04	0.05	0.01	0.04	34.06	29.6
	3	0.99	0.03	0.04	0.01	0.03	32.41	17.9
	4	1.35	0.05	0.07	0.01	0.06	41.36	48.4
	5	1.56	0.05	0.11	0.02	0.09	54.55	44.4

4. 不同石漠化强度下土壤裂隙漏失量及其分配比例

表 5.12 为不同基岩裸露率下土壤裂隙漏失和土壤地表流失特征。各基岩裸露率下的土壤裂隙漏失总量、平均漏失量、最大漏失量均随基岩裸露率增大呈先增加后减小趋势，而土壤地表流失总量、平均流失量、最大流失量则呈先减小后增加又减小的变化，说明基岩裸露率对土壤地表流失及土壤裂隙漏失影响较为复杂。究其原因，主要是当基岩裸露率较小时，地表微地貌较为完整，地表径流阻力相对较小，同时基岩裸露面积较小则坡面可蚀面积较大，降雨径流侵蚀的泥沙量大；随基岩裸露率增加，地表微地貌破碎程度增大，地表径流阻力随之增强，然而基岩裸露面积大则坡面可蚀面积小，坡面侵蚀的泥沙量较少。不同基岩裸露率下(10%～40%)土壤裂隙漏失比例在 17.5%～44.6%，而土壤地表流失比例在 55.4%～82.5%，说明各基岩裸露率下的土壤流失总体以地表流失为主。

表 5.12 不同基岩裸露率下土壤裂隙漏失和土壤地表流失特征

类型	基岩裸露率/%	总量/($g \cdot m^{-2}$)	平均值/($g \cdot min^{-1} \cdot m^{-2}$)	最大值/($g \cdot min^{-1} \cdot m^{-2}$)	最小值/($g \cdot min^{-1} \cdot m^{-2}$)	极差/($g \cdot min^{-1} \cdot m^{-2}$)	变异系数/%	流失比例或漏失比例/%
地表流失	10	2.06	0.07	0.10	0.02	0.07	28.57	63.0
	20	1.95	0.07	0.11	0.04	0.07	38.09	55.4
	30	6.98	0.23	0.36	0.07	0.29	45.86	72.3
	40	4.73	0.16	0.27	0.12	0.15	32.89	82.5
裂隙漏失	10	1.21	0.04	0.05	0.01	0.04	32.91	37.0
	20	1.57	0.05	0.11	0.02	0.09	54.55	44.6
	30	2.67	0.09	0.13	0.05	0.09	31.14	27.7
	40	1.00	0.03	0.06	0.01	0.05	43.21	17.5

5.5 自然降雨下地表产沙过程与特征

5.5.1 地表土壤流失过程

本书主要是对贵州大学林学院南区的 8 个径流小区进行次自然降雨产沙产流的观测。在 2011 年 3 月初，将各径流小区的草用锄头锄掉，之后再没对径流小区进行干扰。随着降雨量的增多，径流小区地表产流量经历一个先升高，变稳定，然后再升高的过程，降水量为 10.3～56.2 mm 时，径流小区地表产流量变化不大，基本上比较稳定，但有大暴雨时，地表径流量会迅速增大，因为在同一个径流小区上，条件基本相同，当坡面上接受的雨水很多时，雨强大于土壤入渗速率，坡面以超渗产流为主，造成地表径流产生较多(表 5.13，图 5.32)。

表 5.13　各径流小区的产流量和含沙量

日期(年-月-日)	参数	小区编号							
		1#	2#	3#	4#	5#	6#	7#	8#
2011-5-11	产流量/L	70	44	66	45	42	28	40	64.8
	含沙量/(g/L)	0.065	0.386	1.102	0.480	0.693	0.689	0.426	0.428
2011-5-21	产流量/L	70	56	70	57	40	36	35	55
	含沙量/(g/L)	0.065	0.296	0.379	1.082	0.692	0.489	0.530	0.280
2011-6-5	产流量/L	135	100	142	110	93	80	84	150
	含沙量/(g/L)	0.017	0.104	0.123	0.290	0.128	0.113	0.077	0.107
2011-6-10	产流量/L	69	47	78	45	35	30	43	69
	含沙量/(g/L)	0.030	0.188	0.136	0.57	0.513	0.195	0.225	0.121
2011-6-18	产流量/L	66	53	110	56	45	47	45	72
	含沙量/(g/L)	0.014	0.073	0.107	0.504	0.304	0.033	0.037	0.089
2011-8-5	产流量/L	67	61	85	45	42	36	70	69.2
	含沙量/(g/L)	0.368	0.155	0.152	0.60	0.678	0.206	0.185	0.118
2011-9-9	产流量/L	16	15	20	18	11	13	18	20
	含沙量/(g/L)	0.035	0.072	0.094	0.152	0.164	0.138	0.160	0.190

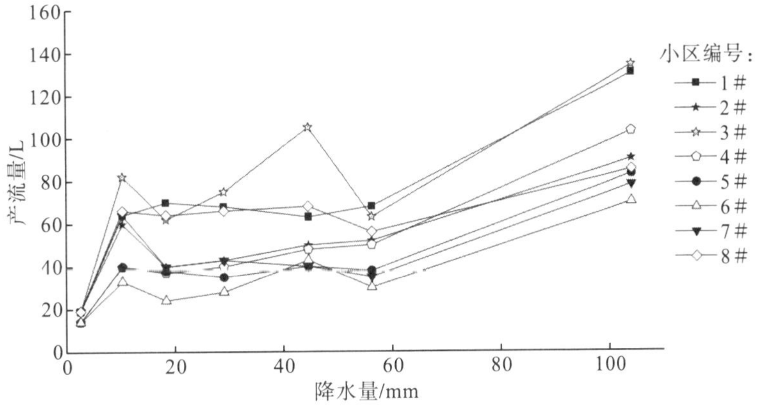

图 5.32　各径流小区的产流量和降雨量的关系

由径流小区的观测值(表 5.14)可知，随着坡度的增加，土壤侵蚀模数增加，变化趋势为指数型增长，进一步对不同降雨量下的土壤侵蚀模数与坡度进行回归，得到如下结果(表 5.15)。从表 5.15 中的相关系数可知，相关系数 R^2 都达到 0.8 以上，可见拟合效果较好。

表 5.14　各径流小区的径流系数和侵蚀模数　[单位：g/(m²·h)]

日期(年-月-日)	参数	小区编号							
		1#	2#	3#	4#	5#	6#	7#	8#
2011-5-11	径流系数	0.38	0.27	0.39	0.27	0.12	0.06	0.06	0.04
	侵蚀模数	0.08	0.31	0.27	0.40	0.26	0.11	0.08	0.05

续表

日期(年-月-日)	参数	小区编号							
		1#	2#	3#	4#	5#	6#	7#	8#
2011-5-21	径流系数	0.13	0.11	0.14	0.11	0.04	0.03	0.02	0.01
	侵蚀模数	0.06	0.21	0.36	0.84	0.18	0.08	0.06	0.02
2011-6-5	径流系数	0.13	0.11	0.15	0.12	0.05	0.03	0.02	0.02
	侵蚀模数	0.03	0.15	0.24	0.44	0.08	0.04	0.03	0.02
2011-6-10	径流系数	0.24	0.18	0.29	0.17	0.07	0.04	0.04	0.03
	侵蚀模数	0.02	0.09	0.11	0.25	0.09	0.02	0.03	0.01
2011-6-18	径流系数	0.15	0.13	0.27	0.14	0.06	0.04	0.03	0.02
	侵蚀模数	0.01	0.04	0.13	0.31	0.07	0.01	0.01	0.01
2011-8-5	径流系数	0.64	0.65	0.88	0.48	0.22	0.12	0.18	0.07
	侵蚀模数	0.05	0.21	0.28	0.59	0.30	0.06	0.07	0.02
2011-9-9	径流系数	0.64	0.66	0.85	0.79	0.23	0.18	0.19	0.08
	侵蚀模数	0.06	0.11	0.20	0.30	0.10	0.06	0.08	0.04

表 5.15　不同降雨量下坡度与土壤侵蚀模数的回归分析

降雨量/mm	回归方程	R^2
2.5	$Y = 0.026\mathrm{e}^{0.321X}$	0.939
10.3	$Y = 0.012\mathrm{e}^{0.537X}$	0.951
18.3	$Y = 0.035\mathrm{e}^{0.343X}$	0.874
29	$Y = 0.005\mathrm{e}^{0.520X}$	0.953
44.6	$Y = 0.002\mathrm{e}^{0.612X}$	0.819
56.2	$Y = 0.012\mathrm{e}^{0.560X}$	0.918
104.3	$Y = 0.008\mathrm{e}^{0.517X}$	0.885

由坡度和地表产流量的关系(图 5.33)可知，降雨量不同，径流小区地表产流量存在差异。在降雨量为 2.5 mm 时，地表产流量随坡度的增加几乎无变化；当降雨量增大时，地表产流量随坡度的变化会波动变化，可能会出现 2 个峰值；虽然降雨量不同，但在坡度为 25°时，都出现了地表产流量的一个峰值；一般认为随着坡度的增加，坡面受雨面积增大，径流的汇集速度加快而且能够汇集较多的径流，土壤水分入渗时间缩短，坡面径流较多。本书用于观测的几个径流小区面积不等，受雨面积不同，坡度不同，会造成径流量的不同。

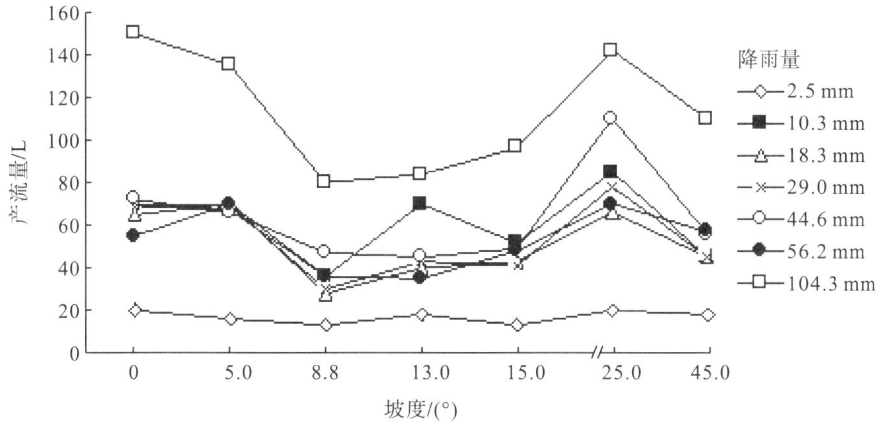

图 5.33　坡度与产流量的关系

由不同坡度、不同降雨量下的地表径流系数(图 5.34)可知，不同降雨量、不同坡度下的地表径流系数变化趋势相同，地表径流系数在5°和25°坡面出现两个峰值，当坡度为5°～25°时，地表径流系数先减小再增大，坡度为 45°的地表径流系数比 25°的小；从图 5.34 中也可以看出，随着降雨量的增大，地表径流系数不断变小；彭韬等(2008)对喀斯特坡地 6 种不同土地利用条件下径流小区的地表径流系数实施半年监测得出地表径流系数随降雨量呈指数型增长，而本书的研究结果与彭韬等的结果正好相反，彭韬研究的径流小区有基岩出露，样地面积较大，坡度都在 30°以上，降雨量大于 15 mm 时才会明显产流，而本书的研究小区除人为除草一次后，再也没有对其进行干扰过，而且坡向一致，面积较小且没有基岩出露，在植被自然恢复下，基本以草本覆盖为主，降雨量较小时的地表产流可能是降雨时从集流槽收集的雨水，但降雨量较大时，仍然是随着降雨量变大，径流系数变小，则有可能是长期缺少降雨，土壤前期含水量较低，降雨有很大一部分被土壤所蓄积，而且随着植被的不断生长，对水分的截留也会增加，从而造成地表径流系数减小。

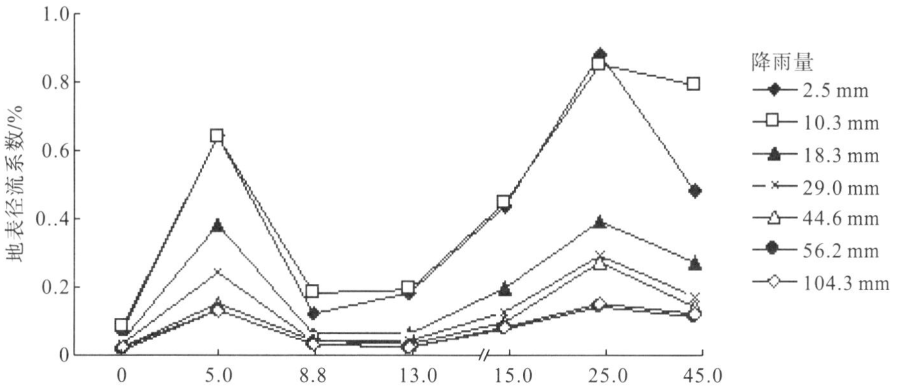

图 5.34　不同坡度、不同降雨量下的地表径流系数

5.5.2 喀斯特坡地模拟径流小区人工降雨试验研究方法校验

由自然降雨下的径流小区坡面地表产流量(图 5.32)可知，随着降雨量的增加，坡面地表产流量总体趋势是增多的，但在降雨量为 10～55 mm 时，地表产流量变化平缓，当降雨量大于 55 mm 时，地表产流量又会增多；在人工模拟降雨条件下，相同坡面地表在雨强为 30 mm/h 和 50 mm/h 时未产流，但随着雨强的增大，地表产流量也不断增大。不同坡度下的径流小区，自然降雨下，坡度为 25°的坡面地表产流量最多，人工模拟降雨下，20°坡面地表产流量最多；人工模拟降雨条件下，坡面产沙量最大的是 20°，其次是 30°，最小的是 10°，土壤侵蚀模数随着雨强的增大而不断增大，坡度为 20°的土壤侵蚀模数比 10°和 30°坡面的大；自然降雨下，各径流小区中，坡面地表产沙量随坡度的增大而不断增大，45°坡面土壤侵蚀模数最大，而且人工模拟降雨下的坡面土壤侵蚀模数比自然降雨下径流小区的土壤侵蚀模数要大得多，不过径流小区只是最初进行了一次除草，随着植被不断覆盖径流小区，植被对降雨的截留作用逐渐显现，而且人工模拟降雨试验的雨强较大，必然使得人工模拟降雨试验的土壤侵蚀模数结果较大(5.35)。自然降雨复杂多变，可以根据降雨历时计算出平均雨强，就可以得出自然降雨下的坡面地表产流随平均雨强的变化规律，若有自记式径流器记录坡面径流随时间的变化，且分时段测得坡面径流的含沙量，则可以得出自然降雨下的坡面水土流失过程；人工模拟降雨人为可控，雨强确定，降雨量也就确定，坡面地表产流量随雨强的变化即是随降雨量的变化。可见，人工模拟降雨与较大雨强下的自然降雨坡面产流规律相似。

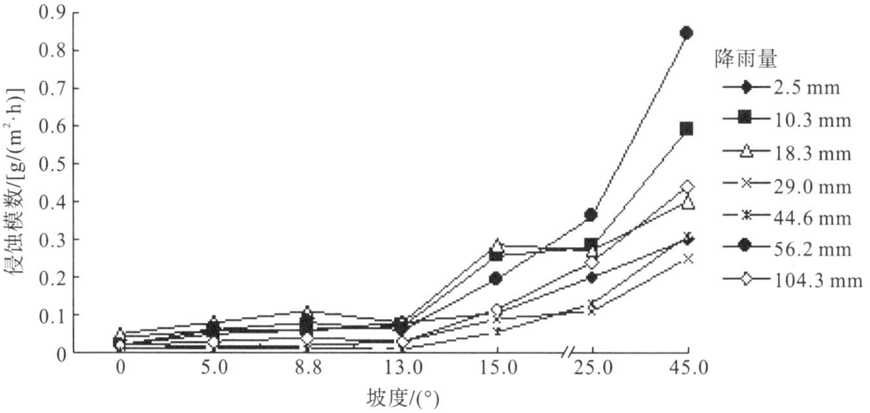

图 5.35 坡度与土壤侵蚀模数的关系

由人工模拟降雨的地表径流系数(图 5.36)可知，雨强为 80 mm/h 的地表径流系数随坡度的变化与自然降雨条件下径流场的地表径流系数变化趋势一致，都是呈现先降低，再升高再降低的趋势，只是最高点有区别，人工模拟降雨下，地表径流系数的最高点在 15°，自然降雨下的最高点在 25°，雨强为 120 mm/h 和 150 mm/h 下的地表径流系数随坡度呈现先升高后降低，再升高再降低的趋势，这与自然降雨下的地表径流系数变化趋势一致，只是转折点位置不同，自然降雨下的地表径流系数峰转折点在 5°和 25°，人工模拟降雨下的峰转折点在 10°和 20°处，可能是因为自然降雨的非均匀性，自然降雨的平均雨强都很小，在收集到的降雨数据中，平均雨强最大的也只有 13.04 mm/h，但自然降雨历时较长；模拟降雨历时较短，而且平均雨强较大，很有可能使转折点发生移动。并且人工模拟降雨没有研究植被对坡面降雨的截留作用，植被和基岩对雨水的截留作用也不同，所以结果难免有差距。可见，人工模拟降雨可以适用于研究喀斯特坡面产流，但希望以后在野外径流场人工模拟降雨研究有所突破，因为喀斯特地区交通及水电受限，这也是导致喀斯特地区土壤侵蚀研究发展较慢的原因。

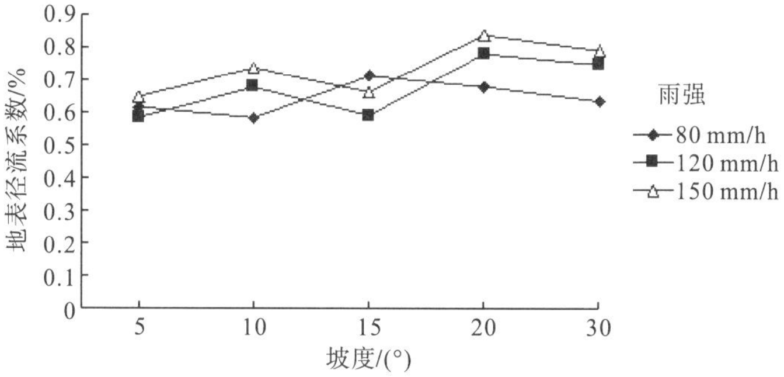

图 5.36　人工模拟降雨条件下不同雨强下地表径流系数随坡度的变化

当然，人工模拟喀斯特坡耕地地表微地貌及地下裂隙构造，研究其水土流失特征，这与野外实际情况还存在一定差异，主要体现在：实验采用钢槽底板圆孔来模拟喀斯特坡面地下裂隙，而野外裂隙构造复杂，且一般为土填充，少有完全空的裂隙，故今后应关注水土及其养分在地下裂隙中的输移过程及机制，并开展与野外定位观测的校验研究。

第6章　喀斯特坡地侵蚀/漏失驱动因子

6.1　引　　言

在人为因素和自然因素(降雨和地质地貌)共同作用下，喀斯特坡地地表呈土层浅薄、土被不连续甚至岩石大面积裸露的石漠化景观，而地下则由于碳酸盐岩溶蚀作用形成落水洞、竖井、漏斗、地下溶管、溶洞、浅层裂隙等。喀斯特坡地土壤地表侵蚀和地下漏失受多因素制约。喀斯特高原降雨时空分布不均、山高坡陡，加上独特的地表岩土结构和地下岩溶管道、裂隙、孔隙、溶洞等，构成了喀斯特坡地土壤地表侵蚀和地下漏失的内在驱动力。人为破坏植被、扰动地表岩土结构等是土壤地表侵蚀和地下漏失的外在驱动力。各因素对于侵蚀/漏失的影响各不相同，但是又相互制约、相互影响。

降雨是形成坡面径流的物质基础和动力基础，而雨强是影响坡面地表径流、壤中流、地下裂隙流及土壤地表侵蚀、地下裂隙漏失过程中最重要的降雨特性因子，雨强密切关系坡面径流的形成及侵蚀/漏失的发生发展。本书以雨强作为影响因子，研究分析雨强对喀斯特坡地地表径流、壤中流、地下裂隙流及土壤地表侵蚀、地下裂隙漏失过程的影响，有助于认知喀斯特坡面土壤侵蚀。

地质构造中包气带特性对地下水的影响受到各国学者高度重视，分别从包气带的埋深、包气带构造及水分饱和程度的角度开展了大量研究工作，并取得了大量可参考的研究成果。地下水在裂隙介质中的运动归纳为两类：一类是沿裂隙、溶穴或遍布于介质中的孔隙运动的相对分散、连通性较好的地下水流；另一类是沿断层带和管道集中流动的较为孤立的地下水。以上均为对岩溶地下水的研究，而关于喀斯特地区强烈的岩溶作用，发育形成中空的地下溶洞、暗河等充气带分隔浅层包气带；岩溶裂隙、溶管及构造断裂带等分割破碎浅层包气带，构成地表、地下双层空间开放水文系统，并结合上覆土层浅薄、基岩裸露、土壤水库调蓄功能低的区域环境特征，所造成的高入渗率疏干降水对坡面径流及侵蚀/漏失过程与机理的研究仍鲜见报道。本书通过模拟喀斯特包气带地表、地下双层空间构造，分析研究地下裂隙度对侵蚀/漏失过程的影响，并对其影响机制进行探讨。

碳酸盐岩成土矿物难溶物含量较低是导致喀斯特土层浅薄的主要原因，优越的气候水文条件侵蚀搬运土壤是引起土被分布不连续、基岩裸露的推动因子。野外土壤剖面调查发现，碳酸盐岩母岩与土壤之间具有明显的软硬岩-土界面，使岩土之间的亲和力与黏着力变差，常常成为土壤下渗水运移的通道之一，易引起风化物流失和块体滑移，不利于溶蚀残留物堆积，以致土壤呈不连续状堆积于相对低洼的裂隙、谷地、洼地中，形成独特的喀斯特岩溶石漠化地貌景观。同时，地表基岩裸露率反映了地表可蚀面积与容许下渗面积的大小，也表征了地表微地貌的破碎程度，与表土糙度共同反映地表微地貌形态阻力特征。地表可蚀面积指在外营力作用下，地表具有引发土壤侵蚀物质基础的地表面积，反映了喀斯特地表土壤侵蚀发生的真实区域。容许下渗面积，或称可下渗面积，指地表具有入渗降水能力的那部分面积，客观反映了喀斯特坡面对降水的入渗能力。本书通过模拟喀斯特不同基岩裸露率，研究分析坡面可蚀面积与容许下渗面积对侵蚀/漏失过程的影响。

坡度对入渗量和径流量的影响主要表现为径流水的重力在沿坡面方向上的分力随着坡度的增加而增加，使得径流速度加快；随坡度的增加，雨滴对地表的击溅作用减弱，原因在于降雨对地表的垂直作用力减小，进而结皮产生慢，径流增加速度也慢。有学者研究认为，在地面较平坦时，即使降雨能够导致严重的土粒飞溅现象，也不致造成严重的土壤流失，但在较大的坡度下，土粒被溅起向下坡方向飞溅的距离大且数量也多，向上坡方向飞溅的距离小，数量也少，较容易造成严重的土壤流失。因此，本书也将坡度作为影响因子，分析其对侵蚀/漏失的驱动作用。

雨强、地下裂隙度、基岩裸露率及坡度都对喀斯特坡地地表径流、壤中流、地下裂隙流及土壤地表侵蚀、地下裂隙漏失过程有一定的影响，是受各因子共同驱动的复杂变化过程。因此，本章通过对地表侵蚀和地下漏失水沙关系的分析，找出喀斯特坡地侵蚀/漏失的主导因子，并探讨其作用机制。

6.2　水沙关系分析

6.2.1　地表侵蚀水沙关系

点绘各影响因子(雨强、坡度、地下裂隙度、基岩裸露率)下地表产流量与土壤地表侵蚀量的关系，如图 6.1 所示。可以看出，在各因素综合作用下，土壤地表侵蚀量与地表产流量呈线性关系，即

$$\text{土壤地表侵蚀量}=0.4319\times\text{地表产流量} \tag{6.1}$$

式中，土壤地表侵蚀量与地表产流量之间为正相关的线性关系，说明土壤地表侵蚀量随地表产流量的增加而增大，因此防治地表侵蚀的产生，控制地表径流的形成是关键。

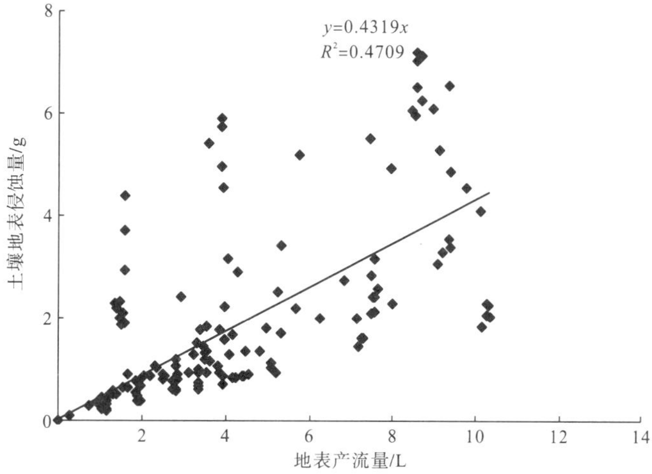

图 6.1　各因素综合作用下地表侵蚀水沙关系

区分各因素影响下的土壤地表侵蚀量及地表产流量，点绘不同雨强、坡度、地下裂隙度、基岩裸露率等因子下土壤地表侵蚀量与地表产流量的关系，如图 6.2 所示。图 6.2(a)显示了雨强因子作用下的土壤地表侵蚀量与地表产流量的关系。与各因子综合作用下的土壤地表侵蚀量与地表产流关系相同的是，由雨强单一因素主导的土壤地表侵蚀量与地表产流量亦呈较好的线性关系，即

$$土壤地表侵蚀量=0.4457\times地表产流量 \tag{6.2}$$

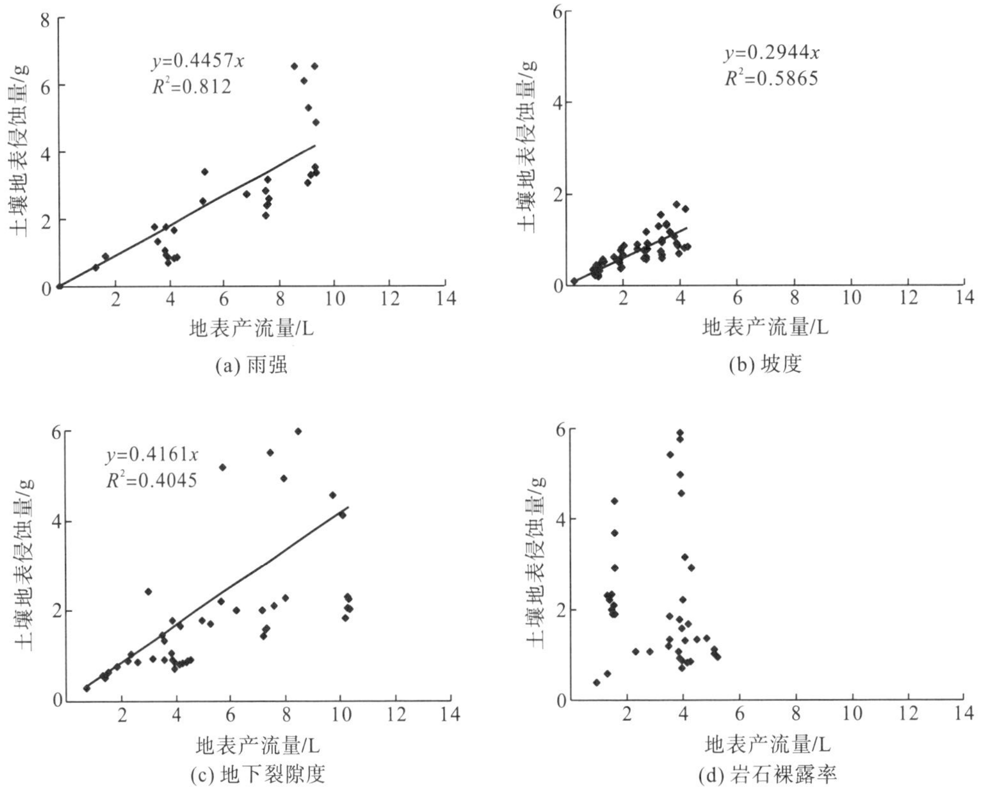

图 6.2　单一因素主控下地表侵蚀水沙关系

该因素作用下所呈现的土壤地表侵蚀量随地表产流量的线性变化与各因子综合作用下的趋势(图 6.1)一致，说明雨强是决定土壤地表侵蚀量、地表产流量以及二者关系的主导因素。

由坡度单一因子作用下的土壤地表侵蚀量与地表产流量关系图[图 6.2(b)]可知，二者也呈较好的线性关系，其决定系数为 0.5865。然而，二者均主要集中于某个梯度范围，与雨强作用的水沙关系相比，二者呈现出较小的增加趋势，说明坡度对土壤地表侵蚀和地表产流有一定影响，但对地表侵蚀过程并不起主导作用。

地下裂隙度因素主导下所呈现的土壤地表侵蚀量随地表产流量的关系变化与各因子综合作用下的趋势(图 6.1)相似，随着地表产流量的增加，地下裂隙度主导下的土壤地表侵蚀量随地表产流量的增加而增大，说明地下裂隙度对地表侵蚀和地表产流有一定作用，

对土壤地表侵蚀过程有一定的主导作用。

由基岩裸露率主导的土壤地表侵蚀量及地表产流量关系较为复杂。与雨强、坡度及地下裂隙度均不同，由基岩裸露率主导的地表产流量集中在一定的范围，该范围与坡度作用下的地表产流相近，但土壤地表侵蚀量却有增加趋势，说明基岩裸露率主导着地表土壤侵蚀量，而对地表产流量并不起主导作用。换言之，基岩裸露率会加大地表侵蚀过程的含沙量。

6.2.2　地下漏失水沙关系

点绘各影响因子(雨强、坡度、地下裂隙度、基岩裸露率)下裂隙产流量与土壤裂隙漏失量的关系，如图 6.3 所示。可以看出，在各因素综合作用下，土壤裂隙漏失量与裂隙产流量呈较好的乘幂函数关系，即

$$土壤裂隙漏失量=0.2269\times 裂隙产流量^{0.8219} \tag{6.3}$$

式中，幂指数 0.8219<1，但裂隙产流量>1，说明土壤裂隙漏失量随裂隙产流量的增加而增大，因此防治土壤裂隙漏失的发生，控制裂隙流形成是关键。同时，土壤裂隙漏失量随裂隙产流量呈 4 个梯级变化，且第四梯级明显高于其他梯级，说明在雨强、坡度、地下裂隙度及基岩裸露率等影响因子中，存在土壤裂隙漏失量及裂隙产流量的主导因子。

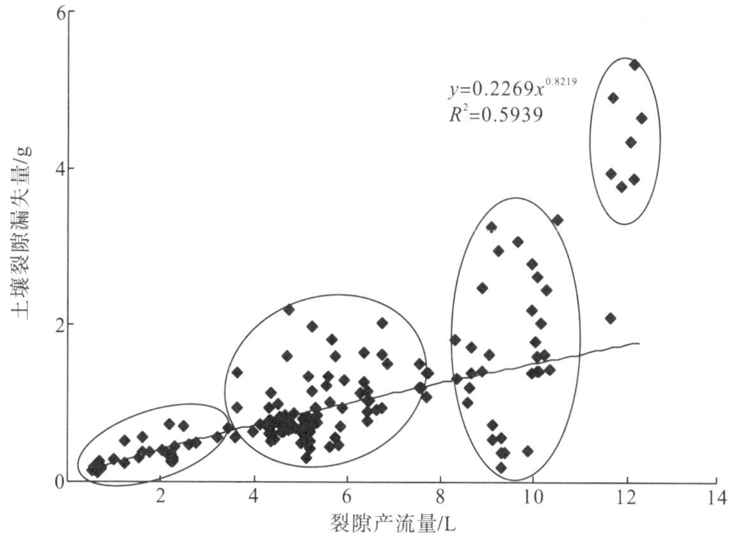

图 6.3　各因素综合作用下裂隙漏失水沙关系

区分各因素影响下的土壤裂隙漏失量及裂隙产流量，点绘不同雨强、坡度、地下裂隙度、基岩裸露率等因子下土壤裂隙漏失量与裂隙产流量的关系，如图 6.4 所示。图 6.4(a) 显示了雨强因子作用下的土壤裂隙漏失量与裂隙产流量关系。与各因子综合作用下的土壤裂隙漏失量与裂隙产流关系相同的是，由雨强单一因素主导的土壤裂隙漏失量与裂隙产流量亦呈乘幂函数关系，即

$$土壤裂隙漏失量=0.1653\times裂隙产流量^{1.1213} \tag{6.4}$$

式中，幂指数 1.1213>1，且裂隙产流量>1，说明土壤裂隙漏失量随裂隙产流量的增加而迅速增大。同时，该因素作用下所呈现的土壤裂隙漏失量随裂隙产流量的梯级变化与各因子综合作用下的趋势(图 6.4)一致，说明雨强是决定土壤裂隙漏失量、裂隙产流量以及二者关系的主导因素。

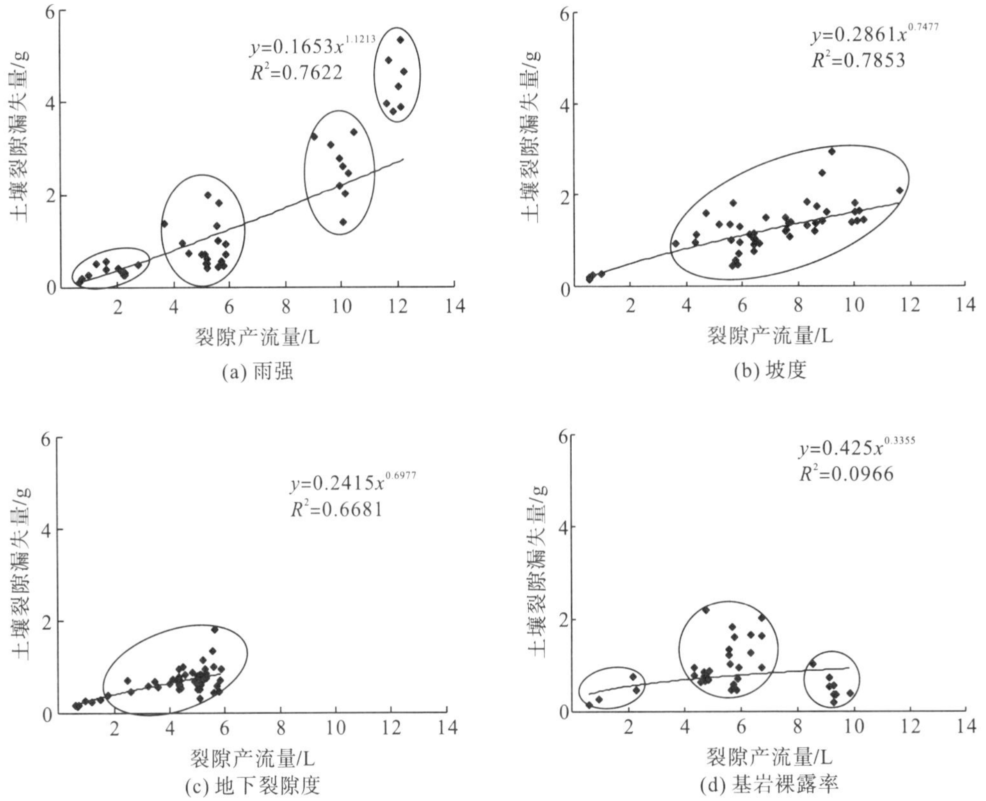

图 6.4 单一因素主控下裂隙漏失水沙关系

由坡度单一因子作用下的土壤裂隙漏失量与裂隙产流量关系图[图 6.4(b)]可知，二者也呈乘幂函数关系，其幂指数 0.7477<1。然而，坡度因素主导下所呈现的土壤裂隙漏失量随裂隙产流量的梯级变化与各因子综合作用下的趋势(图 6.4)并不一致，随着裂隙产流量的增加，坡度主导下的土壤裂隙漏失量却保持在一定范围，说明坡度对裂隙产流量有一定作用，但对土壤裂隙漏失量并不起主导作用。

从图 6.4(c)可知，地下裂隙度主导的土壤裂隙漏失量与裂隙产流量亦呈乘幂函数关系，其幂指数 0.6977<1，然而二者均主要集中于某个梯级范围(其中裂隙产流量有一定程度的增加趋势)，说明地下裂隙度对裂隙产流量有一定影响，对土壤裂隙漏失量并不起主导作用。

从图 6.4(d)可知，由基岩裸露率主导下的土壤裂隙漏失量及裂隙产流量亦呈乘幂函数关系，其幂指数更小，数值为 0.3355。与雨强、坡度及地下裂隙度均不同，由基岩裸露率主导的裂隙产流量呈三个梯级的增加，但土壤裂隙漏失量并未随之呈增加态势，其呈先增加后减小的三个梯级变化，说明基岩裸露率主导着裂隙产流量，而对土壤裂隙漏失量的主导作用存在一个临界值。

6.3 雨强对土壤侵蚀/漏失的影响

前述研究表明，雨强是喀斯特坡地土壤地表侵蚀的主导因素，同时也是决定土壤裂隙漏失量、裂隙产流量以及二者关系的主导因素。降雨作为坡面径流形成的物质基础和动力基础，雨强是影响坡面径流及侵蚀产沙过程中最重要的降雨特性因子。雨强主要是通过降雨量及雨滴溅蚀结皮影响土壤入渗和下垫面对降水的分配，进而影响坡面径流的形成。

6.3.1 雨强对地表地下产流的影响

为揭示喀斯特地区裸坡面在不同雨强条件下的产流产沙特征，选择基岩裸露率为 40%、地下裂隙度为 5%的坡面进行产流产沙机制分析(表 6.1)。

表 6.1 不同雨强下的坡面径流特征

产流类型	雨强/(mm/h)	累计径流量/L	径流深/mm	单宽流量/[L/(min·m)]	渗漏率/[(L/(min·m^2)]	径流分配/%	径流系数
地表径流	30	0	0	0	—	0	0
	50	0	0	0	—	0	0
	80	168	36.139	1.242	—	30.115	0.301
	120	362	77.942	2.682	—	43.301	0.433
	150	513	110.313	3.800	—	49.028	0.490
	180	638	137.163	4.729	—	50.801	0.508
地下裂隙流	30	210	45.000	—	0.428	100	1
	50	350	75.000	—	0.715	100	1
	80	389	83.861	—	0.795	69.885	0.699
	120	474	102.058	—	0.969	56.699	0.567
	150	533	114.687	—	1.090	50.972	0.510
	180	618	132.837	—	1.263	49.199	0.492

注：降雨历时 90 min，基岩裸露率为 40%，地下裂隙度为 5%。

由表 6.1 可知，地表、地下产流量在不同雨强条件下的差异明显。地表、地下累计径流量、径流深均随雨强增加呈线性增加趋势，且地表径流增加速率较地下裂隙流快，这说明雨强对地表径流的影响大于地下裂隙流。小雨强(30 mm/h 和 50 mm/h)时坡面不形成地表径流，降雨全部渗漏形成地下裂隙流；当雨强增大至 80 mm/h 时，坡面形成地表、地下裂隙流，因此该条件下坡面形成地表径流的临界雨强为 50～80 mm/h。就地表径流而言，其径流分配率、径流系数均随雨强增大而增大，说明雨强增大有助于坡面形成径流侵蚀；对地下裂隙流而言，其径流分配率、径流系数均随雨强增大而减小，这主要是由于雨量增大及地表结皮封锁土壤裂隙降低了土壤入渗。

6.3.2 雨强对地表地下产沙的影响

研究表明，地表径流可产生推移质和悬移质，而地下裂隙流只产生悬移质(Dai et al., 2017a)。分析基岩裸露率为 40%、地下裂隙度为 5%的坡面在不同雨强下的径流侵蚀产沙特征可知(表 6.2)，坡面总径流侵蚀产沙量总体上随雨强增大而增加，且不同雨强下的土壤流失量在地表及地下空间分异明显。小雨强(30 mm/h 和 50 mm/h)时地表未形成径流，且土壤侵蚀类型主要表现为雨滴溅蚀，而地下裂隙流则对溅蚀形成的泥沙及坡面内部细颗粒进行输移、侵蚀，这主要是由于雨强低于坡面土壤入渗速率；当雨强增大至 80 mm/h 时，坡面径流侵蚀产沙表现为地表、地下同时进行，地表产沙包括推移质和悬移质，但推移质(0～2.315 g/min)较悬移质(0～6.115 g/min)少。就地表径流侵蚀产沙而言，其侵蚀模数与雨强关系不明显，为 0～89.229 g/(m^2·h)，可占总侵蚀的 0～75.5%，且地表径流侵蚀产沙临界雨强在 50～80 mm/h；对地下裂隙流侵蚀产沙而言，其侵蚀模数为 28.852～61.320 g/(m^2·h)，可占总侵蚀的 24.4%～100%(图 6.5 和图 6.6)。

表 6.2 不同雨强的坡面径流侵蚀产沙特征

产流类型	雨强/(mm/h)	径流强度/(L/min)	累计产沙量/g	含沙量/(g/L)	推移质输沙率/(g/min)	悬移质输沙率/(g/min)	侵蚀模数/[g/(m^2·h)]
地表径流	30	0	0	0	0	0	0
	50	0	0	0	0	0	0
	80	1.863	393.608	2.347	0.462	3.911	48.256
	120	4.022	658.552	1.819	2.315	5.002	80.738
	150	5.700	394.011	0.768	2.158	2.220	48.305
	180	7.094	727.815	1.140	1.972	6.115	89.229
地下裂隙流	30	2.330	308.748	1.472	—	3.431	37.852
	50	3.887	251.301	0.718	—	2.792	30.809
	80	4.324	467.569	1.201	—	5.195	57.323
	120	5.267	317.740	0.670	—	3.530	38.954
	150	5.926	500.171	0.938	—	5.557	61.320
	180	6.870	235.337	0.381	—	2.615	28.852

注：降雨历时 90 min，基岩裸露率为 40%，地下裂隙度为 5%。

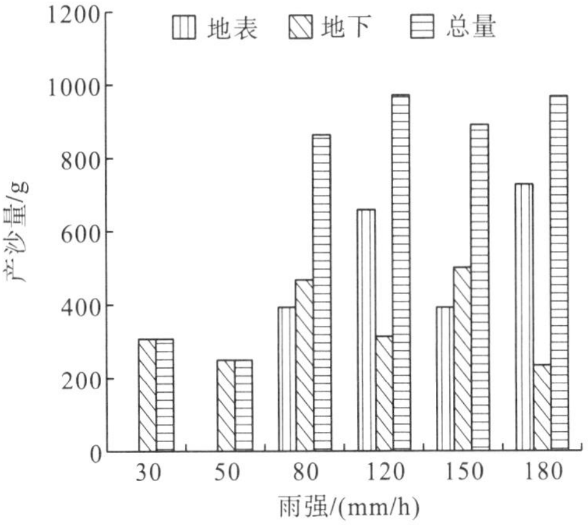

图 6.5　不同雨强的径流产沙量变化(基岩裸露率为 40%、地下裂隙度为 5%)

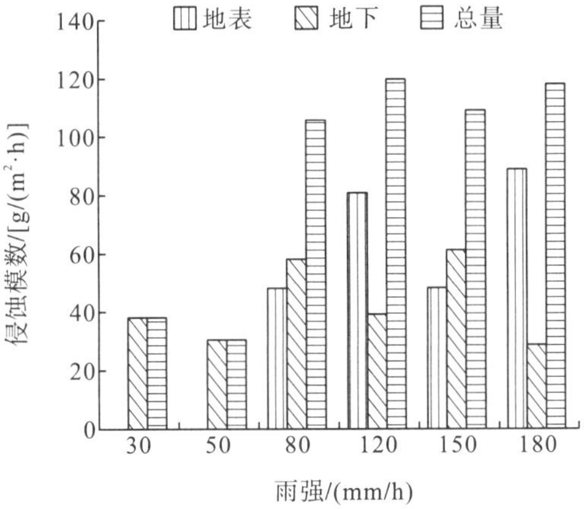

图 6.6　不同雨强的侵蚀模数变化(基岩裸露率为 40%、地下裂隙度为 5%)

坡面侵蚀产沙是降雨和土壤界面之间的响应过程。雨强主要是通过降雨量及雨滴溅蚀结皮影响土壤入渗和下垫面对降水的分配，进而影响坡面侵蚀的形成(彭旭东 等，2017b)。特定雨强条件下，雨水在喀斯特坡面发生二次分配，一部分在坡面形成地表径流，一部分沿土壤裂隙向下入渗形成壤中流，另一部分则沿岩石与土壤界面下渗，而后两者均将沿地下岩溶裂隙、管道等进入地下水系统。这种类型的水循环模式决定该地区水土流失形式主要表现为降雨挟带泥沙进入下岩溶裂隙、管道、地下河(曹建华 等，2011)。本书中，喀斯特裸坡地表、地下侵蚀产沙量均随雨强增大而增加，相关研究亦表明雨强与喀斯特坡面产沙量呈正相关(蔡雄飞 等，2009)，说明雨强是该区土壤侵蚀加剧的重要驱动因子。同时，本书中相同条件下地表产沙量总体高于地下产沙量，且 10 min 降雨时段内地下产沙量为 0～100 g，同位素 ^{137}Cs 对岩溶坡地土壤地下漏失的研究结果亦显示，土壤地表流失高于地下漏失，其比例分别为 75%和 25%(魏兴萍 等，2015)，喀斯特坡地土壤颗粒有随降雨沿地表负地形向地下流失的趋势，但流失量轻微(冯腾 等，2011)，说明其土壤侵蚀形式也以地表侵蚀为主。但是，也有研究(唐益群 等，2010；陈洪松 等，2012)认为，由径流产生的土壤地表流失量并不高，属微度侵蚀，介于 0.05～62.25 t/km²，说明降水渗漏很可能是该区土壤地下漏失的主要诱因之一，为其提供了水动力条件。本书通过试样钢槽底板圆孔来分析喀斯特地区土壤侵蚀过程中能够进入地下裂隙流失的径流泥沙量，而径流泥沙在浅层裂隙中的运移过程或机理还需进一步研究。研究揭示了水土裂隙漏失在坡面总流失中的贡献率，找出了水土裂隙漏失的主导因子、促进因子，为深入认识该区土壤侵蚀 / 漏失及石漠化发生提供了重要参考。

6.4 坡度对土壤侵蚀/漏失的影响

6.4.1 坡度对地表地下产流的影响

坡度是地面形态的主要特征之一，水土流失存在临界坡度。喀斯特坡耕地浅层地下裂隙发育，坡面产流产沙具有独特特征。以地下裂隙度为 3%、基岩裸露率为 10%坡面地表地下产流量为例，分析坡度对地表地下产流的影响，其结果如图 6.7 和图 6.8 所示。

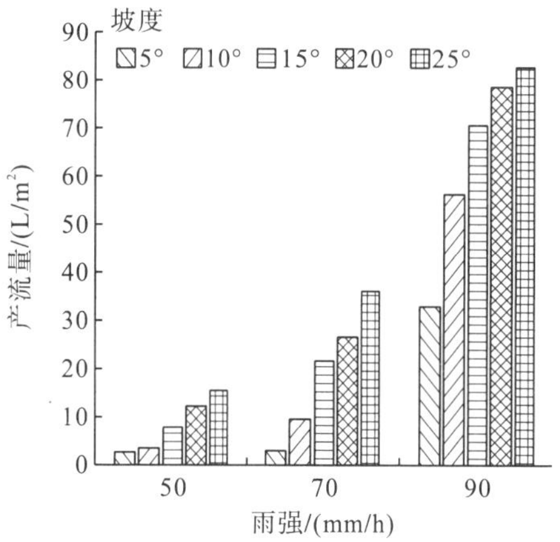

图 6.7 地表产流量与坡度的关系

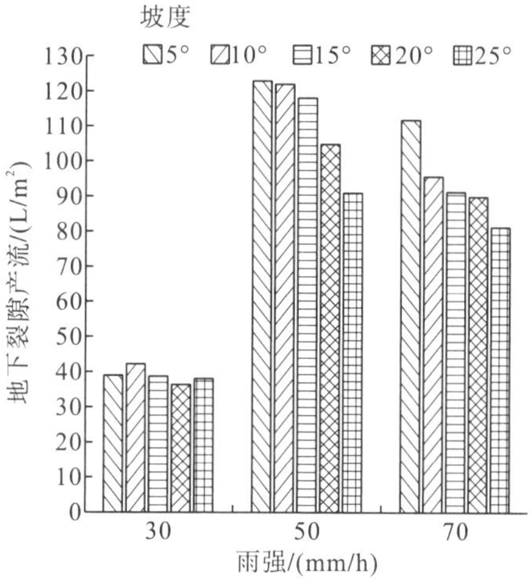

图 6.8 地下产流量与坡度的关系

地表产流量与坡度呈正相关(图 6.7)，坡度越大，地表产流总量越大。50 mm/h 雨强时，5°和 10°坡面地表产流量相对较小，分别为 2.61 L/m^2 和 3.72 L/m^2，地表产流总量增量小，15°、20°、25°坡度坡面地表产流总量为 7.95 L/m^2，12.45 L/m^2，15.48 L/m^2，地表产流量急剧增大，坡度增大，地表产流量进一步增加；20°与 25°坡面均表现出较大产流量，是 5°坡面产流量的 4.8 倍和 6.9 倍。70 mm/h、90 mm/h 雨强时，地表产流量分别为 3.11 L/m^2、9.85 L/m^2、21.86 L/m^2、26.73 L/m^2、36.25 L/m^2；33.01 L/m^2、56.20 L/m^2、70.57 L/m^2、78.50 L/m^2、82.79 L/m^2，不同雨强下地表产流与坡度变化规律具有相似性，坡度越大，地表产流总量越大，但其增幅有差异。雨强是影响坡面产流的重要因子。

坡耕地不同产流方式下，根据坡度对地下裂隙产流有无影响和增长关系，可划分为两个阶段(图 6.8)。第 1 阶段地表不产流，雨强和土壤入渗能力共同影响地下裂隙产流量及其地表产流临界值，降雨全部转化成地下裂隙流，如 30 mm/h 雨强时，不同坡度坡面地下裂隙流相当，降雨量是影响地下裂隙产流量的主要因子，为产流总量与坡度不相关阶段；第 2 阶段的主要特征为坡面产生地表径流，坡度增大，地下裂隙产流量减小，为产流总量与坡度反增长阶段，如雨强在 50 mm/h 和 70 mm/h 时，坡面产生地表径流，在 5°坡面地下裂隙流最高，此后坡面坡度增加，地下裂隙流减小。

6.4.2　坡度对地表地下产沙的影响

产沙总量与坡度呈显著增长关系，坡面越陡，坡面产沙量越大，产沙总量增量随坡度增大而增大(图 6.9)；50 mm/h 雨强时，5°和 10°坡面产沙量分别为 1.139 g/m^2 和 1.831 g/m^2，坡面产沙量小，25°坡面产沙量为 10.297 g/m^2，数量上比 5°坡面增加了近一个数量级，表明水土流失主要发生在陡坡耕地。雨强为 70 mm/h 和 90 mm/h 时，坡面产沙总量分别为 3.925 g/m^2、10.076 g/m^2、15.072 g/m^2、14.246 g/m^2、34.931 g/m^2；27.262 g/m^2、56.852 g/m^2、67.905 g/m^2、99.987 g/m^2、143.425 g/m^2，坡度增加，地表产沙总量增大；雨强增加，坡面产流产沙量整体增大，坡度与坡面产流产沙总量呈非线性相关。

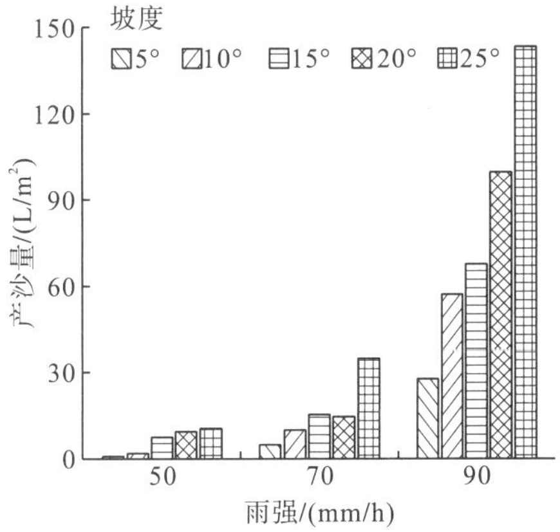

图 6.9　不同坡度时地表雨强与产沙量关系

不同坡度时地下裂隙产沙过程如图 6.10 所示，由图可知，不同雨强时，坡度与地下裂隙产沙关系差异显著。地下裂隙产沙与坡度关系比地下裂隙流与坡度间数量关系复杂，不同雨强时，坡度对地下裂隙产沙影响不同，30 mm/h 雨强时，降雨全部转化成地下裂隙流，不同坡度下地下裂隙产沙相当，坡度对地下裂隙产沙无影响；50 mm/h 雨强时，坡面产流量小，且不同坡度坡面产流差异大，坡面坡度增大，地下裂隙产沙增加；70 mm/h 雨强时，地表产流量进一步增大，此时坡度增大，地下裂隙产沙减少。这是不同雨强降雨侵蚀力差异、坡面径流速度和土壤入渗差异共同作用的结果。

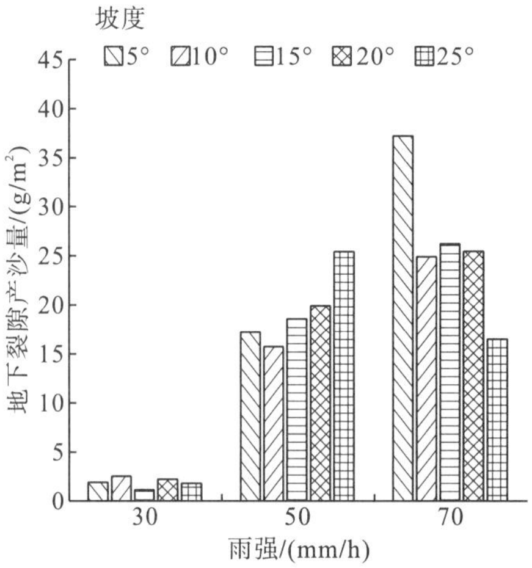

图 6.10　不同坡度时地下裂隙产流产沙总量

坡度是一个关键的地形因子，被认为是控制养分、污染物或颗粒物迁移的因素，通常用于预测和评估不同尺度的土壤流失(Kateb et al.，2013；Zhao et al.，2015)。坡度不仅改变了地表水流的特性，而且改变了雨滴与土壤的接触角。这就意味着水与物质之间的平衡发生了变化，不可避免地影响着岩溶地区地表与地下之间的水土流失分布。以前在非岩溶地区的研究已经证明，坡度越大，地表径流和土壤流失的可能性就越大(Kateb et al.，2013)。Assouline 和 Ben-Hur(2006)发现，随着坡度的增加，70 mm 降雨后的累计地表径流减少，而土壤流失增加。同时，一些研究还检查了地表土壤流失与坡度之间的关系，这些研究观察到了坡度的临界阈值(Wu and Chen，2012)。研究还证明了坡度对地表径流和地下径流的分布有一定的影响。然而，与非岩溶地区不同，图 6.9 和图 6.10 的结果表明，地表产流量与坡度呈正相关，地下径流与坡度呈负相关。此外，地表和地下产沙量均无明显规律。结果表明，陡坡易发生地表侵蚀，缓坡易发生地下渗漏。因此，在地表侵蚀和地下渗漏不严重的地区，寻找一个中等坡度的边坡是非常重要的。

6.5　基岩裸露率对土壤侵蚀/漏失的影响

与植被截留作用不同，广泛分布于喀斯特地区坡面的出露裸岩对降雨也有截留作用，但截留的降水一部分沿坡面进行冲刷侵蚀，另一部分则沿岩-土界面、岩石裂隙、裂缝及节理下渗；岩石与土壤之间的软硬岩-土界面，是土壤下渗水运移的主要通道之一，易引起风化物流失和块体滑移，不利于溶蚀残留物堆积，以致土壤呈不连续状，形成独特的喀斯特岩溶石漠化地貌景观。

6.5.1　基岩裸露率对地表地下产流的影响

为揭示喀斯特地区裸坡面在不同基岩裸露率下的产流产沙特征，选择雨强为 150 mm/h、地下裂隙度为 3%的坡面进行分析(表 6.3)。

表 6.3　不同基岩裸露率的坡面径流特征

产流类型	基岩裸露率/%	累计径流量/L	径流深/mm	单宽流量/[L/(min·m)]	渗漏率/[L/(min·m²)]	径流分配/%	径流系数
地表径流	10	494	106.144	3.656	—	47.175	0.472
	20	831	178.645	6.154	—	79.398	0.794
	30	761	163.637	5.637	—	72.727	0.727
	40	481	103.345	3.560	—	45.931	0.459
	50	476	102.335	3.525	—	45.482	0.455
地下裂隙流	10	553	118.856	—	1.129	52.825	0.528
	20	216	46.355	—	0.440	20.602	0.206
	30	285	61.363	—	0.583	27.273	0.273
	40	565	121.655	—	1.156	54.069	0.541
	50	570	122.665	—	1.166	54.518	0.545

注：雨强为 150 mm/h，降雨历时 90 min，地下裂隙度为 3%，坡面水平投影面积为 5.438 m²。

由表 6.3 可知，地表、地下产流量在不同基岩裸露率条件下的差异明显。地表累计径流量、径流深、径流分配率及径流系数均随基岩裸露率的增加呈先增大后减小的变化趋势，而地下裂隙流的产流特征则相反。当基岩裸露率为 10%时，地表容许下渗面积(4.894 m²)较大，不透水面积(0.544 m²)较小，故地表产流量较小而地下产流量较大；当基岩裸露率由 10%增至 20%时，地表产流量达到最大，其径流系数增加了 68.2%，而地下产流量达到最小，其径流系数降低了 61.0%；当基岩裸露率高于 20%时，地表产流量逐渐降低而地下产流量逐渐增加。综合分析表明，地表基岩裸露率对地表、地下产流量的影响存在临界值(20%左右)，当基岩裸露率低于此临界值时，降低基岩裸露率有利于减少坡面地表径流、增加地下径流；当基岩裸露率高于此临界值时，增加裸露基岩有利于减少地表径流、增加地下径流。

6.5.2　基岩裸露率对地表地下产沙的影响

喀斯特地区裸露基岩对坡面总径流侵蚀产沙及地表、地下径流侵蚀产沙的分配影响很大。分析雨强为 150 mm/h，地下裂隙度为 3%的坡面在不同基岩裸露率下的径流侵蚀产沙特征可知(表 6.4)，地表及地下的累计产沙量、悬移质输沙率及土壤侵蚀模数均随基岩裸露率增加呈先减小后增大的变化趋势，说明基岩裸露率对地表及地下产沙量的影响存在临界值。对地表径流侵蚀产沙而言，基岩裸露率为 40%时的产沙量及土壤侵蚀模数均为最低，其中土壤侵蚀模数仅为其他基岩裸露率条件的 10.4%～35.5%，这说明地表径流侵蚀产沙的临界基岩裸露率为 40%；就地下径流侵蚀产沙而言，基岩裸露率为 20%时的产沙量及土壤侵蚀模数均为最低，其中土壤侵蚀模数为其他基岩裸露率条件的 16.7%～80.5%，这说明地下径流侵蚀产沙的临界基岩裸露率为 20%。当基岩裸露率较小时，地表微地貌较为完整，地表径流阻力相对较小，同时基岩裸露面积较小则坡面可蚀面积较大，降雨径流侵蚀的泥沙量大；随基岩裸露率增加，地表微地貌破碎程度增大，地表径流阻力随之增强，然而基岩裸露面积大则坡面可蚀面积小，坡面侵蚀的泥沙量较少。

表 6.4 不同基岩裸露率坡面径流侵蚀产沙特征

产流类型	基岩裸露率/%	径流强度/(L/min)	累计产沙量/g	含沙量/(g/L)	推移质输沙率/(g/min)	悬移质输沙率/(g/min)	侵蚀模数
地表径流	10	5.484	3821.088	7.741	11.273	31.183	468.46
	20	9.231	1619.662	1.95	3.984	14.012	198.568
	30	8.455	1522.945	2.001	5.642	11.28	186.711
	40	5.340	398.78	0.83	0.715	3.716	48.89
	50	5.288	1122.465	2.359	5.654	6.818	137.613
地下裂隙流	10	6.141	845.345	1.529	—	9.393	103.638
	20	2.395	140.817	0.653	—	1.565	17.264
	30	3.171	174.906	0.613	—	1.943	21.443
	40	6.286	246.358	0.435	—	2.737	30.203
	50	6.338	330.779	0.58	—	3.675	40.553

注：雨强为 150 mm/h，降雨历时 90 min，地下裂隙度为 3%，坡面水平投影面积为 5.438 m^2。

岩溶区化学溶蚀的存在，导致地表流失和地下漏失两种现象发生，且岩溶区的地下漏失并非到处可见，往往发生在基岩裸露率高、人为干扰性强的地区(魏兴萍 等，2015)。喀斯特山地石漠化区大面积的裸露岩石是喀斯特环境特有的组成部分，通常用基岩裸露率来反映喀斯特石漠化发展程度。裸露率增大过程就是喀斯特石漠化的加剧过程。降雨条件下，裸露岩石一方面通过增加不透水面而促进坡面流形成，另一方面对降雨径流具有拦截作用，其截留的降雨部分沿岩石裂缝、裂隙、节理等下渗，部分沿岩-土界面下渗。本书中，裸露基岩对坡面土壤地表流失与地下漏失影响很大，在一定雨强条件下，地表产沙量随基岩裸露率增大而减小，地下产沙量则呈先减小后增加的变化且存在最低临界值(20%基岩裸露率)，这表明随着石漠化强度加剧，其地表越不容易发生侵蚀，而石漠化强度达到一定程度时，土壤流失以地下流失为主。相关研究亦表明，相同条件下喀斯特山区坡面地表侵蚀量随基岩裸露率的增大而减小(王济 等，2010)。究其原因，当基岩裸露率较小时，地表微地貌较为完整，地表径流阻力相对较小，同时基岩裸露面积较小，则坡面可蚀面积较大，故地表产沙量大；随基岩裸露率增大，地表微地貌破碎程度增大，地表径流阻力随之增强，而基岩裸露面积大则坡面可蚀面积小，故地表产沙量较少。岩石与土壤存在的软硬界面，使土壤颗粒可能随水流沿岩-土界面运移（冯腾 等，2011）；同时，坡面通过裂隙漏失进入溶洞的地表土壤很少，而溶洞内的土壤来自土-石界面（魏兴萍 等，2015），这说明土壤沿土-石界面运移可能是本书研究中在一定程度石漠化时地下漏失为主导的原因之一。岩-土界面作为一种介于岩土与土壤之间的特殊结构，许多研究均注意到喀斯特地区碳酸盐基岩-土壤界面清晰、突变接触过渡的现象（张信宝 等，2007b），今后应加强岩-土界面特性及其对喀斯特地区坡面水文循环及土壤侵蚀影响的研究。同时，岩-土界面、地下裂隙、落水洞对喀斯特区土壤地下漏失的主导程度，土壤漏失迁移距离均还有待后续进一步的研究证实。

基岩裸露对喀斯特地区产流过程有重要影响（Li et al.，2014；Poesen et al.，1994；Cerdà，2001；Peng and Wang，2012）。裸露基岩一方面增加地表不透水面积，促进坡面降雨径流汇集，有利于地表径流形成；另一方面减小地表可蚀面积，但同时又增大地表径流拦截作用，有利于降雨径流下渗，形成喀斯特地区独特的地下裂隙流失（Dai et al.，2017a）。基岩裸露率反映了地表可蚀面积与容许下渗面积的大小，也表征了地表微地貌的破碎程度，与表土糙度共同反映地表微地貌形态阻力特征（Zhao et al.，2015；Dai et al.，2017b）。本书研究表明，地表基岩裸露率对地表、地下产流量的影响存在临界值（30%左右），当基岩裸露率低于此临界值时，降低基岩裸露率有利于减少坡面地表径流、增加地下径流；当基岩裸露率高于此临界值时，增加基岩裸露率有利于减少地表径流、增加地下径流。地表、地下产流量随基岩裸露率发生这种变化的原因在于：基岩裸露率较低时，地表容许入渗面积较大，地表不透水面积较小，因此地表产流量少；随基岩裸露率增高，地表容许下渗面积减小，不透水面积增大，此时裸露基岩阻止降水渗漏的作用增强，导致降水在地表的产流量增加；当基岩裸露率增大到一定程度时，容许下渗面积进一步减少，这在一定程度上降低了坡面入渗率，但较高的基岩裸露率增加了具有较高渗漏率的软硬岩-土界面及地表对降水的拦截作用，反而增大了降水入渗率。因此，石漠化等级高的地区地表产流产沙有减弱趋势，而地下产流产沙则趋于严重。

与植被截留作用不同，广泛分布于喀斯特地区坡面的出露裸岩对降雨也有截留作用，但截留的降雨一部分沿坡面进行冲刷侵蚀，另一部分则沿岩-土界面、岩石裂隙、裂缝及节理下渗进行溶蚀。本书研究表明，在一定条件下，喀斯特裸坡面地表产沙量随基岩裸露率增大呈先减小后增加变化，地下产沙量也呈先增大后减小的变化，而总产沙量则随基岩裸露率增大而减小。相关研究表明，同一坡度或不同坡度条件下坡面总侵蚀量均随基岩裸露率（0，30%和 60%）的增大而减小（王济等，2010），但该实验没考虑地下裂隙产沙量。熊康宁等（2012）等认为这种变化的原因为：①裸岩含大量节理、裂隙、管道等，能吸收和渗漏一定量的降雨；②由于长期的风化作用，裸岩能吸收和吸附部分降雨；③裸岩的截流汇流作用降低了地表径流速度（Kheir et al.，2008）。岩石与土壤之间的软硬岩-土界面，是土壤下渗水运移的主要通道之一（Feng et al.，2016），易引起风化物流失和块体滑移，不利于溶蚀残留物堆积，以致土壤呈不连续状，形成独特的喀斯特岩溶石漠化地貌景观。岩石裸露对该区地表水土流失以及水土裂隙流失都具有一定影响作用，因此在开展喀斯特石漠化综合治理过程中，可结合本书研究成果从裸露岩石着手，如加强岩-土界面苔藓地衣的覆盖，减少岩-土界面对水土流失/漏失的影响。

6.6 地下裂隙度对土壤侵蚀/漏失的影响

喀斯特地区特殊的地表、地下双层空间结构是地表、地下水资源分配不均和水土流失机理复杂的关键因素。降雨下渗聚集在弱透水性的基岩界面上将发生二次分配，其中一部分顺坡向下形成壤中流；另一部分则沿重力方向通过岩溶裂隙、溶孔、溶管等岩溶导水介质流失。作为影响喀斯特地区坡面水土流失的重要因子，地下裂隙度是指地下岩层单位投影面积上，因溶蚀、断裂等营力作用形成的渗水裂缝的面积百分数。

6.6.1 地下裂隙度对地表地下产流的影响

为揭示喀斯特地区裸坡面在不同地下裂隙度条件下的产流产沙特征，选择雨强为120 mm/h、基岩裸露率为30%的坡面进行产流产沙特征分析（表6.5）。

表6.5 不同地下裂隙度的坡面径流特征

产流类型	地下裂隙度/%	累计径流量/L	径流深/mm	单宽流量/[L/(min·m)]	渗漏率/[L/(min·m²)]	径流分配/%	径流系数
地表径流	1	709	152.714	5.254	—	84.841	0.848
	2	584	125.808	4.328	—	69.893	0.699
	3	573	123.296	4.242	—	68.498	0.685
	4	629	135.339	4.659	—	75.189	0.752
	5	519	111.842	3.848	—	62.134	0.621
地下裂隙流	1	127	27.286	—	0.259	15.159	0.152
	2	252	54.192	—	0.514	30.107	0.301
	3	263	56.704	—	0.538	31.502	0.315
	4	207	44.661	—	0.424	24.811	0.248
	5	317	68.158	—	0.647	37.866	0.379

注：基岩裸露率为30%，雨强为120 mm/h，降雨历时90 min。

由表6.5可知，地表、地下产流量在不同地下裂隙度条件下的差异明显。在一定条件下，地表累计径流量、径流深总体上随地下裂隙度增加而减小，而地下累计径流量、径流深则相反。当地下裂隙度由1%增至5%时，地表累计径流量、径流深可降低26%左右，而地下累计径流量、径流深可增加149%左右，这说明地下裂隙对地下裂隙径流的影响高于地表径流。就地表径流而言，其地表径流的径流分配率、径流系数总体上随地下裂隙度增加而减小，而地下裂隙流的径流分配率、径流系数则相反。究其原因，当地下裂隙度较小时，地下水渗漏率低于降水下渗率，土壤下渗水在岩-土界面上大量聚集，最终形成蓄满产流；随地下裂隙度增加，降水渗漏率增大，土壤下渗水被裂隙导水介质疏干，地表产流的临界雨强增大。因此，地下裂隙对降水渗漏的强化作用决定于地下裂隙度的大小，增大地下裂隙度则提高了下垫面对降水的渗漏疏干作用，增大了地表产流的临界雨强参数值。

6.6.2　地下裂隙度对地表地下产沙的影响

受喀斯特地区特殊的地表、地下双层空间构造影响，地下裂隙发育容易导致坡面水土漏失。分析雨强为 120 mm/h、基岩裸露率为 30%的坡面在不同地下裂隙度下的径流侵蚀产沙特征(表 6.6)可知，坡面总径流侵蚀产沙量总体上随地下裂隙度增加而降低，且不同地下裂隙度下的土壤流失量在地表及地下空间分异明显。就地表径流侵蚀产沙而言，其累计产沙量、悬移质输沙率及土壤侵蚀模数均随地下裂隙度增加而降低，当地下裂隙度从 1%增加至 5%时，土壤侵蚀模数降低了 52.7%；对地下裂隙流侵蚀产沙而言，其累计产沙量、悬移质输沙率及土壤侵蚀模数则随地下裂隙度增加而增大，当地下裂隙度由 1%增加到 5%时，其土壤侵蚀模数增加了 102.7%。综合分析表明，在一定条件下，地表径流侵蚀产沙量、径流含沙量、输沙率及侵蚀模数均随地下裂隙度增大而减小，而地下裂隙流侵蚀产沙特征则相反。究其原因，主要是地下裂隙度的增加提高了土壤渗漏率，降低了地表径流量，从而减小了地表径流的泥沙输移能力；相反则增大了地下裂隙流量，使大量的土壤悬移质通过地下裂隙流运移流失，形成喀斯特地区独特的土壤流失方式。

表 6.6　不同地下裂隙度的坡面径流侵蚀产沙特征

产流类型	地下裂隙度/%	径流强度/(L/min)	累计产沙量/g	含沙量/(g/L)	推移质输沙率/(g/min)	悬移质输沙率/(g/min)	侵蚀模数/[g/(m²·h)]
地表径流	1	7.881	2297.25	3.239	11.478	14.047	281.641
	2	6.492	1245.600	2.132	3.836	10.004	152.71
	3	6.363	1777.050	3.103	6.976	12.769	217.865
	4	6.984	1448.100	2.304	4.967	11.123	177.542
	5	5.772	1086.750	2.092	3.366	8.709	133.224
地下裂隙流	1	1.408	145.585	1.149	—	1.618	17.848
	2	2.797	235.134	0.934	—	2.613	28.827
	3	2.926	209.767	0.796	—	2.331	25.717
	4	2.305	108.573	0.523	—	1.206	13.311
	5	3.517	295.124	0.932	—	3.279	36.182

注：基岩裸露率为 30%，雨强为 120 mm/h，降雨历时 90 min。

地下裂隙发育对喀斯特地区坡面土壤侵蚀过程有重要影响。喀斯特地区特殊的溶蚀作用引起岩石垂直节理和裂隙溶蚀发育并形成地下裂隙，为土壤和径流向地下流失提供了运移通道。在降雨条件下，地表径流直接对坡面土壤进行冲刷侵蚀，而入渗水流则在土壤中重新分配，一方面沿坡面向下形成壤中流，另一方面则在重力作用下沿地下裂隙流失形成地下水。地下裂隙度是指地下岩层单位投影面积上，因溶蚀、断裂等营力作用所形成的渗水孔裂缝的面积百分数(Peng et al.，2018)。在本书研究中，地下裂隙度在1%～5%时，地表产流产沙量随地下裂隙度增加而减小，而地下裂隙产流产沙量则相反，且地表产流产沙量高于地下产流产沙量；地表径流侵蚀产沙包括悬移质和推移质，而地下裂隙流侵蚀产沙则以悬移质为主。相关研究也表明，在一定条件下，地表径流量变化随地下裂隙度呈负相关，而与地下径流量呈正相关(Dai et al.，2015)；同时，不同地下裂隙度下的地表产流总量、地表径流系数都远大于地下裂隙流的产流总量、地下径流系数。本书通过试样钢槽底板圆孔来分析喀斯特地区土壤侵蚀过程中能够进入地下裂隙流失的径流泥沙量，而径流泥沙在浅层裂隙中的运移过程或机理还需进一步研究。同时，人工模拟喀斯特裸坡面的地表微地貌及地下裂隙构造特征，这与实际情况可能存在一定差异，今后应加强与野外观测的校验研究。

地下裂隙发育对喀斯特地区产沙过程有重要影响。地下流失途径大致包括土壤沿裂隙、管道、落水洞、溶洞、地下河流走这几类(Zhang et al.，2011；Yang et al.，2011；Febles et al.，2009；Geissen et al.，2007)。本书中，一定条件下地表径流侵蚀产沙量、径流含沙量、输沙率均随地下裂隙度增大而减小。究其原因，主要是地下裂隙度的增加提高了土壤渗漏率，降低了地表径流量，从而减小了地表径流的泥沙输移能力；相反则增大了地下裂隙流量，使大量的土壤悬移质通过地下裂隙流运移流失，形成喀斯特地区独特的土壤流失方式。相关研究也表明，喀斯特山区坡地的大型径流小区(1000 m^2)在2006～2010年定位观测表明，降雨量为1300～2000 mm，不同土地利用方式坡面次降雨径流系数<5%，地表产流很少，降雨几乎全部入渗，同时土壤侵蚀模式以微度[<30t/(km^2·a)]为主(Chen et al.，2012)。落水洞、漏斗、竖井等对地下流失的潜在危害度高，其与地下水系统动力联系强，土壤易大量流入其中，因此它们是地下流失防治的关键环节。

6.7 土壤侵蚀/漏失的影响因素综合分析

在喀斯特地区裸坡面的降雨侵蚀过程中，雨强、降雨历时、基岩裸露率及地下裂隙度均在一定程度上影响着地表、地下径流及侵蚀产沙的发生发展。为分析各因子对喀斯特地区裸坡面产流产沙的综合影响，采用偏相关分析及多元回归分析法对各因子与地表、地下产流量及产沙量进行了分析(表6.7)。由表6.7可知，地表、地下裂隙流量与各因子间均呈极显著相关，其中地表径流量与雨强、降雨历时呈正相关关系，而与基岩裸露率、地下裂隙度呈负相关关系；地下裂隙径流量与雨强、地下裂隙度及降雨历时呈正相关关系，与基岩裸露率呈负相关关系。地表径流产沙量与雨强、地下裂隙度、基岩裸露率及降雨历时均呈极显著相关，其中地表径流产沙量与雨强、降雨历时呈正相关关系，与地下裂隙度、基岩裸露率呈负相关关系；而地下裂隙流产沙量与雨强、地下裂隙度及降雨历时均呈极显著相关，与基岩裸露率呈显著相关，其中地下裂隙流产沙量与雨强、降雨历时及地下裂隙度呈正相关关系，与基岩裸露率呈负相关关系。

表 6.7　地表、地下裂隙产流量影响因子偏相关分析

产流产沙	雨强	降雨历时	基岩裸露率	地下裂隙度
地表产流量	0.54**	0.239**	−0.092**	−0.145**
地下产流量	0.288**	0.235**	−0.039**	0.076**
地表产沙量	0.499**	0.231**	−0.076**	−0.130**
地下产沙量	0.257**	0.193**	−0.069*	0.085**

注：*表示 $P<0.05$，相关性达到显著水平；**表示 $P<0.01$，相关性达到极显著水平。

第7章　喀斯特坡地土壤漏失机理

7.1　引　　言

长期岩溶作用致使喀斯特坡地内部出现多级多处与水、土、岩和生物关联的地表、地下双层结构，使岩溶区的水循环过程(含水的流失)和土壤侵蚀过程具有特殊性和复杂性，产生一系列特殊的环境地质问题，如水土流失、旱涝、石漠化、水源枯竭、地面沉降和塌陷等。喀斯特地区水土流失是其生态环境退化的重要因素，严重制约着该区农业可持续发展，充分揭示喀斯特地区坡地水土流失发生、运移机制是控制石漠化发展的关键。

尽管近年来喀斯特地区特殊的土壤流失类型研究备受关注，包括地表流失及地下漏失等，其中地表流失研究通过野外观测、室内模拟及同位素示踪等一系列的方法，其侵蚀过程、机理及影响因素都相对系统；但由于喀斯特地下径流泥沙野外直接观测难度系数大，且目前尚无切实可行的研究方法和手段，故基于喀斯特地区特殊的地下漏失机理研究较少，目前仅处于定性描述和室内模拟探索阶段，且已有研究未能揭示其侵蚀环境、驱动力及其漏失机制。

因此，本书通过选择典型岩溶裂隙，通过布设稀土元素，分析不同雨量事件下裂隙剖面稀土元素含量及其土壤颗粒组成变化特征，揭示裂隙土壤漏失机制，为喀斯特区水土漏失防治及生态工程实施提供科学依据。

7.2　材料与方法

7.2.1　岩溶裂隙选择

在贵阳市花溪区青岩镇上坝村选择裂隙共6条，基本情况见表7.1。在研究区周围放置3个自记雨量计分析自然降水量的特征。

表7.1　野外稀土示踪研究裂隙基本情况

裂隙编号	土地利用	地理坐标	海拔/m	坡向	坡位	土壤类型	岩性
S1	退耕	26°21′9″N，106°40′18″E	1068	东南100°	坡中	石灰土	白云岩

续表

裂隙编号	土地利用	地理坐标	海拔/m	坡向	坡位	土壤类型	岩性
S2	退耕	26°21′8″N，106°40′17″E	1064	东南 120°	坡中	石灰土	白云岩
S3	退耕	26°21′8″N，106°40′17″E	1064	东南 120°	坡中	石灰土	白云岩
S4	坡耕地	26°21′4″N，106°40′20″E	1069	东 95°	坡中	石灰土	白云岩
S5	坡耕地	26°21′4″N，106°40′20E″	1069	东南 136°	坡中	石灰土	白云岩
S6	坡耕地	26°21′4″N，106°40′20″E	1069	东南 136°	坡中	石灰土	白云岩

7.2.2　基于划线标记与土壤颗粒分析的地下漏失研究法

采用的研究方法是课题组的国家授权发明专利“一种喀斯特地区土壤地下漏失的分析方法”(专利号 ZL2018103503547)，该方法包括以下步骤。

(1) 根据研究内容，在研究区内选择多个典型观测点，观测点所在地块需较平整或微凹，防止发生地表侵蚀。

(2) 在每个观测点设置 1 个样方(样方大小视野外情况而定)，在岩石界面与土壤表面接触处划线标记(可采用油漆及尖锐小刀刻画)。

(3) 石漠化区岩石出露明显，需考虑到岩石界面对土壤漏失影响。因此，土壤样品采集方法采用“土层+岩-土界面”进行，即分别采集土层剖面的土壤样品和岩-土界面处土壤样品(靠近岩石界面 2 cm 内的土壤)，二者均以统一的分层厚度采集土壤样品，放入土样袋供后期颗粒分析用。

(4) 土壤样品分层厚度可采用自 2 cm 采集到 16 cm 或自定。

(5) 用于土壤颗粒含量背景值的土壤样品采集可分为两种情况：①以剖面原状土壤颗粒含量分布情况作为背景值；②以一定深度范围内(根据研究需要而定)土壤颗粒充分搅拌混合并填充作为背景值。

(6) 根据研究所需时间尺度，即次降雨、月、季、年等，土壤发生了漏失后，需以划线标记为基准点测量土层蠕移位移；同时，采集发生漏失或研究周期后的土壤样品，分析其土壤颗粒组成。

(7) 采集得到的土壤样品标记后采用标准土样袋带回，在实验室内自然风干。土壤颗粒组成分析采用传统的检测方法，如吸管法和激光粒度法等。

(8) 土壤蠕移位移及土壤漏失分析如下。

①蠕移位移：求取发生漏失后土层蠕移位移均值，即为土壤漏失量。

②土壤漏失过程：对比漏失后土壤颗粒组成与背景值土壤颗粒组成的分布情况，可判断土壤的蠕移漏失是由何种粒级颗粒漏失导致，也可以界定岩-土界面处的土壤漏失情况。

划线标记与土壤样品采集示意图如图 7.1 所示。

图 7.1　划线标记与土壤样品采集示意图

注：1 为土层蠕移位移，2 为岩土界面土壤，3 为剖面土壤，4 为测量工具——直尺，5 为分层厚度(2 cm)，6 为岩石界面，7 为划线标记。

在拟定的 6 个观测点，在矩形样方(2 m×2 m)内岩石界面与土壤表面处进行划线标记，以红色油漆进行标记。同时，采用“以剖面原状土壤颗粒含量分布情况作为背景值”的方法，以分层厚度 2 cm 分别进行剖面土壤样品及岩-土界面处土壤样品采集并带回室内风干。降雨事件后，采用标准直尺测量土层发生的蠕移位移，同时也以分层厚度 2 cm 分别进行剖面土壤样品及岩-土界面处土壤样品采集并带回室内风干。参考中国科学院南京土壤研究所编著的《土壤理化分析》(1978)中吸管法对背景值土壤样品及降雨事件后的土壤样品进行土壤颗粒组成分析。本例中土壤颗粒分级包括砂粒(0.05～2 mm)、粉粒(0.002～0.05 mm)和黏粒(<0.002 mm)，具体粒级包括 1～2 mm、0.25～1 mm、0.05～0.25 mm、0.01～0.05 mm、0.005～0.01 mm、0.002～0.005 mm、0.001～0.002 mm、<0.001 mm。

7.2.3　基于稀土元素示踪的地下漏失研究法

采用的研究方法是课题组的国家授权发明专利“一种利用稀土元素示踪喀斯特地区土壤漏失的方法”(申请号：201810373732.3)，该方法包括以下步骤。

(1)根据研究内容，选择能够代表研究区土壤发生地表流失或地下漏失的多个典型观测区，考虑到岩-土界面发生土壤流失或漏失的特殊性，所选观测区需包括部分岩-土界面。

(2) 采集观测区稀土元素背景值的土壤样品，即在观测区内，以 20～50 cm 网格大小在网格中心位置以分层厚度为 2 cm 分层采集土样样品，以靠近岩-土界面 2 cm 内的土壤作为岩-土界面土样，并以相同的分层厚度采集岩-土界面土壤样品，上述土壤样品采集至 8～20 cm 深度。

(3) 用于示踪土壤漏失的稀土元素，应具备与土壤能较好地结合、难溶于水、不易被植物所吸收，以及对土壤环境无害等特点。稀土示踪元素应具有土壤背景值低、施加量少、易于探测等特点。

(4) 选择多种稀土元素开展试验，其施放浓度及释放量分别按下式计算：

$$C_i = BC_i \times a \tag{7.1}$$

$$M_i = \frac{C_i S_i}{1000bc} \tag{7.2}$$

式中，i 为第 i 种示踪稀土元素，$i=1,2,3,\cdots,n$；C_i 为第 i 种示踪稀土元素施放浓度，mg/kg；BC_i 为第 i 种示踪稀土元素背景值， mg/kg；M_i 为第 i 种示踪稀土元素氧化物释放量，g；S_i 为第 i 种示踪稀土元素所需土重，kg；a 为浓度扩大系数，20～100；b 为浓度校正系数，即稀土氧化物纯度，一般为 0.9999；c 为氧化物校正系数，稀土元素相对分子质量所占其氧化物相对分子质量的比例。

所述 S_i 按下式计算：

$$S_i = \frac{WLH_i R}{1000} \tag{7.3}$$

式中，WL 为观测区样方面积，cm^2；H_i 为第 i 种示踪稀土元素布设深度，cm；R 为布设深度处土壤容重，g/cm^3；1000 为单位转化系数。

(5) 配制示踪土样，将计算得到释放量的稀土氧化物与土壤混合。示踪稀土氧化物与土壤的混合过程采用稀释法，逐步稀释逼近施放浓度。

(6) 配置的示踪土样采用“条带法+断面法”布设，其中“条带法”为所选观测区有限宽度的带，其土壤流失或土壤漏失等于或接近研究区的土壤侵蚀/漏失量，将稀土元素布设于此条带中；“断面法”为将稀土示踪元素和被示踪的土壤全部混合布设于断面上，不同的示踪元素布设于不同土层。“条带法+断面法”为将配置的示踪土样分层填入观测区条坑中，并夯实到与原坡面相同容重，同时在岩-土界面处标记表层土位置。布设原则如下。

①尽量不破坏下层土壤结构，布设土层厚度应控制在一定范围。

②漏失前后差异要保证显著，布设土层要结合采样深度，可控制为 2 cm。

③表层应布设足够深度，以保证满足地表流失，这里取 4 cm。

④为了使 4 cm 层内也能看出漏失，取样深度应足够小；同时，在漏失小的情况下都能检测出来，取样深度控制为 2 cm 或以下。

⑤在保证准确度的情况下，注重经济、高效的原则。

(7) 在研究周期(次降雨、月、季或年)后，土样样品按步骤(2)进行，采集方式分为两种情况：①以岩-土界面标记处为基准点，准确按 2 cm 分层厚度采集土壤样品，记录采集到的每层土壤样品的厚度；②以岩-土界面标记处为基准点，采用标准直尺测量土层下移位移，并以该下移土层的表层处准确以 2 cm 分层厚度采集土壤样品。

(8) 土壤流失或漏失分析计算分以下两种情况。

①计算基准点以下未采集到土壤样品的厚度，即为土壤侵蚀/漏失厚度，由式(8.3)可计算土壤侵蚀/漏失量；对比研究周期后土壤稀土元素浓度与背景值浓度变化，若二者差异不大，则证明土壤以整体蠕移漏失为主，若二者存在较大差异，则视数据情况进行分析。

②计算直尺测得的土壤侵蚀/漏失厚度均值，由式(8.3)可计算土壤侵蚀/漏失量；对比研究周期后土壤稀土元素浓度与背景值浓度变化，可判断土壤的蠕移漏失是否由岩-土界面处流失所致。

1. 示踪原理

稀土元素近年来被证实是研究土壤侵蚀较理想的示踪元素(刘普灵 等，1997；丁文峰 等，2003；Liu et al.，2004；Kimoto et al.，2006；Liu et al.，2016b；Zhang et al.，2017)。利用稳定性稀土元素示踪技术研究土壤侵蚀分布，基本原理是将示踪元素氧化物与土壤均匀混合后布设于研究区不同地形部位，使其在整个降雨侵蚀过程中随径流泥沙迁移，通过采集侵蚀的泥沙样品，采用中子活化分析等方法测定示踪元素含量，据此研究侵蚀泥沙来源及不同地形部位土壤侵蚀差异特征，以此达到判别侵蚀泥沙来源及得出不同地形部位土壤流失量的目的。前述方法主要适用于非喀斯特区并设有径流小区的坡面，而对于具有特殊侵蚀类型的喀斯特区，地下漏失很难直接接收到漏失掉的水土，因此只能通过示踪载体在裂隙中的分布来反映裂隙土壤漏失的过程。

2. 示踪元素的选择及浓度估算

用于研究土壤流失的稀土示踪元素，应具备与土壤能较好地结合、难溶于水且不易被植物所吸收以及对土壤环境无害等基本特征，以保证其在土壤流失过程中对泥沙的示踪作用。同时，综合考虑方法分析精度、实验成本及推广应用前景等方面，稀土示踪元素应具有土壤背景值低、施加量少且易于识别和探测等特征。根据已有研究结果，本书选择了铈(Ce)，镧(La)，钐(Sm)三种稀土元素作为示踪元素开展裂隙土壤漏失探索试验。

各种稀土元素施放浓度及其氧化物释放量计算方法详见《土壤侵蚀稀土元素示踪法操作技术研究》(刘普灵 等，1997)，其浓度情况见表 7.2。

表 7.2 稀土示踪氧化物浓度及施放情况

编号	元素	裂隙宽/cm	示踪长/cm	示踪深度/cm	背景值/(mg/kg)	施放浓度/(mg/kg)	浓度校正系数	氧化物校正系数	施放量/g
S1	Ce	25	50	4	6.20	124.0	0.9999	0.81	0.92
	La	25	50	2	11.80	236.0	0.9999	0.85	0.83
	Sm	25	50	2	0.23	4.6	0.9999	0.862	0.02
S2	Ce	40	50	4	6.41	128.2	0.9999	0.81	1.52
	La	40	50	2	2.01	40.2	0.9999	0.85	0.23
	Sm	40	50	2	0.21	4.2	0.9999	0.862	0.02

续表

编号	元素	裂隙宽/cm	示踪长/cm	示踪深度/cm	背景值/(mg/kg)	施放浓度/(mg/kg)	浓度校正系数	氧化物校正系数	施放量/g
S3	Ce	40	50	4	7.02	140.4	0.9999	0.81	1.66
	La	40	50	2	8.14	162.8	0.9999	0.85	0.92
	Sm	40	50	2	0.22	4.4	0.9999	0.862	0.02
S4	Ce	120	50	4	24.66	493.2	0.9999	0.81	17.54
	La	120	50	2	8.90	178.0	0.9999	0.85	3.02
	Sm	120	50	2	0.33	6.6	0.9999	0.862	0.11
S5	Ce	50	50	4	42.05	841.0	0.9999	0.81	12.46
	La	50	50	2	25.07	501.4	0.9999	0.85	3.54
	Sm	50	50	2	1.03	20.6	0.9999	0.862	0.14
S6	Ce	120	50	4	41.04	820.8	0.9999	0.81	29.19
	La	120	50	2	42.35	847.0	0.9999	0.85	14.35
	Sm	120	50	2	0.19	3.9	0.9999	0.862	0.06

3. 示踪土样的配制及布设

本书采用“条带+断面法”布设稀土氧化物(图 7.2)，即在所选裂隙上选择能够代表本条裂隙水土漏失状况的部位(裂隙平均宽度处)，根据裂隙宽度布设长为 0.5 m 的“条带”，Ce 布设于表层 0～4 cm 土层，La 布设于 4～6 cm 土层，Sm 布设于 6～8 cm 土层。配制高浓度的示踪元素土样时，先以少量粒径较小(0.075 mm)的试验干土与所需重量稀土氧化物充分混合，稀释形成高浓土样，然后再加入所需土混合，形成次高浓土样，最后加入能装满示踪深度的风干土充分混合，填入断面条坑之中，夯实到与原坡面相同容重，同时在岩-土界面处标记表层土位置。

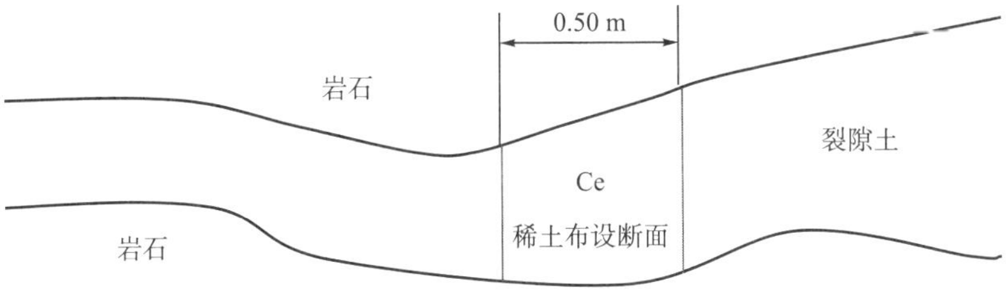

(a)裂隙平面图

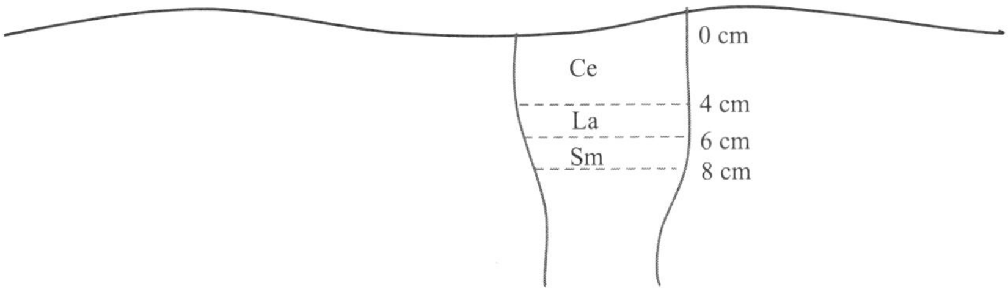

(b)裂隙断面图

图 7.2　裂隙稀土元素布设示意图

笔者通过前期预实验研究，总结出在布设过程中应遵循的原则如下：

①尽量不破坏下层土壤结构，布设土层厚度应控制在一定范围；

②漏失前后差异要保证显著，布设土层要结合采样深度，可控制为 2 cm；

③表层应布设足够深度，以保证满足地表流失，鉴于前期划油漆法，这里取 4 cm；

④为了使 4 cm 层内也能看出漏失，取样深度应足够小；同时，在漏失小的情况下都能检测出来，取样深度控制为 2 cm 或以下；

⑤在保证准确度的情况下，注重经济、高效的原则。

4. 样品的采集与测试

样品在自然资源部喀斯特环境与地质灾害重点实验室(贵州大学化工及环境研究测试中心)测定，采用方法为 ICP-MS(inductively coupled plasma mass spectrometry)。测定步骤为：将风干土过 100 目(0.15 mm)土壤筛，称取风干土 0.1 g(精确至 0.0001 g)，放于微波消解罐中，加入 2 mL 优级纯 H_2O_2 以消除有机质，然后加入 5 mL 优级纯 HNO_3，待 30 min 后再加入 3 mL 优级纯 HF。采用美国 CEM 公司生产的 MARS 6 进行消解，通过载入方法 Classic method→选择方法→选择样品形式→选择控制模式→设定反应方法→(最大功率、爬坡时间、目标温度、保持时间)→方法命名→保存方法，其中功率设定 600～1000 W，爬升时间为 10～15 min，保持时间为 15～25 min，温度为 120～190 ℃，全罐温度监控系统为 240 ℃。消解结束后，将消解罐打开置于赶酸器中 150 ℃进行赶酸至黏稠状或 1 mL 左右时，加 0.5 mL 优级纯 HNO_3，加几滴水溶解，最后置于 50 mL 容量瓶中定容。采用美国生产的 ICP-MS 电感耦合等离子质谱仪测定样品中的稀土含量。

同时，参考中国科学院南京土壤研究所编著《土壤理化分析》(1978)中吸管法对背景值土壤样品及降雨事件后的土壤样品进行土壤颗粒组成分析。本例中土壤颗粒分级包括砂粒(0.05～2 mm)、粉粒(0.002～0.05 mm)和黏粒(＜0.002 mm)，具体粒级包括 1～2 mm、0.25～1 mm、0.05～0.25 mm、0.01～0.05 mm、0.005～0.01 mm、0.002～0.005 mm、0.001～0.002 mm、＜0.001 mm。

7.3 自然降雨条件下裂隙土壤漏失特征

在前期研究中，模拟揭示了水土在裂隙中的漏失过程及特征，明确了水在裂隙中的运移路径，但对于土壤在裂隙中的运移/蠕移/漏失过程及特征仍然未知。因此，本书在贵阳市花溪区青岩镇大坝村选择了 6 条岩溶裂隙(基本情况如表 7.2 所示)，拟通过自然降雨并结合稀土元素示踪技术和土壤颗粒分析方法，研究裂隙土壤及其岩-土界面土壤漏失特征。

7.3.1　裂隙土壤背景值特征

1. 裂隙土壤背景值特征

稀土示踪实验于 2017 年 6 月 15 日布设，各裂隙布置情况如图 7.3 所示，对裂隙土壤小雨(<5 mm)沉降至稳定(稳定至 7 月 2 日开始观测)，以保证土壤接近原土壤。各裂隙所在地表均趋于水平或微下凹，即不发生或很少发生土壤地表流失。

图 7.3　稀土示踪裂隙布置示意图

稀土示踪裂隙土壤稀土元素(rare earth element，REE)背景值及配置高浓度 REE 土样浓度的测试结果如表 7.3 所示，可见，裂隙土壤 REE 背景值较低，不同裂隙表层 0～10 cm 土壤中铈(Ce)浓度为 6.20～42.05 mg/kg，镧(La)浓度为 2.01～42.35 mg/kg，钐(Sm)浓度 0.19～1.03 mg/kg。添加 REE 的高浓度土样的实测 REE 浓度也是均匀稳定的，与预期按比例添加 REE 后的目标 REE 施放浓度是相吻合的。例如，S1 裂隙 Ce、La 和 Sm 的背景值分别为 6.20 mg/kg、11.80 mg/kg 和 0.23 mg/kg，预期目标 Ce 施放浓度为 124.0 mg/kg，而添加 Ce 的高浓度 REE 土样实测 Ce 浓度为 121.20 mg/kg，与目标值(124.0 mg/kg)接近，其余 REE 即 La 和 Sm 浓度分别为 7.90 mg/kg 和 0.42 mg/kg，与背景值(La 为 11.80 mg/kg，Sm 为 0.23 mg/kg)接近。相似地，添加 La 的高浓度 REE 土样实测 La 浓度为 243.95 mg/kg，与目标值(236.0 mg/kg)接近，添加 Sm 的高浓度 REE 土样实测 Sm 浓度为 4.60 mg/kg，与目标值(4.6 mg/kg)相等，说明土壤中添加 REE 的方法和措施是合适的。

表 7.3 稀土示踪裂隙土壤 REE 背景值

编号	REE	0～10 cm 土壤背景值/(mg/kg)	10～20 cm 土壤背景值/(mg/kg)	REE 土样实测施放浓度/(mg/kg)			REE 土样目标施放浓度/(mg/kg)
				添加 Ce	添加 La	添加 Sm	
S1	Ce	6.20	5.05	121.20	7.90	0.42	124.0
	La	11.80	4.25	5.43	243.95	0.20	236.0
	Sm	0.23	0.12	6.75	15.93	4.60	4.6
S2	Ce	6.41	2.14	129.62	2.21	0.24	128.2
	La	2.01	1.07	6.28	39.02	0.20	40.2
	Sm	0.21	0.08	7.07	1.99	4.32	4.2
S3	Ce	7.02	2.98	140.25	5.89	0.37	140.4
	La	8.14	1.63	8.72	161.03	0.29	162.8
	Sm	0.22	0.48	7.44	10.10	4.61	4.4
S4	Ce	24.66	8.25	500.00	6.25	0.34	493.2
	La	8.90	3.33	23.41	177.63	0.36	178.0
	Sm	0.33	0.05	16.72	7.90	5.54	6.6
S5	Ce	42.05	36.75	835.70	16.74	1.31	841.0
	La	25.07	17.43	44.50	496.40	1.31	501.4
	Sm	1.03	0.88	50.60	13.66	20.67	20.6
S6	Ce	41.04	34.23	816.72	43.42	0.11	820.8
	La	42.35	15.23	48.78	855.50	0.12	847.0
	Sm	0.19	0.16	49.12	40.59	4.02	3.9

注：REE 土样做处理(添加某 REE)后，添加该 REE 测定的浓度应接近目标施放浓度，其余 REE 测定的浓度应为背景值含量。

2. 观测期间日降水量变化特征

试验于 2017 年 7 月 13 日、8 月 19 日和 10 月 20 日 3 次分层(2 cm 分层厚度)采集裂隙岩-土界面及裂隙土壤层样品，每次样品对应的累计降水量分别为 104.5 mm、46.7 mm 和 181.5 mm，详细日降水量变化情况如图 7.4 所示。

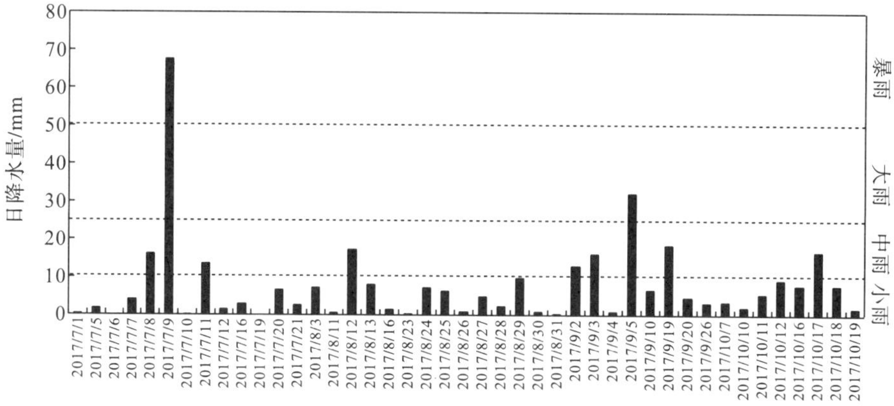

图 7.4 观测期间日降水量变化特征

注：日降水量数据来源于样地布置雨量筒的实测值。雨量等级划分参考气象局标准(24 h 制)。

试验观测期间，即 2017 年 7 月 1 日～10 月 19 日，累计降水 332.7 mm，共发生 1 次暴雨(67.6 mm)、1 次大雨(32.3 mm)、7 次中雨和 34 次小雨。第一次土壤漏失观测期间(104.5 mm)发生 1 次暴雨、2 次中雨以及多次小雨，第二次观测期间仅发生 1 次中雨和多次小雨，第三次观测期间发生 1 次大雨、4 次中雨以及多次小雨。

7.3.2　裂隙土层蠕移位移变化特征

图 7.5 为观测期间裂隙土层蠕移位移变化特征。各裂隙在 332.7 mm 降水量下所发生的土壤蠕移位移依次为 S1 裂隙 1.7 cm、S2 裂隙 2.0 cm、S3 裂隙 2.0 cm、S4 裂隙 2.8 cm、S5 裂隙 2.4 cm、S6 裂隙 1.6 cm。各裂隙第一次观测期间(降水量为 104.5 mm)所对应的土壤蠕移位移按裂隙编号顺序大小依次为 1.3 cm、1.8 cm、1.7 cm、2.5 cm、2.0 cm 和 1.0 cm，其占整个观测期间蠕移位移比例依次为 76.5%、90.0%、85.0%、89.3%、83.3%和 62.5%；第二次观测期间(降水量为 46.7 mm)所对应的土壤蠕移位移按裂隙编号顺序依次为 0.2 cm、0 cm、0 cm、0 cm、0.2 cm 和 0.4 cm，其占整个观测期间蠕移位移比例依次为 11.8%、0、0、0、8.3%和 25.0%；第三次观测期间(降水量为 181.5 mm)所对应的土壤蠕移位移按裂隙编号顺序依次为 0.2 cm、0.2 cm、0.3 cm、0.3 cm、0.2 cm 和 0.2 cm，其占整个观测期间蠕移位移比例依次为 11.8%、10.0%、15.0%、10.7%、8.3%和 12.5%。明显地，降水量为 104.5 mm 所发生的土壤蠕移位移在 1.0～2.5 cm，所占 332.7 mm 降水量下的蠕移位移比例在 62.5%以上，而较大降水量 181.5 mm 所发生的土壤蠕移仅为 0.2～0.3 cm，其所占 332.7 mm 蠕移位移比例在 15.0%以下。这表明，降水量并不是决定裂隙土壤蠕移位移大小的关键因素，而是雨强。由此可见，暴雨或大暴雨是石漠化区裂隙土壤发生漏失的关键因素，而其漏失形式则主要为土壤蠕移，但具体的蠕移漏失方式还需要通过 REE 浓度变化和土壤颗粒粒级变化来反映。

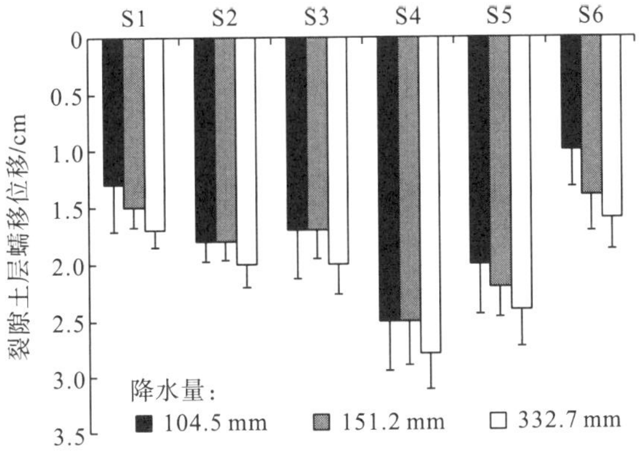

图 7.5　观测期间裂隙土层蠕移位移变化特征

7.3.3　自然降雨下裂隙剖面土壤 REE 浓度变化特征

前述已证明裂隙土壤漏失主要为土壤蠕移，但土壤在裂隙中的蠕移过程还未知。

笔者设想，若裂隙土壤在蠕移漏失过程中是整体发生蠕移，则不同土层间土壤 REE 含量应与布设时 REE 含量一致，反之，若在蠕移漏失过程中不是整体下移，而是土壤层内部某些粒级颗粒不断向下移动，则不同土层间土壤 REE 含量会与布设时发生明显变化。

图 7.6 为不同裂隙在不同土层下 REE 浓度较背景值变化特征。退耕-草地漏斗形裂隙 S1 在不同降水量水平(104.5 mm、151.2 mm 和 332.7 mm)下 Ce 浓度在 0～4 cm 土层含量均最高，这与 Ce 布设时趋势一致，表明该裂隙无土壤地表流失发生。与背景值相比，在 104.5 mm 降水量水平下，Ce 浓度在 0～4 cm 土层明显下降，在 6～10 cm 土层也呈微弱下降趋势，而在其他土层，Ce 浓度明显较背景值高，这说明表层 0～4 cm 所布设的 Ce 元素随土粒漏失进入裂隙 4 cm 土层以下，包括 4～6 cm 土层和 10～16 cm 土层，而 6～10 cm 土层 Ce 元素随土粒漏失进入 10 cm 以下土层。在 151.2 mm 和 332.7 mm 降水量水平下的土壤颗粒漏失明显，0～4 cm 土层 Ce 浓度均明显低于背景值，而在 4 cm 以下土层其 Ce 浓度均较背景值高，说明表层 0～4 cm 土层的 Ce 元素随土粒进入裂隙 4～16 cm 土层，每 2 cm 土层均有 Ce 元素的积累。对比不同降水量水平下的 Ce 浓度变化可知，在 0～2 cm 和 2～4 cm 土层 Ce 浓度与背景值的差异随降水量增加呈减小趋势，说明裂隙表层土壤颗粒有随降雨向裂隙下部土层下移的趋势，而在 4～16 cm 土层 Ce 浓度与背景值差异随降水量增加呈增加趋势，这证明 4～16 cm 土层 Ce 积累是表层 0～4 cm 土粒下漏所致。相似地，从不同降水量及不同土层深度 La 浓度变化可知，4～6 cm 土层 La 浓度与背景值差异最大，这与 La 布设时趋势一致，说明裂隙 La 布设符合预期目标，但对于第二次降水量 151.2 mm 下 2～4 cm 土层除外(其 La 浓度明显高于背景值，这可能是由于裂隙土层蠕移变形而致)；不同降水量等级下，0～2 cm、4～10 cm 土层 La 浓度总体为负值，即其浓度低于背景值，说明这些土层的某些粒级颗粒有向其下层运移的趋势，而在其他土层则相反，但总体与 Ce 相比，除 La 布设层外的其他土层 La 浓度数值均较小，说明布设层 4～6 cm 土层土粒下移并在下部土层(6～16 cm)积累的量少。从不同土层 Sm 浓度较背景值变化图亦可知，布设 Sm 层(6～8 cm)的浓度与背景值差异亦最大，符合预期设计，而在该布设层以下 Sm 浓度值均为正值，即高于背景值，说明由该土层下移的挟带 Sm 的土粒在其下部土层均有积累，其积累的量随降水量的增加总体呈增加趋势。

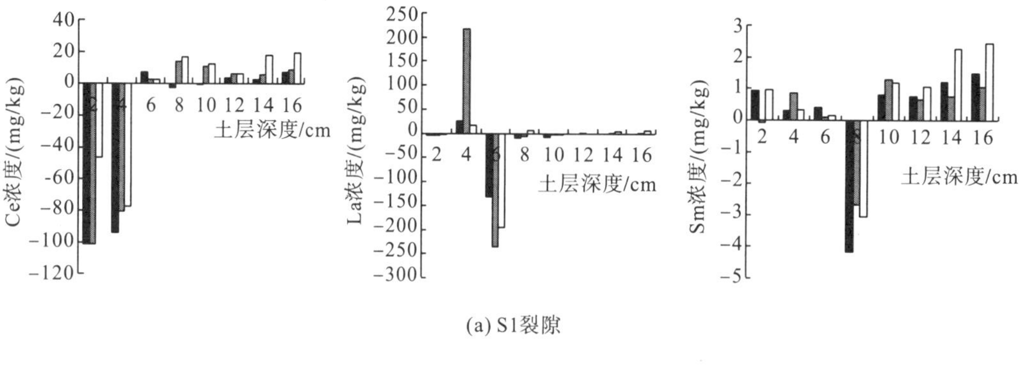

(a) S1裂隙

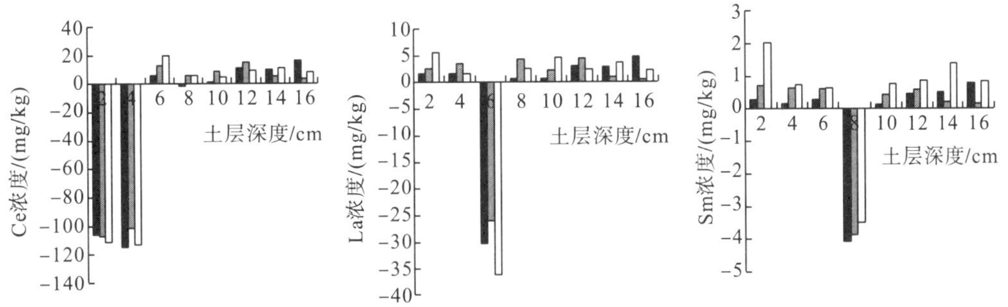

(b) S2裂隙

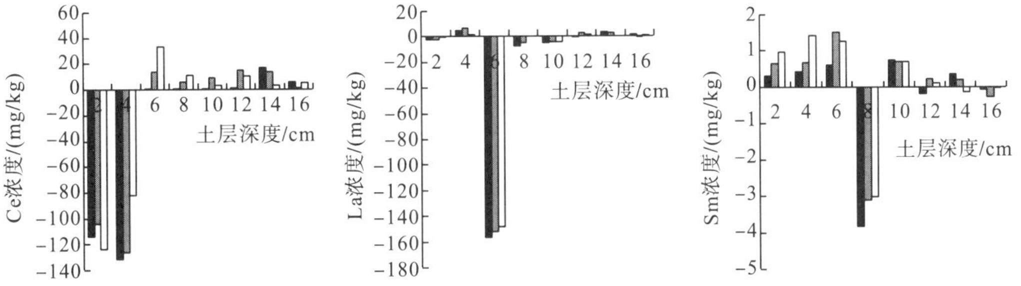

(c) S3裂隙

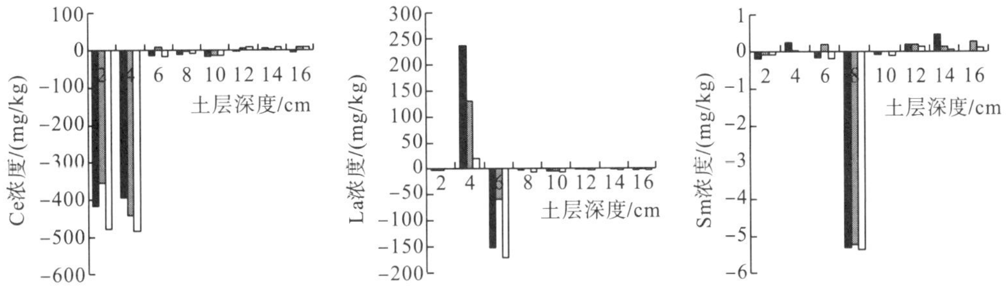

(d) S4裂隙

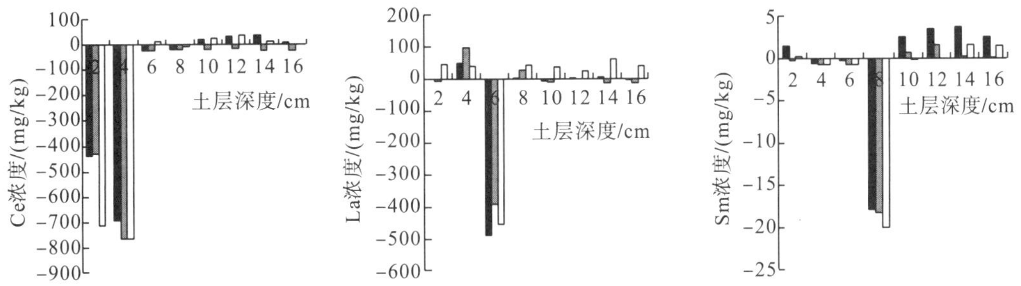

(e) S5裂隙

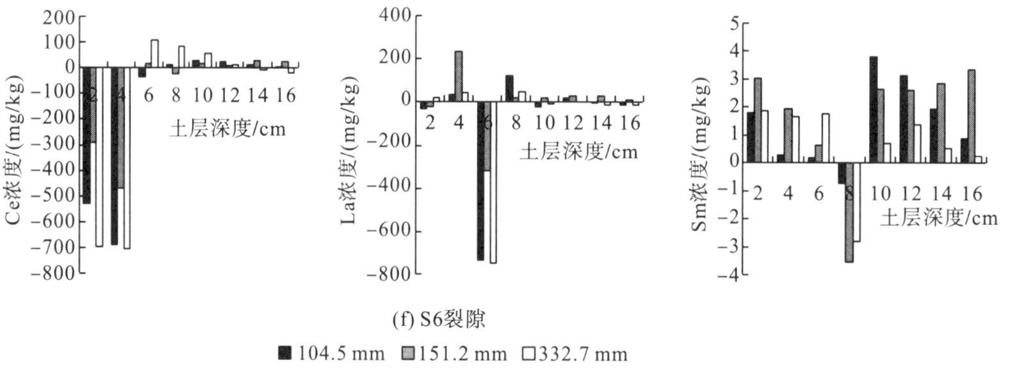

图 7.6 裂隙土层 REE 浓度较背景值变化特征

相似地，退耕-林地梯形裂隙 S2，退耕-草地竖长方裂隙 S3，坡耕地竖长方裂隙 S4、S5 和 S6 也呈现出类似裂隙 S1 的变化特征。与背景值相比，裂隙 S2 除 104.5 mm 降水量下 6～8 cm 土层 Ce 浓度低于背景值[图 7.6(b)]，其他土层(4～16 cm)Ce 浓度均高于背景值，说明该裂隙表层 0～4 cm 土层土壤颗粒下移并积累在 4～16 cm 土层，在 6 cm 处这种积累作用明显随降水量增大而增加，其他土层变化不明显；不同降水量水平下该裂隙 La 和 Sm 浓度除布设层外均高于背景值，在布设层以上的土层其浓度高于背景值的原因可能是其未挟带 REE 的土粒下移而使该层 REE 浓度升高，而布设层以下的土层其浓度高于背景值的原因一方面可能是由于未挟带 REE 的土粒下移，另一方面是由于布设层挟带 REE 的土粒下移所致。同时，不同降水量水平下 REE 浓度值高于背景值的裂隙土层包括：S3 裂隙[图 7.6(c)]Ce 在 4～16 cm 土层，La 在 2～4 cm、10～16 cm 土层，Sm 在 0～6 cm、8～10 cm、10～12 cm(仅包括 151.2 mm 和 332.7 mm 降水量事件)、12～14 cm(仅包括 104.5 mm 和 151.2 mm 降水量)，S4 裂隙[图 7.6(d)]Ce 在 4～6 cm(仅包括 151.2 mm 降水量)、10～12 cm(仅包括 151.2 mm 和 332.7 mm 降水量)、12～14 cm 和 14～16 cm(仅包括 151.2 mm 和 332.7 mm 降水量)，La 在 2～4 cm，Sm 在 2～4 cm、4～6 cm(仅包括 151.2 mm 降水量)、10～16 cm，S5 裂隙[图 7.6(e)]Ce 在 4～6 cm(仅包括 332.7 mm 降水量)、8～16 cm(仅包括 104.5 mm 和 332.7 mm 降水量)，La 在 0～2 cm(仅包括 332.7 mm 降水量)、2～4 cm、6～8 cm、8～10 cm(仅包括 332.7 mm 降水量)、10～14 cm(仅包括 104.5 mm 和 332.7 mm 降水量)、14～16 cm(仅包括 332.7 mm 降水量)，Sm 在 0～2 cm(仅包括 104.5 mm 和 332.7 mm 降水量)、8～10 cm(仅包括 104.5 mm 和 151.2 mm 降水量)、10～16 cm，S6 裂隙[图 7.6(f)]Ce 在 4～6 cm(151.2 mm 和 332.7 mm 降水量)、6～8 cm(104.5 mm 和 332.7 mm 降水量)、8～12 cm、12～16 cm(104.5 mm 和 151.2 mm 降水量)，La 在 0～2 cm(332.7 mm 降水量)、2～4 cm、6～8 cm、8～10 cm(151.2 mm 降水量)、10～12 cm、12～16 cm(151.2 mm 降水量)，Sm 在 0～6 cm 和 8～16 cm。简言之，无论对于何种示踪元素以及降水量水平而言，各裂隙土壤颗粒在土层内部发生下移的土壤层以及积累下移颗粒的土层是随机的，并非固定为某一土壤层次。由此说明，裂隙土壤在蠕移漏失过程中，其土壤层内部土壤颗粒是随机地向下层运移，且所积累该下移颗粒的土层也是随机的。

通过 3 次降水量下 6 条裂隙不同土层 REE 浓度变化分析可知，裂隙土壤在蠕移漏失过程中并不是整体均匀下移，而是土壤层内某些颗粒在特定的土壤层内向下层移动，发生的土层不是固定的，且所积累该下移颗粒的土层也是随机的。

7.3.4　自然降雨下裂隙剖面土壤颗粒组成变化特征

土壤是由大小不同的土粒按照不同的比例组合而成，在喀斯特区土壤蠕移漏失的影响下，土壤颗粒分布是否会在其不同层次间发生变化？土壤颗粒组成受土壤流失作用的影响会呈现出不同的分布特征，基于这一设想，本书通过吸管法分析次降雨条件下裂隙剖面土壤颗粒组成变化特征，旨在揭示裂隙土壤蠕移漏失机制，为喀斯特区水土漏失防治及生态工程实施提供科学依据。

图 7.7 显示了不同降水量下裂隙土层不同粒级颗粒质量分数变化特征。分析退耕-草地漏斗形裂隙 S1 不同土层下不同粒级颗粒质量分数[图 7.7(a)]可知，随着降水量增加，0～2 cm 土层砂粒(0.05～2 mm，以下土壤粒级划分为美国农部制)含量呈先减小后增加趋势，粉粒(0.002～0.05 mm)、黏粒(＜0.002 mm)含量则呈先增加后减小趋势，其中极粗砂粒(1～2 mm)含量呈增加趋势，中粗砂粒(0.25～1 mm)含量呈减小趋势，极粗砂粒的增加表明该层其他粒级土壤颗粒有减小趋势，而中粗砂粒减小也只能说明其他粒级土壤颗粒有增加趋势，即随降水量增加该层土壤颗粒发生下移粒级是不确定的；2～4 cm 土层砂粒、粉粒和黏粒含量变化与 0～2 cm 土层相似，其中不同粒级颗粒变化情况不同；4～6 cm 土层砂粒、黏粒含量变化与上层相同，而粉粒含量则呈增加趋势，其中极粗砂粒、0.01～0.05 mm 颗粒含量随降水量增加呈增加趋势，而中粗砂粒呈减小趋势，其他粒级颗粒含量无明显变化规律；相似地，6～8 cm 土层砂粒、粉粒和黏粒含量变化与上层相同，其中 0.005～0.05 mm 颗粒含量随降水量增加呈增加趋势，0.001～0.002 mm 颗粒含量呈降低趋势；8～10 cm 土层砂粒、粉粒和黏粒含量随降水量变化趋势与 0～2 cm、2～4 cm 土层变化相同，其中 0.25～2 mm、0.005～0.01 mm 和＜0.001 mm 颗粒含量随降水量增加呈增加趋势，0.001～0.002 mm 颗粒则呈降低趋势，其余颗粒(0.01～0.25 mm、0.002～0.005 mm)含量随降水量增加依次为 55.96%、52.14%和 52.92%，说明前述三种粒级颗粒含量的增加不可能是由于上层这三种粒级下移至此层(6～8 cm 土层这三种粒级未呈现出降低变化趋势)，而很可能是 0.001～0.002 mm 或 0.01～0.25 mm、0.002～0.005 mm 颗粒向下层漏失所致。相同地，对于该裂隙 10～16 cm 不同粒级土壤颗粒以及其他裂隙 S2[图 7.7(b)]、S3[图 7.7(c)]、S4[图 7.7(d)]、S5[图 7.7(e)]、S6[图 7.7(f)]而言，同样无法确定是何种粒级土壤颗粒以某种确定的方式向下层移动。

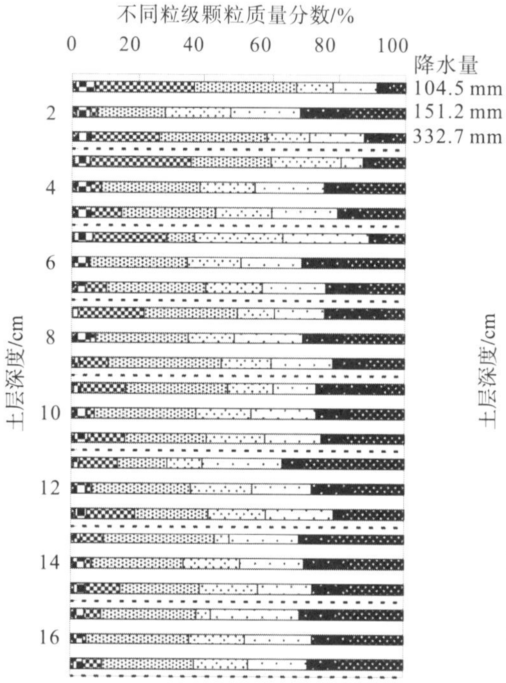

(a) 裂隙S1

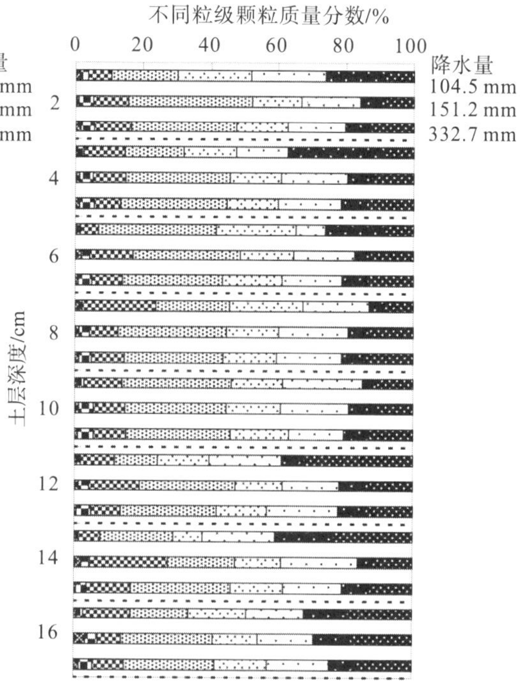

(b) 裂隙S2

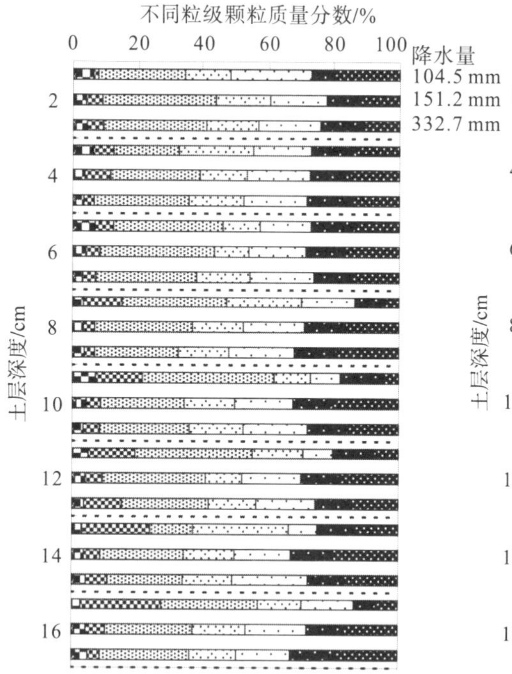

(c) 裂隙S3

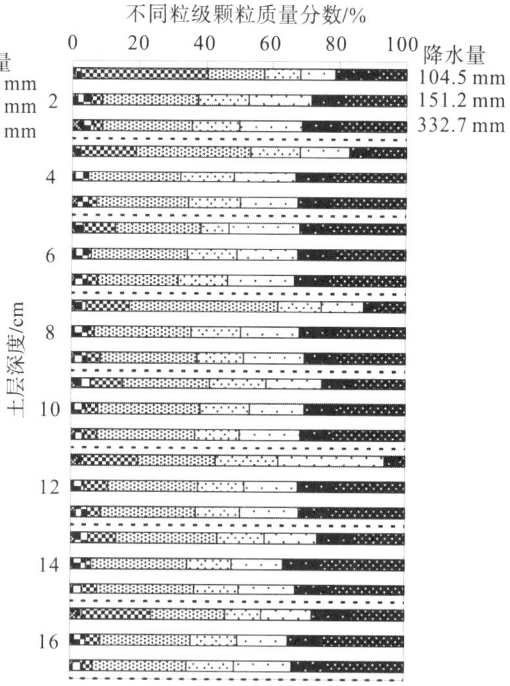

(d) 裂隙S4

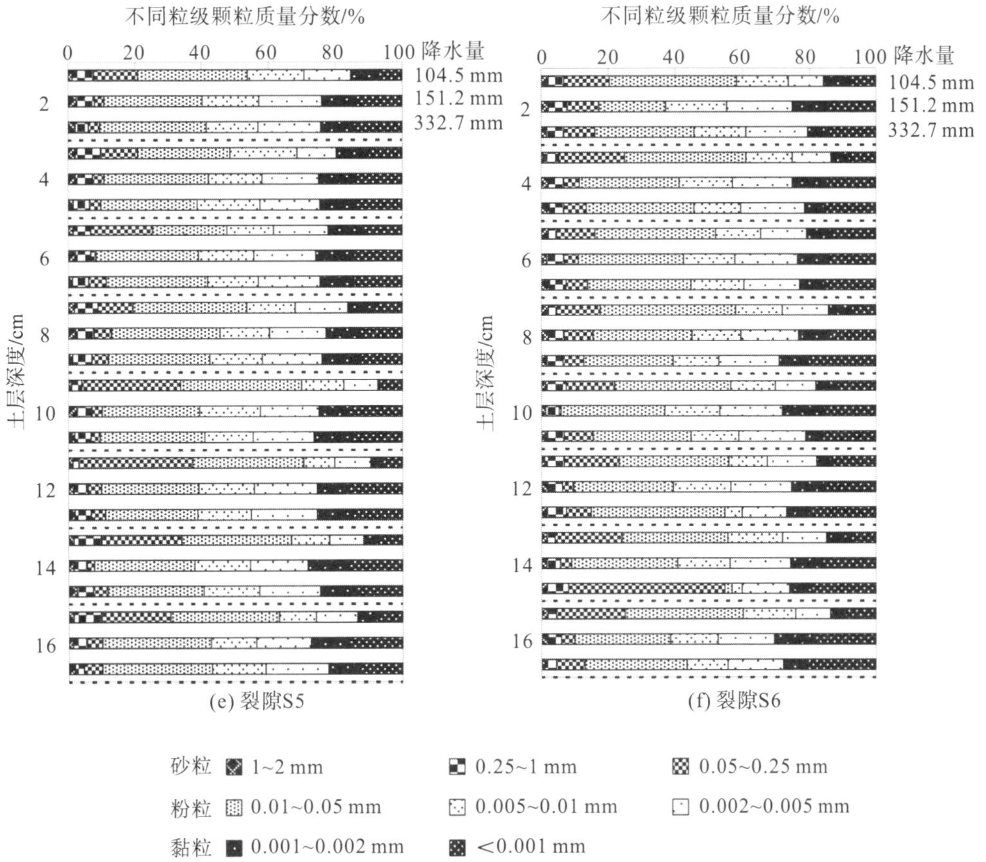

图 7.7　裂隙土层不同粒级颗粒质量分数变化特征

通过 3 次降水量下 6 条裂隙不同粒级颗粒质量分数变化分析可知，裂隙土壤在蠕移漏失过程中并不是整体均匀下移，即不同土层颗粒分布并非保持恒定，而是土壤层内某些颗粒随机地向下层移动，这些向下层移动的颗粒并非固定为某个粒级，而是随机地且各个粒级都可能发生，发生的土层也不是固定的，且所积累该下移颗粒的土层也是随机的。

7.4　岩-土界面对裂隙土壤漏失的影响

前述通过对裂隙水分运移过程的研究发现，岩-土界面是裂隙主要的水分漏失形式，而水在岩-土界面的流动是否引起土壤在岩-土界面下移漏失？设想，若不会造成土壤颗粒下移漏失，那么裂隙岩-土界面处土壤 REE 含量及其颗粒组成的变化应与裂隙内土层变化相同，反之，二者若有差异，则证明岩-土界面也是土壤蠕移漏失的方式之一。

7.4.1 岩-土界面与土层土壤 REE 浓度变化特征

图 7.8 显示了不同裂隙岩-土界面 REE 浓度较裂隙土壤背景值变化特征。岩-土界面处土壤 REE 浓度低于背景值，说明岩-土界面处该层挟带 REE 的土粒有向下层移动的可能，也可能为上层未挟带 REE 的土粒下移至该层。以 S1 裂隙[图 7.8(a)]为例，不同降水量水平(104.5 mm、151.2 mm 和 332.7 mm)下岩-土界面处土壤 Ce 浓度较背景值明显存在差异。与背景值相比，不同降水量下 Ce 浓度在布设层(0～4 cm)明显下降，且下降程度随降水量增加而减小，相反，在布设层以下各层土壤Ce浓度随降水量增加而增加(除 8～10 cm 层以外)，说明由岩-土界面布设层挟带 Ce 的土壤颗粒下移并积累在不同土层的含量随降水量增加而增加。在 104.5 mm 降雨事件下裂隙岩-土界面 4～8 cm 层以及 332.7 mm 降雨事件下 8～10 cm 层土壤 Ce 浓度低于土壤背景值，原因主要包括两个方面：其一，上层未挟带 Ce 的土粒下移至这些土层；其二，这些土层挟带 Ce 的土粒下移至其他土层，但总体而言，S1 裂隙岩-土界面处 Ce 布设层下土壤 Ce 浓度总体增加且主要为布设层挟带 Ce 土粒下移造成。不同降水量下 La 浓度在其布设层(4～6 cm)明显低于背景值，由于仅布设层为 REE 高浓度(见试验设计)，因此 La 布设层其浓度的降低主要是其挟带 La 颗粒下移至岩-土界面其他深度层，且 La 积累层主要为岩-土界面 10～16 cm。不同降水量下 Sm 浓度在其布设层(6～8 cm)亦低于背景值，且在布设层以下的 La 浓度总体高于布设层以上的浓度。

从 Ce、La 和 Sm 布设层次来看[图 7.8(a)]，Ce 布设层(0～4 cm)的 Ce 浓度明显下降且低于背景值，说明该层挟带 Ce 的土粒有下移的可能；而该层 La 和 Sm 浓度较背景值的变化显示，104.5 mm 降雨事件下二者浓度亦低于背景值，与 Ce 浓度变化相似，说明该降雨事件下该层土粒确实发生了下移，而 151.2 mm 和 332.7 mm 降雨事件下 La 和 Sm 浓度则高于背景值，只能说明挟带 Ce 土粒并未挟带 La 和 Sm 的土粒发生下移。La 布设层(4～6 cm)的 La 浓度明显下降亦低于背景值，而该层 Ce 和 Sm 的浓度均显示为增加，即高于背景值，二者差异明显，究其原因可能是该层某些粒级颗粒随机下移；可见，上述 104.5 mm 降雨事件下 Ce 布设层发生下移的土粒，仅在 Sm 浓度变化上显示为积累，在 Ce 和 La 浓度变化上未显示积累，这表明裂隙岩-土界面处下移的土粒并非固定下移至下一层，还可能下移至更深的层次，这种变化与野外实际情况相同，在土壤干燥收缩时岩-土界面处会出现细小裂缝，在遇降雨时上层某些土粒会随岩-土界面流下移至更深层次。Sm 布设层(6～8 cm)Sm 浓度亦低于背景值，而该层 Ce 浓度高于背景值(除 104.5 mm 降雨量外)、La 浓度低于背景值，Ce 和 La 变化趋势相反，加上 Sm 布设层之上的 La 层各 REE 浓度变化亦存在差异，无法判断土粒下移情况。

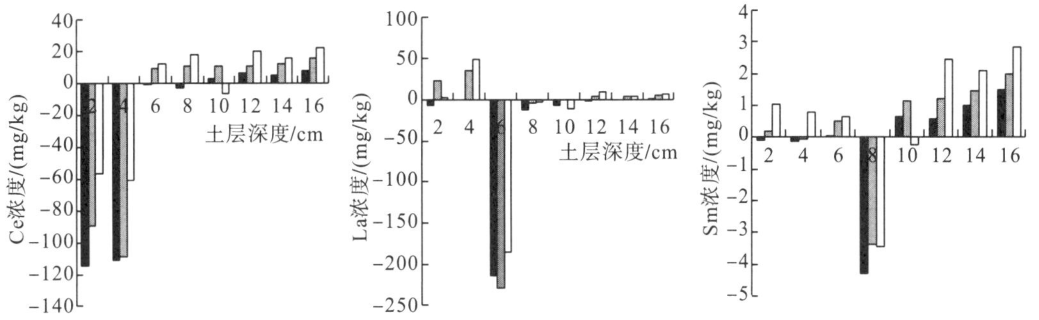

(a) S1裂隙

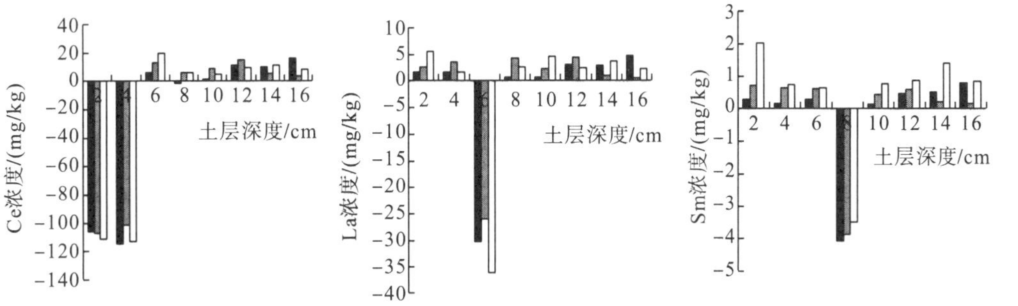

(b) S2裂隙

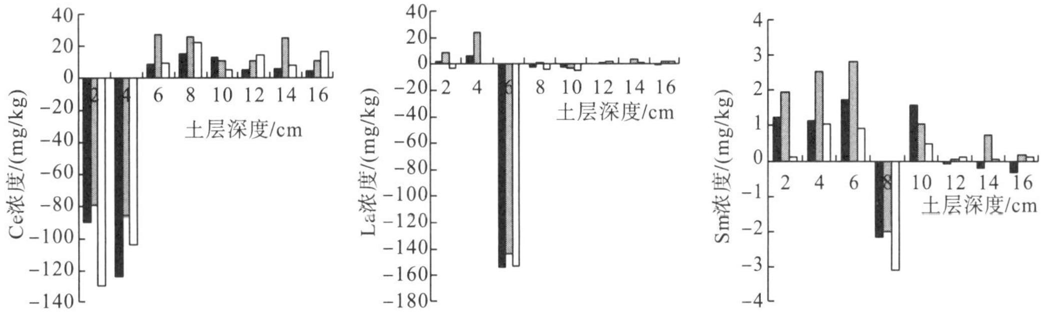

(c) S3裂隙

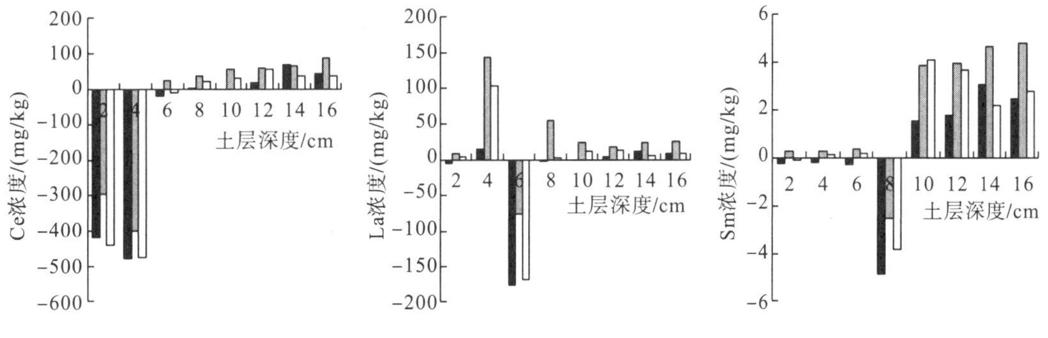

(d) S4裂隙

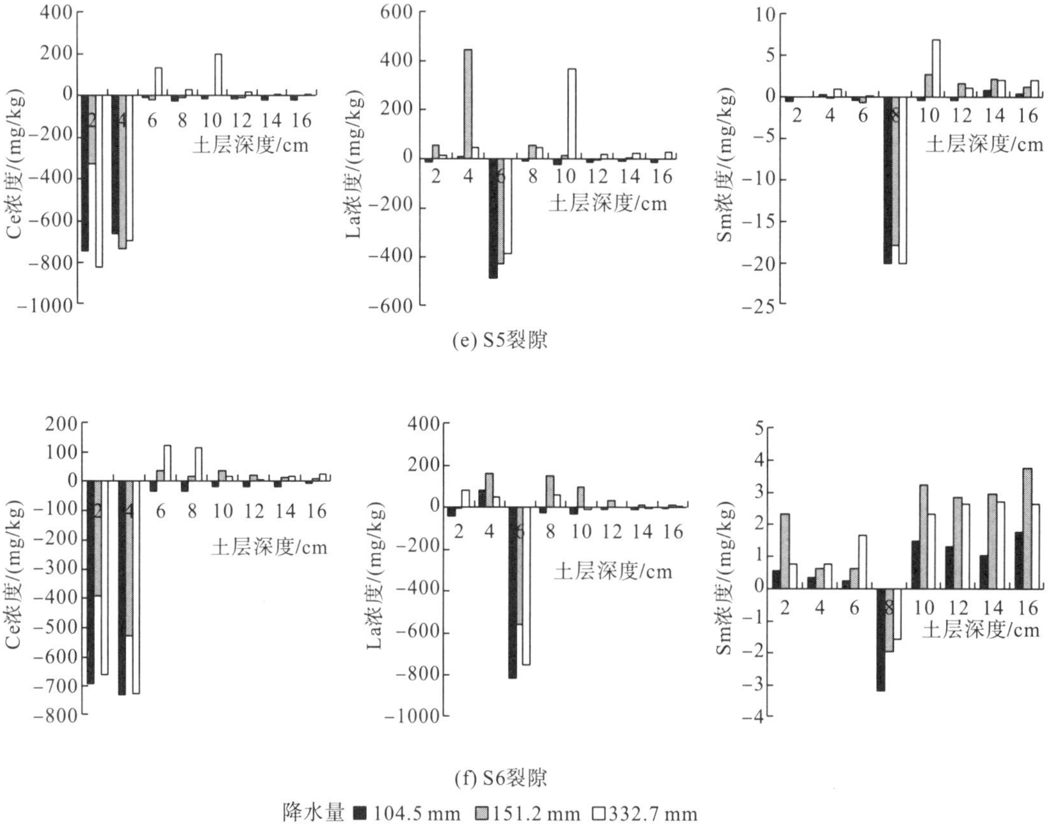

图 7.8 裂隙岩-土界面 REE 浓度较背景值变化特征

相同条件下，裂隙岩-土界面处 REE 浓度较相同层次裂隙土层变化情况，可以更好地说明岩-土界面处土壤漏失特征。图 7.9 显示了不同降水量事件(104.5 mm、151.2 mm 和 332.7 mm)下裂隙岩-土界面处土壤 REE 浓度较裂隙土层土壤变化特征。以 104.5 mm 降雨事件为例[图 7.9(a)]，各裂隙岩-土界面处土壤 Ce 浓度低于其裂隙土层的差异程度明显较大，说明裂隙岩-土界面处土壤漏失明显。明显地，坡耕地裂隙 S5 和 S6 在 0～2 cm 岩-土界面处的 Ce 浓度较其裂隙土层土壤下降程度最大，说明该裂隙 0～2 cm 岩-土界面处土壤漏失最大，同时该裂隙在 2～16 cm 岩-土界面处的 Ce 浓度总体亦较其裂隙土层土壤明显下降，即在 0～16 cm 深度范围内岩-土界面处均发生土壤漏失且以表层 0～2 cm 漏失最为明显，说明岩-土界面处土壤漏失是较裂隙土层内土粒随入渗水流渗漏严重的漏失方式。坡耕地裂隙 S4 在 2～4 cm 岩-土界面处的 Ce 浓度较其裂隙土层下降，而该层以下(4～16 cm)的 Ce 浓度高于其裂隙土层土壤，说明该裂隙岩-土界面处的土壤漏失仅在 2～4 cm 处明显，而在下层则主要体现为裂隙土层内部土粒在土壤大孔隙、根系及动物通道处的下漏。

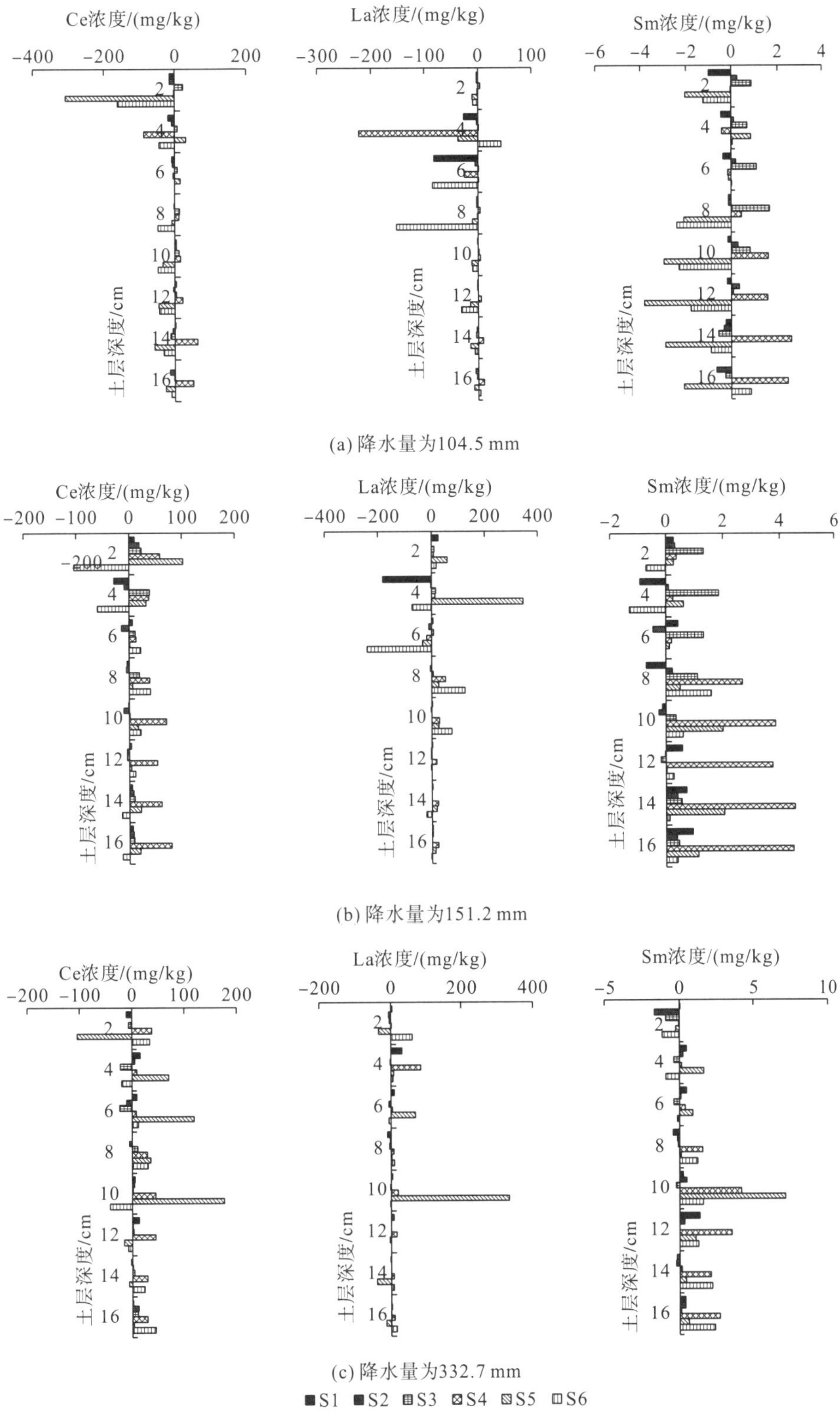

图 7.9　裂隙岩-土界面 REE 浓度较裂隙土层变化特征

相似地，不同裂隙岩-土界面处 La、Sm 浓度低于其裂隙土层的差异明显，坡耕地裂隙 S5、S6 岩-土界面处浓度总体亦低于其裂隙土层土壤，说明二者在岩-土界面处的土壤漏失明显，而坡耕地裂隙 S4 岩-土界面处 2～4 cm 层 La、Sm 浓度变化均显示为低于其裂隙土层土壤，其下部土层的浓度变化则显示为高于其裂隙土层，与 Ce 浓度变化所表征的结果一致。其他裂隙岩-土界面处浓度与其裂隙土层土壤差异不大。由此可见，岩-土界面处的土壤漏失还受其他因素影响。

随着降水量增加，不同裂隙土壤蠕移漏失会使岩-土界面处土壤 REE 浓度发生变化(图 7.9)，如 S5 裂隙在 104.5 mm 降雨事件下其岩-土界面 0～2 cm 和 6～16 cm 处土壤 Ce 浓度较裂隙土层变化显示岩-土界面处发生了土壤漏失，在相同岩-土界面层 La 和 Sm 浓度较裂隙相应土层的变化亦显示了一致的结果；在 151.2 mm 降雨事件下该裂隙岩-土界面各层 Ce 浓度均高于裂隙土层土壤，究其原因，可能是裂隙土层挟带 Ce 的土粒下移较多，从而岩-土界面 Ce 浓度要高于其裂隙土层，同时也说明裂隙土层土壤漏失高于岩-土界面漏失，这与 Sm 浓度较裂隙相应土层变化显示的结果一致；在 332.7 mm 降雨事件下，该裂隙岩-土界面 0～2 cm 和 10～14 cm 层土壤 Ce 浓度较裂隙土层土壤变化显示，其岩-土界面处发生了土壤漏失，而其他层次浓度高于其裂隙相应土层，这与 La 浓度变化显示的结果一致。对于其他裂隙而言，随着降水量变化，裂隙岩-土界面处土壤 REE 浓度并非始终高于或低于其裂隙相应土层，即并非始终以裂隙岩-土界面处土壤漏失为主，由此可见，在裂隙岩-土界面处发生的土壤漏失不仅与裂隙岩-土界面形状(即岩石界面起伏状况、倾斜程度以及界面粗糙度等)有关，还与降水量、雨强以及是否连续降雨等有关。

7.4.2 岩-土界面与土层土壤颗粒组成变化特征

岩-土界面与其土层土壤颗粒不同粒级组成变化，可以很好地反映裂隙岩-土界面处土壤漏失情况。图 7.10 显示了不同裂隙岩-土界面不同粒级颗粒质量分数较相应裂隙土层变化特征。分析裂隙 S1 岩-土界面较其裂隙土层土壤不同粒级颗粒质量分数变化[图 7.10(a)]可知，二者差异明显。就该裂隙各层而言，在不同降水量下，岩-土界面不同粒级颗粒质量分数较其裂隙土层差异明显，如 0～2 cm 层，在 104.5 mm 降雨事件下该裂隙岩-土界面 0.05～0.25 mm 颗粒质量分数明显低于其裂隙土层(即为负值)，即岩-土界面处土壤漏失明显，而在 151.2 mm 和 332.7 mm 降雨事件下该粒级颗粒明显高于其裂隙土层(正值)，即裂隙土层土壤漏失明显；相似地，该粒级颗粒在其他深度(如 2～6 cm 和 8～10 cm 层)以及其他粒级颗粒在不同深度处也呈现出随降水量变化而变化的趋势，即裂隙岩-土界面处不同粒级颗粒在不同深度处漏失情况随降水量变化表现出一定的偶然性。相应地，在岩-土界面一定深度处某些粒级颗粒的质量分数较其裂隙土层也随降水量增加表现出相同的变化趋势，如 1～2 mm 颗粒在 10～16 cm 层内的质量分数较其裂隙土层均为负值，即该深度范围岩-土界面处土壤漏失明显，相似的变化还包括 0.25～1 mm 颗粒在 0～6 cm 和 14～16 cm 层、0.005～0.01 mm 颗粒在 2～6 cm 和 8～10 cm 层、0.002～0.005 mm 颗粒在 4～8 cm 和 14～16 cm 层、0.001～0.002 mm 颗粒在 12～16 cm 层以及＜0.001 mm 颗粒在 2～6 cm 和 10～12 cm 层；然而，0.05～0.25 mm 颗粒在 6～

8 cm 和 10～16 cm 层、0.01～0.05 mm 颗粒在 2～6 cm 和 10～12 cm 层的质量分数较其裂隙土层均为正值，即裂隙土层土壤漏失明显。简言之，裂隙土壤在蠕移漏失过程中，岩-土界面与裂隙土层内土壤颗粒均有向下漏失的可能，表现出一定的偶然性。

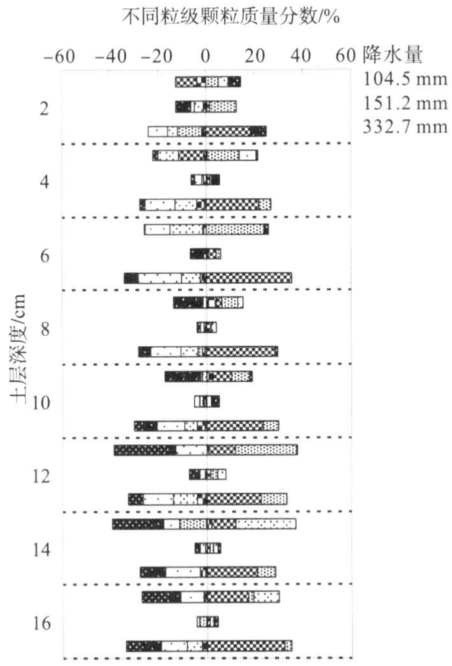

(a) 裂隙S1

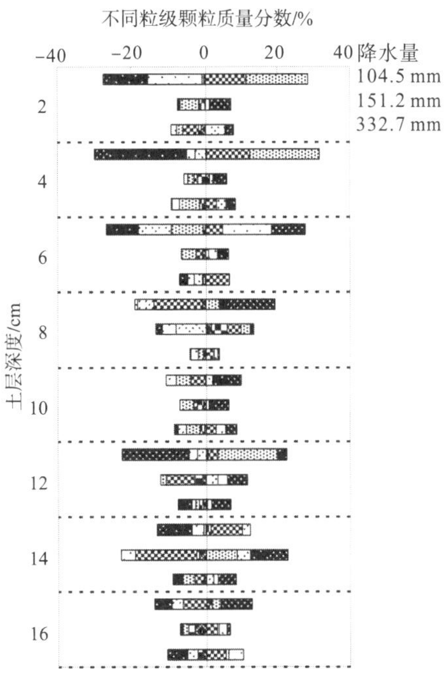

(b) 裂隙S2

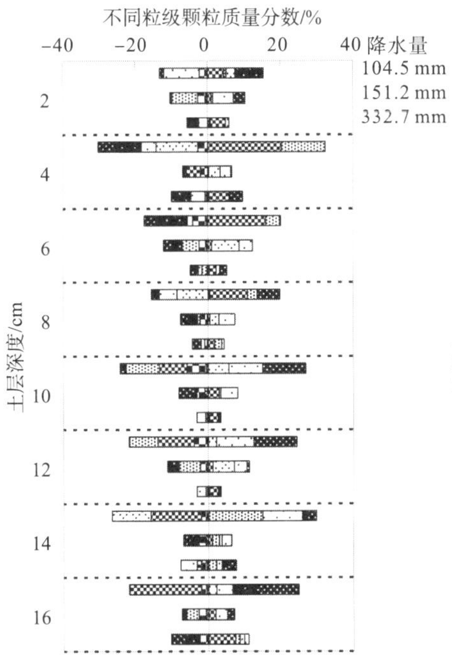

(c) 裂隙S3

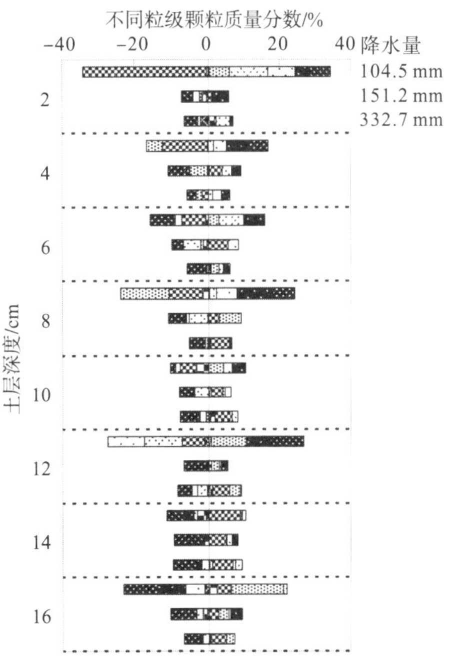

(d) 裂隙S4

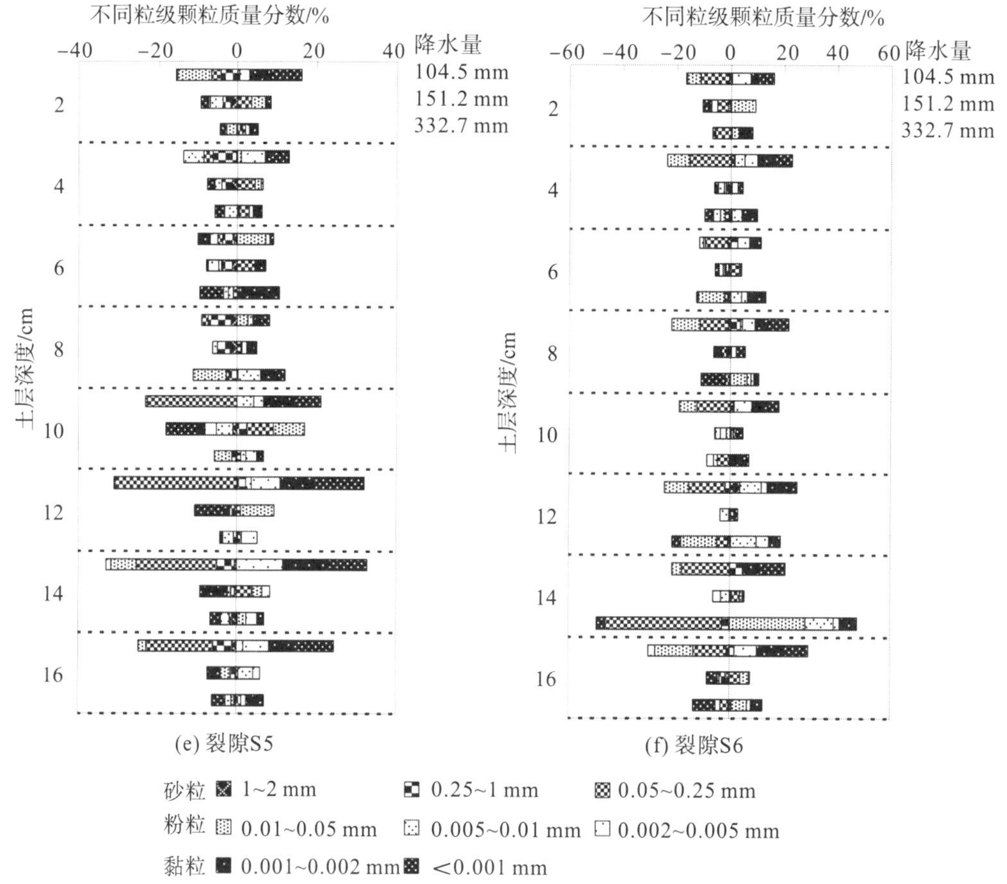

图 7.10 裂隙岩-土界面不同粒级颗粒质量分数较裂隙土层变化特征

就单一降水量事件而言，如 332.7 mm，S1 裂隙岩-土界面 1～2 mm、0.25～1 mm、0.005～0.01 mm、0.002～0.005 mm 颗粒质量分数在 0～16 cm 层内均较其裂隙土层明显下降，即低于裂隙土层相应粒级颗粒质量分数，结果表明该裂隙岩-土界面 1～2 mm、0.25～1 mm、0.005～0.01 mm、0.002～0.005 mm 土壤颗粒在 0～2 cm 层确实发生了漏失，而在 2～16 cm 层可能发生了漏失；相似地，该裂隙岩-土界面 0.05～0.25 mm 颗粒质量分数在 0～16 cm 层均较其裂隙土层明显增加，即高于裂隙相应土层土壤粒级颗粒质量分数，表明该裂隙岩-土界面处除 0.05～0.25 mm 颗粒之外的某些粒级颗粒发生了漏失，这证明了上述 1～2 mm、0.25～1 mm、0.005～0.01 mm、0.002～0.005 mm 土壤颗粒发生漏失的可能。对于其他裂隙而言，岩-土界面不同粒级颗粒在不同深度的变化结果显示，不同降水量事件下造成岩-土界面处下移漏失的颗粒大小存在差异。

7.5　裂隙土壤漏失影响因素分析

裂隙土壤蠕移漏失是一个由裂隙结构、充填物特性及下部连通情况等内在因素以及降雨等外在因素共同决定的复杂变化过程。本书认为，裂隙土壤蠕移漏失是在二元结构发育的喀斯特坡地，裂隙或孔隙上覆土壤以及内部填充土壤或其风化物在降雨及自身重力作用下，通过岩-土界面及土层内部大孔隙等向下漏失而在岩-土界面处出现蠕移擦痕的过程。通过前述裂隙土层蠕移位移变化特征分析，降水量直接决定了裂隙土层蠕移位移大小，一定条件下，降水量越大，则裂隙土层蠕移位移越大，在降雨因素中，暴雨或大暴雨是裂隙土壤发生漏失的决定性因素。

内在因素中，影响裂隙水分运移的因素也影响裂隙土壤蠕移漏失。岩-土界面流作为裂隙最主要的优先流形式，裂隙岩-土界面处土壤漏失受岩石界面的起伏状况、倾斜程度以及粗糙度等影响。岩-土界面作为一种介于岩土与土壤之间的特殊结构，在连续干燥条件下，岩-土界面会出现狭长裂缝，在遇降雨时岩石界面汇集的雨水径流会直接冲刷并挟带土粒下移，造成土壤漏失。裂隙土层内部的土粒漏失则主要为土粒在入渗水流作用下沿土壤大孔隙、腐烂植物根系以及动物(蚯蚓)打孔等通道下移漏失，因此，裂隙土壤漏失还受内部填充土壤特性影响。

在对裂隙充填物特性、裂隙水分运移以及裂隙土壤漏失进行研究的基础上，选取反映裂隙充填物特征的土壤因子、反映裂隙水分运移特征的水分因子作为影响因子，与不同雨量事件下的土层蠕移位移进行相关分析，结果如表 7.4 所示。可以看出，332.7 mm 雨量事件下裂隙土层蠕移位移与裂隙土壤容重呈显著($P<0.05$)正相关关系，与裂隙土壤总孔隙度、田间持水量、饱和含水量及砂粒含量呈显著($P<0.05$)负相关关系，其他因素与不同雨量事件下裂隙土层蠕移位移相关关系不显著，这进一步说裂隙土壤蠕移漏失是一个受多因素制约的复杂变化过程。

表 7.4　裂隙土壤漏失与土壤基本物理性质、水分运移特征相关分析

	104.5 mm降水量蠕移	46.7 mm降水量蠕移	181.5 mm降水量蠕移	332.7 mm降水量蠕移	染色面积比	优先流程度	土壤含水率	土壤容重	毛管孔隙度	总孔隙度	非毛管孔隙度	田间持水量	饱和含水量	砂粒	粉粒	黏粒	>5 mm WA	>2 mm WA	>0.25 mm WA	初始入渗率	稳定入渗率	平均入渗率
104.5 mm降水量蠕移																						
46.7 mm降水量蠕移	0.337	1																				
181.5 mm降水量蠕移	0.397	0.995^{**}	1																			
332.7 mm降水量蠕移	0.790	0.843^{*}	0.876^{*}	1																		
染色面积比	−0.155	0.370	0.298	0.135	1																	
优先流程度	−0.552	−0.484	−0.475	−0.619	−0.551	1																
土壤含水率	−0.416	−0.044	−0.057	−0.261	−0.117	−0.112	1															
土壤容重	0.614	0.807	0.807	0.869^{*}	0.499	−0.579	−0.545	1														
毛管孔隙度	−0.665	−0.595	−0.585	−0.753	−0.596	0.734	0.553	−0.927**	1													
总孔隙度	−0.613	−0.809	−0.808	-0.870^{*}	−0.500	0.580	0.542	-1.000**	0.926^{**}	1												
非毛管孔隙度	0.624	0.309	0.291	0.539	0.607	−0.781	−0.487	0.730	-0.933^{**}	−0.729	1											
田间持水量	−0.750	−0.693	−0.696	-0.869^{*}	−0.468	0.892^{*}	0.236	-0.861^{*}	0.919^{**}	0.861^{*}	-0.848^{*}	1										
饱和含水量	−0.699	−0.737	−0.735	-0.868^{*}	−0.537	0.863^{*}	0.284	-0.907^{*}	0.944^{**}	0.907^{*}	-0.849^{*}	0.993^{**}	1									
砂粒	-0.826^{*}	−0.612	−0.654	-0.870^{*}	−0.019	0.790	−0.076	−0.595	0.598	0.596	−0.517	0.849^{*}	0.796	1								
粉粒	−0.558	−0.501	−0.567	−0.658	0.543	−0.144	0.299	−0.411	0.148	0.411	0.122	0.225	0.219	0.448	1							
黏粒	0.687	0.508	0.584	0.737	−0.529	−0.025	−0.235	0.437	−0.213	−0.437	−0.029	−0.344	−0.321	−0.610	−0.973**	1						
＞5 mmWA	−0.153	−0.484	−0.477	−0.401	−0.533	0.799	−0.482	−0.312	0.348	0.313	−0.333	0.573	0.566	0.591	−0.243	0.075						
＞2 mmWA	−0.002	−0.449	−0.430	−0.291	−0.691	0.707	−0.363	−0.331	0.360	0.333	−0.337	0.491	0.515	0.397	−0.361	0.223	0.959^{**}	1				
＞0.25 mmWA	−0.659	−0.528	−0.539	−0.713	−0.092	0.830^{*}	−0.262	−0.453	0.525	0.454	−0.520	0.800	0.735	0.918^{**}	0.231	−0.372	0.576	0.358	1			
初始入渗率	−0.618	−0.266	−0.299	−0.525	−0.135	0.863^{*}	−0.319	−0.277	0.416	0.277	−0.491	0.688	0.619	0.849^{*}	−0.018	−0.204	0.783	0.618	0.820^{*}	1		
稳定入渗率	−0.540	0.515	0.456	0.024	0.704	−0.113	0.224	0.250	−0.098	−0.252	−0.062	−0.058	−0.151	0.181	0.274	−0.329	−0.477	−0.639	0.165	0.164	1	
平均入渗率	−0.640	0.438	0.377	−0.081	0.626	0.063	0.181	0.167	0.009	−0.169	−0.177	0.088	−0.012	0.330	0.251	−0.345	−0.312	−0.492	0.308	0.340	0.983^{**}	1

注：观测数为 6。

参考文献

白晓永, 熊康宁, 李阳兵, 等. 2006. 喀斯特山区不同强度石漠化与人口因素空间差异性的定量研究. 山地学报, 24(2): 242-248.

白占国, 万国江. 1998. 喀斯特区域的水化学不稳定性: 以黔中地区为例. 水科学进展, 9(4): 325-332.

白占国, 万国江. 2002. 滇西和黔中表土中 ^{7}Be 与 ^{137}Cs 分布特征对比研究. 地理科学, 22(1): 43-48.

毕银丽, 王百群, 郭胜利, 等. 1997. 黄土丘陵区坝地系统土壤养分特征及其与侵蚀环境的关系 Ⅱ.坝系土壤粒径分布及各粒径的养分状况. 土壤侵蚀与水土保持学报, 3(4):37-43.

蔡雄飞, 王济, 雷丽, 等. 2009. 不同雨强对我国西南喀斯特山区土壤侵蚀影响的模拟研究. 水土保持学报, 23(6): 5-8, 13.

曹建华, 袁道先, 裴建国, 等. 2005. 受地质条件制约的中国西南岩溶生态系统. 北京: 地质出版社.

曹建华, 蒋忠诚, 杨德生, 等. 2008. 我国西南岩溶区土壤侵蚀强度分级标准研究. 中国水土保持科学, 6(6): 1-7, 20.

曹建华, 鲁胜力, 杨德生, 等. 2011. 西南岩溶区水土流失过程及防治对策. 中国水土保持科学, 9(2): 52-56.

曹建华, 蒋忠诚, 袁道先, 等. 2017. 岩溶动力系统与全球变化研究进展. 中国地质, 44(5): 874-900.

曹建华, 杨慧, 张春来, 等. 2018. 中国西南岩溶关键带结构与物质循环特征. 中国地质调查, 5(5): 1-12.

柴宗新. 1989. 试论广西岩溶区的土壤侵蚀. 山地研究, 7(4): 255-260.

陈才, 陈喜, 张志才, 等. 2009. 喀斯特流域降雨-径流人工神经网络模型结构分析及模拟. 中国岩溶, 28(4): 375-379.

陈崇希. 1995. 岩溶管道-裂隙-孔隙三重空隙介质地下水流模型及模拟方法研究. 地球科学, 20(4): 361-366.

陈洪松, 王克林. 2008. 西南喀斯特山区土壤水分研究. 农业现代化研究, 29(6): 734-738.

陈洪松, 杨静, 傅伟, 等. 2012. 桂西北喀斯特峰丛不同土地利用方式坡面产流产沙特征. 农业工程学报, 28(16): 121-126.

陈洪松, 聂云鹏, 王克林. 2013. 岩溶山区水分时空异质性及植物适应机理研究进展. 生态学报, 33(2): 317-326.

陈洪松, 岳跃民, 王克林. 2018. 西南喀斯特地区石漠化综合治理: 成效、问题与对策. 中国岩溶, 37(1): 37-42.

陈南祥, 黄强, 曹连海. 2004a. 基于偏最小二乘回归与神经网络耦合的岩溶泉预报模型. 水利学报, 35(9): 68-72.

陈南祥, 曹连海, 邱林. 2004b. 基于偏最小二乘法的泉流量预报模型. 华北水利水电学院学报, 25(2): 7-9.

陈晓冰, 严磊, 李振东, 等. 2019. 耕作方式对岩溶区甘蔗地土壤优先流特征的影响. 土壤, 51(4): 786-794.

陈晓平. 1997. 喀斯特山区环境土壤侵蚀特性的分析研究. 土壤侵蚀与水土保持学报, 11(4): 31-36.

陈晓燕. 2018. 基于核参数优化的 SVM 方法及其在股市中的应用研究. 西安: 西安理工大学.

陈学时, 易万霞, 卢文忠. 2004. 中国油气田古岩溶与油气储层. 沉积学报, 22(2): 244-253.

陈雪彬, 杨平恒, 蓝家程, 等. 2014. 降雨条件下岩溶地下水微量元素变化特征及其环境意义. 环境科学, 35(1): 123-130.

陈雪莲, 陈喜, 张志才, 等. 2013. 基于稳定同位素和水化学成分的西南喀斯特流域径流划分. 地球与环境, 41(2): 104-110.

程富东, 戴全厚. 2016. 喀斯特坡耕地微地貌土壤养分空间变异性研究. 中国水土保持 (1): 51-53, 73.

程富东, 戴全厚, 王玲玲, 等. 2015. 喀斯特坡耕地微地貌特征及土壤质量评价. 中国水土保持 (5): 67-71, 77.

程金花, 秦越, 张洪江, 等. 2015. 华北土石山区模拟降雨下土壤溅蚀研究. 农业机械学报, 46(2): 153-161.

程金花, 张洪江, 史玉虎, 等. 2006. 长江三峡花岗岩区林地优先流影响因子分析. 水土保持学报, 20(5): 28-33.

崔高仰, 容丽, 李晓东, 等. 2017. 喀斯特高原峡谷石漠化治理过程中土壤理化性质的变化. 生态学杂志, 36(5): 1188-1197.

戴全厚, 薛蕙, 刘国彬, 等. 2008. 侵蚀环境撂荒地植被恢复与土壤质量的协同效应. 中国农业科学, 41(5): 1390-1399.
戴全厚, 喻理飞, 杨智, 等. 2011. 一种用于研究坡面径流和地下孔裂隙流的模拟试验装置: 中国, 101988886A .
单洋天. 2006. 我国西南岩溶石漠化及其地质影响因素分析. 中国岩溶, 25(2): 163-167.
党宏宇. 2012. 桂西北喀斯特山区碎石对土壤水分入渗过程的影响的试验研究. 北京: 中国科学院研究生院(教育部水土保持与生态环境研究中心).
党宏宇, 陈洪松, 邵明安. 2012. 喀斯特地区不同层次土石混合介质对土壤水分入渗过程的影响. 农业工程学报, 28(8): 38-43.
地质矿产部水文地质工程地质技术方法研究队. 1983.水文地质手册. 北京: 地质出版社.
邓晓红, 毕坤. 2004. 贵州省喀斯特地貌分布面积及分布特征分析. 贵州地质, 21(3): 191-193, 177.
邓艳, 蒋忠诚, 李衍青, 等. 2015. 广西不同石漠化程度下典型植物水分来源分析. 热带地理, 35(3): 416-421.
丁文峰, 李占斌, 丁登山. 2003. 稀土元素示踪法在坡面侵蚀产沙垂直分布研究中的应用. 农业工程学报, 19(2): 65-69.
董晓华, 郭梁锋, 马海波, 等. 2018. 尿素浓度对土壤水分特征曲线及持水性的影响研究. 节水灌溉 (1): 45-47, 51.
杜雪莲, 王世杰. 2008. 喀斯特高原区土壤水分的时空变异分析: 以贵州清镇王家寨小流域为例. 地球与环境, 36(3): 193-201.
范昊明, 蔡强国, 王红闪. 2004. 中国东北黑土区土壤侵蚀环境. 水土保持学报, 18(2): 66-70.
范新瑞, 苏维词, 鄢贵权, 等. 2009. 黔中典型喀斯特地区土壤水分时空特性分析. 中国岩溶, 28(1): 69-73.
范云涛, 雷廷武, 蔡强国. 2009. 湿润速度和累积降雨对土壤表面结皮发育的影响. 土壤学报, 46(5): 764-771.
方胜, 彭韬, 王世杰, 等. 2014. 喀斯特坡地土壤稳渗率空间分布变化特征研究. 地球与环境, 42(1): 1-10.
冯腾, 陈洪松, 张伟, 等. 2011. 桂西北喀斯特坡地土壤 ^{137}Cs 的剖面分布特征及其指示意义. 应用生态学报, 22(3): 593-599.
冯志刚, 王世杰, 刘秀明, 等. 2009. 酸不溶物对碳酸盐岩风化壳发育程度的影响. 地质学报, 83(6): 885-893.
伏文兵, 戴全厚, 严友进. 2015. 喀斯特坡耕地及其浅层孔(裂)隙土壤侵蚀响应试验研究. 水土保持学报, 29(2): 11-16, 22.
付磊, 白晶. 2016. 基于探地雷达的地下水土流失研究. 中国水土保持 (8): 52-55, 73.
付同刚, 陈洪松, 王克林. 2015. 喀斯特小流域土壤饱和导水率垂直分布特征. 土壤学报, 52(3): 538-546.
付玉, 李光录, 郑腾辉, 等. 2017. 雨滴击溅对耕作层土壤团聚体粒径分布的影响. 农业工程学报, 33(3): 155-160.
傅瓦利, 张治伟, 张洪, 等. 2007. 岩溶区坡面土壤侵蚀特征研究. 水土保持学报, 21(5): 38-41.
傅伟, 陈洪松, 王克林. 2007. 喀斯特坡地不同土地利用类型土壤水分差异性研究. 中国生态农业学报, 15(5): 59-62.
甘艺贤, 戴全厚, 伏文兵, 等. 2016. 基于模拟降雨试验的喀斯特坡耕地土壤侵蚀特征. 应用生态学报, 27(9): 2754-2760.
甘枝茂, 孙虎, 甘锐. 1999. 黄土高原地区城郊型侵蚀环境及其特征. 土壤侵蚀与水土保持学报, 13(2): 39-43, 50.
高华端. 2002. 乌江流域岩溶宜林石质山地立地分类研究. 贵州大学学报(农业与生物科学版), 21(4): 248-252.
高华端. 2003. 贵州陡坡退耕地立地分类系统研究. 水土保持研究, 10(4): 76-79.
高华端. 2004. 花江喀斯特峡谷示范区立地分类及应用研究. 西南农业大学学报(自然科学版), 26(6): 723-726.
谷树忠. 1999. 坡改梯的损益分析: 以贵州省喀斯特地区为例. 自然资源学报, 14(2): 151-156.
谷晓平, 于飞, 刘云慧, 等. 2011. 降雨因子对喀斯特石漠化发生发展的影响研究. 水土保持通报, 31(3): 66-70.
郭纯青, 胡君春, 潘林艳. 2013. 中国西南典型岩溶洼地旱涝灾害演变规律: 以西南块所岩溶区为例. 中国农村水利水电 (11): 160-164.
郭纯青. 2001. 中国岩溶地下河系及其水资源. 水文地质工程地质, 28(5): 43-45.
郭纯青. 2007. 中国岩溶生态水文学. 北京: 地质出版社.
郭芳, 姜光辉, 刘绍华, 等. 2018. 利用泉水电导率频率分布辨别岩溶含水系统的水源组分. 水科学进展, 29(2): 245-251.
郭红艳, 周金星. 2012. 石漠化地区水土地下漏失治理. 中国水土保持科学, 10(5): 71-76.
郭磊, 高学平, 张晨, 等. 2007. 北大港水库水质模拟及分析. 长江流域资源与环境, 16(1): 11-16.

国家林业局防治荒漠化管理中心, 国家林业局中南林业调查规划设计院. 2012. 石漠化综合治理模式. 北京: 中国林业出版社.

胡宝清, 廖赤眉, 严志强, 等. 2004. 基于 RS 和 GIS 的喀斯特石漠化驱动机制分析: 以广西都安瑶族自治县为例. 山地学报, 22(5): 583-590.

胡克林, 李保国, 林启美, 等. 1999.农田土壤养分的空间变异性特征, 农业工程学报, 15(3):33-38.

胡顺光. 2008. 贵州喀斯特区小流域尺度生态治理的水土流失机制研究. 贵阳: 贵州师范大学.

胡伟. 2016. 我国主要侵蚀土壤溅蚀和片蚀特征与机理研究. 北京: 中国科学院研究生院(教育部水土保持与生态环境研究中心).

胡奕, 戴全厚, 王佩将. 2012. 喀斯特坡耕地产流特征及影响因素. 水土保持学报, 26(6): 46-51.

黄保健, 甘露, 张之淦. 2000. 岩溶地区中子水分仪的野外标定. 中国岩溶, 19(3): 218-223.

黄代民, 陈效民, 李孝良, 等. 2010. 西南喀斯特地区土壤水分变异性研究. 中国农学通报, 26(13): 207-212.

黄晚华, 隋月, 杨晓光, 等. 2014. 基于连续无有效降水日数指标的中国南方作物干旱时空特征. 农业工程学报, 30(4): 125-135.

黄晓亚, 陈喜, 张志才, 等. 2013. 西南喀斯特地区降雨集中度及其变化特征分析-以乌江流域中上游为例. 地球与环境, 41(3): 203-208.

贾金田, 付智勇, 陈洪松, 等. 2016. 喀斯特坡地基岩起伏对土壤剖面水分格局的影响. 应用生态学报, 27(6): 1708-1714.

姜光辉, 吴吉春, 郭芳, 等. 2008. 森林覆盖的喀斯特地区表层岩溶带的产流阈值. 水科学进展, 19(1): 72-77.

姜光辉, 陈坤琨, 于奭, 等. 2009. 峰丛洼地的坡地径流成分划分. 水文, 29(6): 14-19.

蒋光毅, 黄先智, 史东梅, 等. 2015. 石漠化区桑树地埂的土壤水分特征研究. 水土保持学报, 29(6): 215-221.

蒋忠诚, 袁道先. 1999. 表层岩溶带的岩溶动力学特征及其环境和资源意义. 地球学报, 20(3): 302-308.

蒋忠诚, 曹建华, 杨德生, 等. 2008. 西南岩溶石漠化区水土流失现状与综合防治对策. 中国水土保持科学, 6(1): 37-42.

蒋忠诚, 李先琨, 胡宝清, 等. 2011. 广西岩溶山区石漠化及其综合治理研究. 北京: 科学出版社.

蒋忠诚, 罗为群, 邓艳, 等. 2014. 岩溶峰丛洼地水土漏失及防治研究. 地球学报, 35(5): 535-542.

蒋忠诚, 王瑞江, 裴建国, 等. 2001. 我国南方表层岩溶带及其对岩溶水的调蓄功能. 中国岩溶, 20(2): 106-110.

焦权. 2018. 典型喀斯特微流域土壤资源赋存及小气候特征. 贵阳: 贵州大学.

靳丽, 戴全厚, 李昌兰, 等. 2016. 喀斯特裸露坡耕地径流养分流失试验研究. 水土保持学报, 30(5): 46-51, 57.

景可, 陈永宗. 1983. 黄土高原侵蚀环境与侵蚀速率的初步研究. 地理研究, 2(2): 1-11.

景宜然, 邓湘雯, 邓东华, 等. 2016. 湘西南不同石漠化程度土壤理化性质及相关性分析. 水土保持学报, 30(1): 189-195.

来剑斌, 王全九. 2003. 土壤水分特征曲线模型比较分析. 水土保持学报, 17(1): 137-140.

雷俐, 魏兴琥, 徐喜珍, 等. 2013. 粤北岩溶山地土壤垂直渗漏与粒度变化特征. 地理研究, 32(12): 2204-2214.

黎华清, 甘伏平, 魏宇, 等. 2012. 利用孔间 CT 成像对喀斯特岩体结构、电站坝基渗漏与稳定性研究. CT 理论与应用研究, 21(4): 635-645.

黎华清, 卢呈杰, 甘伏平, 等. 2014. 喀斯特岩体结构损伤的 CT 识别及地面塌陷与隧道突水诊断预报预警: 以京珠粤北高速公路洋碰隧道为例. 岩石力学与工程学报, 33(4): 763-771.

李安定, 卢永飞, 韦小丽, 等. 2008. 花江喀斯特峡谷地区不同小生境土壤水分的动态研究. 中国岩溶, 27(1): 56-62.

李安定, 贾申, 喻理飞. 2010. 贵州花江喀斯特峡谷区不同小生境的小气候环境. 浙江林学院学报, 27(3): 374-378.

李昌兰, 戴全厚, 程富东. 2015. 喀斯特坡耕地不同微地貌土壤养分效应. 中国农学通报, 31(14): 219-225.

李昌兰, 戴全厚, 彭旭东, 等. 2016a. 喀斯特裸坡地地下孔(裂)隙流养分流失特征研究. 水土保持学报, 30(3): 19-23, 114.

李昌兰, 戴全厚, 彭旭东, 等. 2016a. 喀斯特坡耕地浅层地下孔(裂)隙发育过程中径流产污特征. 环境科学学报, 36(12): 4437-4445.

李朝霞. 2005. 降雨过程中红壤表土结构变化与侵蚀特点. 武汉: 华中农业大学.

李翠莲, 戴全厚. 2012. 喀斯特退耕还林地土壤酶活性变化特征. 湖北农业科学, 51(22): 5034-5037.

李德成, Velde B, 张桃林. 2003. 利用土壤的序列数字图像技术研究孔隙小尺度特征. 土壤学报, 40(4): 524-528.

李德文, 崔之久, 刘耕年, 等. 2001. 岩溶风化壳形成演化及其循环意义. 中国岩溶, 20(3): 183-188.

李光录, 吴发启, 赵小风, 等. 2009. 雨滴击溅下薄层水流的输沙机理研究. 西北农林科技大学学报(自然科学版), 37(9): 149-154.

李昊, 蔡运龙, 陈睿山, 等. 2011. 基于植被遥感的西南喀斯特退耕还林工程效果评价: 以贵州省毕节地区为例. 生态学报, 31(12): 3255-3264.

李杰新. 1984. 亚热带岩溶地区水土流失及治理. 中国水土保持 (7): 5-8.

李晋, 熊康宁. 2011. 岩溶洞穴土壤颗粒分析及其对水土流失的研究意义. 贵州师范大学学报(自然科学版), 29(2): 16-18.

李晋, 熊康宁, 王仙攀. 2012. 喀斯特地区小流域地下水土流失观测研究. 中国水土保持 (6): 38-40, 76.

李开元, 李玉山. 1991. 土壤水分特征曲线的意义及其应用. 陕西农业科学, 37(4): 47-48.

李林立. 2009. 西南典型岩溶区生态环境对表层岩溶水调蓄功能的影响研究. 重庆: 西南大学.

李明琴, 黄辛果, 来楷迪, 等. 2008. 贵州喀斯特微地貌的成因及其对水土保持影响的研究. 贵州大学学报(自然科学版), 25(4): 434-437.

李菁. 1996. 石灰岩地区开发与治理. 贵阳: 贵州人民出版社.

李瑞, 李勇, 刘云芳. 2012. 贵州喀斯特地区降雨与坡面土壤侵蚀关系研究. 水土保持研究, 19(3): 7-11.

李瑞玲, 王世杰, 张殿发. 2002. 贵州喀斯特地区生态环境恶化的人为因素分析. 矿物岩石地球化学通报, 21(1): 43-47.

李瑞玲, 王世杰, 周德全, 等. 2003. 贵州岩溶地区岩性与土地石漠化的相关分析. 地理学报, 58(2): 314-320.

李森, 魏兴琥, 张素红, 等. 2010. 典型岩溶山区土地石漠化过程: 以粤北岩溶山区为例. 生态学报, 30(3): 674-684.

李双岱, 李兴中. 1990. 从航片判译对清镇县跳登河流域水土流失特点的探讨. 贵州地质, 7(1): 77-82.

李文凤, 张晓平, 梁爱珍, 等. 2008. 不同耕作方式下黑土的渗透特性和优先流特征. 应用生态学报, 19(7): 1506-1510.

李文兴. 1998. 岩溶洞穴长度空间形态的分形研究. 广西科学, 5(3): 78-81.

李孝良, 陈效民, 周炼川, 等. 2008. 西南喀斯特石漠化过程对土壤水分特性的影响. 水土保持学报, 22(5): 198-203.

李焱秋, 戴全厚, 甘艺贤, 等. 2019. 喀斯特裸坡地径流对降雨强度与坡度的响应. 水土保持学报, 33(5): 28-33.

李阳兵, 王世杰, 熊康宁. 2003. 浅议西南岩溶山地的水文生态效应研究. 中国岩溶, 22(1): 24-27.

李阳兵, 高明, 邵景安, 等. 2005a. 岩溶山区不同植被群落土壤生态系统特性研究. 地理科学, 25(5): 606-613.

李阳兵, 王世杰, 容丽. 2005b. 不同石漠化程度岩溶峰丛洼地系统景观格局的比较. 土壤, 37(1): 74-79.

李阳兵, 王世杰, 谭秋, 等. 2006a. 喀斯特石漠化的研究现状与存在的问题. 地球与环境, 34(3): 9-14.

李阳兵, 王世杰, 魏朝富, 等. 2006b. 贵州省碳酸盐岩地区土壤允许流失量的空间分布. 地球与环境, 34(4): 36-40.

李阳兵, 邵景安, 周国富, 等. 2007. 喀斯特山区石漠化成因的差异性定量研究:以贵州省盘县典型石漠化地区为例. 地理科学, 27(6): 785-790.

李阳兵, 李珊珊, 徐倩, 等. 2019. 西南岩溶山地石漠化近 50 年演变: 基于 5 个地点的案例研究. 生态学报, 39(22): 8526-8538.

李叶鑫, 吕刚, 傅昕阳, 等. 2019. 降雨特性和坡度对辽西低山丘陵区坡耕地褐土溅蚀的影响. 水土保持学报, 33(4): 37-43.

李宗发. 2011. 贵州喀斯特地貌分区. 贵州地质, 28(3): 177-181, 234.

梁虹, 王剑. 1998. 喀斯特地区流域岩性差异与洪、枯水特征值相关分析: 以贵州河流为例. 中国岩溶, 17(1): 67-73.

廖资生. 1998. 地下水的分类和基岩裂隙水的基本概念. 高校地质学报, 4(4): 473-477.

林昌虎, 朱安国. 1999. 贵州喀斯特山区土壤侵蚀与防治. 水土保持研究, 6(2): 109-113.

林俊清. 2001. 贵州喀斯特与非喀斯特地貌分布面积及其特征分析. 贵州教育学院学报(自然科学), 17(4): 43-46.

刘才华, 陈从新, 付少兰. 2002. 二维应力作用下岩石单裂隙渗流规律的实验研究. 岩石力学与工程学报, 21(8): 1194-1198.

刘丛强. 2009. 生物地球化学过程与地表物质循环: 西南喀斯特土壤－植被系统生源要素循环. 北京: 科学出版社.

刘方, 王世杰, 罗海波, 等. 2008. 喀斯特森林生态系统的小生境及其土壤异质性. 土壤学报, 45(6): 1055-1062.

刘海隆, 蒋太明, 刘洪斌, 等. 2005. 不同土地利用方式对岩溶山区旱坡地土壤水分时空分异的影响. 土壤学报, 42(3): 428-433.

刘霁. 2010. 喀斯特石漠化地区采矿环境影响及综合治理研究. 长沙: 中南大学.

刘建伟, 陈洪松, 张伟, 等. 2008. 盘式入渗仪法测定喀斯特洼地土壤透水性研究. 水土保持学报, 22(6): 202-206.

刘建忠, 韩德军, 顾再柯, 等. 2007. 贵州喀斯特地区坡耕地现状及整改策略. 水土保持应用技术 (5): 42-44.

刘目兴, 杜文正. 2013. 山地土壤优先流路径的染色示踪研究. 土壤学报, 50(5): 871-880.

刘目兴, 王文德, 张海林, 等. 2012. 三峡库区不同垂直带森林土壤大孔隙染色实验. 山地学报, 30(2): 147-155.

刘普灵, 田均良, 周佩华, 等. 1997. 土壤侵蚀稀土元素示踪法操作技术研究. 水土保持研究, 4(2): 10-16, 20.

刘延惠, 崔迎春. 2006. 喀斯特山地森林土壤水分动态变化研究. 中国高校科技与产业化 (S1): 229-233.

刘正堂, 戴全厚, 倪九派, 等. 2013. 喀斯特地区裸坡面土壤侵蚀的人工模拟降雨试验研究. 水土保持学报, 27(5): 12-16.

刘正堂, 戴全厚, 杨智. 2014. 喀斯特裸坡土壤侵蚀模拟研究. 中国岩溶, 33(3): 356-362.

刘志刚. 1963. 广西都安县石灰岩地区土壤侵蚀的特点和水土保持工作的意见. 林业科学 (4): 354-360.

龙健. 2005. 贵州喀斯特地区土壤障碍因素分析及其调控对策. 土壤通报, 36(5): 795-798.

龙健, 邓启琼, 江新荣, 等. 2005a. 西南喀斯特地区退耕还林(草)模式对土壤肥力质量演变的影响. 应用生态学报, 16(7): 1279-1284.

龙健, 江新荣, 邓启琼, 等. 2005b. 贵州喀斯特地区土壤石漠化的本质特征研究. 土壤学报, 42(3): 419-427.

陆冠尧, 黄颂意. 2012. 石漠化土地“五水” 转化模拟研究. 现代农业科技 (15): 194-195.

罗为群, 蒋忠诚, 欧阳然, 等. 2013. 典型岩溶峰丛洼地水土保持技术研究. 中国水土保持 (1): 37-41, 69.

吕刚. 2017. 露天煤矿排土场植被恢复的土壤水文效应研究. 沈阳: 沈阳农业大学.

吕刚, 王磊, 卢喜平, 等. 2017. 不同复垦方式排土场砾石对饱和导水率和贮水能力的影响. 土壤学报, 54(6): 1414-1426.

吕文春, 陈性平. 2013. 贵州盘县石漠化现状及综合防治对策. 中国水土保持 (8): 34-36.

吕玉香, 胡伟, 杨琰. 2019. 岩溶关键带水循环过程研究进展. 水科学进展, 30(1): 123-138.

孟凡德, 彭韬, 王世杰, 等. 2015. 石灰岩与白云岩坡地土壤饱和导水率对比研究. 水土保持通报, 35(1): 85-89.

聂云鹏, 陈洪松, 王克林. 2010. 土层浅薄地区植物水分来源研究方法. 应用生态学报, 21(9): 2427-2433.

牛玉生, 王林林, 宋平波. 2008.3S 技术在巨野平原微地貌研究中的应用. 长春工程学院学报(自然科学版), 9(3): 59-62.

区永和. 1991. 碳酸盐岩的裂隙网络连通度及其对岩溶的控制. 地球科学, 16(1): 71-77.

彭韬, 王世杰, 张信宝, 等. 2008. 喀斯特坡地地表径流系数监测初报. 地球与环境, 36(2): 125-129.

彭韬, 周长生, 宁茂岐, 等. 2017. 基于探地雷达解译的喀斯特坡地表层岩溶带空间分布特征研究. 第四纪研究, 37(6): 1262-1270.

彭旭东. 2018. 喀斯特高原坡地浅层孔(裂)隙水土漏失过程及特征研究. 贵阳: 贵州大学.

彭旭东, 史东梅, 郭宏忠, 等. 2015. 三峡库区城镇化对水源涵养功能的影响. 2015 海峡两岸水土保持学术研讨会论文集, 太原: 67-75.

彭旭东, 戴全厚, 杨智, 等. 2016. 喀斯特山地石漠化过程中地表地下侵蚀产沙特征. 土壤学报, 53(5): 1237-1248.

彭旭东, 戴全厚, 李昌兰, 等. 2017a. 模拟雨强和地下裂隙对喀斯特地区坡耕地养分流失的影响. 农业工程学报, 33(2):

131-140.
彭旭东，戴全厚，李昌兰. 2017b. 中国西南喀斯特坡地水土流失/漏失过程与机理研究进展. 水土保持学报, 31(5): 1-8.
彭旭东，戴全厚，丁贵杰，等. 2018a. 一种喀斯特地区土壤地下漏失的分析方法. CN108593505A.
彭旭东，戴全厚，李昌兰. 2018b. 模拟降雨下喀斯特坡耕地土壤养分输出机制. 生态学报, 38(2): 624-634.
彭旭东，戴全厚，袁应飞，等. 2019. 喀斯特坡耕地裸坡侵蚀性降雨产流试验研究. 应用基础与工程科学学报, 27(6): 1211-1224.
彭旭东，戴全厚，丁贵杰，等. 2021. 一种利用稀土元素示踪喀斯特地区土壤漏失的方法: CN108614088B.
覃小群，蒋忠诚. 2011. 石漠化的地质指标体系. 地质通报, 30(11): 1769-1773.
任伟，谢世友，谢德体. 2009. 喀斯特山地典型植被恢复过程中的土壤水分生态效应. 水土保持学报, 23(5): 128-132.
容丽，王世杰，杜雪莲. 2007. 贵州花江峡谷区常见乔灌植物叶片 $\delta^{13}C$ 值对喀斯特石漠化程度的响应. 林业科学, 43(6): 38-44.
尚晓三，王栋. 2008. 基于遗传算法率定参数的岩溶水文模型的应用与研究:以贵州普定后寨河流域为例.河流开发、保护与水资源可持续利用第六届中国水论坛论文集: 878-882.
邵明安，王全九，黄明斌. 2006. 土壤物理学. 北京: 高等教育出版社.
沈振中，陈雰，赵坚. 2008. 岩溶管道与裂隙交叉渗流特性试验研究. 水利学报, 39(2): 137-145.
盛茂银，刘洋，熊康宁. 2013. 中国南方喀斯特石漠化演替过程中土壤理化性质的响应. 生态学报, 33(19): 6303-6313.
石辉. 2006. 转移矩阵法评价土壤团聚体的稳定性. 水土保持通报, 26(3): 91-95.
史东梅. 2006. 高速公路建设中侵蚀环境及水土流失特征的研究. 水土保持学报, 20(2): 5-9.
史东梅，蒋光毅，彭旭东，等. 2017. 城镇化人为扰动下垫面类型影响水源涵养功能的评价. 农业工程学报, 33(22): 92-102.
史舟，李艳. 2006. 地统计学在土壤学中的应用. 北京: 中国农业出版社.
束龙仓，陶月赞. 2009. 地下水水文学. 北京: 中国水利水电出版社.
宋同清，彭晚霞，曾馥平，等. 2011. 喀斯特峰丛洼地退耕还林还草的土壤生态效应. 土壤学报, 48(6): 1219-1226.
宋同清，彭晚霞，杜虎，等. 2014. 中国西南喀斯特石漠化时空演变特征、发生机制与调控对策. 生态学报, 34(18): 5328-5341.
宋州俊. 2010. 红壤季节性干旱对坡耕地水蚀土壤结构变化的响应. 武汉: 华中农业大学.
苏维词. 2001. 贵州喀斯特山区的土壤侵蚀性退化及其防治. 中国岩溶, 20(3): 217-223.
苏维词. 2008. 喀斯特土地石漠化类型划分及其生态治理模式探讨. 中国土地科学, 22(4): 32-37.
苏玥，何丙辉，姚小华，等. 2008. 滇东喀斯特石漠化区不同植被恢复模式下土壤水分空间变异特征研究. 西南师范大学学报(自然科学版), 33(1): 67-71.
速宝玉，詹美礼，张祝添. 1994. 充填裂隙渗流特性实验研究. 岩土力学, 15(4): 46-52.
孙程鹏，赵文智，杨淇越. 2018. 绿洲边缘夹粘沙丘持水特性. 生态学报, 38(11): 3879-3888.
孙广忠. 1988. 岩体结构力学. 北京: 科学出版社.
孙永丽，梅再美. 2006. 贵阳市白云岩地区不同土地利用方式对土壤物理性质的影响. 贵州师范大学学报(自然科学版), 24(2): 27-31.
孙玉科,李建国. 1965. 岩质边坡稳定性的工程地质研究. 地质科学 (4): 330-352.
索立涛，万军伟，卢学伟. 2007. TOPMODEL 模型在岩溶地区的改进与应用. 中国岩溶, 26(1): 67-70.
唐益群，张晓晖，周洁，等. 2010. 喀斯特石漠化地区土壤地下漏失的机理研究: 以贵州普定县陈旗小流域为例. 中国岩溶, 29(2): 121-127.
田娜玲，王占礼，张庆玮，等. 2019. 施加 NPD 对黄土坡面径流流速和侵蚀产沙的影响. 水土保持研究, 26(1): 22-28.

屠玉麟. 1997. 岩溶生态环境异质性特征分析：以贵州岩溶生境为例. 贵州科学, 15(3): 176-181.

屠玉麟, 杨汉奎, 章典. 1983. 贵州喀斯特环境问题及其对策. 环保科技 (S1): 1-7.

万军, 蔡运龙, 路云阁, 等. 2003. 喀斯特地区土壤侵蚀风险评价：以贵州省关岭布依族苗族自治县为例. 水土保持研究, 10(3): 148-153.

汪文富. 2001. 贵州普定后寨河流域土壤侵蚀模型与应用研究. 贵州地质, 18(2): 99-106.

王彬俨, 程金花, 张洪江, 等. 2013. 北京昌平区农地土壤优先流影响硝态氮运移的试验分析. 中国水土保持科学, 11(4): 36-41.

王德炉, 朱守谦, 黄宝龙. 2004. 石漠化的概念及其内涵. 南京林业大学学报(自然科学版), 28(6): 87-90.

王冬. 2017. 黄土高原北部雨滴击溅下土壤团聚体分散迁移特征. 杨凌: 西北农林科技大学.

王发, 付智勇, 陈洪松, 等. 2016. 喀斯特洼地退耕和耕作土壤优先流特征. 水土保持学报, 30(1): 111-116.

王恒松, 熊康宁, 刘云. 2009. 喀斯特区地下水土流失机理研究. 中国水土保持 (8): 11-14, 64.

王济, 蔡雄飞, 雷丽, 等. 2010. 不同裸岩率下我国西南喀斯特山区土壤侵蚀的室内模拟. 中国岩溶, 29(1): 1-5.

王家文, 周跃, 肖本秀, 等. 2013. 中国西南喀斯特土壤水分特征研究进展. 中国水土保持 (2): 37-41, 69.

王甲荣, 陈喜, 张志才, 等. 2019. 喀斯特溶槽岩-土界面优势流及其对土壤水分动态的影响. 中国岩溶, 38(1): 109-116.

王腊春, 史运良. 1995. 非闭合流域岩溶水模型. 水科学进展, 6(4): 318-324.

王腊春, 许有鹏, 张立峰, 等. 2000. 贵州普定后寨地下河流域岩溶水特征研究. 地理科学, 20(6): 557-562.

王连庆, 乔子江, 郑达兴. 2003. 渝东南岩溶石山地区石漠化遥感调查及发展趋势分析. 地质力学学报, 9(1): 78-84.

王明刚, 李森. 2011. 粤北石漠化地区坡地土壤侵蚀模拟试验研究. 中国沙漠, 31(6): 1488-1492.

王明章. 2003. 论岩溶石漠化地质背景及其研究意义. 贵州地质, 20(2): 63-67.

王佩将, 戴全厚, 丁贵杰, 等. 2012a. 喀斯特地区植被恢复过程中土壤渗透性能及其影响因素. 中国水土保持科学, 10(6): 12-18.

王佩将, 戴全厚, 丁贵杰, 等. 2012b. 喀斯特植被恢复过程中的土壤分形特征. 水土保持学报, 26(4): 178-182, 230.

王荣, 蔡运龙. 2010. 西南喀斯特地区退化生态系统整治模式. 应用生态学报, 21(4): 1070-1080.

王升, 陈洪松, 付智勇, 等. 2015. 基于探地雷达的典型喀斯特坡地土层厚度估测. 土壤学报, 52(5): 1024-1030.

王世杰. 2002. 喀斯特石漠化概念演绎及其科学内涵的探讨. 中国岩溶, 21(2): 101-105.

王世杰. 2003. 喀斯特石漠化：中国西南最严重的生态地质环境问题. 矿物岩石地球化学通报, 22(2): 120-126.

王世杰, 李阳兵. 2007. 喀斯特石漠化研究存在的问题与发展趋势. 地球科学进展, 22(6): 573-582.

王世杰, 季宏兵, 欧阳自远, 等. 1999. 碳酸盐岩风化成土作用的初步研究. 中国科学(D辑: 地球科学), 29(5): 441-449.

王世杰, 李阳兵, 李瑞玲. 2003. 喀斯特石漠化的形成背景、演化与治理. 第四纪研究, 23(6): 657-666.

王世杰, 张信宝, 白晓永. 2013. 南方喀斯特石漠化分区的名称商榷与环境特点. 山地学报, 31(1): 18-24.

王思砚, 苏维词, 范新瑞, 等. 2010. 喀斯特石漠化地区土壤含水量变化影响因素分析：以贵州省普定县为例. 水土保持研究, 17(3): 171-175, 180.

王涛. 2006. 西南岩溶山区地下河系统水化学与水循环. 武汉: 中国地质大学.

王燕, 宫渊波, 尹艳杰, 等. 2013. 不同林龄马尾松人工林土壤水土保持功能. 水土保持学报, 27(5): 23-27, 31.

王宇, 张贵. 2003. 滇东岩溶石山地区石漠化特征及成因. 地球科学进展, 18(6): 933-938.

王玉娟, 杨胜天, 温志群, 等. 2008. 贵州典型喀斯特灌丛草坡类型区土壤水分及其影响因子研究. 北京师范大学学报(自然科学版), 44(5): 529-532.

王月玲, 马璠, 许浩, 等. 2019. 宁南黄土区不同年限撂荒梯田土壤水文物理特征. 江苏农业科学, 47(21): 293-297.

王哲. 2007. 长江中下游(武汉—河口)底床沙波型态及其动力机制. 上海: 华东师范大学.

王哲, 易发成. 2006. 西南科大西部滑坡形成机制分析及稳定性评价. 中国地质灾害与防治学报, 17(3): 44-48.

王政权. 1999. 地统计学及在生态学中的应用. 北京: 科学出版社.

王子龙, 常广义, 姜秋香, 等. 2019. 灰色关联及非线性规划法构建传递函数估算黑土水力参数. 农业工程学报, 35(10): 60-68.

韦启璠. 1996. 我国南方喀斯特区土壤侵蚀特点及防治途径. 水土保持研究, 3(4): 72-76.

魏兴萍. 2011. 岩溶槽谷区水土流失特征及机理研究. 重庆: 西南大学.

魏兴萍, 谢德体, 倪九派, 等. 2015. 重庆岩溶槽谷区山坡土壤的漏失研究. 应用基础与工程科学学报, 23(3): 462-473.

温志群, 杨胜天, 宋文龙, 等. 2010. 典型喀斯特植被类型条件下绿水循环过程数值模拟. 地理研究, 29(10): 1841-1852.

吴春雷, 殷鸣放, 高尚军, 等. 2010. 辽东地区主要森林类型土壤持水性能研究. 农业科技与装备 (6): 33-36.

吴发启, 范文波. 2002. 坡耕地土壤结皮形成的影响因素分析. 水土保持学报, 16(1): 33-36.

吴发启, 范文波. 2005. 土壤结皮对降雨入渗和产流产沙的影响. 中国水土保持科学, 3(2): 97-101.

吴尚霖, 马洪超. 2012. 土壤侵蚀因子的定量分析及概念模型的建立. 安徽农业科学, 40(19): 10238-10242.

吴维, 李心清, 周运超, 等. 2017. 玉米秸秆生物炭对贵州黄壤持水能力的影响. 地球与环境, 45(6): 675-680.

吴协保, 孙继霖, 林琼, 等. 2009. 我国西南岩溶石漠化土地生态建设分区治理思路与途径探讨. 中国岩溶, 28(4): 391-396.

吴月霞, 蒋勇军, 袁道先, 等. 2007. 岩溶泉域降雨径流水文过程的模拟: 以重庆金佛山水房泉为例. 水文地质工程地质, 34(6): 41-48.

向万丽, 戴全厚, 邓伊晗, 等. 2011. 石漠化地区小流域生态系统健康定量评价. 中国水土保持科学, 9(4): 11-15.

肖海, 刘刚, 赵金凡, 等. 2017. 雨滴机械打击和消散作用对土壤团聚体的破坏特征. 土壤学报, 54(4): 827-835.

谢俊奇. 2005. 中国坡耕地. 北京: 中国大地出版社.

谢良胜, 吴攀, 顾尚义, 等. 2010. 盆地型喀斯特流域土壤侵蚀模数的沉积量测量法. 中国水土保持科学, 8(2): 20-23, 29.

解德蕴. 2000. 贵州省坡耕地的利用与整治探讨. 中国土地科学, 14(6): 22-24.

解明曙. 1983. 贵州喀斯特环境区域内的水土流失特点. 环保科技 (S1): 56-60.

熊华, 刘济明, 谢元贵, 等. 2008. 中度石漠化小生境特征及分布格局研究. 安徽农业科学, 36(34): 15101-15104.

熊康宁, 胡顺光. 2011. 贵州喀斯特地区水土流失研究进展. 贵州师范大学学报(自然科学版), 29(4): 106-110.

熊康宁, 黎平, 周忠发, 等. 2002. 喀斯特石漠化的遥感-GIS 典型研究:以贵州省为例. 北京: 地质出版社.

熊康宁, 李晋, 龙明忠. 2012. 典型喀斯特石漠化治理区水土流失特征与关键问题. 地理学报, 67(7): 878-888.

熊毅, 李庆逵. 1987. 中国土壤. 2 版. 北京: 科学出版社.

胥思省. 2010. 清代贵州开发及其影响初探. 重庆: 西南大学.

徐绍辉, 刘建立. 2003. 土壤水力性质确定方法研究进展. 水科学进展, 14(4): 394-401.

徐宗恒, 徐则民, 官琦, 等. 2012. 不同植被发育斜坡土体优先流特征. 山地学报, 30(5): 521-527.

许月卿, 邵晓梅. 2006. 基于 GIS 和 RUSLE 的土壤侵蚀量计算: 以贵州省猫跳河流域为例. 北京林业大学学报, 28(4): 67-71.

严奇岩. 2010. 清代玉米的引进与推广对贵州石漠化的影响. 贵州师范大学学报(社会科学版) (3): 48-53.

严友进, 戴全厚, 伏文兵, 等. 2015. 喀斯特坡地土壤地下侵蚀模拟试验研究. 水土保持学报, 29(6): 7-13.

严友进, 戴全厚, 伏文兵, 等. 2017a. 喀斯特裸坡产流产沙过程试验研究. 生态学报, 37(6): 2067-2079.

严友进, 戴全厚, 伏文兵, 等. 2017b. 喀斯特坡地裸露心土层产流产沙模拟研究. 土壤学报, 54(3): 545-557.

颜萍, 熊康宁, 王恒松, 等. 2016. 喀斯特地区水土流失与水土保持研究进展. 中国水土保持 (1): 54-59, 73.

杨成, 刘丛强, 宋照亮, 等. 2007. 喀斯特山区植物碳同位素组成特征及其对水分利用效率的指示: 以贵州花溪杨中小流域为例. 中国岩溶, 26(2): 105-110.

杨成波. 2008. 人工模拟降雨条件下喀斯特中度石漠化灌丛水土流失研究. 贵阳: 贵州大学.

杨成华. 1988. 岩溶区的水文特点与水土保持. 贵州林业科技, 16(3): 126-130.

杨汉奎. 1989. 脆弱的喀斯特环境. 贵州科学, 7(1): 1-10.

杨具瑞, 史正涛, 曹叔尤, 等. 2008. 细沟侵蚀临界坡度研究. 干旱区资源与环境, 22(5): 64-67.

杨明德. 1990. 论喀斯特环境的脆弱性. 云南地理环境研究, 2(1): 21-29.

杨培岭, 罗远培, 石元春. 1993. 用粒径的重量分布表征的土壤分形特征. 科学通报, 38(20): 1896-1899.

杨瑞, 喻理飞, 安明态, 2008. 喀斯特区小生境特征现状分析: 以茂兰自然保护区为例. 贵州农业科学, 36(6): 168-169,192.

杨珊, 何寻阳, 苏以荣, 等. 2010. 岩性和土地利用方式对桂西北喀斯特土壤肥力的影响. 应用生态学报, 21(6): 1596-1602.

杨宇琼, 戴全厚, 严友进, 等. 2019. 黔中喀斯特坡地浅层裂隙土壤机械组成对降雨的响应. 应用生态学报, 30(2): 545-552.

杨智, 戴全厚, 黄启鸿, 等. 2010. 典型喀斯特坡面产流过程试验研究. 水土保持学报, 24(4): 78-81.

杨智, 戴全厚, 余娜. 2015. 喀斯特岩溶裂隙对坡面产流产沙机制影响分析. 水利科技与经济, 21(12): 84-85.

杨子生. 2001. 论水土流失与土壤侵蚀及其有关概念的界定. 山地学报, 19(5): 436-445.

尹亮, 崔明, 周金星, 等. 2013. 岩溶高原地区小流域土壤厚度的空间变异特征. 中国水土保持科学, 11(1): 51-58.

俞筱押, 李玉辉, 马遵平. 2007. 云南石林喀斯特小生境木本植物多样性特征. 山地学报, 25(4): 438-447.

袁春, 周常萍, 童立强, 等. 2003. 贵州土地石漠化的形成原因及其治理对策. 现代地质, 17(2): 181-185.

袁道先. 1994. 中国岩溶学. 北京:地质出版社.

袁道先. 1996. 中国南方裸露型岩溶峰丛山区岩溶水系统及其数学模型的研究. 桂林: 广西师范大学出版社.

袁道先. 1997. 我国西南岩溶石山的环境地质问题. 世界科技研究与发展, 19(5): 41-43.

袁道先. 2001. 全球岩溶生态系统对比: 科学目标和执行计划. 地球科学进展, 16(4): 461-466.

袁道先. 2008. 岩溶石漠化问题的全球视野和我国的治理对策与经验. 草业科学, 25(9): 19-25.

袁应飞, 戴全厚, 李昌兰, 等. 2016. 喀斯特典型坡耕地模拟降雨条件下的土壤侵蚀响应. 水土保持学报, 30(3): 24-28.

袁志忠. 2009. 岷江柏四个地理种群分布格局比较研究. 中国野生植物资源, 28(5): 20-23, 44.

张财宝, 刘目兴, 王文德, 等. 2012. 三峡库区森林土壤优先流染色特征. 水土保持学报, 26(2): 80-84.

张殿发, 王世杰, 周德全, 等. 2001. 贵州省喀斯特地区土地石漠化的内动力作用机制. 水土保持通报, 21(4): 1-5.

张殿发, 王世杰, 周德全, 等. 2002a. 土地石漠化的生态地质环境背景及其驱动机制: 以贵州省喀斯特山区为例. 农村生态环境, 18(1): 6-10.

张殿发, 王世杰, 李瑞玲. 2002b. 贵州省喀斯特山区生态环境脆弱性研究. 地理学与国土研究, 18(1): 77-79.

张恭, 胡春元, 张小芬.2008.微地貌研究与地貌学发展.规范与服务 2008 高校 GIS 论坛论文集: 169-171.

张红卫, 陈怀亮, 申双和. 2009. 基于 EOS/MODIS 数据的土壤水分遥感监测方法. 科技导报, 27(12): 85-92.

张继光, 陈洪松, 苏以荣, 等. 2006. 湿润和干旱条件下喀斯特地区洼地表层土壤水分的空间变异性. 应用生态学报, 17(12): 2277-2282.

张继光, 苏以荣, 陈洪松, 等. 2007. 典型喀斯特峰丛洼地土壤水分时空动态研究. 农业环境科学学报, 26(4): 1432-1437.

张继光, 陈洪松, 苏以荣, 等. 2008. 喀斯特洼地表层土壤水分的空间异质性及其尺度效应. 土壤学报, 45(3): 544-549.

张继光, 陈洪松, 苏以荣, 等. 2010. 喀斯特山区坡面土壤水分变异特征及其与环境因子的关系. 农业工程学报, 26(9): 87-93.

张继光, 苏以荣, 陈洪松, 等. 2014. 典型岩溶洼地土壤水分的空间分布及影响因素. 生态学报, 34(12): 3405-3413.

张婧, 雷廷武, 胡雅琪, 等. 2015. 优先流影响下环式入渗仪内入渗过程可视化试验. 农业机械学报, 46(4): 155-160.

张磊, 王嘉学, 代云川, 等. 2015. 滇东喀斯特地区红裸土表层团聚体稳定性及其影响因素研究. 土壤, 47(4): 790-796.

张利超. 2009. 降雨过程中红壤地表微地貌演变特征及侵蚀响应. 武汉: 华中农业大学.

张利超, 葛佩琳, 李朝霞, 等. 2018. 降雨侵蚀过程中红壤坡耕地地表微地貌演变特征. 水土保持研究, 25(6): 15-21.

张伟, 陈洪松, 王克林, 等. 2006. 喀斯特地区典型峰丛洼地旱季表层土壤水分空间变异性初探. 土壤学报, 43(4): 554-562.

张伟, 陈洪松, 苏以荣, 等. 2013. 一种适用于喀斯特地区的土壤侵蚀与养分迁移模拟装置. CN103454403B.

张文源, 王百田, 杨光檄, 等. 2014. 喀斯特黄壤区侵蚀性降雨及产沙特征分析. 生态环境学报, 23(11): 1776-1782.

张喜. 2003. 贵州喀斯特山地坡耕地立地影响因素及分区. 南京林业大学学报(自然科学版), 27(6): 98-102.

张喜. 2005. 喀斯特山地坡耕地立地分类系统与评价(Ⅰ):贵州喀斯特山地坡耕地立地因素分析.2005 年中国科协学术年会 26 分会场论文集（2）: 78-83.

张笑楠, 王克林, 张伟, 等. 2009. 典型喀斯特坡地 ^{137}Cs 的分布与相关影响因子研究. 环境科学, 30(11): 3152-3158.

张信宝, 王世杰. 2016. 浅议喀斯特流域土壤地下漏失的界定. 中国岩溶, 35(5): 602-603.

张信宝, 李少龙, 王成华, 等. 1988. ^{137}Cs 法测算梁峁坡农耕地土壤侵蚀量的初探. 水土保持通报, 8(5): 18-22, 29.

张信宝, 王世杰, 贺秀斌, 等. 2007a. 碳酸盐岩风化壳中的土壤蠕滑与岩溶坡地的土壤地下漏失. 地球与环境, 35(3): 202-206.

张信宝, 王世杰, 贺秀斌, 等. 2007b.西南岩溶山地坡地石漠化分类刍议. 地球与环境, 35(2): 188-192.

张信宝, 王世杰, 曹建华. 2009. 西南喀斯特山地的土壤硅酸盐矿物物质平衡与土壤流失. 地球与环境, 37(2): 97-102.

张信宝, 王世杰, 曹建华, 等. 2010. 西南喀斯特山地水土流失特点及有关石漠化的几个科学问题. 中国岩溶, 29(3): 274-279.

张信宝, 王世杰, 白晓永, 等. 2013. 贵州石漠化空间分布与喀斯特地貌、岩性、降水和人口密度的关系. 地球与环境, 41(1): 1-6.

张学礼, 胡振琪, 初士立. 2005. 土壤含水量测定方法研究进展. 土壤通报, 36(1): 118-123.

张元禧，施鑫源．1998.地下水水文学．北京：中国水利水电出版社.

张志才, 陈喜, 石朋, 等. 2008. 岩石对喀斯特峰丛山体土壤水分布特征的影响. 水土保持通报, 28(6): 41-44.

张志才, 陈喜, 石朋, 等. 2009. 喀斯特流域分布式水文模型及植被生态水文效应. 水科学进展, 20(6): 806-811.

张志才, 陈喜, 程勤波, 等. 2011. 喀斯特山体表层岩溶带水文地质特征分析: 以陈旗小流域为例. 地球与环境, 39(1): 19-25.

张志才, 陈喜, 刘金涛, 等. 2012. 喀斯特山体地形对表层岩溶带发育的影响: 以陈旗小流域为例. 地球与环境, 40(2): 137-143.

张治伟, 朱章雄, 文志林. 2015. 岩溶山地不同用地类型表层土壤持水性能研究. 灌溉排水学报, 34(4): 95-99.

章程, 袁道先, 曹建华, 等. 2004. 典型表层岩溶泉短时间尺度动态变化规律研究. 地球学报, 25(4): 467-471.

赵海兵, 安裕伦, 夏品华, 等. 2011. 基于GIS的喀斯特流域土壤侵蚀模数估算: 以贵阳麦西河流域为例. 水土保持研究, 18(5): 99-103, 295.

赵锦梅, 张德罡, 刘长仲. 2012. 东祁连山土地利用方式对土壤持水能力和渗透性的影响. 自然资源学报, 27(3): 422-429.

赵龙山, 宋向阳, 张青峰, 等. 2011. 黄土坡耕地地表微地形空间变异性研究. 干旱地区农业研究, 29(1): 146-150.

郑粉莉, 高学田. 2003. 坡面土壤侵蚀过程研究进展. 地理科学, 23(2): 230-235.

郑永春, 王世杰. 2002. 贵州山区石灰土侵蚀及石漠化的地质原因分析. 长江流域资源与环境, 11(5): 461-465.

郑长统, 梁虹, 舒栋才, 等. 2011. 基于 GIS 和 RS 的喀斯特流域 SCS 产流模型应用. 地理研究, 30(1): 185-194.

中国科学院南京土壤研究所. 1978. 土壤理化分析. 上海: 上海科学技术出版社.

中国科学院南京土壤研究所土壤物理研究室. 1978. 土壤物理性质测定法. 北京: 科学出版社.

中国土壤学会农业化学专业委员会. 1983. 土壤农业化学常规划分析方法. 北京: 科学出版社.

周创兵, 熊文林. 1996. 岩石节理的渗流广义立方定理. 岩土力学, 17(4): 1-7.

周福健, 严友进, 戴全厚, 等. 2016. 喀斯特石漠化治理措施的土壤养分响应: 以贵州省六枝特区为例. 江苏农业科学, 44(5): 469-472.

周福莉, 李廷勇, 陈虹利, 等. 2012. 重庆芙蓉洞洞穴水水文地球化学指标的时空变化. 水土保持学报, 26(3): 253-259.

周念清, 李彩霞, 江思珉, 等. 2009. 普定岩溶区水土流失与土壤漏失模式研究. 水土保持通报, 29(1): 7-11.

周启鸣, 刘学军. 2006. 空间数据的增值: 以数字地形分析为例. 地理信息世界, 13(3): 4-13.

周秋文, 尤倩. 2017. 喀斯特地区不同林型土壤持水性分析. 水资源与水工程学报, 28(6): 226-231.

周生路, 傅重林, 王铁成, 等. 2000. 土地利用地域分区方法研究: 以桂林市为例. 土壤, 32(1): 6-10.

周涛, 戴全厚, 吴秀芹, 等. 2011. 喀斯特山区退耕还林地土壤养分效应及评价. 水土保持研究, 18(6): 71-74.

周玮, 熊康宁, 高渐飞, 等. 2010. 贵州毕节石桥小流域喀斯特石漠化耕地治理研究. 贵州农业科学, 38(9): 110-113.

周一杨, 王恩姮, 陈祥伟. 2008. 模拟降雨条件下黑土溅蚀与团聚体分选特征. 水土保持学报, 22(6): 176-179.

周运超, 罗美. 2017. 喀斯特小流域土壤厚度的影响因素. 山地农业生物学报, 36(3): 1-5, 101.

周忠发, 朱昌丽, 谭玮颐, 等. 2019. 基于空间开发适宜性评价的石漠化地区可持续发展研究: 以贵州省盘州市为例. 贵州师范大学学报(自然科学版), 37(1): 1-9, 127.

朱安国. 1990. 贵州西部山区土壤侵蚀研究. 水土保持通报, 10(3): 1-7, 16.

朱安国, 林昌虎. 1995. 山区水土流失因素综合研究. 贵阳: 贵州科技出版社.

朱建平. 2006. 应用多元统计分析. 北京: 科学出版社.

朱守谦, 何纪星, 祝小科, 等. 1993. 喀斯特森林微地貌特征初步研究. 贵阳: 贵州科技出版社.

Allaire S E, Roulier S, Cessna A J. 2009. Quantifying preferential flow in soils: a review of different techniques. Journal of Hydrology, 378(1): 179-204.

Angulo-Martínez M, Barros A P. 2015. Measurement uncertainty in rainfall kinetic energy and intensity relationships for soil erosion studies: an evaluation using PARSIVEL disdrometers in the Southern Appalachian Mountains. Geomorphology, 228: 28-40.

Arbel Y, Greenbaum N, Lange J, et al. 2010. Infiltration processes and flow rates in developed karst vadose zone using tracers in cave drips. Earth Surface Processes and Landforms, 35(14): 1682-1693.

Assouline S, Ben-Hur M. 2006. Effects of rainfall intensity and slope gradient on the dynamics of interrill erosion during soil surface sealing. Catena, 66(3): 211-220.

Atkinson T C. 1977. Diffuse flow and conduit flow in limestone terrain in the Mendip Hills, Somerset (Great Britain). Journal of Hydrology, 35(1-2): 93-110.

Aubreville A, Chevalier A. 1949. Climats, forêts et désertification de l' Afrique tropicale Société d' éd. géographiques, maritimes et coloniales, Paris.

Azzouzi S A, Vidal-Pantaleoni A, Bentounes H A. 2018. Monitoring desertification in Biskra, Algeria using landsat 8 and sentinel-1A images. IEEE Access, 6: 30844-30854.

Babaeian E, Homaee M, Vereecken H, et al. 2015. A comparative study of multiple approaches for predicting the soil-water retention curve: Hyperspectral information *vs*. basic soil properties. Soil Science Society of America Journal, 79(4): 1043-1058.

Bai X Y, Wang S J, Xiong K N. 2013. Assessing spatial-temporal evolution processes of karst rocky desertification land: indications for restoration strategies. Land Degradation & Development, 24(1): 47-56.

Bakalowicz, M. 2004. The epikarst, the skin of karst. Karst Waters Institute Special Publication, 9: 16-22.

Bakalowicz M, Blavoux B, Mangin A. 1974. Apports du traçage isotopique naturel a la connaissance du fonctionnement d' un systeme karstique - teneurs en oxygene-18 de trois systemes des Pyrenees, France. Journal of Hydrology, 23(1-2): 141-158.

Basher L R. 2000. Surface erosion assessment using ^{137}Cs: examples from New Zealand. Acta Geológica Hispónica, 35(3-4): 219-228.

Binns T. 2000. World atlas of desertification (2nd edn);. Applied Geography, 20(1): 83-84.

Bloom A L. 1989. Water-formed structures: Geomorphology and hydrology of karst terrains. Science, 243(4898): 1618-1619.

Bögli A. 1981. Karst hydrology and physical speleology. Berlin: Springer Verlag.

Boudet G. 1972. Désertification de l' Afrique tropicale sèche. Adansonia, 12(4): 505-524.

Broomhead D S, Lowe D. 1988. Radial basis functions, multi-variable functional interpolation and adaptive networks. Malvern: Royal Signals and Radar Establishment.

Burrell A L, Evans J P, De Kauwe M G. 2020. Anthropogenic climate change has driven over 5 million km2 of drylands towards desertification. Nature Communications, 11: 3853.

Cambardella C A, Elliott E T. 1994. Carbon and nitrogen dynamics of soil organic matter fractions from cultivated grassland soils. Soil Science Society of America Journal, 58(1): 123-130.

Cambardella C A, Moorman T B, Novak J M, et al. 1994. Field-scale variability of soil properties in central Iowa soils. Soil Science Society of America Journal, 58(5): 1501-1511.

Cao J H, Yuan D X, Pan G X. 2003. Some soil features in karst ecosystem. Advance in Earth Sciences, 18(1): 37-44.

Cao S X. 2008. Why large-scale afforestation efforts in China have failed to solve the desertification problem. Environmental Science & Technology, 42(6): 1826-1831.

Cerdà A. 2001. Effects of rock fragment cover on soil infiltration, interrill runoff and erosion. European Journal of Soil Science, 52(1): 59-68.

Cerdà A, González-Pelayo Ó, Giménez-Morera A, et al. 2016. Use of barley straw residues to avoid high erosion and runoff rates on persimmon plantations in Eastern Spain under low frequency - high magnitude simulated rainfall events. Soil Research, 54(2): 154-165.

Charney J G. 1975. Dynamics of deserts and drought in the Sahel. Quarterly Journal of the Royal Meteorological Society, 101(428): 193-202.

Chen H S, Liu J W, Wang K L, et al. 2011. Spatial distribution of rock fragments on steep hillslopes in karst region of northwest Guangxi, China. Catena, 84(1-2): 21-28.

Chen H S, Liu J W, Zhang W, et al. 2012. Soil hydraulic properties on the steep karst hillslopes in northwest Guangxi, China. Environmental Earth Sciences, 66(1): 371-379.

Chen B X, Zhang X Z, Tao J, et al. 2014. The impact of climate change and anthropogenic activities on alpine grassland over the Qinghai-Tibet Plateau. Agricultural and Forest Meteorology, 189: 11-18.

Chen X B, Zhang H J, Cheng J H, et al. 2015. Quantitative evaluation of preferential flow development degree based on dyed image variability analysis. Transactions of the Chinese Society for Agricultural Machinery, 46(5): 93-100.

Cherlet M, Hutchinson C, Reynolds J, et al. 2018. World atlas of desertification (3rd ed.). Luxembourg: Publication Office of the European Union.

Colantoni A, Ferrara C, Perini L, et al. 2015. Assessing trends in climate aridity and vulnerability to soil degradation in Italy. Ecological Indicators, 48: 599-604.

Cousin I, Nicoullaud B, Coutadeur C. 2003. Influence of rock fragments on the water retention and water percolation in a calcareous soil. Catena, 53(2): 97-114.

Crowther J. 1982. Ecological observations in a tropical karst terrain, west Malaysia. I. variations in topography, soils and vegetation. Journal of Biogeography, 9(1): 65.

Crowther J. 1987. Ecological observations in tropical karst terrain, west Malaysia. III. dynamics of the vegetation-soil-bedrock system. Journal of Biogeography, 14(2): 145-155.

D' Odorico P, Bhattachan A, Davis K F, et al. 2013. Global desertification: drivers and feedbacks. Advances in Water Resources, 51: 326-344.

Dai Q, Liu Z, Shao H, et al. 2015. Karst bare slope soil erosion and soil quality: a simulation case study. Solid Earth, 6(3): 985-995.

Dai Q H, Peng X D, Yang Z, et al. 2017a. Runoff and erosion processes on bare slopes in the karst rocky desertification area. Catena, 152: 218-226.

Dai Q H, Peng X D, Zhao L S, et al. 2017b. Effects of underground pore fissures on soil erosion and sediment yield on karst slopes. Land Degradation & Development, 28(7): 1922-1932.

Dai Q H, Peng X D, Wang P J, et al. 2018. Surface erosion and underground leakage of yellow soil on slopes in karst regions of southwest China. Land Degradation & Development, 29(8): 2438-2448.

Dardel C, Kergoat L, Hiernaux P, et al. 2014. Re-greening Sahel: 30years of remote sensing data and field observations (Mali, Niger). Remote Sensing of Environment, 140: 350-364.

De Waele J, Mucedda M, Montanaro L. 2009. Morphology and origin of coastal karst landforms in Miocene and Quaternary carbonate rocks along the central-western coast of *Sardinia* (Italy). Geomorphology, 106(1-2): 26-34.

Deng Y H, Wang S J, Bai X Y, et al. 2018. Relationship among land surface temperature and LUCC, NDVI in typical karst area. Scientific Reports, 8: 641.

Doctor D H, Alexander E C, Petrič M, et al. 2006. Quantification of karst aquifer discharge components during storm events through end-member mixing analysis using natural chemistry and stable isotopes as tracers. Hydrogeology Journal, 14(7): 1171-1191.

Dregne H, Kassas M, Rozanov B. 1991. A new assessment of the world status of desertification. Desertification control bulletin, 20(1): 7-18.

Ehleringer J R, Bowling D R, Flanagan L B, et al. 2002. Stable isotopes and carbon cycle processes in forests and grasslands. Plant Biology, 4(2): 181-189.

El-Baz F. 1988. Origin and evolution of the desert. Interdisciplinary Science Reviews, 13(4): 331-347.

Ellison W D. 1944. Studies of raindrop erosion. Agricultural Engineering, 25(131): 131-136.

Ettema C H, Wardle D A. 2002. Spatial soil ecology. Trends in Ecology & Evolution, 17(4): 177-183.

Fanelli G, Piraino S, Belmonte G, et al. 1994. Human predation along Apulian rocky coasts (SE Italy): desertification caused by *Lithophaga litho*-phaga (Mollusca) fisheries. Marine Ecology Progress Series, 110: 1-8.

Febles J M, Tolón A, Vega M B. 2009. Edaphic indicators for assesment of soil erosion in karst regions, province of Havana, Cuba. Land Degradation & Development, 20(5): 522-534.

Feng T, Chen H S, Wang K L, et al. 2014. Modeling soil erosion using a spatially distributed model in a karst catchment of northwest Guangxi, China. Earth Surface Processes and Landforms, 39(15): 2121-2130.

Feng T, Chen H S, Polyakov V O, et al. 2016. Soil erosion rates in two karst peak-cluster depression basins of northwest Guangxi, China:comparison of the RUSLE model with ^{137}Cs measurements. Geomorphology, 253: 217-224.

Feng G Y, Ma M G, Shi W Y. 2017. Dynamic changes of vegetation in karst areas of southwest china during 2001-2016. Guangdong Agricultural Sciences.44(12): 94-102, 173.

Fensholt R, Langanke T, Rasmussen K, et al. 2012. Greenness in semi-arid areas across the globe 1981 – 2007: an earth observing satellite based analysis of trends and drivers. Remote Sensing of Environment, 121: 144-158.

Flühler H, Ursino N, Bundt M. 2001. The preferential flow syndrome: a buzzword or a scientific problem. In: David B, Kevin K eds. 2nd International Symposium on Preferential Flow. Hawaii: Honolulu.

Fu Z Y, Chen H S, Zhang W, et al. 2015. Subsurface flow in a soil-mantled subtropical dolomite karst slope: A field rainfall simulation study. Geomorphology, 250: 1-14.

Fu Z Y, Chen H S, Xu Q X, et al. 2016. Role of epikarst in near-surface hydrological processes in a soil mantled subtropical dolomite karst slope: implications of field rainfall simulation experiments. Hydrological Processes, 30 (5) : 795-811.

Gabrielli C P, McDonnell J J, Jarvis W T. 2012. The role of bedrock groundwater in rainfall - runoff response at hillslope and catchment scales. Journal of Hydrology, 450: 117-133.

Gams I. 1993. Origin of the term "karst," and the transformation of the classical karst (Kras). Environmental Geology, 21 (3): 110-114.

Geissen V, Kampichler C, López-de Llergo-Juárez J J, et al. 2007. Superficial and subterranean soil erosion in Tabasco, tropical Mexico: Development of a decision tree modeling approach. Geoderma, 139 (3-4) : 277-287.

Goebel T S, Lascano R J. 2012. System for high throughput water extraction from soil material for stable isotope analysis of water. Journal of Analytical Sciences, Methods and Instrumentation, 2 (4) : 203-207.

Goovaerts P. 1998. Geostatistical tools for characterizing the spatial variability of microbiological and physico-chemical soil properties. Biology and Fertility of Soils, 27 (4) : 315-334.

Goovaerts P. 1999. Geostatistics in soil science: State-of-the-art and perspectives. Geoderma, 89 (1-2) : 1-45.

Gosden M S. 1968. Peat deposits of scar close, ingleborough, yorkshire. Journal of Ecology, 56 (2) : 345-353.

Grove A T. 1986. Desertification in southern Europe. Climatic Change, 9 (1) : 49-57.

Guan Q Y, Sun X Z, Yang J, et al. 2017. Dust storms in northern China: Long-term spatiotemporal characteristics and climate controls. Journal of Climate, 30 (17) : 6683-6700.

Gunn J. 1997. Encyclopedia of caves and karst science. New York: Fitzroy Dearborn.

Guo B, Wen Y. 2019. An optimal monitoring model of desertification in Naiman banner based on feature space utilizing Landsat8 oli image. IEEE Access, 8: 4761-4768.

Guo F, Jiang G H, Yuan D X, et al. 2013. Evolution of major environmental geological problems in karst areas of Southwestern China. Environmental Earth Sciences, 69 (7) : 2427-2435.

Hangen E, Gerke H H, Schaaf W, et al. 2005. Assessment of preferential flow processes in a forest-reclaimed lignitic mine soil by multicell sampling of drainage water and three tracers. Journal of Hydrology, 303 (1-4) : 16-37.

Hein L, DE RIDDER N. 2006. Desertification in the Sahel: a reinterpretation. Global Change Biology, 12 (5) : 751-758.

Helldén U, Tottrup C. 2008. Regional desertification: a global synthesis. Global and Planetary Change, 64 (3-4) : 169-176.

Herman E K, Toran L, White W B. 2012. Clastic sediment transport and storage in fluviokarst aquifers: an essential component of karst hydrogeology. Carbonates and Evaporites, 27 (3) : 211-241.

Hill J, Stellmes M, Udelhoven T, et al. 2008. Mediterranean desertification and land degradation Mapping related land use change syndromes based on satellite observations. Global and Planetary Change, 64 (3-4) : 146-157.

Hollingsworth E. 2009. Karst regions of the world (KROW) :populating global karst datasets and generating maps to advance the understanding of karst occurrence and protection of karst species and habitats worldwide. Fayetteville: University of Arkansas.

Huang Q H, Cai Y L, Xing X S. 2008. Rocky desertification, antidesertification, and sustainable development in the karst mountain region of Southwest China. Ambio, 37 (5) : 390-392.

Hubert H. 1920. Le dessèchement progressif en Afrique occidentale. Paris: Bulletin du Comité d' études Historiques et Scientifiques de l' Afrique Occidentale Française.

Jabbar M T, Zhou J X. 2013. Environmental degradation assessment in arid areas: a case study from Basra Province, southern Iraq. Environmental Earth Sciences, 70 (5) : 2203-2214.

Jiang Z C, Lian Y Q, Qin X Q. 2014. Rocky desertification in southwest China: impacts, causes, and restoration. Earth-Science Reviews, 132: 1-12.

Jomaa S, Barry D A, Brovelli A, et al. 2012. Rain splash soil erosion estimation in the presence of rock fragments. Catena, 92: 38-48.

Jones B. 1938. Desiccation and the west African colonies. The Geographical Journal, 91 (5) : 401.

Jones R J. 1965. Aspects of the biological weathering of limestone pavement. Proceedings of the Geologists' Association, 76 (4) : 421-433.

Joumel A G，Huijbregts C J.1978. Mining geostatlstics. New York：Aeademic Press.

Jukić D, Denić-Jukić V. 2009. Groundwater balance estimation in karst by using a conceptual rainfall - runoff model. Journal of Hydrology, 373 (3-4) : 302-315.

Kan H, Urata K, Nagao M, et al. 2015. Submerged karst landforms observed by multibeam bathymetric survey in Nagura Bay, Ishigaki Island, southwestern Japan. Geomorphology, 229: 112-124.

Kateb H E, Zhang H F, Zhang P C, et al. 2013. Soil erosion and surface runoff on different vegetation covers and slope gradients: a field experiment in Southern Shaanxi Province, China. Catena, 105: 1-10.

Katsanou K, Lambrakis N, Tayfur G, et al. 2015. Describing the karst evolution by the exploitation of hydrologic time-series data. Water Resources Management, 29 (9) : 3131-3147.

Kemmerly P R. 1989. The karst contagion model: Synopsis and environmental implications. Environmental Geology and Water Sciences, 13 (2) : 137-143.

Kheir R B, Abdallah C, Khawlie M. 2008. Assessing soil erosion in Mediterranean karst landscapes of Lebanon using remote sensing and GIS. Engineering Geology, 99 (3) : 239-254.

Kimoto A, Nearing M A, Zhang X C, et al. 2006. Applicability of rare earth element oxides as a sediment tracer for coarse-textured soils. Catena, 65 (3) : 214-221.

Kosugi K, Katsura S, Katsuyama M, et al. 2006. Water flow processes in weathered granitic bedrock and their effects on runoff generation in a small headwater catchment. Water Resources Research, 42 (2) : 34-47.

Le Barbé L, Lebel T. 1997. Rainfall climatology of the HAPEX-Sahel region during the years 1950 - 1990. Journal of Hydrology, 188: 43-73.

Lebel T, Ali A. 2009. Recent trends in the central and western Sahel rainfall regime (1990 - 2007). Journal of Hydrology, 375 (1-2) : 52-64.

Legout C, Leguédois S, Le Bissonnais Y, et al. 2005. Splash distance and size distributions for various soils. Geoderma, 124 (3-4) : 279-292.

Legrand H E. 1973. Hydrological and ecological problems of karst regions: Hydrological actions on limestone regions cause distinctive ecological problems. Science, 179 (4076) : 859-864.

Leh M D, Chaubey I, Murdoch J, et al. 2008. Delineating runoff processes and critical runoff source areas in a pasture hillslope of the Ozark Highlands. Hydrological Processes, 22 (21) : 4190-4204.

León-Sánchez L, Nicolás E, Goberna M, et al. 2018. Poor plant performance under simulated climate change is linked to mycorrhizal responses in a semi-arid shrubland. Journal of Ecology, 106(3): 960-976.

Li H, Zhang X B, Wang K L, et al. 2011. ^{137}Cs redistribution in thin stony soil of a carbonate rock slope in southwest China. Pedosphere, 21(1): 37-45.

Li B T, Pales A R, Clifford H M, et al. 2018. Preferential flow in the vadose zone and interface dynamics: Impact of microbial exudates. Journal of Hydrology, 558: 72-89.

Li C J, Guo S L. 2022. Structural evolution of soil aggregates in a karst rocky desertification area. RSC Advances, 12(33): 21004-21013.

Li S, Ren H D, Xue L, et al. 2014. Influence of bare rocks on surrounding soil moisture in the karst rocky desertification regions under drought conditions. Catena, 116: 157-162.

Li S, Birk S, Xue L, et al. 2016. Seasonal changes in the soil moisture distribution around bare rock outcrops within a karst rocky desertification area (Fuyuan County, Yunnan Province, China). Environmental Earth Sciences, 75(23): 1482.

Li X Y, Contreras S, Solé-Benet A, et al. 2011. Controls of infiltration－runoff processes in Mediterranean karst rangelands in SE Spain. Catena, 86(2): 98-109.

Li Y, Bai X Y, Zhou Y C, et al. 2016. Spatial－temporal evolution of soil erosion in a typical mountainous karst basin in SW China, based on GIS and RUSLE. Arabian Journal for Science and Engineering, 41(1): 209-221.

Liang J, Yanhong W U, Zhou J, et al. 2017. Quantitative evaluation of effect of eoil types on preferential flow tathways and soil phosphorus forms. Transactions of the Chinese Society for Agricultural Machinery, 48(1): 220-227.

Lis G, Wassenaar L I, Hendry M J. 2008. High-precision laser spectroscopy D/H and ^{18}O/^{16}O measurements of microliter natural water samples. Analytical Chemistry, 80(1): 287-293.

Liu P L, Tian J L, Zhou P H, et al. 2004. Stable rare earth element tracers to evaluate soil erosion. Soil and Tillage Research, 76(2): 147-155.

Liu Y S, Wang J Y, Deng X Z. 2008. Rocky land desertification and its driving forces in the karst areas of rural Guangxi, Southwest China. Journal of Mountain Science, 5(4): 350-357.

Liu C C, Liu Y G, Guo K, et al. 2016a. Aboveground carbon stock, allocation and sequestration potential during vegetation recovery in the karst region of southwestern China: a case study at a watershed scale. Agriculture, Ecosystems & Environment, 235: 91-100.

Liu G, Xiao H, Liu P L, et al. 2016b. Using rare earth elements to monitor sediment sources from a miniature model of a small watershed in the Three Gorges area of China. Catena, 143: 114-122.

Ma B, Liang X, Liu S H, et al. 2017. Evaluation of diffuse and preferential flow pathways of infiltrated precipitation and irrigation using oxygen and hydrogen isotopes. Hydrogeology Journal, 25(3): 675-688.

Mangin A. 1973. Sur la dynamique des transferts en aquifere karstique. In Proceedings of the Sixth International Congress of Speleology, Olomouc, 4: 157-162.

Mangin A. 1974. Contribution a letude hydrodynamique desaquiferes arstiques.Annales de Speleologie, 29:283-332.

Mao L L, Li Y Z, Hao W P, et al. 2016. An approximate point source method for soil infiltration process measurement. Geoderma, 264: 10-16.

Marini A, Talbi M. 2009. Desertification and risk analysis using high and medium resolution satellite data: training workshop on mapping desertification.African Journal of Range & Forage Science,26(3): 191-192.

Marshall P D. 2010. The promotion and presentation of the self: celebrity as marker of presentational media. Celebrity Studies, 1(1):

35-48.

Martínez-Mena M, Castillo V, Albaladejo J. 2002. Relations between interrill erosion processes and sediment particle size distribution in a semiarid Mediterranean area of SE of Spain. Geomorphology, 45(3-4): 261-275.

Masih I, Maskey S, Mussá F E F, et al. 2014. A review of droughts on the African Continent: a geospatial and long-term perspective. Hydrology and Earth System Sciences, 18(9): 3635-3649.

McDonnell J J. 2003. Where does water go when it rains? Moving beyond the variable source area concept of rainfall-runoff response. Hydrological Processes, 17(9): 1869-1875.

Menzel R G. 1960. Transport of strontium-90 in runoff. Science, 131(3399): 499-500.

Middleton N J, Thomas D S G. 1998. World atlas of desertification. 2nd edn.London: Edward Amold.

Montoto M, Mateos F. 2006. Characterization of water pathways in low permeable rocks at the rock matrix scale: methodological review. Journal of Iberian Geology, 32(2): 197-213.

Navas A, López-Vicente M, Gaspar L, et al. 2013. Assessing soil redistribution in a complex karst catchment using fallout ^{137}Cs and GIS. Geomorphology, 196: 231-241.

Nicholson N E. 2002. What are the key components of climate as a driver of desertification. Global desertification: Do humans cause deserts, 2002(1): 41-57.

Nicholson S E. 2013. The west African Sahel: a review of recent studies on the rainfall regime and its interannual variability. International Scholarly Research Notices, 2013(1): 453521.

Nicholson S E, Palao I M. 1993. A re-evaluation of rainfall variability in the sahel. Part I. Characteristics of rainfall fluctuations. International Journal of Climatology, 13(4): 371-389.

Nicholson S E, Tucker C J, Ba M B. 1998. Desertification, drought, and surface vegetation: an example from the west African Sahel. Bulletin of the American Meteorological Society, 79(5): 815-829.

Nie Y P, Chen H S, Wang K L, et al. 2012. Water source utilization by woody plants growing on dolomite outcrops and nearby soils during dry seasons in karst region of Southwest China. Journal of Hydrology, 420: 264-274.

Nobles M M, Wilding L P, Lin H S. 2010. Flow pathways of bromide and Brilliant Blue FCF tracers in caliche soils. Journal of Hydrology, 393(1-2): 114-122.

Palmer A N. 1991. Origin and morphology of limestone caves. Geological Society of America Bulletin, 103(1): 1-21.

Panagos P, Ballabio C, Borrelli P, et al. 2015. Rainfall erosivity in Europe. Science of the Total Environment, 511: 801-814.

Parchami-Araghi F, Mirlatifi S M, Ghorbani Dashtaki S, et al. 2013. Point estimation of soil water infiltration process using Artificial Neural Networks for some calcareous soils. Journal of Hydrology, 481: 35-47.

Parise M, Pascali V. 2003. Surface and subsurface environmental degradation in the karst of *Apulia* (southern Italy). Environmental Geology, 44(3): 247-256.

Parsons A J, Foster I D L. 2011. What can we learn about soil erosion from the use of ^{137}Cs? Earth-Science Reviews, 108(1-2): 101-113.

Peng J, Xu Y Q, Zhang R, et al. 2013. Soil erosion monitoring and its implication in a limestone land suffering from rocky desertification in the Huajiang Canyon, Guizhou, Southwest China. Environmental Earth Sciences, 69(3): 831-841.

Peng T, Wang S J. 2012. Effects of land use, land cover and rainfall regimes on the surface runoff and soil loss on karst slopes in southwest China. Catena, 90: 53-62.

Peng W X, Wang K L, Song T Q, et al. 2008. Controlling and restoration models of complex degradation of vulnerable Karst ecosystem. Acta Ecologica Sinica, 28(2): 811-820.

Peng X D, Shi D M, Jiang D, et al. 2014. Runoff erosion process on different underlying surfaces from disturbed soils in the Three Gorges Reservoir Area, China. Catena, 123: 215-224.

Peng X D, Shi D M, Guo H Z, et al. 2015. Effect of urbanisation on the water retention function in the Three Gorges Reservoir Area, China. Catena, 133: 241-249.

Peng X D, Dai Q H, Ding G J, et al. 2017. Distribution and accumulation of trace elements in rhizosphere and non-rhizosphere soils on a karst plateau after vegetation restoration. Plant and Soil, 420(1): 49-60.

Peng X D, Dai Q H, Li C L, et al. 2018. Role of underground fissure flow in near-surface rainfall-runoff process on a rock mantled slope in the karst rocky desertification area. Engineering Geology, 243: 10-17.

Peng X D, Dai Q H, Ding G J, et al. 2019a. Role of underground leakage in soil, water and nutrient loss from a rock-mantled slope in the karst rocky desertification area. Journal of Hydrology, 578: 124086.

Peng X D, Dai Q H, Ding G J, et al. 2019b. The role of soil water retention functions of near-surface fissures with different vegetation types in a rocky desertification area. Plant and Soil, 441(1): 587-599.

Peng X D, Wang X D, Dai Q H, et al. 2019. Soil structure and nutrient contents in underground fissures in a rock-mantled slope in the karst rocky desertification area. Environmental Earth Sciences, 79(1): 3.

Peng X D, Dai Q H, Ding G J, et al. 2020. Impact of vegetation restoration on soil properties in near-surface fissures located in karst rocky desertification regions. Soil and Tillage Research, 200: 104620.

Perrin J, Jeannin P Y, Zwahlen F. 2003. Epikarst storage in a karst aquifer: A conceptual model based on isotopic data, milandre test site, Switzerland. Journal of Hydrology, 279(1-4): 106-124.

Petropoulos G P, Arvanitis K, Sigrimis N. 2012. *Hyperion hyperspectral* imagery analysis combined with machine learning classifiers for land use/cover mapping. Expert Systems with Applications, 39(3): 3800-3809.

Phillips D L, Gregg J W. 2003. Source partitioning using stable isotopes: Coping with too many sources. Oecologia, 136(2): 261-269.

Poesen J W, Torri D, Bunte K. 1994. Effects of rock fragments on soil erosion by water at different spatial scales: a review. Catena, 23(1-2): 141-166.

Poesen J, Nachtergaele J, Verstraeten G, et al. 2003. Gully erosion and environmental change: importance and research needs. Catena, 50(2-4): 91-133.

Qin F, Su L R, Zeng C C, et al. 2020. Improving soil fertility with different planting patterns in rocky desertification areas. Agricultural Biotechnology, 9(6): 119-124.

Querejeta J I, Estrada-Medina H, Allen M F, et al. 2007. Water source partitioning among trees growing on shallow karst soils in a seasonally dry tropical climate. Oecologia, 152(1): 26-36.

Rawlins B G, Baird A J, Trudgill S T, et al. 1997. Absence of preferential flow in the percolating waters of a coniferous forest soil. Hydrological Processes, 11(6): 575-585.

Richter D D Jr, Mobley M L. 2009. Environment. monitoring earth's critical zone. Science, 326(5956): 1067-1068.

Rogowski A S, Tamura T. 1965. Movement of ^{137}Cs by runoff, erosion and infiltration on the alluvial captina silt loam. Health Physics, 11(12): 1333-1340.

Rong L, Chen X, Chen X H, et al. 2011. Isotopic analysis of water sources of mountainous plant uptake in a karst plateau of southwest China. Hydrological Processes, 25(23): 3666-3675.

Rouch R. 1968. Contributional aconnaissancedes Harpacticides hypoges (Crustaces, Copepodes). Annalesde, Speleologie, 23(1):

51-67.

Sanzheev E D, Mikheeva A S, Osodoev P V, et al. 2020. Theoretical approaches and practical assessment of socio-economic effects of desertification in Mongolia. International Journal of Environmental Research and Public Health, 17(11): 4068.

Sidle R C, Noguchi S, Tsuboyama Y, et al. 2001. A conceptual model of preferential flow systems in forested hillslopes: Evidence of self-organization. Hydrological Processes, 15(10): 1675-1692.

Sivakumar M V K. 2007. Interactions between climate and desertification. Agricultural and Forest Meteorology, 142(2-4): 143-155.

Sohrt J, Ries F, Sauter M, et al. 2014. Significance of preferential flow at the rock soil interface in a semi-arid karst environment. Catena, 123: 1-10.

Stebbing E P. 1935. The encroaching Sahara: the threat to the west African colonies. The Geographical Journal, 85(6): 506.

Stumm W, Morgan J J. 1981. Aquatic chemistry. NewYork: John Wiley Sons.

Sugawara M, Kite G W. 1995. The development of hydrological model-tank. Journal of Experimental Botany, 63(15): 5545-5558.

Sunkg, Wang LG .2002. Effect of diferent fertilization practices on yield of a wheat maizerotation and soil fertility. Pedosphere, 12(3): 283-288.

Sweeting M M. 1992. Tectonics and fluvial denudation in the formation of cone karst, with particular reference to South China . Tübinger Geographische studien, 109: 45-56.

Sweeting M M. 1993. Reflections on the development of karst geomorphology in Europe and a comparison with its development in China. Z. Geomoph, 37: 127-136.

Tackett J L, Pearson R W. 1965. Some characteristics of soil crusts formed by simulated rainfall. Soil Science, 99(6): 407-413.

Tong X W, Brandt M, Yue Y M, et al. 2018. Increased vegetation growth and carbon stock in China karst *via* ecological engineering. Nature Sustainability, 1(1): 44-50.

Too V K, Omuto C T, Biamah E K, et al. 2014. Review of soil water retention characteristic (SWRC) models between saturation and oven dryness. Open Journal of Modern Hydrology, 4(4): 173-182.

Tzahor E, Dimmeler S. 2022. A coalition to heal-the impact of the cardiac microenvironment. Science, 377(6610): eabm4443.

van Dijk A I J M, Bruijnzeel L A, Rosewell C J. 2002. Rainfall intensity – kinetic energy relationships: a critical literature appraisal. Journal of Hydrology, 261(1-4): 1-23.

Wang S J, Liu Q M, Zhang D F. 2004. Karst rocky desertification in southwestern China: geomorphology, landuse, impact and rehabilitation. Land Degradation & Development, 15(2): 115-121.

Wang S L, Yeager K M, Wan G J, et al. 2012. Carbon export and HCO_3^- fate in carbonate catchments: a case study in the karst plateau of southwestern China. 64-72.

Wang J X, Zou B P, Liu Y, et al. 2014. Erosion-creep-collapse mechanism of underground soil loss for the karst rocky desertification in Chenqi village, Puding county, Guizhou, China. Environmental Earth Sciences, 72(8): 2751-2764.

Wang H Y, Li Q Z, Du X, et al. 2018a. Quantitative extraction of the bedrock exposure rate based on unmanned aerial vehicle data and Landsat-8 OLI image in a karst environment. Frontiers of Earth Science, 12(3): 481-490.

Wang L J, Wang P, Sheng M Y, et al. 2018b. Ecological stoichiometry and environmental influencing factors of soil nutrients in the karst rocky desertification ecosystem, southwest China. Global Ecology and Conservation, 16: e00449.

Wang J Z, Ding J L, Yu D L, et al. 2019. Capability of Sentinel-2 MSI data for monitoring and mapping of soil salinity in dry and wet seasons in the Ebinur Lake region, Xinjiang, China. Geoderma, 353: 172-187.

Wei X P, Yan Y E, Xie D T, et al. 2016. The soil leakage ratio in the Mudu watershed, China. Environmental Earth Sciences, 75(8): 721.

White W B. 2002. Karst hydrology: recent developments and open questions. Engineering Geology, 65(2-3): 85-105.

White W B. 2003. Conceptual models for karstic aquifers. Speleogenesis and Evolution of Karst Aquifers, 1(1): 11-16.

Wilcox B P, Wilding L P, Woodruff Jr C M. 2007. Soil and topographic controls on runoff generation from stepped landforms in the Edwards Plateau of Central Texas. Geophysical Research Letters, 34(24): L24S24.

Williams P W. 1983. The role of the subcutaneous zone in karst hydrology. Journal of Hydrology, 61(1-3): 45-67.

Williams P W. 1985. Subcutaneous hydrology and the development of doline and cockpit karst. Zeitschrift Für Geomorphologie, 29(4): 463-482.

Williams P W. 2008. The role of the epikarst in karst and cave hydrogeology: A review. International Journal of Speleology, 37(1): 1-10.

Wu Y P, Chen J. 2012. Modeling of soil erosion and sediment transport in the East River Basin in Southern China. Science of The Total Environment, 441: 159-168.

Wu X Q, Cai Y L, Zhou T. 2011. Effects of land use/land cover changes on rocky desertification-a case study of a small karst catchment in southwestern China. Energy Procedia, 5(22): 1-5.

Wu Q H, Zhang J F, Lin W J, et al. 2014. Appling dyeing tracer to investigate patterns of soil water flow and quantify preferential flow in soil columns. Transactions of the Chinese Society of Agricultural Engineering, 30(7): 82-90.

Xiong Y J, Qiu G Y, Mo D K, et al. 2009. Rocky desertification and its causes in karst areas: a case study in Yongshun County, Hunan Province, China. Environmental Geology, 57(7): 1481-1488.

Xu Y Q, Shao X M, Kong X B, et al. 2008. Adapting the RUSLE and GIS to model soil erosion risk in a mountains karst watershed, Guizhou Province, China. Environmental Monitoring and Assessment, 141(1): 275-286.

Xu E Q, Zhang H Q, Li M X. 2013. Mining spatial information to investigate the evolution of karst rocky desertification and its human driving forces in Changshun, China. Science of the Total Environment, 458: 419-426.

Yan X, Cai Y L. 2015. Multi-scale anthropogenic driving forces of karst rocky desertification in southwest China. Land Degradation & Development, 26(2): 193-200.

Yang P, Tang Y Q, Zhou N Q, et al. 2011a. Characteristics of red clay creep in karst caves and loss leakage of soil in the karst rocky desertification area of Puding County, Guizhou, China. Environmental Earth Sciences, 63(3): 543-549.

Yang Q Q, Wang K L, Zhang C H, et al. 2011b. Spatio-temporal evolution of rocky desertification and its driving forces in karst areas of Northwestern Guangxi, China. Environmental Earth Sciences, 64(2): 383-393.

Yang J, Nie Y P, Chen H S, et al. 2016c. Hydraulic properties of karst fractures filled with soils and regolith materials: Implication for their ecohydrological functions. Geoderma, 276: 93-101.

Yang J, Chen H S, Nie Y P, et al. 2016a. Spatial variability of shallow soil moisture and its stable isotope values on a karst hillslope. Geoderma, 264: 61-70.

Yang J, Xu X L, Liu M X, et al. 2016b. Effects of Napier grass management on soil hydrologic functions in a karst landscape, southwestern China. Soil and Tillage Research, 157: 83-92.

Yu Z L, Qin T L, Yan D M, et al. 2018. The impact on the ecosystem services value of the ecological shelter zone reconstruction in the upper reaches basin of the Yangtze River in China. International Journal of Environmental Research and Public Health, 15(10): 2273.

Yuan D X. 1997. Rock desertification in the subtropical karst of south China. Zeitschrift fur Geomorphologie, 108: 81-90.

Yue Y M, Wang K L, Zhang B, et al. 2012. Remote sensing of fractional cover of vegetation and exposed bedrock for karst rocky desertification assessment. Procedia Environmental Sciences, 13: 847-853.

Zhang C, Yan J, Pei J G, et al. 2011a. Hydrochemical variations of epikarst springs in vertical climate zones: A case study in Jinfo Mountain National Nature Reserve of China. Environmental Earth Sciences, 63 (2) : 375-381.

Zhang X B, Bai X Y, He X B. 2011b. Soil creeping in the weathering crust of carbonate rocks and underground soil losses in the karst mountain areas of southwest China. Carbonates and Evaporites, 26 (2) : 149-153.

Zhang Z C, Chen X, Ghadouani A, et al. 2011c. Modelling hydrological processes influenced by soil, rock and vegetation in a small karst basin of southwest China. Hydrological Processes, 25 (15) : 2456-2470.

Zhang C, Yan J, Pei J G, et al. 2011d. Hydrochemical variations of epikarst springs in vertical climate zones: a case study in Jinfo Mountain National Nature Reserve of China. Environmental Earth Sciences, 63 (2) : 375-381.

Zhang Y, Zhang C B, Wang Z Q, et al. 2016a. Vegetation dynamics and its driving forces from climate change and human activities in the Three-River Source Region, China from 1982 to 2012. Science of The Total Environment, 563: 210-220.

Zhang M Y, Wang K L, Liu H Y, et al. 2016b. Spatio-temporal variation and impact factors for vegetation carbon sequestration and oxygen production based on rocky desertification control in the karst region of southwest China. Remote Sensing, 8 (2) : 102.

Zhang X C, Nearing M A, Garbrecht J D. 2017. Gaining insights into interrill erosion processes using rare earth element tracers. Geoderma, 299: 63-72.

Zhang M Y, Wang K L, Liu H Y, et al. 2018. Effect of ecological engineering projects on ecosystem services in a karst region: a case study of northwest Guangxi, China. Journal of Cleaner Production, 183: 831-842.

Zhang Z M, Huang X F, Zhou Y C. 2021. Factors influencing the evolution of human-driven rocky desertification in karst areas. Land Degradation & Development, 32 (2) : 817-829.

Zhao Y M, Jiang H T, Wang S J. 2015. Study on relative soil and water conservation benefits of ridge tillage in different terrain conditions in the black soil area of Northeast China. Agricultural Science & Technology, 16 (10) : 2354-2360.

Zhao L S, Huang C H, Wu F Q. 2016. Effect of microrelief on water erosion and their changes during rainfall. Earth Surface Processes and Landforms, 41 (5) : 579-586.

Zhou W Z, Xie S Y, Zhu L F, et al. 2008. Evaluation of soil erosion risk in Karst regions of Chongqing, China. Remote Sensing and Modeling of Ecosystems for Sustainability V. San Diego, California, USA. SPIE, 70831E.

Zhou J, Tang Y Q, Yang P, et al. 2012. Inference of creep mechanism in underground soil loss of karst conduits I. Conceptual model. Natural Hazards, 62 (3) : 1191-1215.

Zhou B, Okin G S, Zhang J Z. 2020. Leveraging Google Earth Engine (GEE) and machine learning algorithms to incorporate *in situ* measurement from different times for rangelands monitoring. Remote Sensing of Environment, 236: 111521.

Ziadat F M, Taimeh A Y. 2013. Effect of rainfall intensity, slope, land use and antecedent soil moisture on soil erosion in an arid environment. Land Degradation & Development, 24 (6) : 582-590.